砾岩储层精细结构表征

李顺明　何　辉　孔垂显　陈欢庆　等著

石油工业出版社

内 容 提 要

本书从介绍砾岩储层成因入手，分别阐述了冲积扇和扇三角洲砾岩储层的岩石学性质、成因单元形态、沉积序列、成因机制、沉积模式等沉积学特征；按照储层构型界面级次的划分标准，识别描述了冲积扇砾岩储层构型单元的类型、几何形态及空间配置；在砾岩储层构型单元连通性评价之后，发展了基于冲积扇砾岩储层构型的井网井距优化方法。综合冲积扇砾岩储层的岩石相、储集空间及成岩作用，提出了冲积扇砾岩成岩储集相分类方法。根据砾岩的微观结构及渗流特征，形成砾岩储层优势渗流通道的识别描述方法。最后，通过对不同地质建模方法的分析和比选，形成了砾岩储层结构定量表征的方法。

本书可供油藏开发地质专业领域的科研工作者和相关院校师生参考与使用。

图书在版编目（CIP）数据

砾岩储层精细结构表征 / 李顺明等著．—北京：石油工业出版社，2019.5

ISBN 978-7-5183-3320-2

Ⅰ．①砾… Ⅱ．①李… Ⅲ．①砾岩－砂岩储集层－研究 Ⅳ．①P618.130.2

中国版本图书馆 CIP 数据核字（2019）第 072612 号

出版发行：石油工业出版社
（北京安定门外安华里 2 区 1 号 100011）
网　址：www. petropub. com
编辑部：（010）64523708　图书营销中心：（010）64523633
经　　销：全国新华书店
印　　刷：北京中石油彩色印刷有限责任公司

2019 年 5 月第 1 版　2019 年 5 月第 1 次印刷
787×1092 毫米　开本：1/16　印张：19.25
字数：470 千字

定价：200. 00 元
（如出现印装质量问题，我社图书营销中心负责调换）

《砾岩储层精细结构表征》编写人员

李顺明　何　辉　孔垂显　陈欢庆
蒋庆平　蒋　平　杜宜静　刘　畅

前 言

大多数油田进入开发中后期，均面临剩余油分布复杂、含水率居高不下、注采矛盾突出、注入水无效循环加剧等诸多开发难题，对开发中后期稳油控水、控制递减、提高采收率等带来挑战。解决这些开发难题，就需要通过油藏地质精细表征，精准预测储层构型级次非均质性及各向异性，系统深化储层地质认识；结合油藏的实际开发策略及流体性质，预测剩余油的空间分布，从而为油田改善开发效果及持续效益开发提供技术指导。

砾岩储层主要发育在冲积扇、扇三角洲、近岸水下扇等近源沉积体系，岩相复杂，空间变化快，岩石颗粒直径分布范围广，再加上后期成岩作用的影响，孔隙结构呈现出多模态或复模态特征。复杂多变的岩相和孔隙结构导致砾岩储层的水驱油机理复杂，油田中高含水阶段的驱油效率低，剩余油分布复杂。

砾岩油藏开发中后期改善开发效果的首要任务是深化砾岩储层结构的认识。砾岩储层构型表征是在常规沉积相分析的基础上，结合岩性体界面级次，定量预测储层构型单元及夹层的空间展布，是预测储层构型级次控制剩余油的基础。成岩储集相反映储层的岩性、物性及关键成岩作用类型。基于储层构型表征成果，砾岩储层成岩储集相表征可定量揭示成岩作用对储层物性的改造强度，有助于划分优势储集区。优势渗流通道反映流体在储层中优先渗流的路径，对剩余油分布影响较大。砾岩储层优势渗流通道与砾岩储层的岩相、储层物性、储层构型单元等密切相关，通过识别划分砾岩储层优势渗透通道，既为剩余油分布预测提供了基础，同时还可指导砾岩油藏中高含水阶段调驱剂类型的优选和用量优化。砾岩储层精细结构表征从储层构型表征、成岩储集相表征、优势渗流通道表征等不同层次，深度揭示砾岩储层不同规模非均质性，进而为不同规模剩余油分布预测提供指导，对砾岩油藏中高含水阶段改善开发效果具有重要的作用。

本书第一章介绍砾岩储层结构表征的技术内涵与进展，涉及砾岩油藏分布、储集体沉积成因、砾岩储层结构的层次划分以及储层结构表征技术进展四方面内容。第二章以冲积扇露头描述为切入点，详细介绍冲积扇砾岩储层的沉积响应特征、成因机制及沉积模式。第三章重点阐述扇三角洲砾岩储层的主要沉积特征，在介绍扇三角洲露头沉积响应的基础上，结合准噶尔盆地西缘上乌尔禾组储层实例，对断陷湖盆扇三角洲进行储层评价，并建立相应沉积模式。第四章首先论述储层构型要素的相关内容，之后结合 KLMY 油田克下组储层实例，对冲积扇的岩相组合、成因单元、储层构型、构型连通性评价、基于砾岩储层构型的井网井距优化进行详细介绍。第五章在论述成岩储集相的含义、分类及应用基础上，阐述冲积扇储集体的岩石类型、储集空间、成岩作用及演化、成岩储集相类型及展布。第六章介绍优势渗流单元不同表述方法，重点阐述冲积扇砾岩储层优势渗流通道的成因、分类及识别方法。第七章在综述地质建模技术最新进展的基础上，比选砾岩储层构型建模、成岩储集相建模及优势渗流通道建模技术方法，精细表征砾岩储层结构的空间展布。

本书由中国石油勘探开发研究院李顺明、何辉及新疆油田公司孔垂显统稿编写，陈欢庆、蒋庆平及蒋平参与了砾岩储层构型表征、优势渗流通道表征等章节的编写工作。杜宜静、刘畅参与了砾岩成岩储集相及精细地质建模等章节的编写工作。本书主要内容来自笔者研究工作期间与新疆油田公司各位同行共同取得的成果，参考并引用了国内外相关领域专家学者的研究成果，其间得到了中国石油勘探开发研究院的大力支持和帮助。在此，谨对提供帮助的各位专家学者及同行表示衷心感谢！

砾岩储层精细结构表征技术涉及高分辨率层序地层学、储层沉积学、测井地质学、开发地质学、地质统计学、油藏工程学等多学科领域，涵盖的理论、方法和技术范围广，研究难度大，书中不妥之处，敬请各位专家和同行批评指正。

目　录

第一章 概 述

砾岩油藏是指以砾岩、砂砾岩为主要储层的油藏。在国内以 KLMY 油田为典型代表。与砂岩油藏相比，其在沉积响应、储层物性及微观孔隙结构等方面均存在较为明显的不同。砾岩油藏主要发育在冲积扇、陡坡带扇三角洲及近岸水下扇等距物源较近的沉积体系中，这就造成砾岩油藏具有岩相变化快、非均质性强的特点。前人针对砾岩油藏的地质特点，指出了油藏的开采特征，为开发中后期预测剩余油分布提供了技术指导。

砾岩油藏进入高含水开发阶段后，已有的传统认识无法满足油藏稳产及进一步提高采收率的需求。为了进一步对剩余油进行挖潜，需要对砾岩油藏储层结构进行精细表征。本章在概述砾岩油藏的分布、沉积成因及开发特征的基础上，宏观介绍砾岩储层精细结构表征各个层次的内容，分别阐述了砾岩储层构型、成岩储集相、优势渗流通道的研究方法和技术现状，为后续章节深入介绍技术细节提供技术背景。

第一节 砾岩油藏分布及开采特征

作为一种重要的油藏类型，砾岩油藏在国内外许多沉积盆地都有发现，南美洲及北美洲均发现了规模较大的砾岩油藏；国内从东部渤海湾断陷盆地到西部前陆盆地，均已发现规模不等的砾岩油藏，其中，KLMY 油区发现的砾岩油藏规模大、层系多、范围广，是砾岩油藏的典型代表。该类型油藏主要分布在盆地边缘陡坡带近物源区，具有岩相变化快、储层非均质性强等特点，这决定了其开采特征与砂岩油藏具有较大的差异。

一、砾岩油藏分布及规模

（一）不同类型砾岩油藏分布及规模

砾岩油藏在全世界分布范围较广，主要分布在美国洛杉矶盆地（如加利福尼亚州上新统约巴琳达砾岩稠油油藏）、库克湾盆地（如阿拉斯加州的麦克阿瑟河油田始新统赫姆洛克组砾岩油藏）、阿根廷库约盆地（如门多萨油田侏罗—白垩系巴伦卡斯组顶部红色砾岩油藏），以及加拿大西部盆地帕宾纳油田上白垩统卡狄姆油藏和巴西的塞尔希培—阿戈斯盆地的卡莫普利斯油田下白垩统卡莫普利斯油藏等（新疆石油管理局勘探开发研究所，1992）。

随着勘探技术的不断进步和相关理论的不断成熟，国内砾岩油藏的分布规模逐渐扩大，从最初的渤海湾盆地刘李庄砾岩油田、二连盆地蒙古林及夫特砾岩油田和新疆准噶尔盆地西北缘的 KLMY 油田（李庆昌等，1997），逐步扩展到其他勘探区，如大庆油田徐家围子地区、辽河油田西部凹陷、华北油田廊固凹陷、大港油田滩海地区、胜利油田东营凹陷、车镇凹陷和沾化凹陷等地区均有分布（昝灵等，2011）。

从冲积扇类型储层到扇三角洲类型储层及近岸水下扇类型储层，每一类沉积体系都有其典型的砾岩油藏。

1. 冲积扇砾岩油藏

准噶尔盆地西北缘介于西准噶尔造山带与准噶尔地块之间，勘探面积约 5000km²，包括红车断裂带、乌夏断裂带、克百断裂带及玛湖凹陷西斜坡等构造区域（蔚远江等，2007）（图 1–1）。在二叠系佳木河组、风城组、乌尔禾组、夏子街组及三叠系百口泉组、KLMY 组等都发育有砾岩储层。储层岩性以不等粒砾岩、砂砾岩、含砾不等粒砂岩为主，碎屑岩的分选磨圆差，胶结疏松，呈现近源短距离搬运和快速堆积的沉积特征（印森林等，2016）。经过 60 余年的勘探开发，累计探明石油地质储量 9×10^8t，累计产油量达 1.3×10^8t。

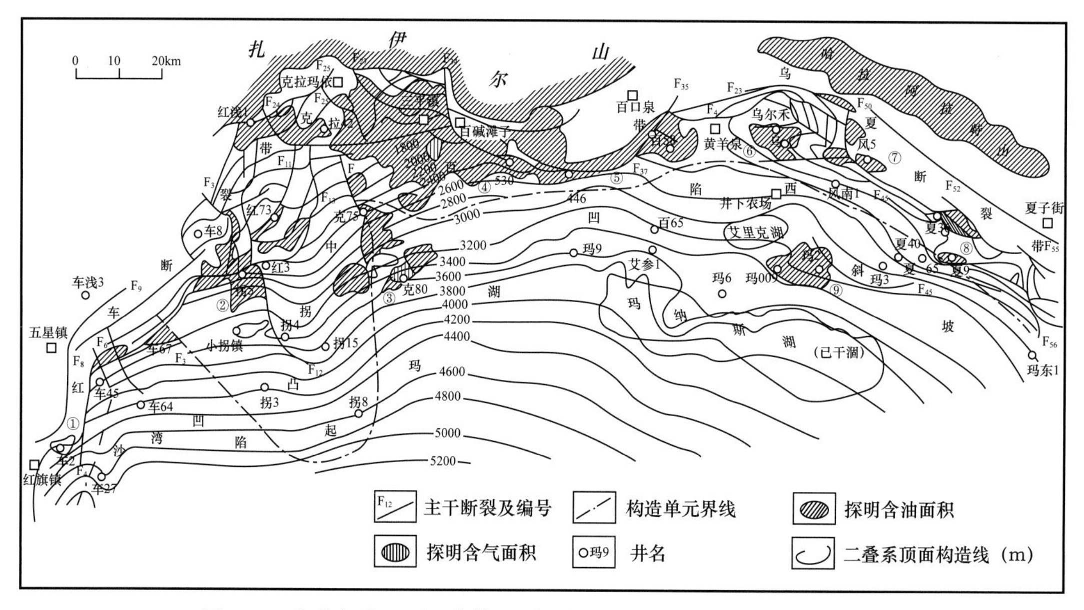

图 1–1　准噶尔盆地西北缘构造单元与油气分布（据蔚远江，2007）

蒙古林砾岩油藏位于内蒙古自治区的阿尔善地区，处于二连盆地马尼特坳陷东部、阿南凹陷与阿北凹陷间的阿尔善构造带（图 1–2）。下白垩统阿尔善组阿三段是开发的主力砾岩油藏（沈仁禄，2012），含油面积约 11.77km²。储集岩主要以细砾岩、砂砾岩、含砾砂岩、砂泥岩互层为主，储层物性相对较好，但非均质性较强。

辽河油田曙一区杜 84 块砾岩油藏是超稠油的主力含油区块，位于辽河盆地西部凹陷西斜坡欢曙上台阶中段，发育新生界古近系沙河街组兴隆台油层和新近系馆陶组油层（黄成刚，2015）（图 1–3）。馆陶组含油面积 1.4km²，兴隆台组含油面积 3.2km²。储层岩性为砾岩、砂砾岩、不等粒砂岩等（孙家国，2008）。胶结松散，储层物性较好，但非均质性强。

KLMY 油田二中区砾岩油藏处在油田西北部（图 1–4），是东南向倾斜的单斜构造，夹在北部北黑油山断裂与南部克乌断裂之间，成为可独立开发的断裂遮挡砾岩油藏。含油面积约 19.6km²，平均埋深 615m。主力开发层段在中三叠统克下组，并进一步细分出 S_6 与 S_7 两个油层组，主要储层 S_7 层以砾岩、巨粗砂岩为主，属多旋回山麓冲积扇沉积，储层孔隙结构复杂、喉道参数变化快，非均质性强。

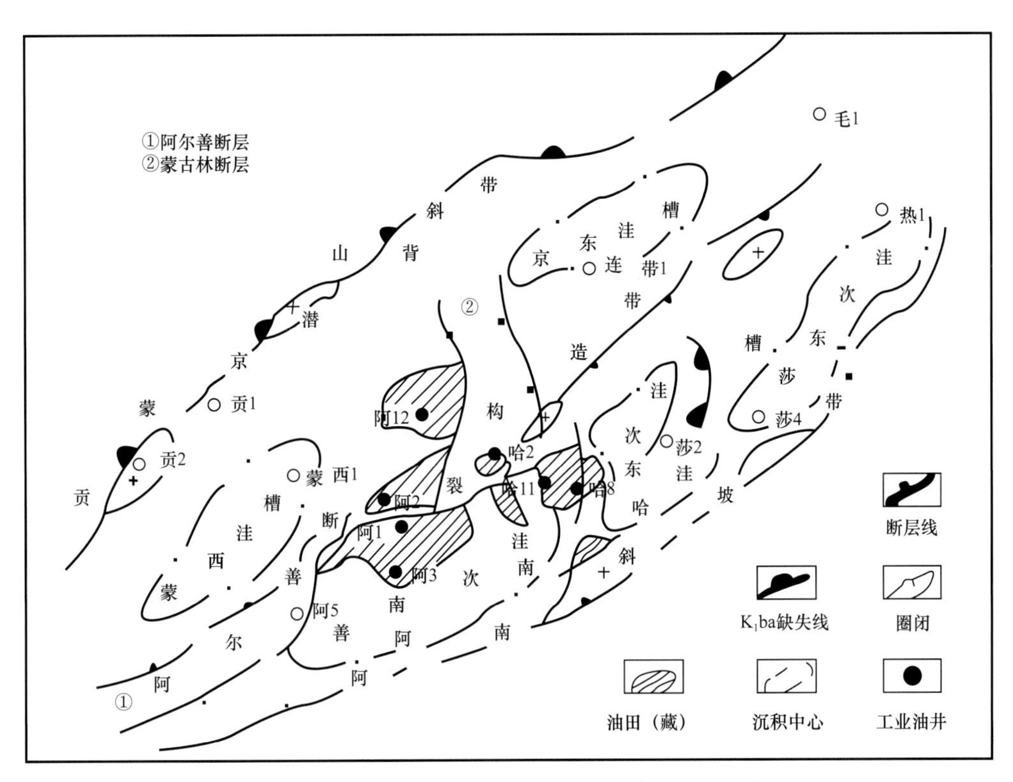

图 1–2　阿尔善构造带区域图（据梁官忠，2003）

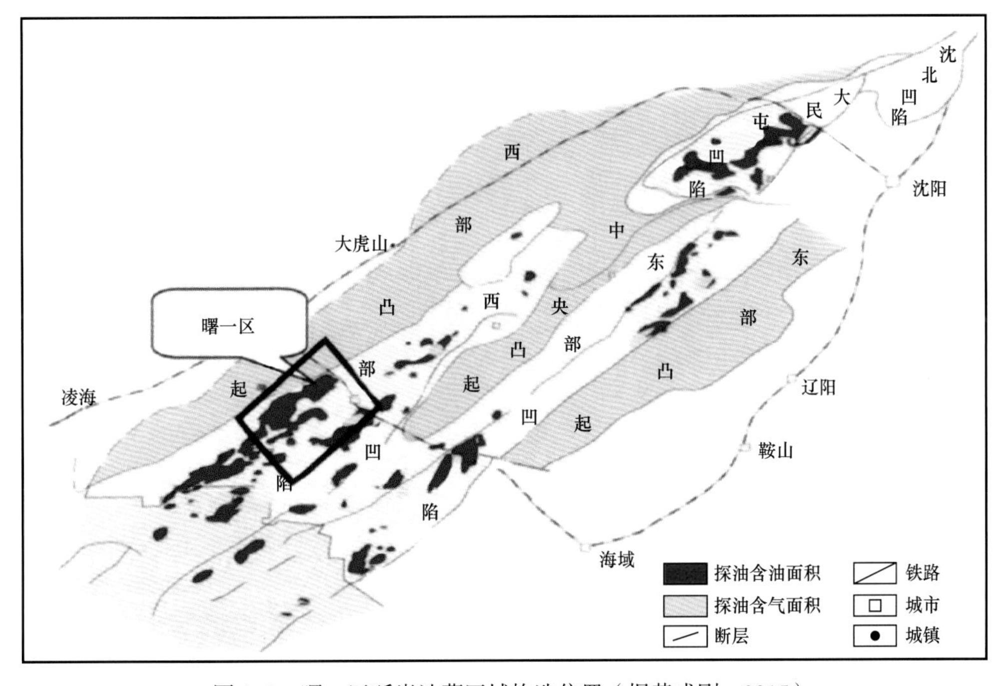

图 1–3　曙一区砾岩油藏区域构造位置（据黄成刚，2015）

麦克阿瑟河油田赫姆洛克（Hemlock）砾岩油藏位于美国阿拉斯加州南部、库克湾盆地上库克湾地区西部浅海地带，是库克湾盆地中最大的近海油田（图 1–5）。赫姆洛克油藏由两个背斜构造夹一个鞍部组成，含油面积约 50.2km^2。该油藏的主要开发层位为古近

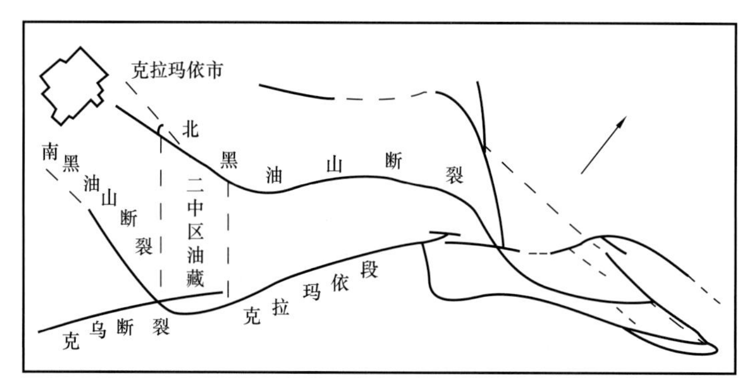

图 1-4 KLMY 油田二中区克下组油藏地理位置（据李庆昌等，1997）

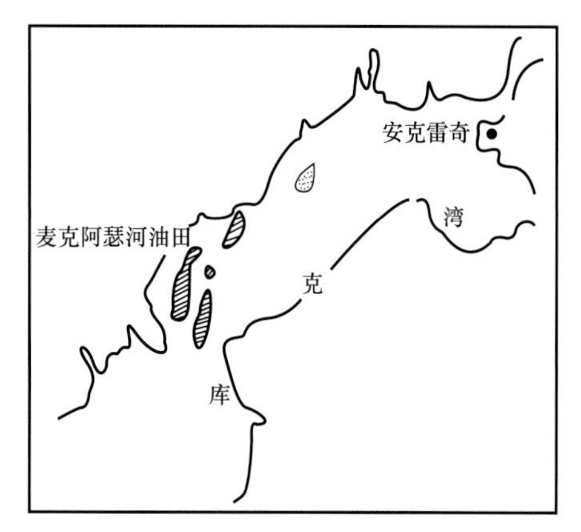

图 1-5 麦克阿瑟河油田位置（据李庆昌等，1997）

系渐新统，属于河流主控冲积扇储层，岩性以中—细砾岩、砂砾岩、砾质砂岩及中砂岩为主，储层物性中等，储量富集程度高，某些井在投产初期日产油量可达 1272t。

2. 扇三角洲砾岩油藏

双河油田位于河南省唐河县和桐柏县境内，构造上处于泌阳凹陷西南部的双河镇鼻状构造上，南邻唐—栗边界大断裂，东邻深凹陷（图 1-6）。含油面积为 31.5km^2。主要含油层位是古近系核桃园组核三段。岩性以砾岩、砾状砂岩、含砾砂岩为主，属于典型的陡坡带扇三角洲沉积，沉积旋回复

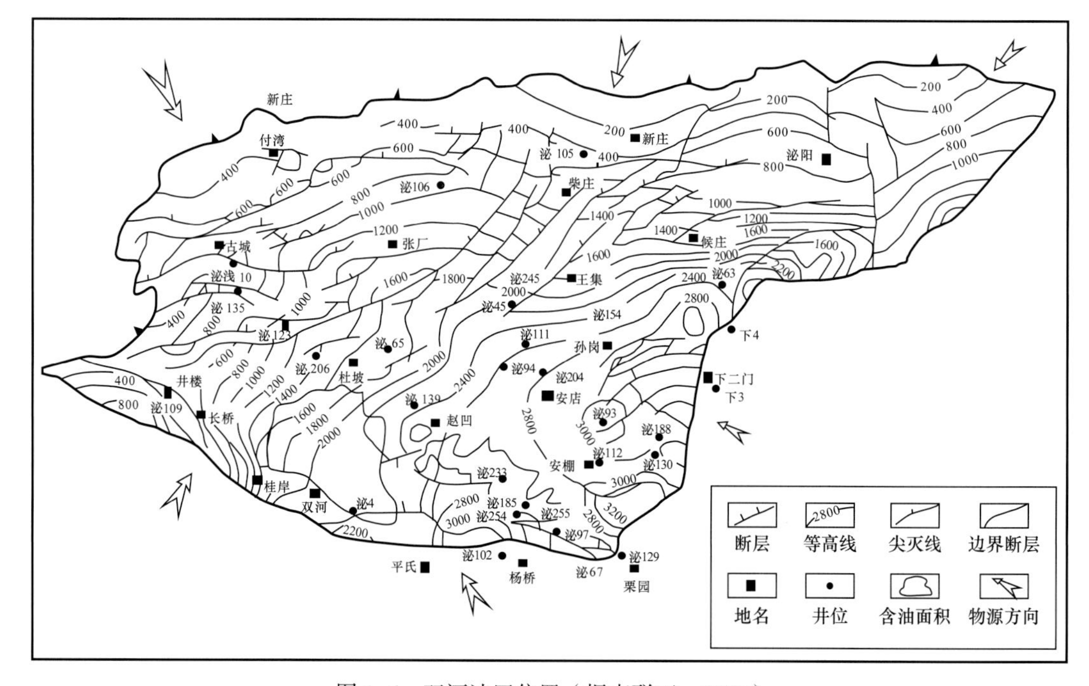

图 1-6 双河油田位置（据李联五，1997）

杂，储层物性差异大，非均质性强。

大庆徐家围子断陷砾岩油藏位于大庆市东南部，为西断东超结构的箕状断陷（图 1–7）。主力产油层位是下白垩统营城组，面积近 4000km^2。碎屑岩岩性以砾岩、砂砾岩、含砾砂岩为主，且砾石成分中岩浆岩占绝对优势（冯子辉等，2013）。发育扇三角洲沉积体系结构，颗粒成熟度低，分选中等至较差，杂基含量较高。

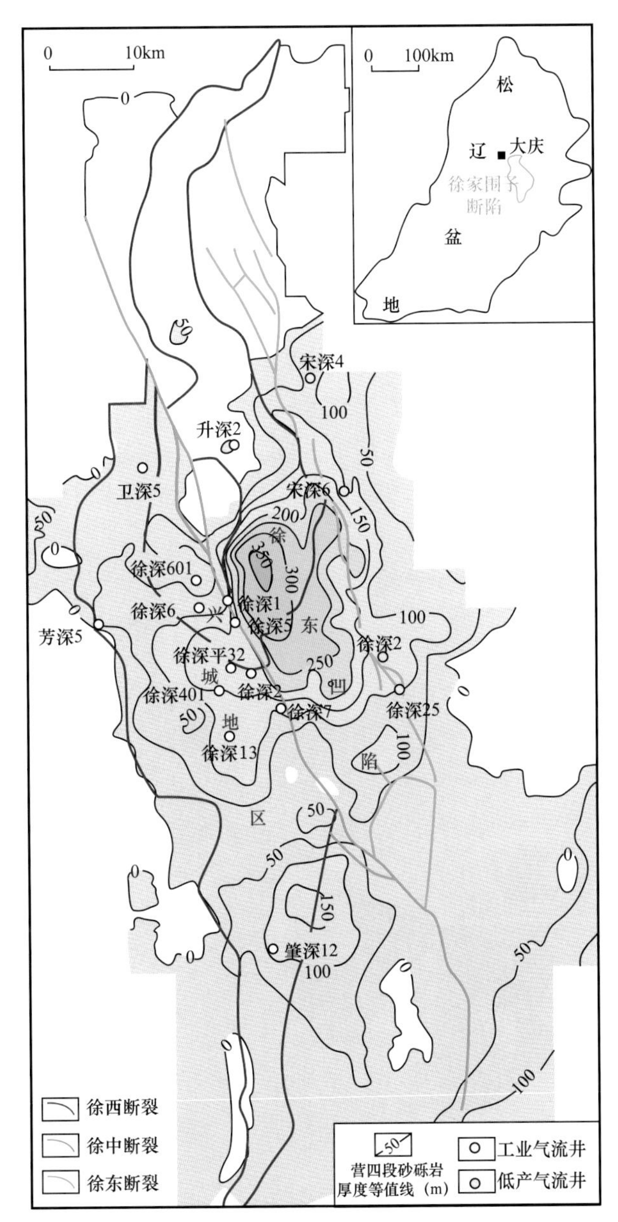

图 1–7　大庆徐家围子断陷砾岩油藏位置（据冯子辉，2013）

乌里雅斯太凹陷南洼砾岩油藏位于凹陷南端，构造上处于二连盆地马尼特坳陷东北端（赵莹彬等，2012）（图 1–8），含油面积约 36.8km^2。主要层位包括下白垩统阿尔善组与腾格尔组（吕传炳，2006）。岩性以细砾岩、砂砾岩、砾状砂岩、中粗砂岩、粉砂岩为主，岩相横向变化快。物性较差，属于扇三角洲低孔隙度低渗透率储层。

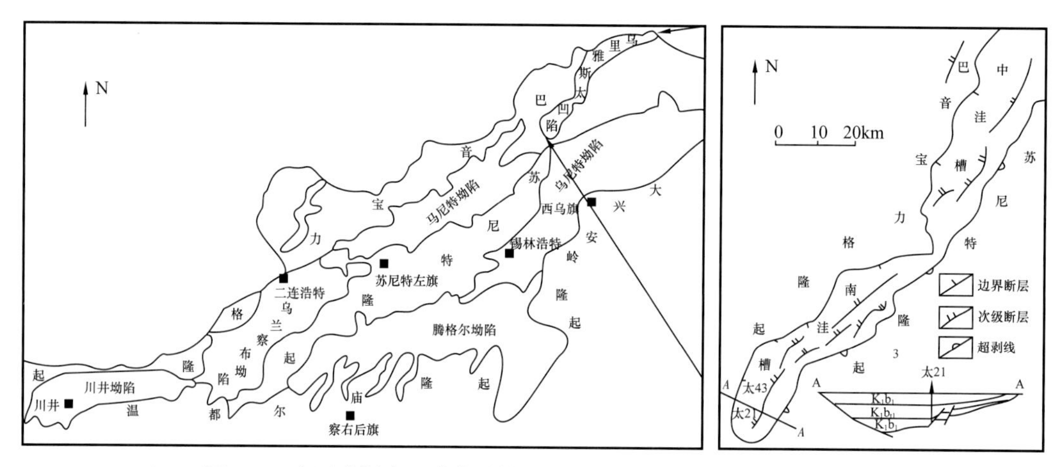

图 1–8 乌里雅斯太凹陷南洼构造位置示意图（据赵莹彬，2012）

3. 近岸水下扇

廊固凹陷兴 9 砾岩油气藏位于凹陷西部的大兴断层下降盘（图 1–9），主力含油层位是始新统到渐新统中段。该段地层对应时代处于大兴断层下降盘剧烈断陷期，使大兴凸起上的岩石大面积破碎，在重力、洪水作用下入湖，成为近岸水下扇沉积（陈蓉等，2010），面积约 $350km^2$，岩性以块状砾岩、砂砾岩、砂岩、砾泥岩互层为主，具有岩性粗、相变快、储层横向变化大的特征。

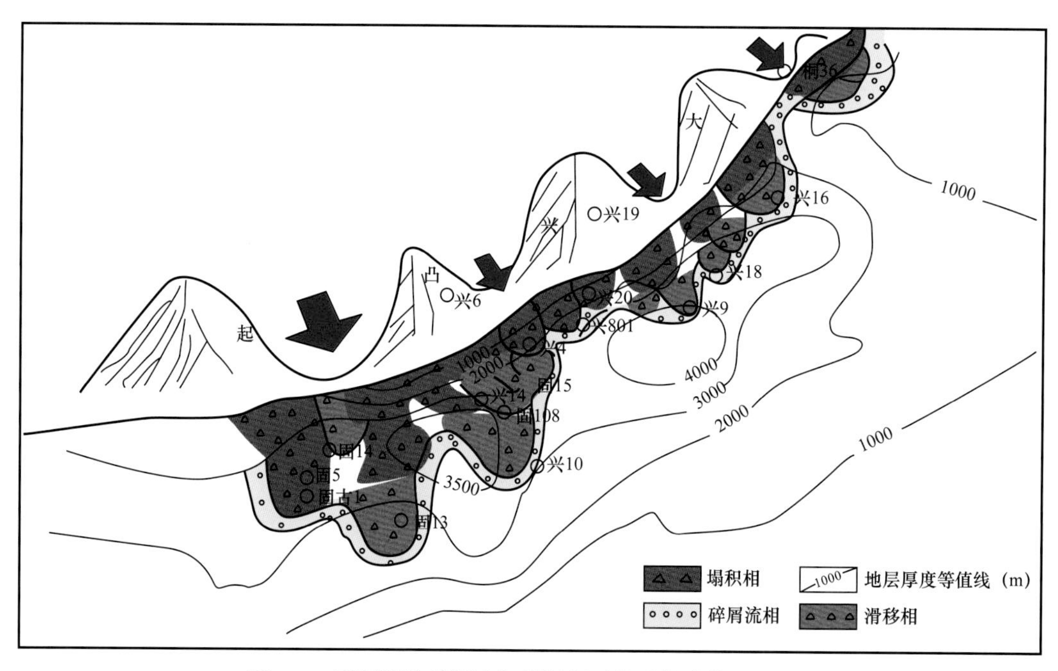

图 1–9 廊固凹陷砾岩油气藏沉积环境（据陈蓉，2010）

胜利油田盐家砾岩油藏位于陈家庄凸起永安鼻状构造西翼，主力油层是沙三段、沙四段（姚约东等，2010）。砂砾岩体多期快速沉积、叠合，具有复杂的沉积格局，非均质性较强，属于近岸水下扇沉积。岩性以支撑砾岩、砂砾岩、砂岩为主。

（二）砾岩油藏分布对比

通过对各个砾岩油藏的分布及概况进行介绍，可以看出在分布区域、分布层位、规模、岩性组成等方面均有异同（表1–1）。

表1–1 各砾岩油藏概况汇总

油藏类型	油藏名称	分布区域	主力层位	油藏面积（km^2）	岩性组成
冲积扇	准噶尔盆地西北缘砾岩油藏	西准噶尔造山带与准噶尔地块之间	二叠系佳木河组、风城组、乌尔禾组、夏子街组及三叠系百口泉组、KLMY组	5000	不等粒砾岩、砂砾岩、含砾不等粒砂岩
	蒙古林砾岩油藏	内蒙古自治区阿尔善	下白垩统阿尔善组阿三段	11.77	细砾岩、砂砾岩、含砾砂岩、砂泥岩互层
	辽河油田曙一区杜84块砾岩油藏	辽河盆地西部凹陷西斜坡欢曙上台阶中段	新生界古近系沙河街组兴隆台油层和新近系馆陶组馆陶油层	4.6	砾岩、砂砾岩、不等粒砂岩等
	KLMY油田二中区砾岩油藏	北部北黑油山断裂与南部克乌断裂之间	中三叠统克下组	19.6	砾岩、巨粗砂岩为主
	赫姆洛克砾岩油藏	美国阿拉斯加州南部库克湾盆地的上库克湾地区西部浅海地带	古近系渐新统	50.2	中—小砾岩、砂砾岩、砾质砂岩及中砂岩
扇三角洲	双河油田	河南省唐河县和桐柏县	古近系核桃园组核三段	31.5	砾岩、砾状砂岩、含砾砂岩为主
	徐家围子断陷砾岩油藏	大庆市东南部	下白垩统营城组	4000	砾岩、砂砾岩、含砾砂岩为主
	乌里雅斯太凹陷南洼砾岩油藏	二连盆地马尼特坳陷东北端	下白垩统阿尔善组、腾格尔组	36.8	细砾岩、砂砾岩、砾状砂岩、中粗砂岩、粉砂岩
近岸水下扇	廊固凹陷兴9砾岩油气藏	廊固凹陷西部大兴断层下降盘	始新统到渐新统中段	350	块状砾岩、砂砾岩、砂岩、砾泥岩互层
	胜利油田盐家砾岩油藏	陈家庄凸起永安鼻状构造西翼	古近系沙三段、沙四段		支撑砾岩、砂砾岩、砂岩为主

从分布地域来看，砾岩油藏主要发育在断陷盆地及前陆盆地冲断带，分布范围很广；从沉积时期来说，前面提到的几处砾岩油藏从古生代晚期、中生代及新生代均有分布，其中以中生代为主；油气藏面积大小不一；岩性主要包括砾岩、砂砾岩等。

二、砾岩油藏水驱开采特征

油田开发过程需要不断地进行调整和完善，在不同开发阶段，考虑到不同的开采特征，油田开发调整的内容与方法有所区别。砾岩油藏具有极为复杂多变的储层，这对开发工作的深入推进提出了更高的要求。岩相变化快、成岩作用强等导致储层非均质性强，使得开发调整的频率较高。结合 KLMY 油田、蒙古林油田及美国麦克阿瑟油田赫姆洛克油藏的相关开采经验，总结了砾岩油藏在不同开发阶段的开采特征。

以采油速度为基础，结合含水率作为划分开发阶段的主要指标，将砾岩油藏的开采全过程划分为三个阶段：低含水高产稳产阶段、中含水采油阶段和高含水产量递减阶段。

（一）低含水高产稳产阶段

1. 开采特征

砾岩油藏投入生产后，为保证稳产，大多采取开发早期注水的开发方式。因此，该阶段的开采特征有以下四点。

1）注水见效快，油层压力回升，产量上升

油藏通过早期注水，及时补充能量，保证了油层压力的恢复和稳定。在这一阶段，高饱和程度油藏的油层压力及时回升，减轻了溢出气体带来的不良影响，一般能恢复到原始油层压力的 70%～80%；低饱和程度油藏的油层压力能够继续保持在原始饱和压力附近；地饱压差较大，压力系数较低的油藏能够将油层压力维持在原始饱和压力之上，不产生溶解气，这类油藏以百口泉油田及赫姆洛克油藏为代表。由于各类油藏均保持了较高的压力水平，使原油具有良好流动的条件，对保持稳产、提高产量和提高开发效果起到保障作用。

2）不同油层动用效果差异大，主力油层动用好

以 KLMY 油田为例，该油田储层非均质性强、油层层数多、单层厚度薄、层间物性差异较大。尽管在开发初始阶段，按照储层物性、原油性质及压力系统等方面的差异，尽可能合理地划分开发层系，但通常各个油层的沉积环境、水动力条件、泥质含量等都有较大差别，层与层之间渗透率级差较大，而且各个油层由于沉积环境的影响，在平面上的展布范围也不尽相同，有些油层呈连片状分布，砂体连通性较好，而另一些油层则呈条带状或透镜状分布，砂体连通性较差或基本不连通，这就导致了在一定布井方式和井网密度下，各个油层的注采连通程度也不一样，逐渐划分出主力油层和非主力油层，主力油层渗透率相对较高、注采连通好，注入水推进速度快，能较好地保持油层压力，油井见效快，而油层物性差的非主力油层往往受到其他油层的干扰而处于动用差或未动用状况。

3）不同油水黏度比的油藏具有不同的开采特征

注水开发的油藏中，不同黏度油藏的含水动态和开发指标从开发初期就呈现出明显差别。原油黏度相对较低的油田，油水黏度比较小，水驱前沿均匀推进，无水采收率较高，低含水采油期的含水上升速度较慢，低、中含水采油期较长，可实现油田的稳产。高黏度油藏的油水黏度比高，注入水流经油带时，由于黏度差异较大，常常会出现水的黏度指进，造成油井过早见水，甚至某些油井投产即含水，驱油效果较差，这类油藏低含水开发期较短，含水上升速度快，大部分储量都在中高含水期采出。

4）部分油井水窜比较严重

油井水窜在砾岩油田较为常见，含水上升快，水淹时采出程度低。有诸多因素会导致油井水窜，除了受层间高渗透条带、油水黏度差异及注水井注入压力过大导致地层破裂的影响外，主要还与砾岩储层中存在着大量特殊的能导致水窜的储层结构和构造有关，诸如支撑砾岩、古风化壳、岩性界面、层理面、天然裂缝等。水窜井的存在是导致砾岩油田注水开发效果较差的重要原因。

2. 开发措施

开发措施改善开发效果的任务主要是协调各类油层的注采关系、提高水驱控制和储量动用程度、保证有较长时期的高产稳产。主要开发措施包括：保护油层，防止油层伤害；采取分层注水、增注，调整吸水剖面和水流方向；应用油层水力压裂、酸化措施改善油层的渗流条件；深化油藏认识，合理调整开发层系和注水方式。与此同时，还要深化油藏开采规律的研究，建立有关的开发技术政策，以便保证更有效、更合理地开发好砾岩油田。

（二）中含水采油阶段

1. 开采特征

该阶段是油田保持产量稳定，持续获得高产的重要阶段。相比于低含水期，油藏在许多方面的情况都发生了变化，含水率进一步升高，见水井数增多，已逐渐处于多层、多方位见水，地层压力消耗与生产压差增加，油水分布逐渐复杂化，油藏稳产难度增大。

1）中含水期仍具有实现稳产高产的有利条件

经过无水、低含水采油期的稳步发展，不断总结油藏压力动态变化规律、流体运动规律，为中含水期实现稳定高产奠定了较好的基础，使这个阶段仍有较高的产能和增产潜力，而且在措施与管理方面的持续改进也易于获得较大幅度的增产效果。该阶段的重点任务在于强化注采系统，调整井网井距及注水方式。将这些有利条件充分利用，及时监测油藏动态并采取相应措施，就能够保持油藏在中含水期继续高产稳产。

2）含水率显著上升逐渐威胁油藏稳产

随着各油层采出程度不断增加，含水率也在急剧上升。在低含水采油期，每采出 1% 的地质储量，含水上升率仅为 1.43%～2.85%；而中含水采油期，每采出 1% 的地质储量对应的含水上升率是低含水采油期的 3～4 倍，甚至更高。油井含水上升会形成注采井间的压力连通，使得井底流压不断上升的同时，对地层压力的能量补充逐渐减弱，生产压差不断缩小，驱油动力逐渐丧失，会导致油藏产量递减，含水率上升也使部分油井的自喷能力显著下降。

3）瞬时油层动用程度呈现大幅下降

砾岩油藏层间非均质性强，导致同一层系内不同油层的相互干扰十分显著。容易出现主力油层水窜严重、动用程度高，而非主力油层注入水波及体积小或无注入水波及，动用程度低，完全压制非主力油层，甚至出现倒灌现象（胡复唐等，1997），使各油层动用程度均下降，部分注入水在油层内部形成低效、无效循环。

2. 开发措施

考虑到中含水期油藏稳产条件的变化及其对稳产的一系列不利影响，该阶段的主要开发措施包括：采用分层压裂及分采等技术的分层综合调整，完善注采系统，实现层间产量接替；调整注采井网，包括对行列注水井网中增加点状注水，转换面积井网类型等；深化开发老区的地质研究，进一步发挥油层的层间和平面的潜力作用，适时扩边，寻求新的建产区块；提高采液速度及排液量，保持油藏稳产；有针对性地钻加密调整井，强化数值模拟技术在井网调整中的作用；同时也将中低渗透层具有油层厚度大、采出程度低、含水率不高的井区作为挖潜对象，通过调整达到提高水驱波及体积、提高储量动用程度、增加新储量和产油量，实现中含水期开采阶段的持续高产稳产。

（三）高含水产量递减阶段

1. 开采特征

与前两个开发阶段相比，高含水产量递减阶段的开发状况更加复杂多变。

1）地下油水分布更加复杂，剩余油比较分散

在进入高含水期之前，油田已经过长期水驱开发，主力油层大面积水淹，但由于砾岩油藏本身强烈的层间、层内及平面非均质性，使得不同层位、不同井区的水驱规律差别较大，横向及纵向上的驱替程度极不均匀。长期注水形成网络状优势渗流通道，导致大量注入水沿优势通道流动，形成低效或无效注入水循环，地下原油的易采部分已基本采出，使得剩余油大量富集在未被波及的分散区域。

2）多种因素导致油藏的水油比急剧上升

在高含水期，砾岩油藏的水油采出比急剧上升，通常采出 1 体积原油的同时，能采出 4～7 体积地层水。水油比上升的直接因素在于强注强采，增加注液量与排液量，提高了采液速度。核心的地质因素在于强烈的非均质性形成的优势渗流通道，大量注入水沿此通道无效循环，无法波及剩余油分布区域，驱油效率明显下降，而注水量及产出水量的增加直接导致开采成本的增加。

3）主要采油方式从自喷转为人工举升

在低、中含水阶段，由于注水前缘未扩展到油井井底，油井的生产压差保持较好，许多油井可以保持自喷开采。进入高含水阶段，随着各油井综合含水率上升，井筒中流体混合密度增加，井底流压增大，使生产压差逐渐减小，自喷能力变弱，大部分自喷井产能降低，甚至停喷，这就需要转变采油方式，从自喷开采转为人工举升，重新扩大生产压差，提高产量。与此同时，也带来了油田检修作业量的大幅增长，需要专业的技术力量支持。

4）一般性调整措施的效果变差

随着油田采出程度和含水率的增加，受原有开采条件、油田地质情况和采油工艺技术等多种因素的制约，措施选井日益困难，而且措施施工难度增大，增产效果也变差，单井措施增产量逐年下降，依靠一般性的压裂、堵水、隔水措施所获得的增产量已难以弥补产量递减。

5）油水井的井下状况变差

油田进入高含水期，经过长期的井下作业及调整，再加上油藏压力变化引起的地应力改变，许多油水井的套管出现不同程度的变形或损坏；另外，井下管柱结垢、出砂等造成油水井不能正常工作，甚至有的被迫长期关井，关井或长停井数量增加，造成油田出现大量的井点损失，油水井的利用率逐渐降低。

2. 开发措施

高含水期原油的产量持续递减，开发调整的主要目标是控制含水上升速度、减缓产量递减、增加可采储量。主要开发措施包括：对油层进行周期注水，造成不稳定压力波动，提高低渗透层的注水效果，增加采油量；进行油藏整体性调剖堵水，控制含水上升的速度，提高注入水利用率，改善与扩大注入水波及系数；从自喷采油方式逐步转为大范围机械采油方式，并根据机械采油的要求，逐步完善有杆泵采油的工艺技术；广泛应用包括控砂工艺、油水井套管修复工艺、油层封窜工艺等在内的大修工艺技术，恢复停产油井的正常生产。

三、砾岩油藏三次采油

三次采油技术又称提高采收率技术（enhanced oil recovery），主要面向水驱开采无法采出的剩余油，通过对油层注入其他类型的能量（化学能、热能、生物能等），提高波及系数及驱油效率，最终提高油田整体采收率。

目前，较为主流的三次采油技术系列包括化学驱、热力驱、混相驱、微生物驱及物理采油法（李梅霞，2008）。化学驱是利用化学注入剂性质对油层物性、流体物性的影响，改善驱替效果，包括聚合物驱、表面活性剂驱、聚合物—表活剂—碱三元复合驱等。热力驱是通过对含油层位加热，降低原油黏度，改善水油流度比或原油性质，达到采出剩余油目的，包括火烧油层、蒸汽驱等。混相驱是通过注入混相剂，在地层条件下与原油形成混相，消除界面张力和降低黏度，从而提高注入剂的波及系数，包括液化石油气混相、二氧化碳混相等。微生物驱是将微生物及其营养源注入地下油层，使微生物在油层中繁殖，一方面通过微生物对原油的直接作用，改善原油物性，提高原油在地层孔隙中的流动性；另一方面利用微生物在油层中生长代谢产生的气体、生物表面活性物质、有机酸、聚合物等，提高原油的驱油效率。微生物驱油具有两个明显的特点：一是施工工艺简单，微生物以水为生长介质，以质量较次的糖蜜作为营养，实施方便，可从注水管线或油套环形空间将菌液直接注入地层，不需对管线进行改造和添加专用注入设备；二是增油效果好。由于微生物在油藏中可随地下流体自主移动，作用范围比聚合物驱大，注入井后不必加压，不伤害油层，无污染，提高采收率显著。物理采油法是利用包括声场、电场在内的不同物理场对油层进行激励，从而提高采收率。

不同的三次采油技术具有各自的特点和适应性，对于砾岩油藏来说，聚合物驱油技术是一个值得关注的方法。聚合物驱油技术在国内的应用已有 50 余年。从 1996 年起，陆续在大庆、胜利、大港和新疆等油田步入工业化应用，且均取得了一定的效果，平均提高采收率达 8%～12%（王德民，2003；宋考平等，2008；张继成等，2010）。其中，聚合物驱油技术在大庆油田的应用最为广泛，并已取得了显著的社会效益和经济效益。但整体上来说，聚合物驱油目前在国内的规模化应用分布格局尚不平衡，实际应用效果差异较大。聚合物驱油技术在砾岩油藏的应用研究较少。但开发后期的砾岩油藏由于储层非均质性强，油水关系复杂，仅靠注水采油效果越来越差，迫切需要采用聚合物驱油技术来改善开发现状。

（一）聚合物驱油适用性标准

聚合物驱油技术属于三次采油提高采收率方法之一，应用条件与投资费用均比注水采油高很多，因此，世界各国在应用时都很谨慎。杨普华（1999）在参考各国提高采收率适用性筛选标准的基础上，针对国内的具体情况，给出了聚合物驱油适用性的筛选标准。对地层各项参数制定的标准如下：原油黏度＜100mPa·s；原油相对密度＜0.95；地层水矿化度＜100000mg/L；地层水硬度＜1000mg/L；地层水饱和度＜50%；油层温度＜90℃；渗透率＞50mD；渗透率变异系数＞0.6。结合这一标准，将油田计划采用聚合物驱油的储层参数与之进行对比，即可分析聚合物驱的适用性。

（二）砾岩油藏聚合物驱微观机理

砾岩油藏具有复杂的储层微观结构，不能把砂岩油藏聚合物驱油方法直接照搬应用到砾岩油藏，需要对砾岩油藏聚合物驱油的微观机理进行研究（商明等，2003）。

1. 砾岩油藏水驱剩余油分布

砾岩油藏由于储层孔喉结构的复杂性与特殊性，水驱过程中表现出种种与其他类型油藏不同的驱替特征：细长喉道中油水以大量的段塞交替运移、油滴经过细小喉道时发生小孔分散等现象；注入水指进现象突出，注入水常常沿高渗透带迅速突破，而大多数中细孔喉系统的渗流十分缓慢。受注入水不均匀突进、流动不畅孔喉、表面张力的滞留、细孔喉的卡断等作用的影响，砾岩油藏水驱结束后，仍可以明显看到残余油斑块大量存在。

同砂岩油藏相比，砾岩油藏水驱剩余油有以下特征：

（1）由于砾岩储层的强非均质性，小孔包围大孔的现象比较明显，无论是亲水模型还是弱亲油模型，被小孔包围的大孔道里水驱剩余油都比较多。

（2）局部细小孔道区域由于渗流阻力大，注入水未能驱替波及，形成微观局部死油区。

（3）砾岩油藏中不连通的盲孔较多，有的较深较大，其中绝大部分原油不能被驱替，形成水驱剩余油，即盲端剩余油。

从砾岩油藏水驱开发的物理模拟结果来看，水驱结束时，仍有较多的水驱剩余油，主要以油斑、油膜、段塞、死油区等状态分布，水驱微观波及系数较小，驱替效率较低（冯慧洁等，2007）。

2. 聚合物微观驱油机理

在亲水微观模型中，在聚合物驱油压差不大于水驱油压差的条件下，原来不能运动的水驱残余油有一部分被携带而流动。聚合物吸附在孔壁上，降低了油相渗滤阻力，使油相的运动速度明显加快；聚合物使油水界面黏度增加，使油滴变形能力加强，在充满聚合物的孔隙中，油滴变形并顺利通过狭窄的喉道，油滴被聚合物溶液携带，剪切变形，向前运移。另外，聚合物驱增加驱动压差，克服孔道产生的毛细管力，将其中的油滴驱出，使聚合物溶液驱替前缘形成含油富集带。水驱剩余油在聚合物溶液的驱扫下形成了连通的富集带。亲水微观模型中也有少量桥接和拉丝现象，主要出现在较细喉道中。

在亲油微观模型中，在聚合物驱残余油的过程中，油膜的连通有利于油相的流动，是增加油流通道的主要方式。促使油膜连通的原因在于黏性聚合物溶液使油受到的剪切应力增大。在聚驱过程中主要有两种现象（郭尚平等，1990），一种是形成油丝，在岩石颗粒表面聚集的油膜在聚合物溶液的携带下，从岩石颗粒表面沿着油水流动方向拉出细长的油丝，通过喉道向前运移，油滴及被拉长的油丝运移至较大孔隙后聚并成较大的油团，如此反复，向前运移。另一种是油膜桥接现象，亲油的孔道壁上原来不动的残余油，在聚合物溶液的携带下沿孔道壁向液流下游方向移动，聚集在岩石颗粒的下游，油膜聚集到一定程度后，在聚合物溶液的剪切拖拽作用下，在两个岩石颗粒之间产生桥接现象。这时上游岩石颗粒上的油可通过液桥流到下游岩石颗粒表面，上游的残余油逐步运移到下游，进而被采出。

在亲水和亲油微观模型中，聚合物驱油的渗流机理不完全相同，但其共同机理是流动的黏性聚合物溶液施加在残余油滴上的剪切应力增加，因而携油能力提高，使一部分水驱残余油能被驱替出来。

无论是亲水模型还是弱亲油模型，聚合物驱都能明显减少水驱残余油量。孔道中原来的大块残余油大部分被驱走，只在几个喉道的交会处留有一些小油珠，但盲端残余油的变化不大（夏惠芬等，2006），驱扫效果不理想。砾岩油藏中盲端较多，聚合物驱后砾岩油藏中剩余油量仍很可观。

3. 砾岩油藏聚合物驱开采特征

1）阶段含水起伏变化大

砾岩油藏的含水规律与砂岩油藏相差很大，砂岩油藏聚合物驱呈比较平滑的下降、稳定和回升趋势，而砾岩油藏聚合物驱整体呈波动见效形态，虽然含水变化也基本上经历了下降和回升阶段，但含水变化短期起伏较大。

2）注水压力上升速度慢

注入压力的变化可以直接体现聚合物溶液的注入能力。砾岩油藏和砂岩油藏聚合物驱的注入压力变化形态基本一致。

3）比砂岩油藏聚驱的见聚时间晚

见聚浓度的变化间接反映了井间地下渗流情况及井组受效状况。与砂岩油藏相比，砾岩油藏注聚合物驱的见聚时间晚，见聚浓度值初期小于砂岩油藏。

第二节　砾岩储集体沉积成因

砾岩储集体常出现在断陷盆地或前陆盆地边缘陡坡带，主要发育在冲积扇、近岸水下扇、扇三角洲等沉积体系中，是近源快速堆积的产物，储层非均质性极强。对砾岩储集体的沉积成因及各成因类型进行探讨，有助于明确其来源及沉积结构，这是深入认识砾岩储层结构的前提。

一、砾岩

（一）概念

作为碎屑岩中粒度最粗的一种岩石，不同学者对砾岩的定义有一些区别。李庆昌（1997）认为岩石颗粒直径大于2mm的岩石碎屑称为砾石或角砾石，砾石或角砾石占岩石整体含量不小于50%的岩石称为砾岩或角砾岩。朱筱敏（2008）将砾岩定义为岩石颗粒直径大于2mm，含量大于30%、由粗大碎屑颗粒组成的粗碎屑岩。由此可见，对于砾岩的主要岩石颗粒粒度起算点不存在分歧，均认为粒径需大于2mm，主要区别在于该粒径范围内的岩石颗粒占整体含量的百分比。岩石颗粒不同级别粒径的分级分为十进制和 2 的几何级制两类（表 1–2），国际上一般采用 2 的几何级制划分岩石颗粒类型。

目前，较为统一的岩石分类是砾石颗粒占岩石整体含量不小于 50% 的可称为砾岩或角砾岩。砾石颗粒占岩石整体含量的 25%～50% 称为砂砾岩，由于砂砾岩与砾岩均是以砾石为主的碎屑岩沉积，本书将从广义角度统称为砾岩。

表 1–2　常用碎屑颗粒粒度分级（据朱筱敏，2008）

十进制			2 的几何级数制	
颗粒直径（mm）	粒级划分			颗粒直径（mm）
＞1000 100～1000 10～100 2～10	巨砾 粗砾 中砾 细砾	砾	巨砾 中砾 砾石 卵石	＞256 64～256 4～64 2～4
1～2 0.5～1 0.25～0.5 0.01～0.25	巨砂 粗砂 中砂 细砂	砂	极粗砂 粗砂 中砂 细砂 极细砂	1～2 0.5～1 0.25～0.5 0.125～025 0.0625～0.125
0.05～0.1 0.005～0.05	粗粉砂 细粉砂	粉砂	粗粉砂 中粉砂 细粉砂 极细粉砂	0.0312～0.0625 0.0156～0.0312 0.0078～0.0156 0.0039～0.0078
＜0.005	黏土（泥）			＜0.0039

（二）成因分类

砾岩的成因类型较多，根据盆地发育的不同历史时期及位置，综合古构造特征、湖平面升降变化及古气候等条件的影响，考虑砂砾岩体沉积类型、展布规模、形态、岩性、物性等因素，常见的砂砾岩体成因类型包括冲积扇、扇三角洲、近岸水下扇和浊积扇等（昝灵等，2011）。

1. 冲积扇成因砾岩体

在湖盆发育初期干旱或半干旱气候环境，古地形高差大，蒸发量大于补给量，由季节性洪水携带碎屑物快速充填于盆地边缘，整体在湖平面以上，沉积粒径较粗的角砾岩、砾岩、含砾砂岩夹薄层泥岩，大都显示出混杂堆积，块状或无层理，扇中部分可出现粒序层理和交错层理。测井曲线多为齿化箱形，沿盆地中心方向呈楔形，平行盆缘方向呈丘形，内部见斜交或发散结构。

2. 扇三角洲成因砾岩体

在湖盆发育早期和湖盆深陷初期，季节性洪流携带碎屑从陡坡带进入湖盆，沉积形成部分在水上、部分在水下的砾岩地质体。在水平面以下的那部分，受河流—波浪作用影响。岩性以砂砾岩为主，夹泥岩、砂岩。发育向上变粗、具反旋回特征的各种层理。测井曲线形态呈漏斗状、箱形或钟形。地震剖面上的反射外形与冲积扇相似，内部具有不明显的前积结构。

3. 近岸水下扇成因砾岩体

湖盆深陷时期，由季节性洪流所携带的碎屑直接入湖堆积形成，整体位于水平面以下，岩性主要有砂砾岩、砂岩、泥岩，底部是混杂堆积，中上部为块状砂岩，可见各种层理，总体呈向上变细的正韵律序列。扇根的测井曲线呈漏斗状或箱形，上部扇中为钟形。在地震剖面上反射外形为楔形或丘形，扇中可见斜交前积和波状结构，扇端连续性较好。

4. 浊积扇成因砾岩体

浊积扇成因砾岩体主要在湖盆最大深陷期形成，一种是分布于陡坡之下的深湖浊积扇；另一种为三角洲前缘滑塌浊积扇。岩性主要为深湖泥岩夹砂砾岩层，具有下粗上细的正旋回，可见不完整或完整的鲍马层序。测井曲线为齿化钟形和指状。地震剖面上外形为丘形或透镜状，内部为波状—杂乱结构。

二、冲积扇砾岩体

（一）冲积扇沉积环境

冲积扇又称洪积扇，通常位于陆地的山前带，环绕山脉沿山麓大面积分布。冲积扇这一名称是 Drew 于 1873 年首次提出的，他认为冲积扇是描述山口处扇形堆积体的地貌现象。在干热的气候条件下，地壳升降运动较强烈地区的风化、剥蚀作用剧烈，所形成的碎屑由山区的暂时性水流（雨水或洪水）或山间河流所携带，随着水流流出山口，当地形坡度突然变缓时，水流向四方散开，流速骤减，水流携带的碎屑物质大量沉积，形成扇状堆积体（图 1-10）。

图 1-10　典型冲积扇形态图

在空间上，冲积扇是一个沿山口向外伸展的巨型锥状沉积体，锥体的顶端指向山口，锥体的底端指向山间平原，其延伸长度可达数百米至数百千米。从纵向剖面来看，冲积扇呈下凹透镜状或楔形，横剖面呈凸形，表面坡度在近山口的扇根处可达 5°～10°，远离山口变缓，为 2°～6°。沉积物的厚度变化范围可从几米到近万米不等。冲积扇可以单个出现，大多数情况下是由多个扇体沿着山系的前缘在横向上彼此联结，形成冲积扇复合体系，通常延伸可达数百千米。

冲积扇沉积主要受汇水盆地大小、气候和地形等多因素控制。一般来说，汇水盆地越大、气候越湿润、地形越平缓，冲积扇沉积面积越大。母岩为泥岩岩类，则形成的冲积扇较大且沉积表面较陡；地形坡度越陡，则形成的冲积扇越小。当然，造山运动是形成巨厚、大型冲积扇的必要条件，所形成的山脉在剥蚀、风化作用下为冲积扇提供了充足的物源。尤其当地壳升降运动速度超过山区主河床下切速度时，更有利于巨厚层冲积扇的形成。

由此可知，冲积扇的形成与发育受到自然地理、气候条件和地壳升降运动等因素的影响。造山作用越强，地形高差越大，冲积扇就越发育。

（二）不同类型冲积扇沉积特征

冲积扇的分类目前有三种方法，包括按气候环境分类、按沉积相序分类及按沉积类型分类。

1. 气候环境分类

根据气候条件的不同，冲积扇可被划分为湿润型和干旱型两类（表 1–3）。湿润型冲积扇的单个扇体大，其表面积可达干旱型冲积扇的数百倍，最大面积可达 16000km^2，扇体河流作用较明显，发育有河流作用产生的沉积结构和构造。湿润型冲积扇要比干旱型冲积扇的扇体坡度平缓。干旱型冲积扇呈面积较小的锥形体，扇体面积小于 100km^2，扇根处沉积厚度大，向扇缘处厚度快速减薄。干旱型冲积扇地处降雨量少的干热气候带，季节性暴雨或高山积雪融化形成间歇性河流，携带大量沉积物，主要以碎屑流形式在山口处大量堆积，从而形成冲积扇。

表 1–3　干旱型和湿润型冲积扇特征对比（据朱筱敏，2008）

类型	干旱型冲积扇	湿润型冲积扇
河流性质	间歇性河流	终年河流
扇体半径、沉积面积及厚度	扇体半径通常为 1.5～8.0km，最大可达 25km，沉积面积小；沉积厚度大，可达 8000m	扇体半径为 50～140km，沉积面积较大，可达几百平方千米；沉积厚度较小，几米到几百米不等
坡度	较陡，一般为 3°～10°	平缓，小于 1.5°
河床分布格局	变化频繁紊乱	河流往往定向迁移，决口改道具有突发性
沉积物分布	自扇根向前缘沉积物逐渐变细，发育较多泥石流沉积	自扇根至扇缘沉积物逐渐变细，但扇中和扇缘的河槽内分布砾质沉积，发育河道沉积
垂直层序	整个冲积扇层序自下而上逐渐变粗，但单个沉积旋回主要为向上变细的河流层序	整个冲积扇及单个旋回均为向上变细的层序

注：此表根据 Schumm（1977）、Friedman（1978）、Gole（1966）资料整理。

2. 沉积相序分类

依据冲积扇的相序和沉积序列，冲积扇可分为进积型、退积型和加积型等（印森林等，2017）。进积型冲积扇的地层厚度向上变厚，粒度变粗，自下而上形成扇缘、扇中、扇根依次叠置的相序列，沉积物粒度向上变粗。退积型冲积扇正好相反，地层厚度向上变薄，粒度变细，自下而上扇根、扇中、扇缘依次叠置，沉积物粒度向上变细。加积型则是物源供给速度与可容空间增长的速度相等，地层厚度、粒度变化不明显。

3. 沉积类型分类

传统认为，冲积扇的沉积类型主要为泥石流（碎屑）和辫状河沉积物。Stanistreet 等在研究非洲南部 Okavango 冲积扇时，提出了曲流河（或直流河）控制的冲积扇类型，扩展了冲积扇的定义，提出了冲积扇三端元分类方案。三个端元分别为：泥石流（碎屑流）沉积为主的冲积扇、辫状河沉积为主的冲积扇和曲流河（或直流河）沉积为主的冲积扇。不过该方案中，以曲流河沉积为主的冲积扇类型仍具有争议，且该类型的冲积扇非常少见。由此，吴胜和（2016）改进了三端元分类方案，按沉积成因划分碎屑流主控型、碎屑流与河流共同控制型、河流主控型三类。其中前两种类型主要发育在干旱—半干旱气候中，河流主控型发育的气候环境相对湿润；冲积扇的展布范围依次变大，扇根、扇中及扇缘亚相在平面上逐步演变，不存在明显的亚相分界面。

三、陡坡带扇三角洲砾岩体

（一）扇三角洲沉积环境

扇三角洲最早是由 Holmes（1965）提出的，他认为扇三角洲是由临近高地推进到海、湖等稳定水体中的冲积扇；之后，Nemec、Steel（1988）提出扇三角洲是由冲积扇提供物源，主要发育在水下或完全发育在水下的楔形沉积体，位于活动的冲积扇与水体之间，通常以砾质沉积为主。这一定义指出了扇三角洲的物源、组分、几何形态、空间位置等，比较符合地质认识。

扇三角洲主要形成于构造活动较强烈的地区，例如活动大陆边缘、岛弧体系边缘、断陷湖盆陡坡边缘。这些地区，短且坡度大的河流（主要是辫状河）从附近的物源区流出，携带大量的粗粒沉积物在湖盆边缘快速堆积而形成扇三角洲（图 1-11）。

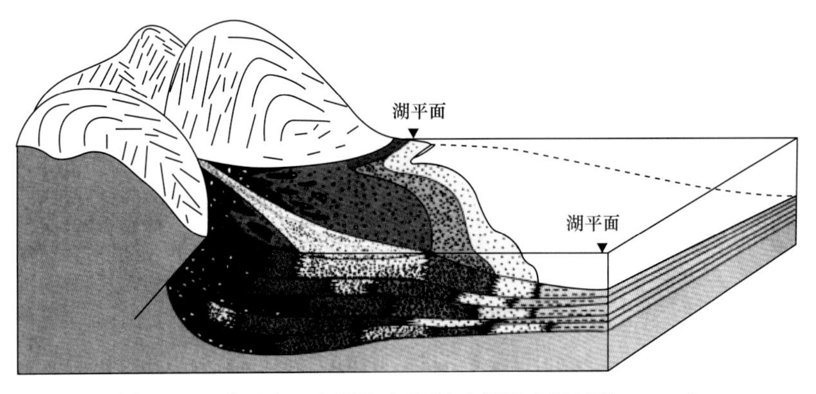

图 1-11　典型扇三角洲发育机制示意图（据彭飏，2017）

陡坡带扇三角洲主要发育在断陷湖盆陡坡边缘，基底断裂控制了湖盆的形成和分布，而断陷湖盆的地质结构又决定了沉积体系的分布。由于它们的基本形式主要为“箕状式”单断，在断陷湖盆陡坡带，特别是靠近深大断裂一侧，因近源、坡陡，以急流的小河流为主，冲积扇可直接伸入湖中，形成扇三角洲或其他重力流沉积，往往构成冲积扇—扇三角洲—水下扇沉积体系。断陷湖盆发展的阶段性、差异性会使沉积体系发生规律性的变化，在不同阶段，沉积体系的分布既有差异性，又有一定的继承性。

（二）扇三角洲沉积特征

扇三角洲常发育于地形高差较大的、紧邻高山的盆地边缘，一部分位于水上，另一部分位于水下。水上部分称为扇三角洲平原，水下部分称为扇三角洲前缘和前扇三角洲。扇三角洲以陆上沉积占优势，可向水下盆地推进一定距离且有一定深度。由于湖泊水动力较弱，波浪和水流对扇三角洲的影响较小，河流作用较为明显。

1. 扇三角洲平原沉积特征

扇三角洲平原是扇三角洲的陆上部分，通常呈向盆地方向倾斜的扇形，实际上形态受盆地岸线形状、波浪和潮汐作用强度及沉积物供给等因素的综合影响。平原亚相可划分为辫状分流河道和漫滩沼泽两个沉积微相，沉积特征类似于陆上冲积扇沉积。

1）辫状分流河道

分流河道沉积于扇三角洲平原上部，具有砾质辫状河流的沉积特征。以厚层碎屑支撑的砾岩、砾状砂岩为主要岩性，成熟度低，分选差至中等，无递变或呈正递变层理。最粗的砾石常分布在河道中部，次棱角至次圆状，长轴一般为几厘米并呈叠瓦状排列，也可见砾石混杂分布。岩石由泥质胶结，岩屑含量可达45%，但在邻近滨岸的地区，岩性变细，为含砾砂岩与粗砂岩，成熟度相对提高。充填分流河道的沉积物具有下粗上细的正韵律。底部具冲刷面和滞留砾石、泥砾沉积，其一般呈块状，向上粒度变细，相应出现大型交错层理、平行层理、小型交错层理、波状层理、包卷层理，少见化石。

2）漫滩沼泽

在扇三角洲平原地区，除发育砾石质辫状分流河道沉积之外，还发育泛滥平原、沼泽和小湖泊等。在断陷湖盆中，水系呈树枝状和梳状，使入湖的冲积扇在湖盆陡岸呈裙边状分布。漫滩沼泽位于分流河道间或单个扇体之间的低洼地区。如果扇三角洲发育在气候干燥的地区，那么漫滩沼泽的面积较小，甚至发育不全。沉积物较细，一般为粉砂、黏土及细砂的薄互层，这些薄互层往往呈块状或水平纹层状，夹少量交错纹理和干裂构造，个别地方见石膏、盐类沉积。由于受洪水洪泛影响，可见较粗的砂岩透镜体。在气候相对湿润的、可发育湿润型冲积扇的地区，扇三角洲平原可出现分布范围较小的泥炭沼泽沉积。常见植物根系和生物扰动构造。

2. 扇三角洲前缘沉积特征

扇三角洲前缘常位于岸线至正常浪基面之间的较浅水区，是大陆水流与波浪、潮汐相互作用的地带，波浪、潮汐与河流相互作用可形成河流作用为主的、波浪作用和潮汐作用改造的扇三角洲前缘沉积。主要沉积含砾砂岩，发育交错层理。扇三角洲前缘以较陡的前积相为特征，发育大中型交错层理等牵引流沉积构造，主要沉积砂砾岩。扇三角洲前缘可细分为水下分流河道微相、水下分流河道间微相、河口坝微相和前缘席状砂微相。

1）水下分流河道微相

在整个扇三角洲沉积体系中，水下分流河道微相占有相当重要的地位，主要由含砾砂岩和砂岩构成，分选中等。垂向层序结构特征与水上分流河道微相相似，但砂岩颜色变暗，以中、小型交错层理为主，在其顶部可受后期水流和波浪改造，有时出现脉状层理和波状层理。水下分流河道微相化石较少，主要是浅水介形虫及淡水轮藻。整个砂体呈长条状分布，横向剖面呈透镜状且较快尖灭。

2）水下分流河道间微相

水下分流河道间微相位于水下分流河道的两侧，由互层的浅灰色细砂、粉砂及灰绿色泥岩组成。发育水平层理、波状层理、透镜状层理、压扁层理及包卷层理。水下分流河道间微相的重要特征是生物扰动程度较高，有较多的生物潜穴。同时，受波浪的改造作用较明显。概率图中跳跃总体常由两个斜率不同的次总体组成。在反韵律单层中，由下而上分选变好。

3）河口坝微相

由于扇三角洲暂时性水流作用和盆地波浪、潮汐的改造作用，河口坝不像正常三角洲那样发育。与常规三角洲河口坝相比，扇三角洲河口坝的沉积范围和规模较小，位于水下分流河道的前方，并继续顺其方向朝湖盆中央发展。含砂量高，粒度以粉砂—中砂为主，分选较好，沉积粒序主要显示反韵律。由于受季节性及物源等影响，常伴泥质夹层。沉积构造主要为中小型交错层理、平行层理、波状交错层理、透镜状层理，偶见板状交错层理。在较细的粉砂质泥岩中，可见滑动作用或生物扰动作用形成的变形层理、扰动构造。粒度概率图反映了河流和湖泊水流的双重作用，跳跃总体由两个斜率不同的次总体构成。整体呈底平顶凸或双凸透镜状。

4）前缘席状砂微相

前缘席状砂是扇三角洲沉积的重要标志，位于河口坝的侧方或前方，紧邻前三角洲，在气候相对干旱的地区，当波浪和沿岸流作用加强时，使得水下分流河道或河口坝受到改造并重新分布。沉积物经过反复淘洗、簸选，分选变好，在扇三角洲前缘地带形成分布广、厚度薄的席状砂体。前缘席状砂的岩性较细，成熟度较高，显示反韵律沉积序列，表现为砂泥间互层。其中可见波状交错层理、变形层理。

3. 前扇三角洲沉积特征

前扇三角洲处于浪基面以下的较深水地区，与较深湖、陆架泥岩过渡，缺少明显的岩性界限。由互层灰绿色、灰黑色泥岩、泥质粉砂岩、钙质页岩、油页岩组成。粒级和颜色的变化可形成季节性纹层，常见粉砂质透镜体夹层。发育水平层理，含较丰富的介形虫、鱼类等化石。

四、近岸水下扇砾岩体

近岸水下扇是山地河流出山谷就直接进入半深湖—深湖区堆积形成全部淹没于水下的扇形砾岩体，呈楔形体插入深水湖相沉积物中，也称近岸浊积扇（图 1–12）。近岸水下扇砂体以高密度浊流和低密度浊流沉积为主，在搬运机制和沉积作用上有别于分布在湖盆浅水区的水下冲积扇或扇三角洲。垂向剖面上是呈向上变细的层序，显示出退积序列。岩性以粗碎屑沉积为主，并夹在湖相暗色泥岩中，构成砂砾岩、含砾砂岩、砂岩、粉砂岩和泥岩等频繁变化的韵律沉积（张文朝，2011）。

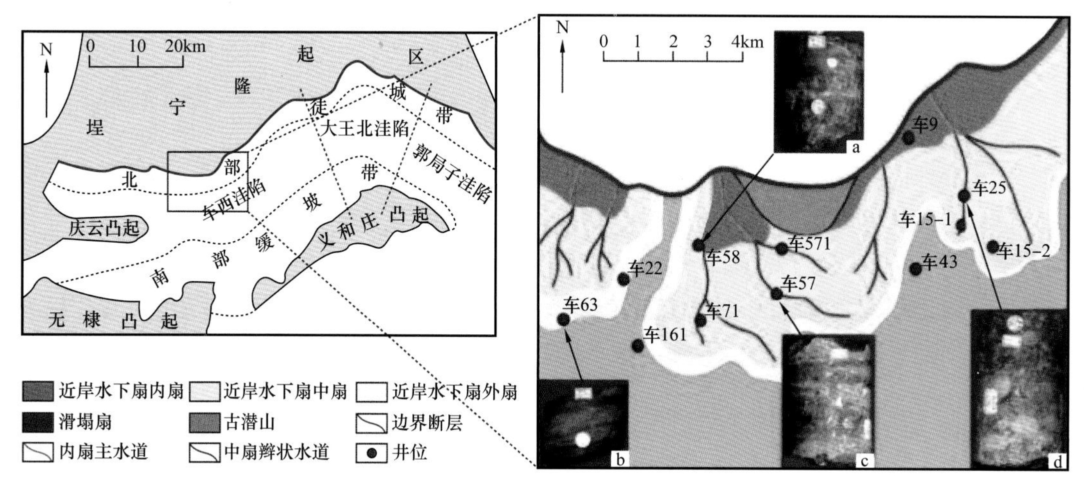

图 1-12　近岸水下扇平面示意图（据曹刚，2016）

近岸水下扇平面形态呈扇形，倾向剖面上扇体呈楔状，根部紧贴基岩断面，由近源至远源可细分为内扇、中扇和外扇。

内扇位于水下扇的近山口处，分布范围不大，为主水道发育区，以分选差、磨圆差的砾岩为主，砾石成分复杂，大小不等，主要为杂基支撑，层理不发育，砂体底部发育侵蚀面，具有近源碎屑流快速堆积的特点。

中扇主要分布于靠近湖盆陡岸的较深水环境，它是近岸水下扇的主体部分，具有明显的辫状水道特征，呈正旋回沉积序列，以砂质—砾质高密度浊流沉积为特征，其岩相主要有递变层理含砾砂岩相、块状层理含砾砂岩相、平行层理中—粗砂岩相及交错层理砂岩相等。

外扇位于近岸水下扇末端，该处水体较深，地形较为平缓，辫状水道已不发育，主要由波状交错层理粉砂岩、水平纹理粉砂质泥岩和暗色泥岩组成。

第三节　砾岩储层结构

砾岩储层具有复杂的结构特征，使得孔隙度、渗透率等储层物性参数的分布规律也难以归纳及预测，最终影响砾岩油藏的整体开发效果。因此需要从不同的维度和尺度对砾岩储层结构进行解剖，分析不同层次砾岩储层结构的性质，从而对地下砾岩储层得到更准确的认识。

一、储层结构层次

砾岩储层具有与常规砂岩储层明显不同的地质特征，从微观到宏观，从静态到动态，砾岩储层表现出岩相变化快、非均质性强的总体特征。从岩性角度来看，砾岩储层具有典型的复模态岩石结构，即砾石骨架中填充砂粒，砂粒的孔隙结构中又填充黏土颗粒等更细小的碎屑物；从物性角度来看，砾岩储层的层内渗透率非均质变化复杂，跳跃式复合韵律是砾岩储层的主要韵律类型，高渗透率部分占比较小，在优质储层中最多也不超过30%。渗透率级差、变异系数、突进系数均较大，比稳定环境上沉积的砂体渗透率的非均质程度要强得多；从储层渗流特征角度来看，砾岩储层具有多重孔隙群的介质渗流特征，不同孔隙群的渗透率具有数量级的差异，呈现出非典型的孔隙渗流，注入水严重突进，波及体积小，剩余油规模大且分布不均匀；从油藏压力变化特征角度来看，砾岩储层大多具有注采井间地层压力损失大，平面、剖面上压力分布严重不均的特点。

可以看出，砾岩储层以上种种特征使得在同一尺度下的研究存在局限性，不足以完整揭示砾岩储层复杂多变的结构特征。因此，需要从不同尺度对砾岩储层进行有针对性的深入研究。在综合其他学者研究成果的基础上，按砾岩储层构型、成岩储集相、优势渗流通道、微观孔隙结构等四个层次对砾岩储层结构进行表征。砾岩储层构型是从储层构型层次分析入手，研究相对宏观尺度的砾岩储层结构。成岩储集相是在综合考虑成岩作用与沉积作用对储层质量影响的背景下，从岩石类型、储层物性、成岩作用差异等方面来揭示砾岩储层物性结构。优势渗流通道是砾岩储层的高渗透条带或水流优先流经区域，以极小的分布比例影响绝大部分油层的开发效率，主要通过岩石类型、储层物性及其与储层构型的内在关系来反映其空间分布，体现砾岩储层渗流能力差异的结构特征。微观孔隙结构是最小尺度砾岩储层结构，砾岩储层复杂的微观孔隙结构特征研究，可以更好地认识砾岩储层有别于常规砂岩储层渗流性能的内因。

二、砾岩储层构型

（一）储层构型

储层构型也称储层建筑结构，是指不同级次储集单元与隔夹层的形态、规模、方向及其空间叠置关系。其核心思想是地质体由地层界面和连续的沉积单元组成，不同规模的界面和沉积单元由于跨越了不同的时间尺度而组成一个等级体系。不同级次的沉积单元为不同的地层界面所限定。构型分析法将储层描述从沉积微相研究发展到成因砂体的内部层次结构研究，并将砂体的形成过程、成因机制、内部层次结构、非均质性等有机结合为一体（李鹏，2014）。

储层构型的概念最早可追溯到20世纪70年代。1977年，Allen在第一次国际河流沉积研讨会上，首先提出了储层建筑结构（reservoir architecture）的概念，用来描述河流沉积的河道及溢岸沉积单元的外部形态、分布规模及内部结构。1985年，加拿大多伦多大学Miall进一步研究储层构型在河流相储层中的应用，并取得了显著的效果，其相关研究成果作为储层构型领域中的经典范例被后来的学者广泛引用。国内的许多专家学者从不同的角度对储层构型进行了定义（赵翰卿，2002；周银邦等，2011；陈欢庆等，2013）。整体来说，储层构型反映了储层内部不同级次储层、隔层、低渗透夹层及沉积界面的类型、形态、规模、内部结构、空间展布及相互排列接触关系等信息。

从储层构型的整体概念可以看出，储层构型所研究的尺度范围比沉积微相更小，深入到沉积微相单元内部结构及接触关系等内容。对砾岩储层来说，如果以冲积扇砾岩储层构型为例，在扇根亚相带，沉积微相划分到槽流带或漫洪内带，而储层构型则需要继续细分，将槽流带分为槽流砾石体和槽滩砂砾体两种 4 级构型单元，二者的展布规模、几何形态、岩石组成、沉积构造、接触关系等方面均有一定的差异，进而在储层非均质、剩余油分布等方面也有较大的不同。

（二）储层构型研究意义

储层构型与传统的沉积微相研究相比，虽然传统的沉积微相研究也是研究储层内砂体的形态、规模与空间展布，但两者在研究方法和研究精度上有一定区别。传统的沉积微相研究通过统计单井砂体厚度、砂地比数据，在平面上插值成图，根据设定的砂体厚度和砂地比截断值来划分优势相；或是通过测井相标志识别沉积微相，并结合砂体厚度等值线图勾绘沉积微相平面图，其确定的相边界并不是真正意义上的沉积分界面，而是统计意义上的边界。该方法在油田开发早中期对调整井网、建立注采对应关系有重要的指导意义，但其未能揭示小层内部单砂体沉积单元和隔挡界面的展布特征，已无法满足当前剩余油挖潜的需要。

储层构型则是通过层次分析法，刻画不同层次成因单元（如单一河道、单一点坝、单一侧积体）及其等时物理界面的空间展布，尤其侧重界面处的隔夹层展布特征，分析各级构型界面对剩余油的控制作用，指导剩余油挖潜。相比于传统沉积微相研究，储层构型研究程度更精细，是沉积微相研究的深化和细化。

砾岩储层构型研究能揭示构型级次夹层对开发中后期剩余油分布的影响，是指导开发中后期调整注采关系及挖潜剩余油的重要依据。

三、砾岩储层成岩储集相

（一）成岩储集相

成岩储集相最早是在介绍岩石物理相（熊琦华，1994）时提出的，熊琦华教授将成岩储集相定义为影响储层性质的某种或某几种成岩作用和其特有的储集空间的组合。在归纳总结前人对成岩储集相解释的基础上，认为成岩储集相是通过定量化研究一种或几种成岩作用的影响，得到能够反映成岩环境和储集体性质的综合响应，反映沉积物在沉积、成岩过程中所经历的一系列变化的结果。一般来说，成岩储集相具有以下特征：

（1）成岩储集相是比储层构型单元更细的储集体，它具有一定的几何形态、特定的成岩组构和成岩矿物组合。不同性质的沉积物在相似的成岩环境中，通过成岩作用可形成相似的成岩组构或成岩矿物组合，但成岩强度可能不同，如细晶白云岩、粗晶白云岩或结晶灰岩等（马鸣，2005）。

（2）成岩储集相不同于沉积微相，是多种成岩环境和多种成岩作用的产物，而沉积微相则通常是在一种沉积环境中作用的结果。

（3）成岩储集相能通过成岩强度全面反映岩体的地质演化史，并可以结合其演化确定成岩阶段和期次。

（二）成岩储集相研究意义

成岩作用在储层形成及后期演化的过程中，均起到了十分重要的改造作用，基于成岩作用的成岩储集相研究，对中高含水期剩余油分布的准确预测及提高采收率均具有重要意义。成岩储集相具有以下四个方面的特征：

（1）成岩储集相定量化表征成岩作用的影响程度。在成岩储集相概念提出之前，常用成岩相来描述胶结作用、压实作用、溶蚀作用、压溶作用、交代作用、溶解作用和重结晶作用等成岩作用对储层岩石的改造作用，但这仅仅能够从定性的角度表述以上成岩作用对储层岩石的影响，这在面对开发中后期油气田出现的各种问题时显得力不从心，无法从更加精细的层次表征成岩作用所起的作用。而成岩储集相通过给出视胶结率、视压实率等参数，定量化区分各成岩作用的强弱程度，从而划分出更具有实用性的成岩储集相，为油气田开发中后期缓解注采矛盾、挖潜剩余油及提高采收率提供良好的地质依据。

（2）成岩储集相提供了研究储层结构的新视角。以往对储层结构的研究主要是从层序地层学、沉积相、储层构型及微观孔隙结构等不同角度、维度进行的，但很少从成岩作用角度进行研究。成岩作用对岩石性质起到了非常重要的作用，特别是对于砾岩储层来说，在其本身的沉积作用影响下，已具有较常规砂岩储层更强的非均质性，后期的成岩改造作用更是进一步加剧了非均质性的变化。成岩储集相表征能够揭示成岩作用在储层演化过程中所起的作用，扩充了储层结构研究的维度。

（3）成岩储集相揭示成岩作用对储层孔隙形成演化的控制程度。储层的孔隙演化历史直接反映运移来的油气能否聚集，不同成岩储集相的孔隙演化历史不同，成岩储集相分析是研究孔隙演化史的一个重要途径。

（4）成岩储集相空间组合分析是确定成岩圈闭“甜点”直接而有效方法。成岩储集相图能反映成岩圈闭的展布特征。成岩圈闭“甜点”是在成岩作用直接影响下形成的油气富集区，属于低渗透、特低渗透及非均质性强的油藏中优质储层所在的位置。可以有效地反映出油气藏储层含油气有利区的分布规律、延伸方向及非均质性特征，为增储上产提供了有利目标和井区。

成岩储集相的以上特征说明了其研究的重要意义。它以各类成岩特征为基础，高度综合和概括成岩演化规律，可准确预测研究区潜在储层的成因、性质、展布规模，对深入评价储盖组合和成岩圈闭具有实际意义。

四、砾岩储层优势渗流通道

（一）优势渗流通道

优势渗流通道是指由于受到地质因素及开发因素影响，导致在储层局部形成的低阻渗流通道（韩璐，2012）。在油藏注水开发中后期，注入水会沿着该类通道形成明显的优势流动，形成大量的注入水低效、无效循环，难以进一步扩大波及体积，造成大量剩余油分散于储层中而无法水驱采出。

从成因角度考虑，优势渗流通道可分为两种类型：一种是在沉积、成岩过程中地层长期演化形成的固有优势渗流通道；另一种是在注水开发过程中，因出砂、人工裂缝等外界因素形成的优势渗流通道（鲁卡·考森提诺，2003；孙明等，2009；吴诗勇等，2010；Liu X 等，2010）。两者往往具有一定的关联程度，固有优势渗流通道在注水开发过程中有很大概率会优先成为外界因素影响下的优势渗流通道。

通常情况下，大部分油田所遇到的优势渗流通道都具有高渗透性的特点，这也是许多专家学者在定义优势渗流通道时所提到的特征之一。不过，对于非均质性强的砾岩储层来说，其中也存在渗透性低但相对非均质性较弱的优势渗流条带。因此，储层优势渗流通道可理解为是一个相对概念，即油层水淹后，导致注入水“更容易通过或进入”的通道，而不是局限于孔喉或渗透率必须达到某一定量数值才称为优势渗流通道。

（二）优势渗流通道影响因素

优势渗流通道的形成受多种因素控制和影响，储层非均质性是形成优势渗流通道的内在因素（刘宗宾，2014）。由于储层内在的非均质性，在注水开发过程中，注入水优先沿高渗透条带或高渗透层流动，长期不均衡的流动驱替导致非均质性越来越强（吴素英等，2004）。随着这种差异的加剧，注入水沿着低阻、强水洗部位逐渐形成优势渗流通道，使剩余油在局部低渗透带富集。

另外，经过长期注水冲刷，储层的骨架结构及孔喉结构发生不同程度的变化，尤其是高渗透疏松砂砾岩的胶结程度差，在注入水浸泡、冲刷的条件下，颗粒呈游离状态发生运移并随油水带出地层，原有的孔隙及颗粒接触关系发生变化，使孔喉半径变大，连通性变好，形成优势渗流通道。

优势渗流通道的形成机理受内因和外因两方面影响，除了受储层非均质性这一内在因素影响外，还会受外在开发因素的影响，开发方式的调整，改变原有的渗流规律，使控制优势渗流通道形成的因素更具多样性和复杂性。如注采对应关系、注采强度、驱替介质等因素的变化均会使原有的流体流动路径发生变化，从而改变优势渗流通道的分布。

（三）优势渗流通道研究意义

在油田高含水开发期，对优势渗流通道的研究具有重要意义。

1. 有助于分析各油层的水淹状况

油田进入高含水期，各油层的水淹状况逐渐严重，有的层段甚至变为纯产水层。但通常情况下，层段内仍有一定数量的剩余油分散其中，只因注入水沿优势渗流通道形成无效水循环流动，难以波及剩余油富集区。通过对优势渗流通道分布状况的深入研究，可以更清晰地认识水淹层形成的本质原因。

2. 有助于预测剩余油的分布范围

储层非均质性是导致剩余油分布的内在因素，也是导致优势渗流通道出现的先天因素。探索研究优势渗流通道的形成及分布，必须摸清地下储层不同区域非均质性强弱，有助于预测剩余油的分布情况。通常在储层物性相似的前提下，非均质性强的区域优势渗流通道为流体主要流动途径，未被驱替的剩余油分布范围大；非均质性较弱的区域无明显的优势渗流通道，水驱波及体积较大，剩余油分布范围相对较小。

3. 有助于改善调剖堵水的实施效果

调剖堵水贯穿油田开发中后期的整个调整阶段，包括调整注水层段的吸水剖面和封堵采油井的高渗透产水层。调剖堵水的实质就在于封堵优势渗流通道。因此，认清储层优势渗流通道的分布，是改善高含水层段调剖堵水实施效果的前提和关键基础之一。

五、砾岩储层微观孔隙结构

（一）微观孔隙结构

储层微观孔隙结构是指岩石的孔隙和喉道的几何形状、大小、分布及其相互连通关系（秦积舜等，2003）。孔隙结构包括孔隙和喉道两个组成部分，孔隙大小反映出岩石的储集能力，而喉道的大小、形状则控制岩石的储集和渗流能力，喉道与孔隙的大小差距越明显，岩石中的流体就越难被驱替。孔隙结构的非均质性会导致开发过程中相继出现许多亟待解决的问题，如注水压力高但驱油效率低、含水上升速度快、启动压力大等，会不同程度地影响油气田开发效果。

砾岩储层通常发育在相变快的沉积环境中，岩性组成多变，分选性极差，具有较差的常规物性和复杂的孔隙结构。结合 KLMY 油田砾岩储层实例，总结出砾岩储层微观孔隙结构一般具有以下特征（张庭辉，1991）。

1. 孔隙类型众多，孔喉组合复杂

砾岩储层非均质程度较高，孔隙类型中原生孔和次生孔并存，KLMY 油田砾岩储层具有以粒间孔隙为主，粒间、粒内溶孔较发育为特点的六大类孔隙（表 1–4），在储层内部相互组合，形成复杂的孔喉系统，以四种主要的组合形式分布于储层中（表 1–5）。

表 1–4　KLMY 油田砾岩储层孔隙类型（据张庭辉，1991）

孔隙类型	粒间孔	溶蚀孔	粒内孔	杂基孔	界面孔	微裂缝
亚类	粒间孔 粒间残留孔	粒间、粒内 杂基溶孔	粒内粒间孔 粒内晶间孔	晶间孔 胶结物中孔	界面孔	微裂缝
发育部位	碎屑之间	碎屑间、粒内、胶结物内	碎屑 粒内	填隙胶结物	砾石 边缘	基质或穿切碎屑
一般大小（μm）	20～750	25～600	5～50	2～50	2～30	2～30
占比（%）	43.80	21.55	10.70	19.80	2.03	2.12

表 1–5　KLMY 油田储层孔隙组合类型及其特征（据张庭辉，1991）

组合类型	镜下特征及占比（%）							
	发育特征			连通情况			面孔率范围 / 平均值	胶结物范围 / 平均值
	好	中	差至很差	网络状	近网络状	星点状		
粒内孔 + 粒间溶孔 + 粒间孔（A）	63.9	20.8	15.3	58.5	22.0	19.5	1～18/ 7	1～25/ 9.4
杂基孔 + 粒间孔 + 粒间溶孔（B）	25.0	29.5	45.5	12.7	33.3	53.9	0.1～8/ 2.7	0～25/ 13.2
界面孔 + 粒间孔 + 杂基孔（C）	16.4	17.8	65.8	19.8	12.7	67.5	0.1～8/ 1.05	0～55/ 20.1
微裂缝 + 粒内孔 + 粒间溶孔（D）	2.5	6.4	91.1	5.0	9.6	85.4	0.01～3.8/ 0.64	2～50/ 17.5

1）粒内孔 + 粒间溶孔 + 粒间孔组合

该组合主要分布于中—细砂岩、粗砂岩和细砾岩，以粒间孔为主，粒间溶孔次之，以上两种孔隙占孔隙类型的 90% 以上。这类组合孔隙发育好，以网络状孔隙连通，胶结物含量一般小于 10%，孔隙基本未填充。

2）杂基孔 + 粒间孔 + 粒间溶孔组合

该组合主要分布于砾状不等粒砂岩和砾质不等粒砾岩，溶蚀孔占 85% 以上，胶结物含量较少，孔隙基本未填充。这类组合孔隙发育好—中等，较少呈网络状，大部分以近网络状和星点状分布于储层中。

3）界面孔 + 粒间孔 + 杂基孔组合

该组合主要分布于砂质细砾岩、砂质不等粒砾岩，以杂基孔为主，其中杂基中细小溶孔占孔隙的 60%，其次为粒间孔。这类孔隙很少大面积连通，孔隙一般呈星点状分布，由于胶结物含量较多，孔隙大部分被充填。

4）微裂缝 + 粒内孔 + 粒间溶孔组合

该组合主要分布于块状砾岩、砂质不等粒砾岩和细砾岩，各类孔隙所占频数不定，胶结物含量较高，且大部分被充填。这类孔隙组合的孔隙发育差—较差，一般呈星点状分布，局部成岩作用强，可见较多裂缝。

2. 毛细管压力曲线形态多样，非均质程度高

KLMY 油田砾岩储层孔喉特征参数较其他油田砂岩储层要差（表 1–6）。储层毛细管力曲线大都陡斜，很少出现高压上翘段，在非饱和空间段也很少出现较长的平台段，喉道频率分布具有单峰、双峰和无峰的特点。概括起来，曲线形态具有以下六种分布类型（图 1–13）。

表 1–6　砂岩及砾岩油藏孔隙结构参数对比表（据张庭辉，1991）

油田	油藏类型	层位	渗透率（mD）	孔隙度（%）	均质系数	相对分选系数
胜坨	砂岩	沙二段	2000	30	0.59	0.62
萨尔图	砂岩	葡一段	1200	31.4	0.62	0.61
喇嘛甸	砂岩	葡一段、萨二段	600	27.5	0.53	0.69
双河	砂砾岩	核三段	520	22.6	0.44	0.84
KLMY	砾岩	三叠系	100	24.3	0.34	1.8

1）单峰偏粗态型

压汞曲线有一个平台段，多见于细砾岩类碎屑岩。在中高渗透率、中大孔隙储层，其阈压小于 0.1MPa，分选中等，渗透率贡献控制了 40%～80% 的孔喉分布（图 1–13 中曲线 1、曲线 3）。

2）多峰偏粗态型

多峰偏粗态型多分布于扇中辫流及大型沉积的扇顶，物性一般较好，阈压很小，分选较差，压汞曲线近似呈 45° 直线，无平台段。这类储层虽然物性好，但在 KLMY 油田尚不

是最好的储层（图 1–13 中曲线 2）。

3）单峰偏细态型

在三叠系储层中这类毛细管压力曲线主要分布于砂质细砾岩和砾状巨粗砂岩中，表现为储层低渗透、细孔喉，分选中等，孔喉近正态分布（图 1–13 中曲线 4）。在三叠系储层多见这类毛细管压力曲线，但物性与孔隙结构参数都较差，阈压较大，分选较好，孔喉大多分布在小于 1μm 的孔喉半径区间内（图 1–13 中曲线 6）。

4）多峰偏细态型

在细孔隙、特低渗透储层的巨粗砂岩、细—中砂岩和不等粒砾岩中，多见这类毛细管压力曲线，表现为阈压较大，压汞曲线无平台段，60% 的孔喉分布在小于 2μm 的孔喉半径区间内。这类曲线多见于差储层或非储层（图 1–13 中曲线 5）。

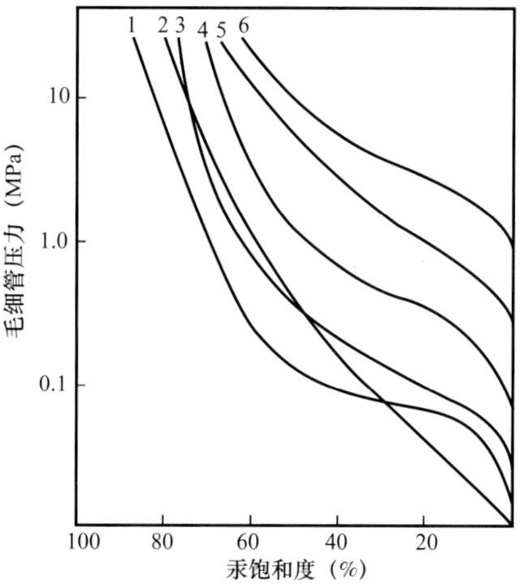

图 1–13　砾岩油藏各类毛细管压力曲线（据张庭辉，1991）

3. 砾岩储层物性与孔隙结构存在复杂关系

KLMY 油田砾岩储层孔隙结构受其沉积相的影响显著。由于形成该储层的沉积物成分复杂，石英、长石含量较低，而在成岩过程中使得岩石中的自生矿物比较发育，因此，砾岩储层的孔隙结构较为复杂，其表现为：砾岩储层的粒度正态概率曲线具有宽区间、低斜率、粒度中值大等特点，且成分变化幅度大。如七区克下组砾岩储层长石占 22%～40%，石英占 33%～40%，变质岩块占 7%～30%，泥质胶结物占 7%～20%。由于砾岩骨架颗粒大，易形成大的孔隙，另外杂基含量较高，分选较差，使得孔隙易被充填，喉道易堵塞，从而孔喉比特别大。

另外，砾岩储层随渗透率的增加，喉道均匀程度降低，离散程度增加，分选变差，喉道变粗。

（二）孔隙结构影响因素

岩石孔隙结构是影响储层非均质性的直接微观因素，而构造作用、沉积作用、成岩作用则是控制储层孔隙结构特征的主要因素（张代燕等，2013）。

1. 构造作用

构造作用从宏观上控制着储层的沉积格局，而沉积格局直接决定了储层孔隙结构。构造变形包括断层、褶皱等。以准噶尔盆地的断层影响为例，讨论构造作用对孔隙结构的影响。

准噶尔盆地西北缘是东南向缓慢倾斜的断阶带，起自西北老山边缘。主断裂是克乌大断裂，为逆掩断层，即断层上盘上升、下盘下降，这种构造格局决定了储层的沉积格局。由于断裂带挤压岩层，且上盘的构造高部位发育冲积扇沉积体系，导致粗碎屑沉积发育，向物源方向岩性变粗，且与原岩组成逐渐相似，不稳定矿物相对较多。由于上盘埋深较浅，成岩作用影响较小，孔隙结构以原生孔隙为主。而断层下盘埋深增加，且岩性较细，压实作用、胶结作用及重结晶作用是主要的成岩作用，导致发育次生孔隙。在断层面位置处，上下盘的相互交切运动形成大量裂缝，为流体运移创造条件，从而使地层水中的矿物析出，改变储层孔隙结构。

2. 沉积作用

沉积作用是影响孔隙结构的内在因素之一，不同的沉积环境和不同的沉积类型控制了储层的岩性组成，其矿物种类、含量及胶结物的分布具有较大差异，从而导致储层孔隙结构不同。

对于砾岩储层来说，沉积作用导致储层孔隙结构的优良程度差异较大，以砾岩为主的沉积类型具有岩石成分复杂，多呈复模态孔喉结构，非均质性强，冲积扇类型储层的较好孔隙结构一般分布在扇根的槽流砾石体、片流砾石体及扇中的辫流水道等构型单元中，扇三角洲类型储层的较好孔隙结构一般分布在扇三角洲前缘的水下分流河道、河口坝等构型单元中。

评价对比不同沉积相类型的孔隙结构优劣时，可考虑使用孔喉比、孔喉配位数及平均孔喉半径等参数作为标准进行衡量。通常来说，冲积扇扇中辫状河流亚相的砾岩孔隙结构比扇根亚相的砾岩孔隙结构要均质，但非均质性都强于分流河道及河口沙坝相的砂岩孔隙结构。

3. 成岩作用

从沉积物埋藏到一定深度开始，成岩作用对储层的影响就一直贯穿于储层演化的整体过程。当前所研究的储层结构，都或多或少地经历了一种或几种成岩作用的改造，既具有成岩期的痕迹，又具有成岩后生期的痕迹。不同的成岩作用类型对储层孔隙结构的影响不同，有的能使岩石的孔隙结构及物性变好，有的能使其变差。

1）压实作用

压实作用是沉积物最重要的成岩作用之一。随着埋深增加，上覆沉积物逐渐变厚，压力的增加使压实作用逐渐增强，岩石颗粒之间的接触逐渐紧密，孔隙度降低。通过理论值计算，在缺少胶结物支撑的情况下，随着岩石上覆压力的增加，砾岩储层三级颗粒支撑的松散岩石孔隙度将从 10.8% 降到 1.74%。

2）胶结作用

岩层中的矿物质在孔隙中沉淀，形成自生矿物，并将岩石颗粒固结在一起的作用被称为胶结作用。砾岩储层中的主要胶结矿物包括高岭石、伊利石、蒙皂石、绿泥石、伊 / 蒙混层、高岭石 / 绿泥石混合物等黏土矿物；方解石、沸石、菱铁矿、黄铁矿和少量石膏、硬石膏等碳酸盐类；沸石类及硫酸盐类矿物。这些矿物以不同的含量充填或半充填于各储层孔隙中，对粒间孔隙起着封闭、堵塞和隔离的作用，破坏了孔隙连通性，使孔隙结构和物性变差。

3）溶蚀作用

溶蚀作用是少数能起到改善储层孔隙结构的成岩作用。一般情况下，溶蚀作用产生的次生溶蚀孔隙使储层的孔隙体积扩大，孔隙结构得到改善，物性变好，但也存在不利的一面，当矿物颗粒被溶蚀脱离岩石表面，形成了微细的泥质颗粒，在运移时容易堵塞粒间较细的喉道，使孔隙结构变复杂，物性变差。

4）重结晶作用

在地下高温高压条件下，岩石中的矿物成分在固态下发生溶解再结晶，使晶粒增大的作用称为重结晶作用，如细晶方解石转换为粗晶方解石、黄铁矿、高岭石等。新生的自形晶体矿物充填于粒间孔隙和喉道中，侵占了原本狭小的孔隙空间，使孔隙喉道进一步减少、变窄，孔隙连通性变差。

5）压溶作用

岩石颗粒在压力作用下，在受力方向上发生溶解，而在垂直力的方向上发生沉淀。岩石通过压溶作用可产生压溶缝、缝合线或溶孔，扩大了孔隙空间。

（三）孔隙结构研究意义

砾岩储层具有相变快、岩性复杂、非均质性强烈的特点，需要从宏观结构与微观结构两个角度进行储层表征，因此，对于储层微观孔隙结构的研究就变得尤为重要。

储层微观孔隙结构控制着流体渗流规律、驱油效率，以及包括毛细管力、比表面等在内的储层微观性质。储层中的流体渗流可分为达西渗流与非达西渗流，当孔隙结构十分致密时，流体呈非达西渗流态，不同的流体渗流规律影响着开发方案的优选，通常可通过实验进行验证。驱油效率直接影响采收率的大小，毛细管力及比表面等微观性质直接影响驱替原油的难易程度，储层孔隙结构越复杂，以上参数对油气开发造成负面影响就越大。只有对微观孔隙结构进行深入认识，才能寻求可靠的应对之策，以改善油气田开发中后期的开发效果。

第四节　砾岩储层结构表征进展

随着石油地质理论及技术的不断发展，对储层结构表征也逐步由二维向三维、定性向定量化转变，众多新方法、新技术不断应用到储层相关研究中来，极大地推动了储层精细结构表征技术的发展。

一、砾岩储层构型表征

（一）储层构型表征

储层表征的概念最早是由美国国家能源部研究所在1985年第一届国际储层表征会议上商定提出的，认为储层表征是定量地确定储层性质、识别地质信息及空间变化的不确定性过程。在这个过程中，地质信息不确定性的定量化研究需要通过三维地质建模进行体现。地质信息包括两个要素，储层的物理特性和空间特性，其中空间特性反映的即为储层的结构特征，重点体现储层成因单元在空间上的几何形态及空间展布。

储层构型表征就是在传统储层表征理论和技术的基础上，对储层构型单元空间展布及储层参数非均质性情况进行定量化预测与描述（于兴河，2008）。

最初，储层构型的概念是基于对河流相储层的相关研究提出的，因此对储层构型的研究主要集中于该类型储层中。随着构型表征研究体现出其相比于常规沉积相研究的优势后，逐渐为广大专家学者所认同，并逐渐扩大研究范围。近年来，众多学者对地下储层构型进行了大量的研究工作，研究对象从河流相储层（孙天建等，2014；胡光义等，2017）延伸到三角洲相（贾珍臻等，2014）、扇三角洲相（林煜等，2013）、冲积扇相（陈欢庆等，

2014）、近岸水下扇相（尹艳树等，2017）等沉积类型，特别是对曲流河砂体构型的研究已较为成熟。

从研究手段上来说，除传统的常规地震、野外露头等研究手段以外，涌现出一些较新的方法。利用探地雷达对美国内布拉斯加州东北部奈尔布拉勒河下游加积的辫状河浅河道沉积构型进行分析，最终再现出河道沙坝复合体、大小河床构成及河道等构型要素的结构特征（Skelly 等，2003）。利用水槽实验分析了高密度流的河床几何学及组构。通过实验分析其沉积构型和流动属性及其沉积特征（Baas 等，2010）。利用航空磁测数据对加拿大誉空地区的原生代韦尼克地层地下构型的演化进行分析（Crawford 等，2010）。各种新技术和新方法在储层构型研究中的逐渐使用，使得储层构型表征更加定量化、准确化和系统化。

（二）储层构型表征方法

近十几年来，针对油气田开发中后期的精细化需求，储层构型是一个重要的开发地质研究发展领域，储层构型表征方法逐渐丰富和完善。不同理论与技术的结合，涌现出不同的储层构型表征方法。

1. 露头与现代沉积方法

利用露头与现代沉积对储层构型进行表征是构型研究的起源，Miall 的早期研究成果均采用这类方法。露头与现代沉积研究方法具有直观性、便捷性、连续性及经济性等优点，可以直接将所研究目标类型的各级次构型界面及构型单元的相关信息反馈给研究人员。随着技术进步，逐渐从传统的野外人工观测扩展到结合一系列新技术进行露头或现代沉积分析，如 GPR 探地雷达、遥感技术及虚拟露头技术等。这些技术适用范围广、精度高，将露头及现代沉积研究维度提升到三维甚至四维。目前，露头及现代沉积方法已成为储层构型表征的关键技术之一（刘颖等，2017）。

2. 沉积学分析方法

沉积学方法是目前应用于储层构型表征的各类方法中最为成熟、应用范围最为广泛的一种方法。Miall 的构型研究理论基础也是依据于此发展建立起来的。全球范围内利用沉积学方法进行储层构型表征的实例很多，如孟加拉国的孟加拉盆地东北部上 Dupi Tila 组河流体系储层构型分析（Royhan 等，2004）、韩国东南部 Kyongsang 盆地白垩纪冲积成因储层构型分析（Jo 等，2001）等，均以沉积学分析为切入点，并取得了重要认识。不过，沉积学方法也存在一定的不足，如目前并非对各种沉积体系开展十分深入的研究，对冲积扇、近岸水下扇等沉积体系的成因模式研究需要进一步细化完善，并需要与其他研究理论或方法相结合进行综合分析，达到精细、准确解剖储层构型的目的。

3. 地震解释方法

Vail 等于 1977 年在美国创建了地震地层学，使地层学解释和宏观沉积相分布研究得以进一步快速发展。经典地震解释方法利用地震横向信息密度大的优势，可以有效地预测地质体横向分布情况，而垂向上的分辨率对应于百米或数百米厚的地层，难以分辨厚度仅有数米至十几米的单砂体，这就需要在进行储层构型研究中采用垂向精度更高的储层构型地震解释方法。

三维地震数据体切片技术就是在这样的背景下应运而生的。该方法考虑到地震资料垂向分辨率低的先天性不足，从平面识别出发，在三维地震数据体的地质时间标志层之间进行连续地层切片，在平面上识别出地质体及其内部构型单元的边界后，观测相邻切片，其垂向上切片间距理论上可达10m级，该分辨率是传统地震资料的10倍以上，可用于储层构型研究。许多学者进行了相关领域研究，在构造相对平缓、埋藏深度浅、地层结构简单等情况下，取得了较好的应用效果（Zeng等，2007；Schwab等，2007）。但该方法对地震资料品质要求较高，地震数据主频较低时，切片识别储层构型单元的效果较差。

4. 成岩作用分析方法

地质体形成过程中受到多种因素的共同作用，如构造作用、沉积作用、成岩作用等。在某些地质背景下，对特定储层来说，成岩作用是其储层构型形成的主导作用。该方法主要分析不同类型的成岩作用对储层性质的影响，尤其是因此导致的储层构型相关变化。在对德国雷哈茨瓦尔德盆地三叠纪Solling组辫状河储层进行相关研究时，通过包裹体分析、阴极发光观察及沉积埋藏史模拟等手段，分析了胶结作用和沉积构型的关系，并提出成岩构型的概念（Jutta Weber等，2005）。该研究方法目前应用甚少，且不够成熟。

5. 多井解释方法

利用油气田多口井的岩心、测井、生产数据分析等资料，联合进行井间区域沉积相预测的研究由来已久。该方法一方面可利用砂地比插值进行区域沉积相预测，另一方面也可利用砂体厚度插值和测井相分析进行油砂体及砂体微相预测。相比而言，利用该方法应用于储层构型预测的历史较短。吴胜和（2012）指出，多井解释预测井间构型模式的技术思路是层次约束、模式拟合、多维互动。首先进行单层对比，建立高精度等时地层格架；之后对储层构型进行认知，在沉积模式的约束指导下，建立储层构型模式；最后综合不同尺度动静态资料，分级解剖储层构型单元，得到最终的储层构型预测结果。

6. 地质统计学方法

随着储层构型相关研究的不断深入，地质统计学方法所起到的作用越来越大。对不同级次储层构型单元的几何形态分析，定量分析储层构型单元的地质统计规律，选用合适的地质建模方法，建立储层构型单元的三维地质模型，进而定量预测各类储层构型单元的空间展布。这种方法极大地推进了储层构型定量化研究进程。基于KLMY油田六中区下KLMY组冲积扇砾岩储层构型表征，定量统计出不同类型储层构型单元的宽度及厚度，可为后续的剩余油挖潜和开发调整提供坚实基础（伊振林等，2010）。该方法需要较为丰富翔实的资料基础。

（三）储层构型表征技术发展趋势

经过最近十几年的发展，储层构型表征相关技术已取得了长足的进步，但如果从油气田开发中后期改善开发效果及提高采收率对储层构型表征的要求来看，该技术仍有很大的发展空间（陈欢庆等，2013）。

随着技术水平的不断发展，不断将新技术、新资料整合到目前的研究手段中，确保储层构型表征更加精细和准确。当前，储层构型精细表征的资料基础主要是野外露头资料、现代沉积资料、测井资料及地震资料等。随着水平井技术在中国各大油气田的应用和不断发展，利用水平井资料来解剖地下储层构型，建立精细的构型模式，逐渐成为储层构型研究的一个新的发展方向。水平井因其特殊的位置及走向，不但可以直接揭示地下储层不同构型单元之间的组合关系，而且对于识别不同级次构型界面具有较大的优势。

储层构型表征的理论基础逐渐从较单一的沉积学分析向沉积、成岩、构造等综合研究方向发展。复杂的地下地质情况仅靠单学科的认识是远远不够的，多学科综合分析是必然的发展趋势。储层构型的形成，是多方面地质因素综合作用的结果，差异压实作用对意大利亚平宁山脉中部 Maiella 碳酸盐岩台地边缘储层构型起到一定的控制作用（Rusciadelli，2007）。断裂体系控制着伊比利亚西北大陆边缘、西班牙西北部加利西亚浅滩地区和邻近的深海平原沉积储层构型的形成（Ercilla，2008）。因此，越来越多的学者已经注意到，只有通过多学科理论技术综合分析，才能准确剖析储层构型发育特征。

发展能够整合地震地层切片的三维构型建模算法。三维构型建模是储层构型表征的最终成果与目的，三维地震地层切片所反映的构型单元横向变化信息对于三维构型建模十分重要。然而，地震资料的垂向分辨率极限是 1/4 主波长，比三维建模的垂向网格大得多，单纯依据地震切片并不能建立真正意义上的三维构型模型。因此，地震地层切片信息在三维构型建模中主要用作约束条件。发展整合地震地层切片信息的三维构型建模算法，对于提高储层构型建模精度具有重大的意义。

对于受成岩作用影响较大的储层而言，成岩非均质性研究对储层构型表征至关重要。主要包括两个方面：其一，砂体内部成岩胶结带的分布研究。砂体内部常发育钙质夹层，其为成岩胶结成因，但其成因机理、分布规律及连续性有待进一步的研究。其二，低渗致密储层中相对高渗透带分布研究。在广泛发育的砂体内部，成岩作用的差异性导致砂体的孔渗性具有较大的变化，使得部分砂体为有效储层，而大部分砂体为非渗透层。因此，有必要深入研究成岩非均质性的控制因素、作用机理及相对高渗透带的预测模式，从而完善当前储层构型表征的不足。

二、砾岩储层成岩储集相表征

（一）成岩储集相表征

成岩储集相能够定量划分储层质量优劣（熊琦华，1994），自这一概念提出以来，吸引了众多学者的关注。成岩储集相研究涉及各种沉积类型储层，诸如曲流河、冲积扇、湖泊三角洲及扇三角洲等不同沉积体系（刘伟等，2003；李海燕等，2004；薛永超等，2011；王旭影等，2015）。成岩作用对储层的影响贯穿整个地质演化过程，储层精细结构表征时不可忽视其重要性。利用成岩储集相定量评价各成岩作用对储层的改造，有利于寻找优质储层所在位置，为油田开发中后期稳产增产及改善开发效果提供技术保障。

成岩储集相的研究可针对各类储层，特别是对于整体储集性能较差的储层来说更具意义。低渗透储层乃至致密储层的岩石物性较差，且发育状况更加复杂，如果要从中找出更有利的含油气区域，成岩储集相在一定程度上可提供参考。柴达木盆地西南部的砂西油田属于低孔隙度低渗透率油藏（李海燕等，2007），发育曲流河三角洲平原亚相和辫状河三角洲平原亚相，在综合考虑沉积微相、岩石类型、粒度分选、胶结物类型、压实作用、胶结作用及溶解作用的强弱等因素基础上，将目的层划分为四种成岩储集相类型，包括中低孔低渗 A 相（不稳定组分中强溶解次生孔隙成岩储集相）、低孔低渗 B 相（强胶结中强压实残余粒间孔成岩储集相）、低孔特低渗 C 相（碳酸盐胶结成岩储集相）和特低孔特低渗 D 相（早期硬石膏强胶结成岩储集相），从而确定 A 相是该储层中储集性能最好的区域。鄂尔多斯盆地三叠系延长组长 7 和长 6_3 段是非均质性强的致密砂岩油藏（冯旭等，2016），通过铸体薄片、X 射线衍射、扫描电镜等实验手段，并结合包裹体资料与埋藏史，建立该区域的成岩储集相划分标准，识别出最有利的原生粒间孔——绿泥石膜胶结相、有利且为主要产层的溶孔——长石石英溶蚀相、不利的微裂隙——强压实相和微孔——碳酸盐胶结相及物性最差的微孔隙——伊利石胶结相。位于松辽盆地东南部的四五家子油田以曲流河及辫状河沉积为主，发育河道滞留沉积、点坝、天然堤、决口扇、心滩及河漫滩等微相类型。岩性以细砂岩及粉砂岩为主，局部发育砾岩。在地质演化过程中，杂基充填作用、压实作用、胶结作用、交代作用及溶解作用等均对储层进行了改造。在此基础上，划分出四种成岩储集相类型，包括弱胶结中等压实粒间孔成岩储集相、胶结物溶解次生孔隙成岩储集相、杂基充填强压实微孔隙成岩储集相及早期方解石胶结成岩储集相，各成岩储集相的储集性能依次降低（黄述旺等，2002）。

（二）成岩储集相表征方法

不同成岩储集相表征方法的目的基本相同，均在于根据划分的成岩储集相，确定优质储层区域或“甜点”区域，为油田开发中后期剩余油挖潜、改善开发效果提供新的思路与方向。

1. 常规实验分析法

目前，对成岩储集相进行定量分类表征的依据主要来源于不同成岩作用的定量化参数。影响成岩储集相的成岩作用主要有压实作用、胶结作用、溶蚀作用等，为了将各成岩作用的强度定量化表示出来，引入了视压实率、视胶结率及视溶蚀率等参数概念。对于这些参数的测量，通常在实验室进行。利用铸体薄片图像分析、流体包裹体、X 射线衍射、阴极发光、扫描电镜及电子探针能谱等实验室方法，可确定各成岩作用参数的值，以此为依据，结合岩性、沉积作用、物性等辅助分类标准，最终定量化分类表征成岩储集相类型。

2. 遗传神经网络法

遗传神经网络是遗传算法与神经网络的综合应用，能够有效避免经典 BP 神经网络产生的局部最小这一缺点。遗传神经网络借鉴了人类遗传基因的运作模式，将问题的求解表示为“染色体”，将其置于问题的环境中，根据适者生存的原则，选择能够适应环境的“染色体”进行复制，之后通过交换、变异两种基因操作产生出新一代更适应环境的“染色体群”，不断进化，最终收敛到最适应环境的结果上，得到最优解。

该方法应用到成岩储集相表征中需要选定一系列能够作为划分指标的地层参数，如孔隙度、渗透率、胶结物类型及含量、压实作用的强弱等。在胜利油区渤南油田沙河街组储层成岩储集相定量表征过程中，利用该方法识别出四类成岩储集相，有效评价了不同类型储集相的储集性能优劣（李海燕，2006）。

3. 灰色系统理论法

灰色系统理论属于应用数学领域，主要用于研究各种领域中具有不确定性现象的“外延明确、内涵不明确”的“小样本、贫信息”问题，在油气领域的应用已有30余年（祁宏，1986）。成岩储集相定量表征与分类可以运用该方法。在对安塞油田岩性油藏储层研究中，为减少偶然因素对结果的影响，选定渗透率、视微孔率、中值半径作为评定参数，应用灰色系统理论，分析成岩综合系数、视微孔率等成岩储集相参数界限值，并结合安塞油田的具体地质特征，最终建立起目的层的成岩储集相划分标准及权值（宋子齐等，2007）。

三、砾岩储层优势渗流通道表征

（一）优势渗流通道表征

最早在20世纪50年代，Calhoun根据示踪剂测试数据，建立模型估算了油水井间示踪剂的运移速度，此模型可用来估算优势渗流通道的渗透率值。

70年代，Martin Felsenthal根据渗流力学源汇项原理，给出了径向流条件下估算优势渗流通道渗透率值的办法。同时综合考虑吸水剖面等测试资料，定性识别了优势渗流通道，给出了优势渗流通道的一个重要特征：有效厚度不超过地层有效厚度的5%，且吸水量大于地层总吸水量的25%。

80年代，Brigham（1987）在非均质性研究中根据示踪剂测试曲线，利用拟合的方法反演得到了某小层的响应规律，并以此为基础推算地层的渗透率等关键参数的响应规律，这样便能表征出优势渗流通道的变化规律及发育特征。因此，Brigham首次将优势渗流通道的识别研究由定性推向定量。

进入21世纪，动态监测资料的使用越来越广泛，Chetri根据吸水剖面测试成果来判断地层吸水与产液规律在纵向上的变化特征，结合动态资料找到存在优势渗流通道的层位。

Guzman（2009）等根据流线的有限差分原理，以收集到的现场动态数据为基础，用反演的手段通过流线表征了优势渗流通道的发育特征。结合现场测试资料，验证了此方法的可行性和有效性。

国内的专家学者针对优势渗流通道形成机理问题，开展了油田地质等系列研究。综合各油田优势渗流通道类型，可分为三种：一是层间矛盾形成的优势渗流通道；二是层内部矛盾形成的高渗透条带；三是储层平面非均质性、注采不平衡形成的优势渗流通道。根据试验井组动、静态资料分析，优势渗流通道在油田开发中低效、无效水循环主要表现特征为：注水压力低、油层启动压力低、吸水指数大；油层水驱速度快，存水率低；吸水剖面差异大，强吸水层厚度与总油层厚度之比远远小于对应吸水量之比；注水井压力指数PI值小（巴忠臣，2014）。

研究表明，油层渗透率、岩石胶结程度、开采速度、原油黏度是影响优势渗流通道形成的几大因素（李科星等，2007）。吕广忠等（2005）对疏松砂岩油藏出砂机理进行了室内模拟，系统研究了流速、原油黏度、储层胶结强度、地层渗透率、地层韵律性等影响优势渗流通道形成的机理及程度。杨满平等（2012）通过分析取心井的岩心特征，找到了储层参数随注水开发过程的变化规律：渗透率随注入体积倍数增加而增大的幅度较高，孔隙度随注入体积倍数增加而增大的幅度较低，而且孔渗的初始值越高，随注入倍数增加而增大的幅度也越显著，孔喉尺寸随注入体积倍数增加也相应地变大，泥质含量由于强水洗作用有所下降。万宠文等（2006）运用多种方法，结合静、动态资料，对优势通道的形成机理进行了分析，指出了沉积环境、成岩作用、退胶结作用等对优势通道的影响，为后期剩余油研究、实施有效挖潜措施指明了方向。尤启东（2004）改进了 Khila 模型，考虑源、汇项的作用影响，对微粒迁移问题进行了差分求解，发现对渗透率较低的油藏来说，出砂微粒浓度在达到峰值浓度前，储层就已经发生了堵塞，胶结疏松且渗透率较高的砂岩在强注强采的开发条件下，更容易形成优势渗流通道。徐春华等（2009）总结了砂砾岩储层注水开发后期高渗流通道的几种地质静态和工程动态的成因及表现特征，并建立了高渗透层段的空间分布规律，应用多种方法识别了优势渗流通道，同时提出了多种不同的调整措施来提高油层的动用程度。

（二）优势渗流通道表征方法

1. 基于地质特征方法

基于地质特征的研究方法就是在储层非均质性研究的基础上，利用统计的方法，定性判断是否形成优势渗流通道，并半定量计算、定量估计表征优势渗流通道的地质参数和开发参数，研发的优势渗流通道特征分析方法和软件在油田应用已见到了一定的效果。

孤东油田七区西油藏埋藏浅，储层胶结疏松、渗透率高，粒度多为正韵律分布，在注水开发过程中出砂严重，特别是实施强注强采后，出砂程度加剧。一些井间形成了特高渗透带（即优势渗流通道）。采用实验模拟方法研究了优势渗流通道形成的机理和影响因素（油层渗透率、岩石胶结程度、原油黏度、开采速率），出于降低成本考虑，提出了利用生产数据诊断、描述优势渗流通道的方法。用灰色理论计算各种因素间的相关关系，以诊断优势渗流通道的存在；并利用简化的数学模型，计算优势渗流通道的方向、厚度、渗透率、孔喉尺寸等参数。注水开发的稠油疏松砂岩油藏，在开发后期，平面优势渗流通道和层间窜槽是影响三次采油和改善水驱开发效果的关键，为了解决这一问题，运用数学及油藏工程方法，进行优势渗流通道及层间窜槽机理、优势渗流通道参数定量描述等研究，并编制优势渗流通道描述软件，应用该软件对孤东油田 20 个开发单元 1650 口油水井进行了计算，通过动态监测资料证实，符合率达到 80% 以上。

2. 生产测井技术方法

利用生产测井技术识别优势渗流通道的方法，主要是考虑优势渗流通道在注水井中表现为吸水能力较其他层强，注入井按照注入工艺分为合层注入和分层配注两种方式，可以通过测试资料来判断优势渗流通道的发育特点。

运用吸水剖面测井资料及优势渗流通道分析软件，识别吸水层内的优势渗流通道井段，实现了优势渗流通道定性、定量描述。注入剖面测井技术可以较好地识别优势渗流通道，但其中也存在一些问题，如同位素载体不可能无限放大，测井过程中还要兼顾非优势渗流通道层等。

中原油田公司提出了五种采用注水井测试剖面资料来识别优势渗流通道的有效方法：（1）时间推移测井技术识别优势渗流通道；（2）利用同位素追踪法识别优势渗流通道；

（3）利用井温曲线识别优势渗流通道；（4）分析流量计曲线识别优势渗流通道；（5）观察注采量及水井压力的变化识别优势渗流通道。在现场实施测井的过程中，主要使用了注水剖面五参数测井技术，较好地解决了由于长期注水等原因所造成的优势渗流通道识别问题，指明了下一步进行相关调整措施时应考虑的关键因素。

3. 井间监测方法

井间监测技术在近几年发展较为迅速，采用定性或定量的方式描述注采井间地层中流体的流动特性，进而给出地层的非均质性等参数评价，已被应用于优势渗流通道描述。目前投入现场应用的井间监测技术主要有三种，即井间示踪监测、井地电位监测和井间微地震监测，较多使用的是井间示踪监测技术。

井间示踪监测是指从水井注入示踪剂段塞，在周围的生产井监测示踪剂的产出情况，绘制示踪剂随时间的产出变化曲线，产出曲线的形状、浓度的高低、突破时间是由地层参数和采用的工作制度决定的，因此可定性判断地层中是否存在高渗透条带、优势渗流通道、裂缝等。利用数值模拟方法能够定量计算得到储层渗透率、目前平均含油饱和度、优势通道的孔渗等参数。

根据示踪剂的使用种类可以划分为四个不同的阶段：20 世纪 50 年代的化学示踪剂应用阶段，80 年代的放射性同位素应用阶段，90 年代的非放射性稳定同位素应用阶段和 21 世纪的微量元素应用阶段。分析四种井间示踪监测技术，常用化学示踪剂很难定量解释出井间高渗透带或优势渗流通道的参数，放射性同位素示踪剂会导致安全环保问题，稳定同位素示踪剂因实施费用过高，近些年来现场应用受到限制。微量元素示踪剂因其具有诸多优势越来越受到青睐，通过对示踪剂曲线分析，结合油藏数值模拟，可给出注入水在平面各方向的流速，油井的水淹方向，计算流体各方向的波及状况，高渗透层的渗透率、厚度及喉道半径等。经过几十年连续不断的应用和总结，示踪剂的选择和使用更加准确有效，这对油藏认识程度的提高具有重要意义。

井间电位监测技术近几年来已受到各油田公司的重视，在辽河油田、新疆油田、胜利油田和大庆油田等各大油田已累计进行了 300 多井次的现场测试，在识别优势渗流通道、评价剩余油分布、监测压裂裂缝及注水推进优势方向等方面取得了明显的效果。

井间微地震监测技术虽然目前尚未成为油气田开发中的常规手段，但在压裂裂缝监测、识别优势渗流通道平面特征等方面发展前景十分乐观。

4. 试井分析方法

随着油田开发的不断深入，部分油田优势渗流通道已逐渐形成，调剖堵水工作发展到以注水井调剖为中心的区块综合治理阶段。目前提出了两种区块整体调剖的决策技术：一种是在油藏精细描述的基础上，用最优化方法进行决策；另一种是根据注水井压力降落曲线，计算所得的注水井压力指数并结合其他测试数据进行决策，即 PI 决策技术。

压力指数 PI 值与地层渗透率和流动系数呈负相关关系。对于注水开发油藏，其注水井 PI 值是对压力降落速度和变化幅度的量化，地层渗流特性越好，吸水能力就越强，解释数据中流动系数就越大，若地层中有优势渗流通道或高渗透层存在，则 PI 值就很小，反之 PI 值就大。孤东油田将 PI 决策技术运用到区块的整体调剖堵水决策中，以此为依据选择调剖井，调剖后增油效果明显。

利用合层压力降落特征分析可能存在优势渗流通道的井，利用分层压力降落确定存在优势渗流通道的层段，再结合其他信息识别优势渗流通道，这种方法已被各油田公司采用，应用中已见到一定的效果。

5. *动态资料方法*

优势渗流通道形成后表现在生产动态上的特征十分明显。根据这些特征建立其识别标准，将现场采集到的生产数据进行处理后与之比对，符合标准的即判断为优势渗流通道。在水驱开发过程中，油井与水井之间往往存在有规律的动态响应，所以根据两者之间的距离、响应时间及响应强度，结合动态数据便可大致估算出油水井之间的动态连通性，找到优势渗流通道的方向。冯其红等（2011）考虑了注入井的注入情况，又考虑了生产井的生产动态，根据动态生产数据将过量水劈分到各注采井间，然后计算出优势渗流通道渗透率等物理参数和喉道半径等几何参数，为优势渗流通道的精确计算提供了良好的理论基础。赵传峰等（2008）利用易测易取的大量生产动态，选取比产液指数为判断标准，认识到优渗通道形成后，水井的比吸水指数将增加数倍甚至数十倍，导致与之连通的油井的比产液指数在短期内也随之增加。因此，以某口水井为中心，通过观察受效油井的比产液指数变化情况来识别优渗通道的平面延伸方向。

6. *模糊数学理论方法*

综合应用各种动静态资料，借鉴模糊综合评判原理及关联度分析的理论，解决油水井间是否存在优势渗流通道的问题。根据判定的综合指标值，对优势渗流通道的发育阶段进行划分。即首先甄别筛选影响优势渗流通道形成的主要因素，地质方面主要有孔渗性、储层非均质性、原油黏度、胶结程度等因素，生产动态上主要有水井压力、吸水指数、吸水剖面、产液指数、水油比等因素；根据现场经验分析各个因素所占的权重，将各因素指标做归一化处理，采用多层次灰色关联分析法，逐级评判，最终得到每口井的综合评判指标值，建立优势渗流通道的综合识别模型。

将模糊数学理论应用于优势渗流通道的识别，可以充分利用现场易测易取的动态资料，而且也能保证结果的可靠性，有效降低了仅靠单一方法识别优势渗流通道可能带来的误差。这种理论相比于井间测试、试井等方法，更能体现出简便准确、经济易行的优势。

四、砾岩储层微观孔隙结构表征

（一）微观孔隙结构表征

砾岩储层微观孔隙结构是影响孔隙度、渗透率等储层物性的内在因素，尤其对于非均质性较强的砾岩储层来说，在油田开发中后期，微观孔隙结构表征能够更有利于指出剩余油气的富集区域，对正确评价储层的储集性能和开采潜力，搞清孔隙结构的差异对储层宏观地质特性的影响，进而更有效地从各种地质资料中去伪存真、去粗取精，准确提取含油饱和度等物性参数来提高油气解释精度，都具有十分重要的意义（马旭鹏，2010）。

国内学者很早就注重研究储层孔隙结构对油气勘探开发的影响（陈立官等，1980）。经过30余年的发展，逐渐总结出针对各类型储层孔隙结构研究的方法体系。涵盖了包括砂岩储层（朱洪林，2014）、砾岩储层（况晏等，2017）、碳酸盐岩储层（于豪等，2017）

及火山岩储层（覃豪等，2013）在内的各种油气储层。从孔隙结构研究角度来说，由最初的定性描述发展到定量表征，又由定量表征发展到与定性描述结合的综合性表征，这是因为定性描述主要是以光学显微镜、扫描电镜或CT扫描为主的观测方法，虽然分辨率逐渐提高，但仅能提供定性判别。定量表征主要以压汞、气体吸附方法为主，能够分析不同尺度孔隙或喉道的大小。但观测分辨率与尺度规模是相互制约的，分辨率高了，研究尺度自然不会很大，而想要在保持高分辨率的基础上扩大研究尺度，就需要定性与定量表征相结合。从孔隙结构研究技术来说，由以往的单一学科方法逐渐发展为多学科技术共同表征，不断引进包括纳米科学及材料科学在内的多种新技术或新方法（朱如凯等，2016）。但需要注意的是，所引入新方法的适应性问题，仍需要不断结合地质实际，改进相关技术，增强其适应性。随着油田勘探开发进程的不断深入，需要从二维到三维，从纳米到毫米，建立不同层次的孔隙结构表征体系，进一步深化对储层微观结构的认识。

（二）微观孔隙结构表征方法

对储层微观孔隙结构的研究经历了从定性到定量的不同阶段，从最早的简单物性分析向先进的实验测试发展，其研究的理论方法也呈现出多学科交叉的特点，涉及地质、化学、数学和物理等学科内容。目前，主要的微观孔隙结构表征方法包括毛细管力曲线法、核磁共振法、铸体薄片法、扫描电镜法、CT扫描法和测井法等，从不同的角度对孔隙结构进行表征。

1. 核磁共振法

岩石核磁共振一般是对含水的岩石样品进行脉冲序列测试，得到自旋回波衰减信号，经傅里叶变换拟合得到核磁共振 T_2 谱。饱和水岩石的 T_2 谱分布反映了岩石的孔隙结构，长 T_2 组分对应大孔隙，短 T_2 组分对应小孔隙。张锡镛（1992）、肖立志（1994）等进行岩石的核磁共振研究较早，张超漠等（2007）用核磁共振 T_2 谱进行储层岩石的孔隙分形结构研究，目前，核磁共振孔隙结构分析被广泛地应用于储层分类、有效性评价等方面。谢然红等（2009）、屈乐等（2014）、吴丰等（2014）发现在火山岩、陆相砂泥岩、砂砾岩等复杂岩性储层中，由于顺磁性物质的影响会出现核磁共振 T_2 谱左移、孔隙度变小等现象。

较常用的孔隙结构模型认为比表面与孔径呈线性关系。但在致密储层中，由于其复杂多变的孔隙形态结构使得两者的关系为非线性关系，经大量的实验研究后，王学武等（2010）认为，横向弛豫时间 T_2 与孔径之间呈幂函数关系，而非一般认为的线性关系。T_2 分布通常被认为是孔隙尺寸分布，但事实上它主要反映的是由形状因素和孔隙壁粗糙程度所影响的孔隙比表面 S/V。此外核磁孔隙尺寸分布的一个关键假想条件为分子是在整个孔隙系统中单一隔间内运动，未与邻近隔间混合；但在真实地层中的孔隙系统，特别是溶蚀孔隙大多是相互混合的，在这样的孔隙系统中被易产生孔隙耦合作用。Toumelin 等（2003）、Anand 与 Hirasaki（2005）、Fleury 等（2009）对这一作用进行了详细说明，Allen（2001）等通过一些实验案例描述了这一现象（图 1–14）。

2. 铸体薄片法

铸体薄片法是将带色的有机玻璃或环氧树脂注入岩石的孔隙裂缝中，待树脂凝固后，再将岩心切片放在显微镜下观察，用以研究岩心薄片中的面孔率、孔喉类型、连通性、孔

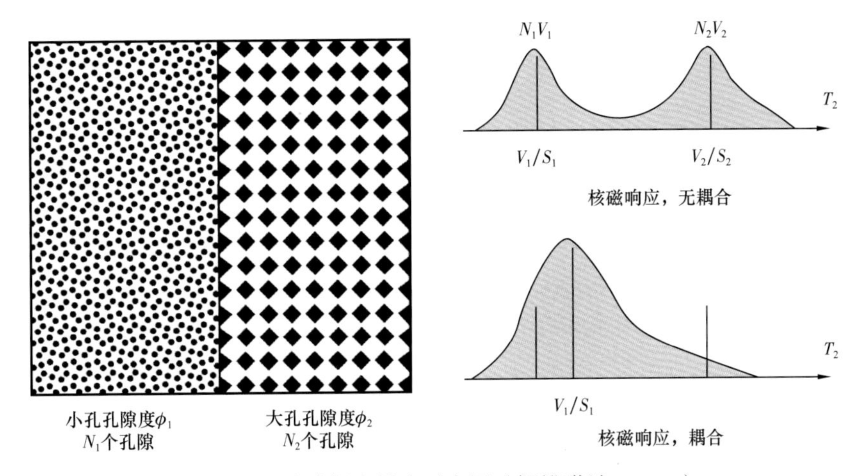

图 1–14　孔隙耦合效应示意图（据樊骐铖，2016）

喉配位数及碎屑组分等。该方法简单易行、成本低廉，是目前表征储层微观孔隙结构最常用的方法之一（赫乐伟等，2013）。

3. 扫描电镜法

扫描电镜的原理是由电子枪发射出电子束，经加速偏转后，在样品表面聚焦成极细的电子束，该电子束对样品表面进行扫描，电子与样品相互作用，激发出各种信号，这些信号被处理后在荧光屏上成像。扫描电镜下的矿物具有图像立体、分辨率高及景深大等特点，可以对样品中微孔隙和喉道的立体形态及连通性、孔喉配置关系、黏土矿物类型及其赋存形态等进行分析。

4. CT 扫描法

CT 即电子计算机断层扫描，它是利用 X 射线束与灵敏度极高的探测器一同围绕岩心进行断面扫描，每次扫描过程中，由探测器接收穿过岩心的衰减 X 射线信息，经电子计算机高速计算后，得出该层面各点的 X 射线吸收系数值，再经图像显示器将不同的数据以不同的灰度等级显示出来，这样该断面的孔隙结构就可以清晰地显示在监视器上。岩心 CT 扫描能够提供岩石孔喉分布、连通性及物性参数等信息。

无论是铸体薄片法还是扫描电镜法都需要对岩心进行必要的加工，这在一定程度上破坏了岩心的内部结构和外部形态，并且这两种方法观测的视野较窄小，只能观测薄片上的孔隙结构。而 CT 扫描法能在对岩心无损伤的条件下，快速观测整块岩心内部的结构状况，但其缺点是测量方法复杂，且费用较高。

5. 毛细管力曲线法

研究岩石孔隙结构最常用的方法是通过测定毛细管压力来定量确定孔隙和喉道的特征。实验室测定毛细管压力的方法主要有半渗透隔板法、压汞法和离心机法等，其中压汞法由于其快速、准确，可以定性、半定量地研究储层的孔隙结构，从毛细管曲线上获取能够反映孔喉大小、连通性和渗流能力的参数，如进汞压力、饱和度中值压力、退出效率等，因而是目前测定岩石毛细管压力的主要手段。1921 年，Washbum 建议利用实验室内的压汞实验来确定岩石的孔隙大小及分布情况，而后，经过学者们研究，对压汞法不断完善，使其成为研究储层孔隙结构极其重要的方法之一。国内从 20 世纪 70 年代开始对毛细管力进行大量研究，积累了丰富的资料与经验（吕鸣岗等，1996；彭彩珍等，2002）。但随着复杂油气田的开发，常规压汞技术已经不能满足生产的需要，而恒速压汞技术在实验进程上实现了对喉道数量的测量，从而克服了常规压汞方法的不足。

恒速压汞的原理是以非常低的进汞速度维持准静态进汞过程，该过程如图 1–15（a）所示。当汞进入到喉道 1 时，压力上升，突破后，压力突然下降，汞进入孔隙，此过程对应图 1–15（b）中的第一个压力降落 O（1）；之后汞将进入下一个次级喉道，产生第二个次级压力降落 O（2），之后逐次将主喉道所控制的所有次级孔室填满；主喉道半径由突破点的压力确定，孔隙的大小由进汞体积确定，这样喉道的大小及数量就可在进汞压力曲线上得到明确的反映。

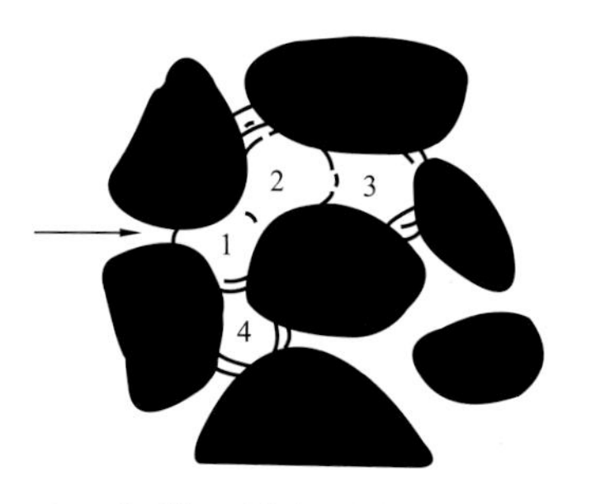

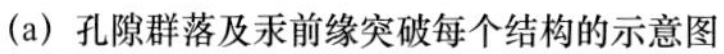
(a) 孔隙群落及汞前缘突破每个结构的示意图

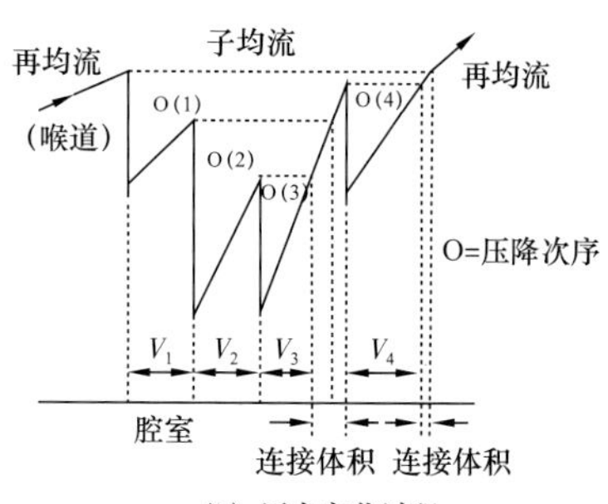

(b) 压力变化过程

图 1–15　恒速压汞测试原理图（据郝乐伟，2013）

恒速压汞和高压压汞方法的理论原理和测得的孔喉特征参数定义完全相同，但由于两种压汞方法的进汞速度和进汞压力的不同，所采用的孔隙结构解释模型也就不同（李成等，2015）。

恒速压汞毛细管压力最高达 6.2MPa，以恒定流速将汞注入储层孔喉中，驱替压力低，其流速为 0.00005mL/min，一般需要几天才能完成，接近准静态过程，汞液面基本不弯曲，静态接触角（θ）基本保持 140° 不变，故恒速压汞测得的孔喉半径与真实孔喉半径很接近。由于恒速压汞的汞进入每一微小形状变化的孔隙或喉道都会引起进汞压力明显的涨落，从而该方法将孔隙或喉道分开，定量分析它们的数量和体积，并以孔隙、喉道模型解释孔隙结构。

高压压汞进汞毛细管压力最高达 200MPa，进汞速度较快，整个过程在几个小时内完成，为明显的动态过程，汞液面弯曲变化大，汞的静态接触角（θ）一般略大于 140°，使得汞进入微小形状变化的孔隙和喉道不能引起进汞压力的明显涨落，也就不能将孔隙和喉道分开，因此只能测试不同驱替压力下孔隙和喉道的总进汞量，以毛细管模型解释孔隙结构。

6. 测井方法

实验室储层孔隙结构测量方法价格昂贵，测量周期长，且岩石孔隙结构研究往往容易受到样品尺寸的限制，很难与储层宏观参数建立关系，并开展区域储层预测。测井资料具有"纵向上"和"横向上"的优势，这为研究目标区域储层岩石孔隙结构开辟了新的途径。研究储层岩石孔隙结构特征的测井资料主要包括核磁共振测井、电阻率测井和声波测井等资料。蔺景龙等选用自然电位、自然伽马及声波时差等七条常规测井曲线，通过建立样本模式，统一刻度，并进行归一化处理，建立了神经网络模型，对某段地层孔隙结构类型进行鉴别。核磁共振测井技术具有测量精度高、信息丰富及对孔隙结构和孔隙流体反映灵敏等特点，为测井解释研究孔隙结构提供了另一种有效方法。Yakov 等于 2001 年提出横向弛豫时间和毛细管压力之间的转换关系，为利用核磁共振测井资料研究岩石的孔隙结构提供了理论和方法上的支持。国内学者先后利用核磁共振 T_2 谱技术，对岩石微观孔隙结构进行了研究，并对构建方法不断进行改进，如肖飞、刘迪仁、何宗斌等运用 T_2 几何均值拟合法和伪毛细管压力曲线转换法连续、定量地表征了储层孔隙结构。

以上各类方法经过多年发展，已基本成熟，随着低渗透储层的勘探开发日益成为主流，以及老油田开发中后期剩余油分布日趋复杂，尤其是面向储层结构非均质性强的砾岩储层，传统的压汞分析技术结合铸体薄片及扫描电镜镜下观察已不能满足生产需要，而以 CT 扫描为基础的三维孔隙结构模拟技术将会成为研究储层孔隙结构的发展方向。另外，与数学、计算机等学科的结合，将使孔隙结构评价从定性描述向半定量、定量描述发展。

参考文献

巴忠臣 . 2014. 水驱砂岩油藏优势渗流通道识别研究［D］. 中国石油大学（华东）.

陈欢庆，赵应成，李树庆，等 . 2014. 岩性分析对砾岩储层构型研究的意义——以准噶尔盆地西北缘六区克下组冲积扇储层为例［J］. 天然气地球科学，25（5）：721-731.

陈欢庆，赵应成，舒治睿，孙作兴 . 2013. 储层构型研究进展［J］. 特种油气藏，（5）：6-13，151.

陈立官，王柏钧，李鸿智 . 1980. 结构优度——估价储油层孔隙结构的首要参数［J］. 石油与天然气地质，（1）：69-74.

陈蓉，张娥，史新霞，等 . 2010. 廊固凹陷兴 9 砾岩油气藏滚动评价方法［J］. 中国石油勘探，15（2）：78-80，86.

冯慧洁，聂小斌，徐国勇，等 . 2007. 砾岩油藏聚合物驱微观机理研究［J］. 油田化学，（3）：232-237.

冯其红，史树彬，王森，等 . 2011. 利用动态资料计算大孔道参数的方法［J］. 油气地质与采收率，18（1）：74-76.

冯旭，刘洛夫，窦文超，等 . 2016. 鄂尔多斯盆地西南部长 7 和长 6-3 致密砂岩成岩作用与成岩相［J］. 成都理工大学学报（自然科学版），43（4）：476-486.

冯子辉，印长海，陆加敏，等 . 2013. 致密砂砾岩气形成主控因素与富集规律——以松辽盆地徐家围子断陷下白垩统营城组为例［J］. 石油勘探与开发，40（6）：650-656.

郭尚平，黄延章 . 1990. 物理化学渗流微观机理［M］. 北京：科学出版社 . 100-104.

韩璐 . 2012. 锦 16 区储层特征与优势通道识别［D］. 西南石油大学 .

郝乐伟，王琪，唐俊 . 2013. 储层岩石微观孔隙结构研究方法与理论综述［J］. 岩性油气藏，2013，25（5）：123-128.

胡复唐，等 . 1997. 砂砾岩油藏开发模式［M］. 北京：石油工业出版社 .

胡光义，范廷恩，陈飞，等 . 2017. 从储层构型到“地震构型相”——一种河流相高精度概念模型的表征方法［J］. 地质学报，91（2）：465-478.

黄成刚 . 2015. 辽河油田曙一区杜 84 块兴Ⅰ组隔夹层研究［D］. 浙江大学 .

黄述旺，窦齐丰 . 2002. 吉林四五家子油田下白垩统泉二段储层成岩储集相及储集空间演化［J］. 地球科学，（6）：723-728.

贾珍臻，林承焰，董春梅，等 . 2014. 大庆升平油田葡萄花油层葡一油组浅水三角洲储层构型研究［J］. 中国石油大学学报（自然科学版），38（6）：9−17.
况晏，司马立强，瞿建华，等 . 2017. 致密砂砾岩储层孔隙结构影响因素及定量评价——以玛湖凹陷玛131 井区三叠系百口泉组为例［J］. 岩性油气藏，29（4）：91−100.
李成，郑庆华，张三，等 . 2015. 鄂尔多斯盆地镇北地区长 4+5 储层微观孔隙结构研究［J］. 石油实验地质，37（6）：729−736.
李海燕，彭仕宓，黄述旺，等 . 2004. 山东渤南油田古近系沙河街组沙二段及沙三段低渗透储层成岩储集相［J］. 古地理学报，（4）：503−513.
李海燕，彭仕宓 . 2006. 应用遗传神经网络研究低渗透储层成岩储集相——以胜利渤南油田三区沙河街组为例［J］. 石油与天然气地质，（1）：111−117.
李海燕，彭仕宓 . 2007. 低渗透储层成岩储集相及储集空间演化模式［J］. 中国石油大学学报（自然科学版），（5）：1−6.
李科星，蒲万芬，赵军，等 . 2007. 疏松砂岩油藏大孔道识别综述［J］. 西南石油大学学报（自然科学版），29（5）：42−44.
李梅霞 . 2008. 国内外三次采油现状及发展趋势［J］. 当代石油石化，16（12）：19−25.
李鹏 . 2014. 厚油层储层构型研究［D］. 长江大学 .
李庆昌，吴蚍，赵立春 . 1997. 砾岩油田开发［M］. 北京石油工业出版社 .
林煜，吴胜和，岳大力，等 . 2013. 扇三角洲前缘储层构型精细解剖——以辽河油田曙 2−6−6 区块杜家台油层为例［J］. 天然气地球科学，24（2）：335−344.
刘伟，窦齐丰 . 2003. 成岩作用与成岩储集相研究——科尔沁油田交 2 断块区九佛堂组下段［J］. 西安石油学院学报（自然科学版），（3）：4−8.
刘颖，邓澄世 . 2017. 储层构型研究的几种方法及应用［J］. 石化技术，24（1）：175−175.
刘宗宾 . 2014. 油气开发储层研究新进展［M］. 北京：石油工业出版社，89−96.
鲁卡・考森提诺 . 2003. 油藏评价一体化研究 . 石油工业出版社 . 187−192.
吕传炳 . 2006. 乌里雅斯太凹陷砂砾岩油藏储层改造理论与应用技术研究［D］. 西南石油大学 .
吕广忠，张建乔，孙业恒 . 2005. 疏松砂岩油藏出砂机理物理模拟研究［J］. 应用基础与工程科学学报，13（3）：284−290.
吕鸣岗，毕海滨 . 1996. 用毛管压力曲线确定原始含油饱和度［J］. 石油勘探与开发，（5）：63−66.
马鸣 . 2005. 浅议成岩储集相研究［J］. 内蒙古石油化工，31（2）：89−91.
马旭鹏 . 2010. 储层物性参数与其微观孔隙结构的内在联系［J］. 油气藏评价与开发，33（3）：216−219.
彭彩珍，李治平，贾闽惠 . 2002. 低渗透油藏毛管压力曲线特征分析及应用［J］. 西南石油大学学报（自然科学版），24（2）：21−24.
祁宏 . 1986. 用灰色系统理论分析油田产量递减规律［J］. 石油勘探与开发，（6）：64−68.
秦积舜，李爱芬 . 2003. 油层物理学［M］. 山东东营：石油大学出版社 .
商明，乔文龙，曹菁 . 2003. KLMY 砾岩油藏基本特征及开发效益水平评估［J］. 新疆地质，（3）：312−316.
沈仁禄 . 2011. 蒙古林区块侧钻水平井钻完井技术研究及应用［D］. 中国石油大学 .
宋考平，聂洋，邵振波，等 . 2008. 聚合物驱油藏剩余油饱和度分布预测的 ϕ 函数法［J］. 石油学报，（6）：899−902.
宋子齐，于小龙，丁健，等 . 2007. 利用灰色理论综合评价成岩储集相的方法［J］. 特种油气藏，（1）：

26−29，105.

孙家国 . 2008. 辽河油田杜 84 块 CO_2 驱油机理研究［D］. 中国地质大学（北京）.

孙明，李治平 . 2009. 注水开发砂岩油藏优势渗流通道识别与描述［J］. 断块油气田，16（3）：51−56.

孙天建，穆龙新，吴向红，等 . 2014. 砂质辫状河储层构型表征方法——以苏丹穆格莱特盆地 Hegli 油田为例［J］. 石油学报，35（4）：715−724.

覃豪，吴尚鑫，李洪娟，王春阳 . 2013. 酸性火山岩储层微观孔隙结构的宏观表征与研究［J］. 石油天然气学报，35（8）：49−53.

万宠文，张英华，刘书权 . 2006. 严重非均质油藏优势渗流通道成因机制研究［J］. 西部探矿工程，18（11）：67−68.

王德民 . 2003. 大庆油田“三元”“二元”“一元”驱油研究［J］. 大庆石油地质与开发，（3）：1−9，90.

王旭影，吴胜和，岳大力，等 . 2015. 基于定量成岩作用分析的成岩储集相研究——以老君庙油田古近系 M 油组为例［J］. 西安石油大学学报（自然科学版），30（6）：6，10−16.

蔚远江，李德生，胡素云，等 . 2007. 准噶尔盆地西北缘扇体形成演化与扇体油气藏勘探［J］. 地球学报，（1）：62−71.

吴胜和，冯文杰，印森林，等 . 2016. 冲积扇沉积构型研究进展［J］. 古地理学报，18（4）：497−512.

吴胜和，翟瑞，李宇鹏 . 2012. 地下储层构型表征：现状与展望［J］. 地学前缘，19（2）：15−23.

吴诗勇，李自安 . 2010. 储集层大孔道识别技术研究［J］. 新疆石油科技，（1）：27−29.

吴素英，孙国，程会明，等 . 2004. 长期水驱砂岩油藏储层参数变化机理研究［J］. 油气地质与采收率，11（2）：9−11.

夏惠芬，王德民，王刚，孔凡顺 . 2006. 聚合物溶液在驱油过程中对盲端类残余油的弹性作用［J］. 石油学报，（2）：72−76.

新疆石油管理局勘探开发研究所 . 1992. 国外砾岩油田开发历程调研［M］.

熊琦华，彭仕宓，黄述旺，等 . 1994. 岩石物理相研究方法初探——以辽河凹陷冷东 − 雷家地区为例［J］. 石油学报，15（s1）：68−75.

徐春华，侯加根，唐衔，等 . 2009. 砾岩储层注水开发后期高渗流通道成因特征及其识别［J］. 科技导报，27（23）：19−27.

薛永超，程林松 . 2011. 白豹油田长 8 油藏成岩储集相［J］. 吉林大学学报（地球科学版），41（2）：365−371.

杨满平，张淑婷，刘继霞，等 . 2012. 中高渗砂岩油藏水驱后储层参数变化规律［J］. 大庆石油地质与开发，2012，31（6）：59−63.

杨普华 . 1999. 提高采收率研究的现状及近期发展方向［J］. 油气采收率技术，（4）：1−5.

姚约东，雍洁，朱黎明，等 . 2010. 砂砾岩油藏采收率的影响因素与预测［J］. 石油天然气学报，32（4）：108−113，426.

伊振林，吴胜和，杜庆龙，等 . 2010. 冲积扇储层构型精细解剖方法——以 KLMY 油田六中区下克拉玛依组为例［J］. 吉林大学学报（地），40（4）：939−946.

尹艳树，刘元 . 2017. 近岸水下扇扇中厚砂体储层构型及对剩余油控制——以南襄盆地泌阳凹陷古近系核桃园组三段四砂组 2 小层为例［J］. 地质论评，63（3）：703−718.

印森林，刘忠保，陈燕辉，等 . 2017. 冲积扇研究现状及沉积模拟实验——以碎屑流和辫状河共同控制的冲积扇为例［J］. 沉积学报，35（1）：10−23.

印森林，唐勇，胡张明，等．2016. 构造活动对冲积扇及其油气成藏的控制作用——以准噶尔盆地西北缘二叠系—三叠系冲积扇为例［J］. 新疆石油地质，37（4）：391–400.

尤启东，陆先亮，栾志安．2004. 疏松砂岩中微粒迁移问题的研究［J］. 石油勘探与开发，2004，31（6）：104–107.

于豪，李劲松，晏信飞，等．2017. 非均质碳酸盐岩储层微观孔隙结构表征与气藏检测——以阿姆河右岸灰岩气藏为例［J］. 石油物探，56（4）：472–482.

于兴河．2008. 油气储层表征与随机建模的发展历程及展望［J］. 地学前缘，（1）：1–15.

昝灵，王顺华，张枝焕，等．2011. 砂砾岩储层研究现状［J］. 长江大学学报（自科版），8（3）：63–66.

张代燕，彭永灿，肖芳伟，等．2013. KLMY 油田七中、东区克下组砾岩储层孔隙结构特征及影响因素［J］. 油气地质与采收率，20（6）：29–34.

张继成，张彦辉，战菲，孙艳丽．2010. 聚驱后油田剩余油潜力分布规律研究［J］. 数学的实践与认识，40（13）：57–62.

张庭辉．1991. KLMY 油田砾岩储层孔隙结构特征及分类评价［J］. 新疆石油地质，（1）：34–42.

张文朝．2011. 冀中坳陷古近系沉积、储层与油气［M］. 石油工业出版社．

赵传峰，姜汉桥，王宏申，等．2008. 根据油藏动静态资料判断窜流通道方向［J］. 石油天然气学报，（2）：79–81.

赵翰卿．2002. 储层非均质体系、砂体内部建筑结构和流动单元研究思路探讨［J］. 大庆石油地质与开发，（6）：16–18，43–62.

赵莹彬，马立祥，谢丛娇，等．2012. 内蒙古乌里雅斯太凹陷南洼槽坡折带粗砾斜坡扇沉积特征［J］. 地质与资源，21（2）：205–210.

周银邦，吴胜和，计秉玉，等．2011. 曲流河储层构型表征研究进展［J］. 地球科学进展，（7）：695–702.

朱洪林．2014. 低渗砂岩储层孔隙结构表征及应用研究［D］. 西南石油大学．

朱如凯，吴松涛，苏玲，等．2016. 中国致密储层孔隙结构表征需注意的问题及未来发展方向［J］. 石油学报，37（11）：1323–1336.

朱筱敏．2008. 沉积岩石学［M］. 石油工业出版社．

Baas J H，Wessel V K，George P. 2010. Deposits of depletive high–density turbidity currents：a flume analogue of bed geometry，structure and texture［J］. Sedimentology，51（5）：1053–1088.

Brigham W E，Maghsood A D. 1987. Tracer Testing for Reservoir Description［J］. Journal of Petroleum Technology，39（5）：519–527.

Crawford B L，Betts P G，Aillères L. 2010. An aeromagnetic approach to revealing buried basement structures and their role in the Proterozoic evolution of the Wernecke Inlier，Yukon Territory，Canada［J］. Tectonophysics，490（1–2）：28–46.

Drew F. 1873. Alluvial and Lacustrine Deposits and Glacial Records of the Upper–Indus Basin［J］. Quarterly Journal of the Geological Society，29：441–471.

Ercilla G，García–Gil S，Estrada F，et al. 2008. High–resolution seismic stratigraphy of the Galicia Bank Region and neighbouring abyssal plains（NW Iberian continental margin）［J］. Marine Geology，249（1）：108–127.

Holmes G W. 1965. Geologic reconnaissance along the Alaska Highway，Delta River to Tok Junction，Alaska［M］. US Department of the Interior，US Geological Survey.

Jo H R，Chough S K. 2001. Architectral analysis of fluvial sequences in the northwestern part of Kyongsang Basin

(Early Cretaceous), SE Korea [J] . Sedimentary Geology, 144: 307–334.

Jutta Weber, Werner Ricken. 2005. Quartz cementation and related sedimentary architecture of the Triassic Solling Formation, Reinhardswald Basin, Germany [J] . Sedimentary Geology, 175: 459–477.

Liu X, Wang Z, Wang Y Z. 2010. Medium–High Permeability, Mature Reservoir Management Study : An Innovative Methodology and Case Study [C] // International Oil and Gas Conference and Exhibition in China.

Miall A D. 1985. Architectural–elements analysis : a new method of facies analysis applied to fluvial deposits [J] . Earth–Science Reviews, 22: 261–308.

Nemec W, Steel R J. 1988. What is a fan delta and how do we recognize it [J] . Fan Deltas : sedimentology and tectonic settings, 3–13.

Royhan Gani M, Mustafa Alam M. 2004. Fluvial facies architecture in small–scale river systems in the Upper Dupi Tila Formation, northeast Bengal Basin, Bangladesh [J] . Journal of Asian Earth Sciences, 24: 225–236.

Rusciadelli G, Di Simone S. 2007. Differential compaction as a control on depositional architectures across the Maiella carbonate platform margin (central Apennines, Italy) [J] . Sedimentary Geology, 196 (1) : 133–155.

Schwab A M, Cronin B T, Ferreira H. 2007. Seismic expression of channel outcrops : Offset stacked Versus amalgamated channel systems [J] . Marine and Petroleum Geology, 10: 16–27.

Skelly R L, Bristow C S, Ethridge F G. 2003. Architecture of channel–belt deposits in an aggrading shallow sandbed braided river : the lower Niobrara River, northeast Nebraska [J] . Sedimentary Geology, 158 (3–4): 249–270.

Vargas–Guzmán J A, Al–Gaoud A, Datta–Gupta A, et al. 2009. Identification of high permeability zones from dynamic data using streamline simulation and inverse modeling of geology [J] . Journal of Petroleum Science & Engineering, 69 (3–4) : 283–291.

Zeng H L, Loucks R G, Frank L. 2007. Mapping Sediment–dispersal patterns and associated systems tracts in fourth–and–fifth–order sequences using seismic sedimentology : Example from Corpus Christi Bay, Taxas [J] . AAPG Bulletin, 91: 981–1003.

第二章　冲积扇砾岩沉积成因及模式

作为砾岩储层的重要沉积成因之一，冲积扇在国内东西部地区不同年代地层中都有发现（鲍志东等，2009；陈留勤等，2013）。冲积扇通常位于近物源的山前地带，具有相对特殊的地貌条件和复杂的沉积环境，从中可以识别出丰富的古环境、古地貌、构造变化及沉积信息。作为蕴藏油气资源的储层类型之一，冲积扇砾岩储层一直是专家学者的关注对象，也是热点及难点。国内外众多学者对不同沉积环境下的冲积扇露头、现代沉积及地下储层进行了广泛研究。

通过冲积扇露头，可以直观地观测其主要的沉积序列、各成因单元的规模、几何形态及沉积特征，进而建立地质体的成因模式。对地下冲积扇储层，利用岩心分析、测井识别等技术，在进行沉积构造、岩石相类型及组合的识别与划分、成因机制及演化等相关研究的基础上，可以建立冲积扇的沉积模式；与露头进行类比，最终可得到能够反映地下实际的冲积扇砾岩储层特征及沉积模式。

第一节　冲积扇露头

冲积扇露头能够供地质人员对地质体进行直观研究，可以观察包括岩性、沉积结构、沉积构造、成因单元接触关系、沉积序列等在内的储层沉积特征，具有地下地质体研究所不具备的优势与长处，是精细表征冲积扇储层的重要手段之一。通过总结冲积扇露头的区域地质背景，揭示其主要沉积序列和成因单元的形态特征，进而深化对冲积扇储层沉积的认识。

一、区域地质背景

山区河流或间歇性洪水流出山口进入冲积平原处，由于坡度突然变缓、河流流速降低、水流分散，河流搬运能力减弱，便将大量碎屑物质在山口处快速堆积下来，形成向平面倾斜的扇体或锥体，称为冲积扇或冲积扇体（贾爱林等，2012）。

冲积扇体经常是成群出现，沿山麓分布，侧向相连形成连片扇体，属于沉积盆地边缘部分的典型沉积相类型，包括扇根、扇中及扇端三级亚相（图2–1至图2–3）。多沿盆地边界的大断层分布，断层的发育及造山运动会使粗碎屑物源增多。在内陆沉积盆地，尤其是气候干旱区域的大型内陆挤压盆地或小型断陷盆地边缘地区，冲积扇较常见。之后随着盆地的沉降，接受巨量的沉积，形成冲积扇沉积体，在漫长的地质历史进程中，重新抬升隆起，并在自然或人工的影响下，出露地表，形成冲积扇露头。

自然条件下出露地表的称为天然露头，如风化侵蚀、地震抬升等原因导致形成。经过各种工程揭露的称为人工露头，如开山建隧道、公路等工程导致的。国内的冲积扇露头分布广泛，众多学者都对其进行过精细研究，如准噶尔盆地西北缘的八道湾组冲积扇露头（马勋等，2011），昌平第四纪冲积扇露头（印森林等，2015），库车坳陷新近系库车组冲积扇露头（李鑫等，2013），松辽盆地东南缘籍家岭泉头组冲积扇露头（刘朋远等，2015）等。

图 2-1　冲积扇扇根沉积剖面（据邓文秀，2013）

图 2-2　冲积扇扇中沉积剖面（据邓文秀，2013）

图 2-3　冲积扇扇端沉积剖面（据邓文秀，2013）

二、主要沉积序列

（一）主要沉积相带特征

冲积扇分为扇根、扇中及扇缘三个沉积亚相带（图 2-4），其中扇根亚相也称扇顶亚相（张纪易，1980），各亚相又可划分为不同的微相类型。结合 KLMY 油田二叠系、三叠系冲积扇露头研究及储层研究，分别对各沉积相带特征进行介绍。

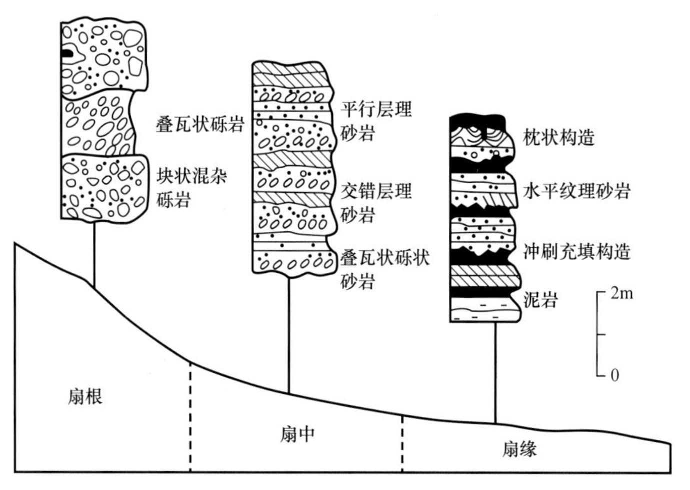

图 2-4　冲积扇各亚相沉积特征及沉积序列（据张纪易，1980）

1. 扇顶亚相

扇顶也称扇根，是冲积扇顶端限制性河道部分的沉积，在河谷中沉积了最粗的块状砾石层，上部可沉积一些洪泛衰落期的细粒碎屑物，划分为主槽、侧缘槽、槽滩和漫洪带四个沉积微相。

1）主槽微相

主槽位于扇顶中间，顶端正对山口，呈喇叭形向下倾方向展开，展开程度取决于山麓斜坡地形的复杂程度。横断面呈底部微凸起的宽浅槽形，槽内布满宽仅数米、深度不足 1m 的细密流沟，流沟呈披麻状散布整个主槽，流沟之间为沟间滩。流沟和沟间滩可认为是扇顶部位最小的地貌或沉积环境单元。

漫洪阶段的片状漫流，视其流量大小可淹覆主槽的全部或部分。洪峰过后，洪水转变为槽洪，限于流沟中流动，故沟间滩接受的是悬移质最多的漫洪沉积物，多属泥质砾石层。流沟是槽洪活动的主要场所，水流既淘洗改造漫洪阶段沉积物，又堆积含泥量低的粗碎屑，因此流沟沉积物的渗透性高于沟间滩沉积物，支撑砾岩即形成于流沟中。流沟和沟间滩反复迁移更替，使两种渗透性差别很大的沉积物在主槽剖面上反复交替。

主槽微相单元剖面上岩性组合为中—粗砾岩、细砾岩和粗砂岩等，砾岩含量通常在 80% 以上，偶夹少量局部回流或风成的中细砂岩小透镜体（露头上可观察到），厚度数十厘米至一米多，沉积序列底部可见冲刷—充填构造。自然电位曲线呈漏斗形，反映下部储层的渗透性较差。

2）侧缘槽微相

侧缘槽位于扇顶主体的一侧或两侧，其上游端在山口附近与主槽分叉，形态狭长，下游端消失于扇间地带。在它与外侧的山麓风化基岩和内侧的主槽微相之间，发育槽滩、漫洪带等过渡微相单元，这些单元平面呈狭窄条状。不过，并不是每个冲积扇都发育该微相。侧缘槽沉积物与主槽沉积物构成差别不大，由具有洪积层理的砾岩组成，砾岩占比达 90% 以上，最高可达 100%。但该微相单元的沉积厚度比主槽微相薄，泥质含量与主槽微相相近或更低一些，垂向上泥质含量底部最低，高渗透性的支撑砾岩位于沉积序列的中下部。

3）槽滩微相

槽滩微相处于扇顶主槽微相与相对高部位（漫洪带、基岩残丘、扇侧山坡）间的过渡地带，呈狭长条带镶嵌于上述地貌单元之间。另外，当主槽内古地形起伏较大时，也可出现槽滩微相。

该微相单元的岩性以粗砂岩和砾岩为主，夹薄层含砾或含砂泥岩，砂砾岩含量在 60%～80%，泥质含量较主槽高，分选也较差，洪积层理发育，支撑砾岩少见。地层电阻率呈中高值，自然电位曲线呈中等幅度负异常，曲线锯齿化，旋回性不明显。从主槽向侧向地形高的一侧，储层渗透性逐渐变差。

4）漫洪带微相

漫洪带位于扇顶亚环境古地形最高部位，仅在特大洪水暴发时才接受沉积，其沉积形成的砂岩厚度一般不超过 1m。其成因主要有三种：（1）主槽某一部分在一定条件下不断加积堆高，两侧或一侧被冲蚀；（2）源区抬升，山区河流下切，从而使主槽的切割加深，主槽两侧形成阶地；（3）突出于扇体表面的基岩残丘。前两种成因的漫洪带都以主槽的巨厚碎屑沉积物为基座。

漫洪带沉积在扇顶沉积物中所占的比例很小，单层厚度仅数十厘米至数米。它与泥石流沉积的区别在于：漫洪带沉积物在扇顶剖面上出现较少，少见 100mm 以上的卵石，有成层性，见不规则层理，下伏砾岩顶面的砾石表面常见铁质薄膜和裂解现象。

漫洪带沉积的碎屑岩在扇顶亚相各种微相中最细，沉积物多为棕黄或黄褐色含砂砾泥岩和泥质砂砾岩。砂砾分布不均，分选差，但无大漂砾。砾石表面有时可见沙漠漆，圆度差，往往风化裂解成板片状或成为砂级颗粒。电阻率常小于 20Ω·m，当粗粒沉积物含量较多时，电阻率有时较高。

2. 扇中亚相

扇中亚相的主河道呈放射状散开，绝大多数为辫状河道。沉积物比扇顶亚相沉积物细，砾石和砂互层发育，可见平行层理和交错层理。扇中可进一步细分为辫流河道、辫流沙岛和漫流带微相。

1）辫流河道微相

辫流河道也称辫流线，是主槽在扇中部位的分支，也是流沟在扇中的归并，大体呈辐向放射散布。辫流河道最深处在辫流线中、上段，向扇缘变浅，至交会点处，沟底露出扇面，辫流线消失。辫流河道的侧向迁移作用及流体能量的降低，易形成向上变细的半旋回沉积，沉积序列底部可见冲刷面，有时多期半旋回垂向叠加。其岩性较主槽细，以细砾岩、粗砂岩和含砾砂岩为主，可见粉砂岩。砾岩含量45%～60%，粒度中值小于主槽，分选有改善，含泥量有所增加。洪积层理仍为主要层理类型，隐约可见单层系或多层系、宽缓槽状交错层理，交错层理的纹层上端收敛，部分多被冲刷侵蚀。底部可见冲刷面，但下切幅度不大，顶面则高低起伏，极不平整；剖面上呈顶平底凸的透镜状。自然电位曲线表现为中幅、齿化箱形和钟形，中高电阻率。

2）辫流沙岛微相

辫流沙岛是辫流线中间或边部的砾石滩，顺辫流线走向伸展，面积分布较广。砾岩含量在35%～50%，但砾径较辫流线上的更粗或相近，含泥量也增高。普遍发育大型交错层理，洪积层理次之。砂质沉积物中可见沙纹层理和波状层理。粒度和分选变化较大。电性特征和槽滩相似，但自然电位负异常幅度变小。

3）漫流带微相

漫流带位于辫流线之间的高部位，只在漫洪期接受细粒沉积，两侧或一侧常与辫流沙岛镶边接触。沉积物为泥质砂岩或砂质泥岩，含少量细砾石。发育块状层理或不规则层理，偶见根系印痕和植物碎屑。电性与漫流带相似，但厚度通常在一米到几米。

辫流线在扇体发育过程中不断迁移游荡，上述三种环境的沉积物交互出现在扇中亚相沉积剖面中，其电性曲线呈指状分叉。

3. 扇缘亚相

扇缘亚相以细粒泛滥沉积为主，虽然有次生扇和小股水流沉积的沙和砾石，但所占比例较小。扇缘实际上是冲积扇和相邻环境（如河流、湖泊、沙漠等）之间的过渡地带。当扇体紧邻水体时，扇顶或扇中沉积直接插入水体形成扇三角洲而缺失扇缘。正在发育的小型扇体往往也没有扇缘。

扇缘是整个冲积扇中沉积物最细、流体能量最低的部分，呈环带状围绕在冲积扇周围。扇缘沉积物主要是黄褐和棕红色过渡岩性，多为中细砂、粉砂和泥质。沉积构造有块状层理、沙纹层理、波状层理、不规则层理。多见草木根系和枝叶印痕，沉积物中有时夹薄层硬石膏。扇缘环境相对简单，主要发育水道径流和片流沉积（湿地）两个微相。

1）水道径流微相

扇缘低洼处在扇中来水的不断冲洗下，逐渐形成小的沟道，即水道径流，其沉积特征与河道的边滩、心滩沉积类似。岩性有含砾中砂岩、中细砂岩和粉砂岩等类型。剖面上可以出现多期向上变细的半旋回叠加，但每一层较薄，20cm左右，层与层之间可夹有少量泥质物。自然电位曲线幅度较低，呈钟形。

2）片流沉积微相

片流沉积出现在扇缘相对平坦的部位，分布范围较大，只有在发生大型洪流时期才接受粗粒沉积，形成泛滥平原沉积。岩性以粉砂岩和泥岩为主，偶见少量中—细砂岩，可见沙纹层理和植物碎屑。自然电位曲线幅度极低，一般呈平直状。

实际上，冲积扇各亚相之间并没有明确的物理界面，其间的界限是很难精确划分的。

（二）冲积扇沉积序列模式

按岩石相垂向叠置样式，冲积扇沉积序列可分为四种模式，分别是水进退积型沉积序列、水退进积型沉积序列、加积型沉积序列和叠覆镶套型沉积序列（图2–5）。

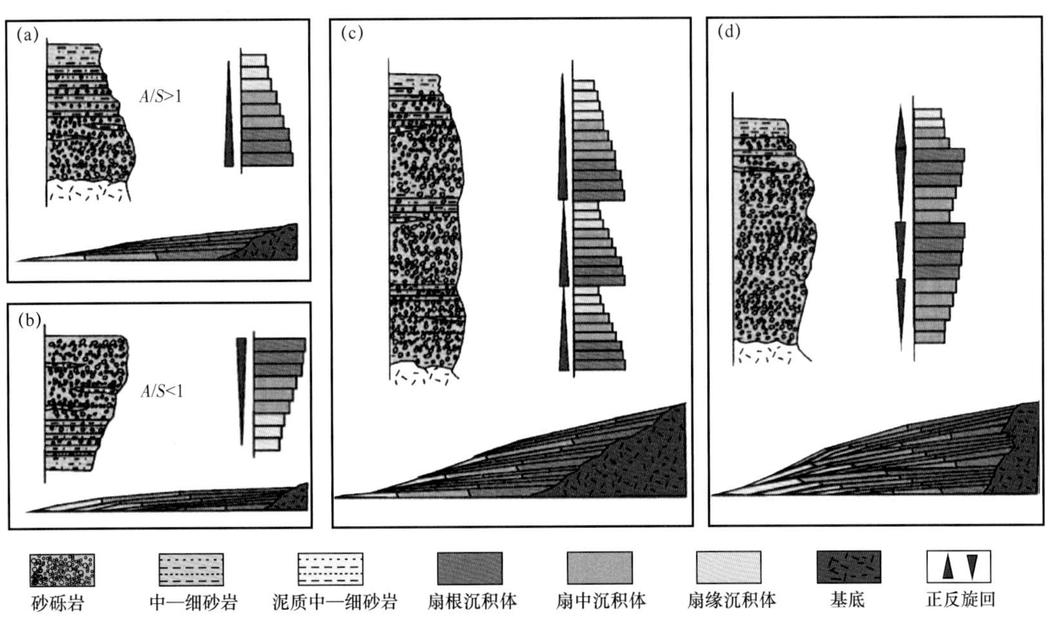

图 2-5　不同类型沉积序列剖面示意图（据张纪易，1981，有修改）

从垂向上的叠加样式来看，退积型沉积序列自下而上为扇根、扇中、扇缘依次变化，地层厚度向上变薄，粒度变细（图 2-5a）。这是由于在冲积扇形成演化过程中，物源区上升慢，而沉积区下降快，或者二者同时沉降，但物源供给速度小于可容纳空间增长速度所导致。按高分辨率层序地层学理论，当可容纳空间与沉积物供应量比值（*A*/*S* 值）大于 1 时，就会形成退积型冲积扇沉积序列。

进积型沉积序列则正相反，自下而上为扇缘、扇中、扇根亚相依次变化，地层厚度向上变厚，粒度变粗（图 2-5b）。在冲积扇形成过程中，如果物源区和沉积区同时抬升或下降，但物源供给速度大于可容纳空间增长的速度，相当于 *A*/*S* 值小于 1 时，就会形成这类沉积序列。加积型沉积序列则是在物源的供给速度与可容纳空间的增长速度基本相近时（*A*/*S* 值≈1）沉积形成的，垂向上地层厚度、粒度变化不明显（图 2-5c）。叠覆镶套型沉积序列的垂向分布样式存在周期性变化，粒度并非单一的变粗或变细（图 2-5d），这是由于物源区和沉积区的抬升呈间歇性和周期性所造成的。

准噶尔盆地 KLMY 油田三叠系克下组冲积扇砾岩沉积体表现为典型的退积型沉积序列。通过露头与单井垂向沉积序列综合分析，克下组发育厚层砂砾岩体，为冲积扇沉积，垂向上呈向扎伊尔山退积的沉积序列，从冲积扇扇根演变至辫状河冲积平原（余宽宏等，2015）。下部 S_7^3 小层发育厚层块状砾岩，砾石含量高，泥质夹层少，电测曲线也呈高幅箱形，齿化较弱，为冲积扇扇根至扇中沉积背景；S_7^2 小层以砂砾岩为主，较 S_7^3 小层粒度变细，测井曲线呈钟形，泥质夹层及隔层增多，沉积物的颜色由氧化色转变为还原色，冲积扇经历由干旱型向河流沉积作用为主的冲积扇演变；S_6^3 小层为扇缘与辫状河平原的过渡地带，粒度较细，距离冲积扇距离较远，冲积扇较 S_6^3 小层向源后退很多；S_7^1 小层及 S_6^1 小层均为湖泛沉积，发育可横向对比的泥岩（图 2-6）。

砂组	小层	单层	GR（API）40 —— 100	深度（m）	岩性剖面	RT（Ω·m）3——100 RI（Ω·m）3——100	简要岩性描述	亚相	相
S_0	S_0^1			540					湖泊
	S_0^2						中—细砂岩为主，发育薄层砂岩及泥质隔层，地层厚度分布稳定，泥岩呈还原色	河道与泛滥平原交互	辫状河
	S_0^3								
S_1	S_1^1			550			以泥岩为主，夹有薄层砂（砾）岩		湖泊
	S_1^2						以砂（砾）岩为主，较S_7^3小层粒度明显变细，砾岩含量为50%~70%，砂（砾）岩岩层明显减薄，电阻率曲线为齿化中—高幅钟形	扇缘	洪积扇
	S_1^3	S_1^{3-1}		560			块状砾岩为主，夹有少量薄层泥岩，砾岩含量在90%以上，电阻率曲线为高幅箱形，齿化现象不明显	扇中	
		S_1^{3-2}							
		S_1^{3-3}		570				扇根	

图 2-6　KLMY 油田三叠系克下组单井沉积相演化柱状图（据余宽宏等，2015）

三、成因单元形态及特征

冲积扇成因单元代表了能够反映某一类具有相似成因环境、成因类型的构型单元。不同级次的成因构型单元依靠构型界面进行区分，对于成因构型单元界面的划分，目前国内外应用广泛的有两大分级方法（吴胜和，2010），二者截然不同，一种是以 Miall 为代表的研究河流相构型时采用的正序划分方法（即 1 级构型单元对应界面最小），一种是 Mutti 和 Normark 代表的研究深海浊流构型时采用的倒序划分方法（即 1 级构型单元对应界面最大）。这其中又以 Miall 划分方案最为常用，按照这一构型级次划分，可将不同的构型单元与沉积相级别一一对应，5 级构型单元对应沉积亚相，4 级构型单元对应沉积微相，3 级构型单元对应单砂体。某些学者在研究冲积扇构型单元时也采用倒序划分方案（冯文杰等，2017），7 级构型单元对应于 Miall 的 5 级构型单元，8 级对应于 Miall 的 4 级构型单元，依次类推。

不论哪种分级方案，其本质都是一致的，均从不同级次角度研究储层结构及特征。目前对于成因单元的研究普遍以 4 级构型单元或者 3 级构型单元为主（陈玉琨等，2015）。不同的学者结合自身地质认识，对冲积扇成因单元的划分命名存在细微差别，但反映出的地质特征是相同的，王晓光等（2012）在研究冲积扇构型时，划分出 13 类 4 级构型单元，包括位于扇根内带的槽流砾石体、泥石流沉积、漫洪砂体、漫洪细粒沉积，位于扇根外带的片流砾石体、漫洪砂体、漫洪细粒沉积，位于扇中的辫流水道、漫流砂体、漫流细粒沉积，以及位于扇缘的径流水道砂体、漫流砂体、漫流细粒沉积。陈欢庆等（2015）也将冲积扇体系划分出 13 类 4 级构型单元，分别是位于扇根内带的槽流砾石体、槽滩砂砾体、漫洪内砂体、漫洪内细粒，位于扇根外带的片流砾石体、漫洪外砂体、漫洪外细粒，位于扇中的辫流水道、辫流砂砾坝、漫流砂体、漫流细粒，以及位于扇缘的径流水道、水道间细粒。整体来看，从扇根到扇缘，4 级构型单元所对应的岩石粒度逐渐变细，从砾岩逐渐过渡到砂岩甚至细砂岩等；槽流砾石体、片流砾石体、辫流水道等是主要成因单元，它们多期叠置，成为“泛连通体”，局部有界面间隔，靠近扇中部位是连通性最好的区域，砂体规模大，随着河流规模逐渐萎缩，砂体之间的连通性和叠置程度减弱，靠近扇缘部位，细粒组分明显增多，隔夹层发育，平行物源方向的连通性好于垂直物源方向。根据统计，扇根内带的槽流砾石体延伸长度大于 1300m，宽度 70～700m；槽滩砂砾体延伸长度达 30～750m，宽度为 30～400m。片流砾石体延伸长度大于 1900m，宽度大于 2500m；漫洪外砂体呈厚层楔状，延伸长度为 140～650m，宽度为 30～800m。扇中的辫流水道延伸长度大于 1800m，宽度为 80～1200m；辫流砂砾坝延伸长度为 150～730m，宽度为 20～500m。扇缘的径流水道延伸长度大于 2300m，宽度为 90～260m。

第二节　沉积响应及成因机制

冲积扇的形成受到自然地理、气候条件、地壳升降运动等因素的控制，这些因素可归纳为自旋回和异旋回因素。不同类型的沉积构造、多样的岩石相类型及组合是沉积成因机制的直观反映。

一、沉积构造

冲积扇形成的沉积环境较为复杂，这也使得相应的沉积构造样式繁多，主要的沉积构造包括洪积层理、冲刷充填构造、泥石流构造、块状构造、平行层理、粒序层理、叠瓦状构造和波状层理（郑占等，2016）。

（一）洪积层理

洪积层理为多期洪水形成的砾岩片状叠加而成，洪水的间歇性必然导致沉积物不连续的现象，巨厚的扇顶洪积物实际是无数次洪水携带物加积的结果，每次洪水之后都有一个沉积间断，洪积层理就是在这种条件下形成的，无明显的层面可区分，表现为块状或不明显的正韵律砾岩（张纪易，1980）。但能够清楚观察到分选性很差的洪积物在平面上频繁地粗细交替。洪积层理在顺物源剖面上延伸较远，在横向上常被小型切割充填构造切断（图 2–7）。

（二）冲刷充填构造

流水流过固结或未固结的沉积岩层时，在水动力作用下，在沉积岩层表面就会形成凹凸不平的流痕。当冲刷面接受沉积时，在冲刷出的沟、槽中往往堆积被流水冲刷下来的碎块和砾石，进而形成冲刷充填构造。通过分析上覆岩层和冲刷面的碎屑物质，可以对岩层的沉积序列进行判别（图 2–8）。

（三）泥石流构造

泥石流多发育在冲积扇上部，最大的特点为泥砂砾混杂堆积，分选极差，杂基支撑，含漂砾。碎屑物在泥石流中整体搬运，砾石漂浮于杂基之中，岩性为泥质砾岩（图 2–9）。

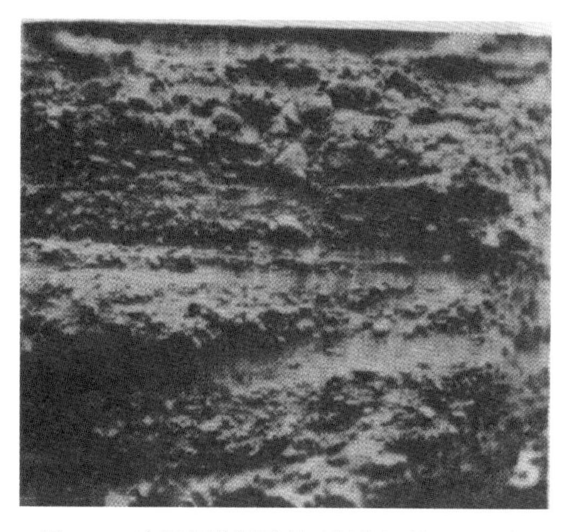

图 2-7　冲积扇洪积层理（据张纪易，1980）

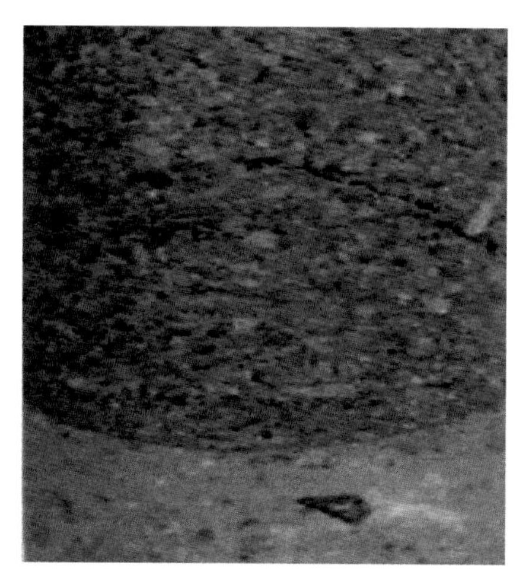

图 2-8　冲积扇冲刷充填构造（据陈卓，2016）

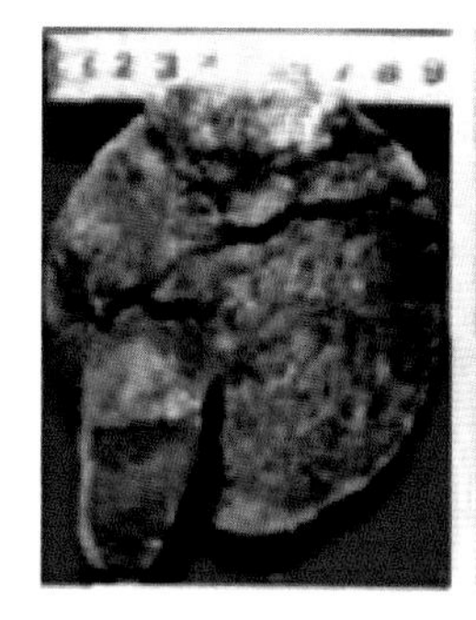

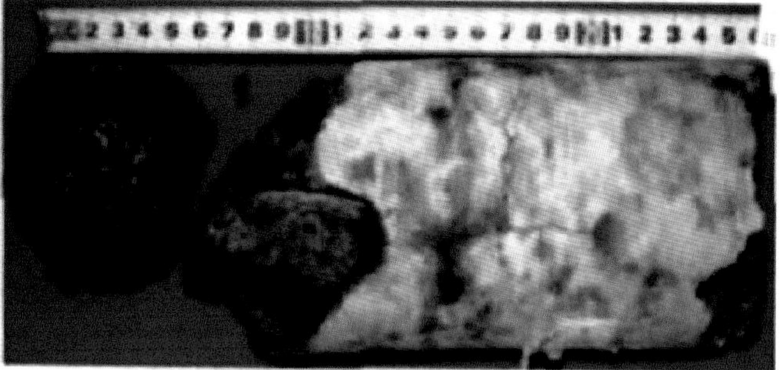

图 2-9　冲积扇泥石流构造（据郑占，2009）

（四）块状构造

块状构造呈现大致均质、不具任何纹层的层理（陈卓，2016）。块状构造由于悬浮物沉积速度较快、沉积物不易分层而不出现较细的纹理。例如在洪泛期，河流中的沉积物快速堆积形成的泥岩层；也可由沉积物重力流快速堆积而成。厚层状砂砾岩常常出现块状构造（图 2-10）。

（五）平行层理

平行层理由平行或几乎平行的纹层状砂粒组成，一般出现在水浅流急及高能量水动力环境。在强水动力条件下，水流作用不仅使颗粒呈现一定粒序，而且出现近乎平行的纹层（图 2-11）。

（六）粒序层理

粒序层理又称递变层理，从底部至顶部，粒度由粗逐渐变细是正粒序层理。这是由于水动力强度随着沉积时间增长而逐渐减小，同时流水携带能力在纵向上逐渐减弱，就造成了沉积物在沉积过程中，按粒度大小依次沉降，它是浊积岩和洪积岩中的一种特征性层理（图 2-12）。

沉积物粒度从下到上逐渐由细变粗是反粒序层理。沉积物重力流种，颗粒流就发育这种沉积构造。

图 2–10　冲积扇块状构造（据陈卓，2016）

图 2–11　冲积扇平行层理（据陈卓，2016）

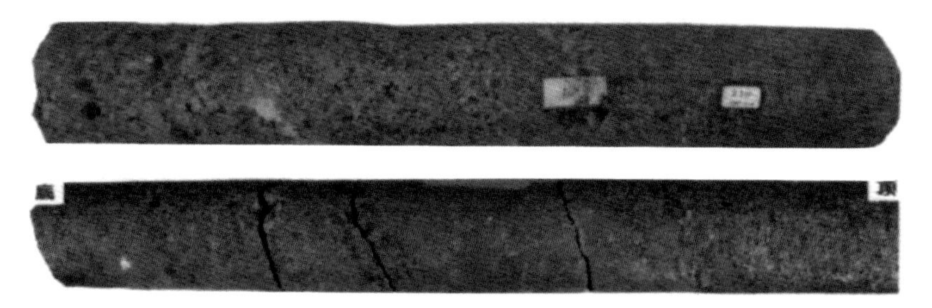

图 2–12　冲积扇粒序层理（据陈卓，2016）

（七）叠瓦状构造

由于水流作用力，使得大量砾石以及泥砾呈叠瓦状排列的现象，称为叠瓦状构造。在砂砾岩层的下部见到砾石或泥砾呈现叠瓦状排列，但泥砾往往有压扁现象。叠瓦状构造主要反映了牵引流作用的特点，说明目的层段并非完全是重力流沉积，其间也发育变化牵引流沉积（图 2–13）。

（八）波状层理

层内纹层成连续的波状或薄的泥纹层和砂纹层成波状互层。波状层理主要形成于大量的悬浮物质的沉积环境中，当流水的侵蚀速率比沉积速率小时，可持续形成连续的波状纹层。这种层理仅仅在水体相对稳定的环境中，由泥质类和粉砂质类垂向漫积而成（图 2–14）。

图 2–13　冲积扇叠瓦状构造（据陈卓，2016）

图 2–14　冲积扇波状层理（据陈卓，2016）

二、岩相类型

20世纪70年代，Miall描述河流相沉积特征（Miall，1977），提出了岩相的概念。其指出不同岩相间首先根据沉积构造进行区分，其次根据内部结构组成进行区分。最早所提出的岩相只考虑了河流沉积物，之后，为了将Schultz（1984）在古冲积扇沉积中观察到的碎屑流沉积包含进来，结合Eyles等（1983）在水下碎屑流沉积方面的研究成果，对岩相体系进行相应扩充。

岩相名称可用大小写两种英文字母来表示，前面的大写字母表示按粒度分类的岩性，比如，G-砾岩、S-砂岩、F-粉砂岩、M-泥岩等；后面的小写字母有两个，前一个表示岩石支撑类型，如m-杂基支撑、c-碎屑支撑；后一个表示岩石相所具有的某种沉积构造类型，如g-粒序层理、p-平行层理、m-块状层理等。在某些情况下，为了与河流沉积岩相代码进行区分，会仅使用一个描述相应沉积构造的小写字母。这样能够更好地反映各类岩相形成的水动力条件和成因（郑占等，2010）。冲积扇砾岩储层的岩石相类型有以下几类。

（一）块状或正粒序杂基支撑砾岩相（Gmm和Gmg）

这类岩相是在石炭纪砾岩储层中发现的（Rust，1978），最早使用的岩相代码为Gms，并未体现出块状层理和粒序层理。该岩相的主要特征为缺少碎屑充填结构，砾石颗粒由砂岩、粉砂岩和泥岩充填，各级岩石颗粒均分选差，呈现出块状层理或粒序层理。无叠瓦状构造，但存在水平向排列的扁平状碎屑。与相邻接触的层位具明显分界，无侵蚀痕迹，这些特征代表了高能重力流作用过程，反映出近物源的泥石流沉积。通常分布于扇根的沟槽带（伊振林等，2010）。

（二）逆粒序碎屑支撑砾岩相（Gci）

这类岩相有两种成因方式，一种是由高能泥石流形成，另一种是由层流或湍流的惯性床砂载荷低能流形成的。其以碎屑支撑为主，垂向上呈逆粒序层理，分选性较差，主要发育在扇根部位。

（三）块状碎屑支撑砾岩相（Gcm）

该类型岩相代表了低能的塑性泥石流沉积，由黏性的层流或湍流携带物源区的沉积物到开阔地带形成碎屑颗粒较粗的层，其砾石可呈叠瓦状排列，有时碎屑颗粒以冲刷—充填构造及槽状形式与下伏沉积物接触，此类岩石多为冲积扇表面辫状河道充填沉积。

（四）平行层理碎屑支撑砾岩相（Gh）

砾石主要为细砾岩，砾石的磨圆较好，多为圆—次圆状，填隙物为中—粗砂岩。砾石排列杂乱，无明显的方向性。成层性不好，反映出沉积速率快，缺少分选，总体特征反映出河道底部强水动力条件下滞留沉积物的特点。

（五）平行层理—斜层理含砾中—粗砂岩相（Sp）

含砾中粗砂分选磨圆相对较好，中—细砂岩主要分布于两期洪积层之间及间洪期的小型水道沉积体之间。整体来说，剖面中—细砂岩所占比例较小，分选中等，次圆状。平行层理及斜层理特征明显，易于识别。

沉积成因主要有两种：一为洪水期时水道沉积，二为漫洪期处于地形高部位的相对细粒沉积体，反映了冲积扇扇中片流末端的沉积（印森林等，2015）。

（六）水平层理中—细砂岩相（Sh）

中—细砂岩分选磨圆较好，为间洪期水道沉积、漫流沉积及漫溢沉积。剖面中所占比例较小。水平层理特征明显，与平行层理的区别主要是岩性的差异，水平层理岩性主要是中—细砂岩，而平行层理的岩性主要为含砾中—粗砂岩。同时，水平层理中还夹杂厚度不等的薄层状粉砂岩。

（七）波状层理杂基支撑泥质粉—细砂岩相（Smw）

灰色、灰白色细—粉砂岩互层，泥质胶结，含少量钙，偶见漂浮状砾石，见明显的波状—斜波状层理，出现于冲积扇的下部至外缘，地形平缓，沉积坡角小，沉积物以片流沉积为主，沉积物细，通常以砂岩夹粉砂岩、黏土岩为主，这种岩相也可见于辫状河道沉积。

（八）泥岩相（M）

露头区泥岩为与冲积扇砂砾岩体不等时的沉积体，其颜色为棕黄色不纯泥岩，为广泛发育的垂向加积形成的扇前湿地—泛滥平原沉积体，构成了冲积扇相带的一个重要非储集体部位，也代表一期冲积扇复合沉积体的结束。

三、岩相组合

（一）岩相组合原则

岩相的详细划分是为了准确掌握不同类型岩相在沉积机制、结构构造等诸多方面的差异，但过分详细的岩相划分又容易导致岩相数量过多，为了解决这一矛盾，一般需要对岩相进行合并（贾爱林等，2000）。岩相的合并是非常复杂的，必须考虑诸多方面的因素。岩相组合须遵循以下原则：

（1）被合并的岩相粒度必须相同或相近，跨度不能太大。如混杂角砾岩可与中粗砾岩合并，但不能与比之更细的岩相合并。

（2）被合并的岩相要具有相同的结构、构造特征。比如，槽状交错层理细砾岩、砾状砂岩和含砾砂岩可合并为槽状层理砂砾岩相。

（3）由以上两个条件约定了被合并的岩相要具备相同的沉积机制和作用过程。

（4）合并后的岩相必须能够反映每一个子岩相的基本特征，即合并后的岩相是合并前各岩相的综合体。

（5）不能合并的特殊岩石相要单列，如洪积层理砂质砾岩相，由于特殊的结构、构造特征和形成机制，不可与其他任何类型的岩相进行合并。

（二）岩相组合类型

以 KLMY 油田八区下乌尔禾组油藏为例，分析冲积扇砾岩储层岩相的组合类型（申本科，2005）。

（1）杂基支撑砂砾岩相—平行层理、交错层理砂岩相

这一岩相组合构成一个完整的冲积扇退积序列，反映水动力条件逐渐衰退的过程，下部为砾、泥、砂混杂交混在一起的细砾岩，上部为平行层理或交错层理的中细砂岩相，为冲积扇片流沉积物，代表了扇根部位由泥石流沉积演变到片流沉积的过程。

（2）颗粒支撑砂岩相—平行层理、交错层理砂岩相—波状、斜波状层理泥质粉—细砂岩相

当物源区供给冲积扇主要为砾石而无或极少有其他粒级的物质时，在冲积扇的表层便堆积了舌状砾石层，由于底部砂泥少，所以成为碎屑颗粒支撑结构，上部逐渐变为颗粒间砂质增多，再往上成为片流沉积或漫流沉积的具有平行层理或交错层理砂岩相；当水动力再次降低时，发育具有波状—斜波状层理的泥质—粉砂—细砂岩相。

（3）递变层理砂砾岩相—平行层理或斜层理砂岩相

当洪水漫过固定的河堤时，演变成为片流，在特定的地貌条件下，可形成粒序层理沉积，之后沉积一套具有平行层理的中细砂岩。

（4）块状砂砾岩相—平行层理或交错层理砂岩相—槽状交错层理砂岩、含砾砂岩相

这类岩相组合就构成比较完整的辫状河道沙坝沉积序列，底部具有槽状沉积砾石，可见砾石冲刷面，往上过渡为平行层理中细砂岩沉积，有时发育复合韵律沉积，再往上为交错层理的含砾粗砂岩沉积，逐渐变为中细砂沉积序列。

（5）块状砂砾岩相—板状交错层理砂岩相

底部碎屑颗粒较粗沉积物的砾岩呈叠瓦状排列，而上部沉积的砂层为板状交错层理，发育中细砂岩和砂岩互层，该岩相组合反映了冲积扇表面上河道充填沉积的特色标志。

（6）波状层理粉细砂岩—低角度斜层理细砂岩—块状泥质相

该岩相组合厚度较薄，一般出现在冲积扇的下部至外缘末端，地形平缓，沉积坡度角小，沉积物以片流沉积为主，通常为粉砂岩、黏土岩沉积。

四、沉积成因及其演化

（一）沉积旋回

冲积扇的形成与演化受构造作用、气候环境、基准面旋回、发育地区的地质地貌条件、植被覆盖程度等多方面因素影响。这些因素可归为沉积异旋回作用和沉积自旋回作用两类。沉积异旋回是指受构造及气候等外部因素影响而形成的地层旋回。沉积自旋回是在构造背景相对稳定的条件下，由沉积作用自身变化所形成的地层旋回。

1. 异旋回

层序地层学理论认为，异旋回控制层序地层单元的形成，这也是层序地层单元能在区域内进行追踪和对比的依据。异旋回是基准面（海平面、湖平面或河流平衡剖面）变化引起的，而基准面的变化又受构造活动、气候变化等控制，所以层序地层单元的划分和对比就是识别异旋回，并进行对比。在一个异旋回的形成过程中，在基准面旋回上升早期和下降晚期，由于基准面很低，侵蚀区范围很大，侵蚀作用强烈，能够形成厚层粗碎屑岩。随着基准面上升，剥蚀区范围减小，砂体逐渐变薄，粒度变细，到了最大洪泛面位置，以发育泥岩为主。根据异旋回的这种特点，可在地层剖面中把异旋回识别出来（印森林等，2017）。

低频旋回的关键界面，如不整合面、洪泛面（海泛面、湖泛面）等，主要是由异旋回作用过程（如构造沉降、海平面或湖平面升降、气候旋回等）形成的。这些界面基本上或大体上在同一时间形成，因此具有等时性。准确识别这些界面，对于高分辨率等时地层对比具有重要意义。

2. 自旋回

低频旋回一般是异旋回，如经典层序地层学中划分出的各种准层序、准层序组和层序，Cross 提出的长期旋回、中期旋回和短期旋回都是异旋回。但在开发中后期需要对油层进行更深入研究时，对地层划分和对比到这种级别是远远不够的，必须进行高频旋回的划分和识别。

一般来说，多数高频旋回是自旋回。这些自旋回影响或改造了异旋回的结构，造成了地层对比的困难，因此必须在异旋回中将自旋回识别出来。

例如，在异旋回形成的最大洪泛面位置，往往发育泥岩，这套泥岩分布稳定，很容易在横向上追踪，可以作为良好的对比标准层或标志层。在有些情况下，在最大湖泛面的细粒沉积物附近，形成了比在基准面上升早期沉积的含砾砂岩粒度更粗、对下部地层冲刷更强烈的厚层砂砾岩体，形成这些现象的原因，是存在比基准面上升初期更加强烈的水动力条件，即如突发洪水使河道的水动力突然增强，或突发性的重力流在最大湖泛面附近形成了粗粒重力流沉积物。

自旋回作用主要由以下因素决定：

1）水流强度、水流性质的变化

在季节性洪水发育的环境，水流强度变化很大。水流强度的突然增大，可以引起河道的改道、迁移和决口。突然增强的水动力可以造成三角洲分流河道的决口和改道，引起三角洲朵叶的摆动。突然增强的水动力能够在较深水区形成较粗较厚的碎屑岩层，形成事件性浊流沉积。

2）地形因素

地形因素主要表现在地形的高差、坡度和坡向。在地形高差大和坡度大的陆上冲积扇环境，容易引发突发性的泥石流。在坡度大的河流环境，河道的摆动和改道快；在坡度大的各种三角洲环境，三角洲朵叶的摆动快；在坡度大的水下环境，容易产生浊流。这说明在坡度大的背景下，自旋回作用强，而在坡度很缓的沉积环境，不容易形成突发事见，河流和三角洲的自由摆动慢，沉积主要受异旋回作用的控制。

3）物源区的稳定性和植被发育情况

若物源区的岩性稳定，植被发育，不容易发生山体滑坡和泥石流等突发事件。反之，物源区的岩性疏松，植被不发育，则容易发生山体滑坡和泥石流等突发事件，即自旋回的作用强。

4）其他因素

地震、海啸、飓风等突发事件引起风暴流、浊流和泥石流等事件沉积。

（二）冲积扇演化的主控因素

冲积扇的形成过程和沉积特征受诸多异旋回与自旋回因素的影响，其中构造、物源区岩性、气候和地形等因素尤为重要，而构造因素是最根本的因素。它既直接影响着冲积扇的形成，又间接地通过其他因素影响冲积扇的发展。

1. 外部控制因素

外部因素也是导致地层形成异旋回的因素，主要包括构造活动、同生断层的活动组合方式、物源以及气候变化等方面。

1）构造差异活动

冲积扇发育在构造盆地和褶皱山系相互联系、相对独立的构造单元的结合部位，这些部位构造活动强度和频繁程度比盆内大得多。因此，冲积扇可以说是构造活动的产物；另外，当地构造活动的变化将敏感地在冲积扇沉积物中体现出来。构造因素应当包括冲积扇形成前的构造发展史和冲积扇形成时的构造运动两个方面。前者主要通过其他因素间接地对冲积扇施加影响，后者则更多地表现为直接影响。

从构造发展史来分析，假如物源区构造活动强烈，必然急剧抬升而形成高山大岭，断裂和褶皱使岩石变形破碎易于风化搬运，物源区与沉积区高差大，导致山区河流坡降大、V 形谷发育，水系汇流面积扩展快。山区河流多属于间歇性河流，气温变化引起的水循环活跃，多暴雨洪水。这种情况下形成的冲积扇扇体清晰，扇积物厚度大。砾石成分复杂，磨圆度较好，容易形成单层系大型交错层理。扇缘亚相发育。微相带特征明显，扇根主槽、侧缘槽切割较深，扇中辫流水道规模较大。

相反，假如扇体形成前物源区构造活动不活跃，外动力地质作用使物源区向山丘陵演变，沉积区和物源区间高差小，山区河流坡降小，截面宽浅，只有暂时性水流。暴雨的频度和雨量都较小。因此，低山丘陵区的冲积扇扇体形态不清，呈漫坡状，扇体厚度小，常与山麓面共存。岩性一般较为单纯，粗碎屑均呈角砾状，少见大型交错层理。扇缘亚相不发育，微相带不易区分，扇面沟槽浅、规模小。

构造发展史与物源区岩性也有关系，如物源区长期处于抬升过程中，则地表裸露岩石多属于古老变质岩及岩浆岩，因而具有较大的脆性，有利于形成粗碎屑冲积扇。假如物源区在冲积扇形成前曾一度沉降，则往往存在成岩程度差的砂泥质沉积岩，冲积扇剖面上就不同程度地混有泥石流沉积物。

2）同生断层活动样式

冲积扇的活动与构造运动相伴生，冲积扇的发展壮大与同生断层具有重要的关系。不同的同生断层活动样式对冲积扇具有明显的控制作用。已有研究表明，在正梳状断层组合样式下，走滑活动导致物源区不断剥蚀后退，扇体呈退积薄层条带状溯源叠置状。直接导致了冲积扇的垂向砂砾岩体厚度薄，平面呈快速退积式的特点。在反梳状断层组合样式下，右旋调节断裂走滑活动会影响物源出口位置，扇体呈侧向迁移叠置型；多期次不同级次的幕式挤压抬升造成了砂砾岩体的复杂叠置关系。走滑断裂的活动改变了物源的方向，使得扇体呈侧向迁移叠置型样式。在“人”字形组合样式下，断层活动强烈，扇体多期厚层垂向叠置状；“人”字形的顶部为供源的主要通道，为两山的交接处，在强烈的断层活动条件下提供的丰富物源决定了其控制下巨厚大规模的扇体（图 2–15）。

另外，同生逆断层上盘地层受到不同程度的挤压而逐渐隆起，因断层分布的非对称性及地层不同位置岩性受压能力的差异性形成了不对称的隆起背斜形态（正牵引构造）。由其引起的差异隆起的沉积底形决定了砂砾岩体的分布样式。引起了冲积扇砂砾岩体构型要素在空间上分布与已有冲积扇沉积模式差异较大，即不再满足辐向距扇根部位距离相等的位置具有大体相同的构型属性的规律（图 2–16）。

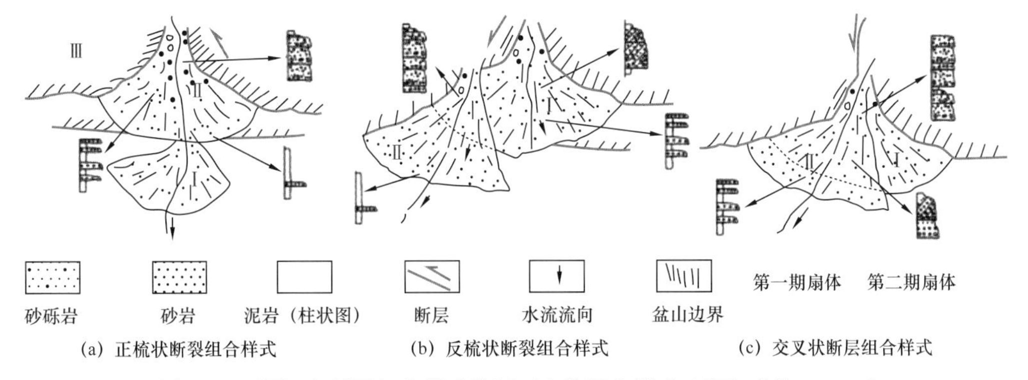

(a) 正梳状断裂组合样式　(b) 反梳状断裂组合样式　(c) 交叉状断层组合样式

图 2–15　同沉积断层组合样式控制下扇体展布样式（据印森林，2017）

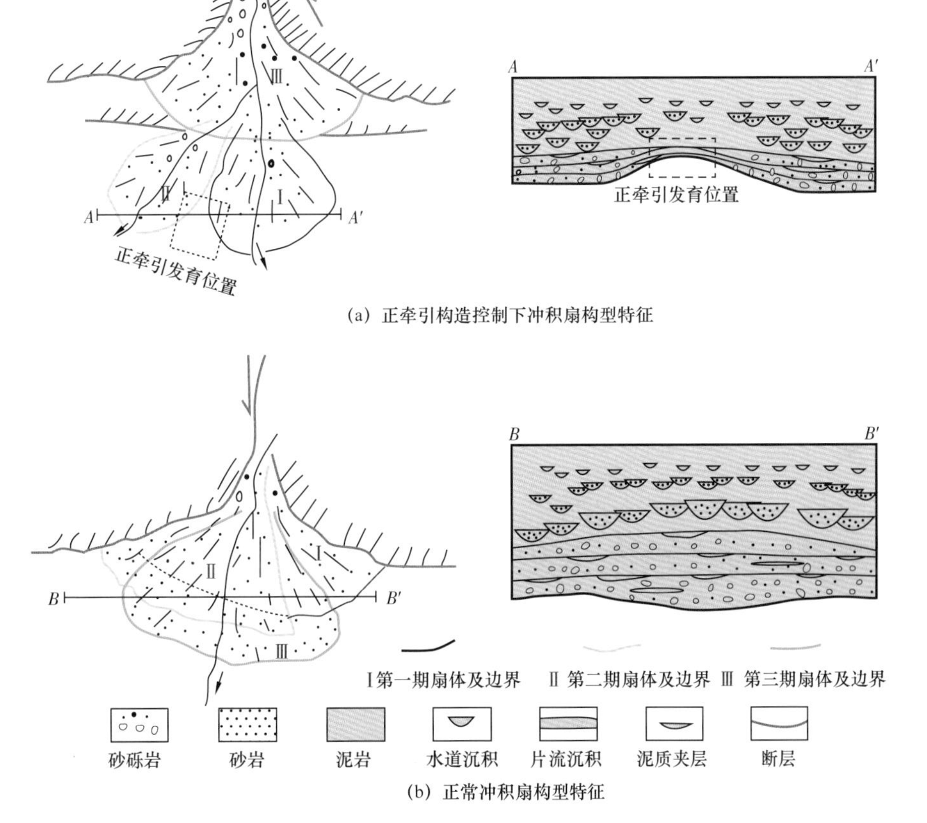

图 2–16　冲积扇构型差异特征（据印森林，2017）

3）物源与气候变化

冲积扇物源供给对于冲积扇类型以及其沉积机制具有重要的影响和控制作用。冲积扇的物源供给与气候变化具有相关性。当物源一定，如果山区经常暴雨，则山口易形成大规模的冲积沉积体；而如果山区少雨，则物源不易被搬运出山口。另外，物源差异条件下，冲积扇的沉积机制则会发生变化，Stanistreet 等研究 Okavango 冲积扇时，发现当物源中泥质含量较多的时候，则易形成碎屑流、泥石流控制的冲积扇，泥石流发育程度高，当物源中砂砾岩含量较高时则易形成辫状河控制的冲积扇，形成以牵引流沉积机制为主的扇体；当物源中以砂泥质为主时，则易形成曲流河控制的冲积扇，扇体一般发育在气候比较湿润的地区，形成面积较大的冲积扇。

气候条件对扇体的形成也具有较大的影响，Ori 研究润湿型 River Reno 冲积扇时，提出湿润性气候条件下，降水频率大，水量丰沛，水流比较稳定。Partha 提出了冲积扇在大范围暴雨控制下扇体的迁移转化特点，出山口河流形成的冲积扇规模大，组成物质分选较好，砾石磨圆度高，扇面水道发育程度高。在湿热气候作用下，泥岩呈现红壤化。半湿润气候条件下，出山口河流在山前多发育大面积的冲积扇。如中国华北平原西部山前的永定河等冲积扇，表面形态扁平，坡度较小，形成广阔的冲积扇平原。干旱区气候条件下，Evans、Harvey、Chakraborty 等及 Hubert 等均指出冲积扇和泥石流发育的特点及其共存时的差异沉积机制，降雨量极少，暂时性洪流在山麓谷口处形成冲积扇。组成冲积扇的泥砂砾，颗粒粗大，磨圆度差，层理不明显，扇面网状水系发育不显著。在山前断裂活动的盆地，冲积扇具有很大的沉积厚度，紧靠山前部分通常厚度达数百米，冲积扇从扇根到扇缘的高差也可达数百米。

2. 内部控制因素

冲积扇为近源沉积体，与河流和三角洲牵引流沉积相比沉积特征复杂，其内部自旋回因素控制着其沉积过程，既有牵引流沉积，也有重力流沉积。国内外学者对冲积扇内部的沉积类型进行了大量的研究。

Hooke、Carter 详细地描述了泥石流的沉积过程。泥石流沉积物以砂、泥、砾混杂为特征，无分选或分选极差，呈块状，杂基支撑，常见巨大的碎屑物“漂浮”于细粒的杂基之中形成“漂砾”。Levson 等将冲积扇内发育的分选差、碎屑支撑，砂砾混杂、块状堆积的岩石相解释为低黏性泥石流（碎屑流）沉积。它与之前描述的泥石流沉积不同，其沉积物中泥质含量少，为碎屑支撑机制。而之前描述的杂基支撑泥石流沉积为高黏度泥石流沉积，低黏度泥石流（碎屑流）沉积的外部形态呈席状或低起伏的坝。

湿润型冲积扇的主体为河道充填沉积物。在干旱型冲积扇中，河道的沉积物主要分布在冲积扇的中上部位，其交会点之后，洪水不受河道的束缚，形成漫流沉积。冲积扇不同位置河道的类型也有较大的差别。

Wasson 描述了筛状沉积砾石垛体的形成过程，指出筛状沉积的砾石体在交会点处河道中央形成障碍，后期的片流经过这个障碍发生分叉。Hooke 分析了死谷中戈拉克谢普冲积扇中筛状沉积的分布特征，认为筛状沉积成因是因为洪水负载中缺少细粒沉积物，在靠近交会点下面时，古水流遇到高渗透的沉积物，迅速渗漏，水流减小或者不能形成地表的水流，阻止了粗碎屑继续搬运，像筛子一样将粗碎屑物留下来，形成筛状沉积。筛状沉积比较少见，形成于特殊的沉积环境，其物源区一般为解理发育的石英岩类岩石，它是冲积扇中最有特色的沉积类型。

片流位于冲积扇的末端或者河道交会点的下段，由黏度较低的洪水形成。洪水从冲积扇河床的末端流出，流速变缓而且水深骤然变浅，沉积物以席状或者片状沉积下来，形成席状的砂或砾岩层，称为片流沉积或者漫洪沉积、漫流沉积。最早“片流”用作泥石流的同义词。片流逐渐演化为浅的坡面径流，退化形成辫流水道的形式。河道切割片流席状沉积物的表面，形成分选好的砂和砾石透镜体。片流的沉积物主要由碎屑组成，也可含有少量的粉砂和黏土，常呈块状（图 2–17）。

图 2–17　冲积扇内部多种水流机制（据印森林，2017）

（a）泥石流沉积，砂砾泥混杂堆积，砾石大小不一，最大粒径达 0.6m，新疆百口泉白杨河第四纪现代冲积扇；
（b）（c）筛状沉积，筛积物呈舌状堆积的砾石层，粒度中间粗两边细，新疆天山南缘第四纪现代冲积扇；
（d）（e）大型槽状交错层理与砂砾质辫状水道，新疆 KLMY 油田深底沟三叠系下 KLMY 组冲积扇露头，T_2k_2；
（f）片流沉积形成的多层洪积层理，界面清晰夹层发育程度低，新疆第四纪现代冲积扇

关于片流的定义和描述长期以来比较模糊、不明确（例如片流的位置），主要原因在于冲积扇特征差异较大，而长期以来对冲积扇类型的划分不完善，给冲积扇特征规律的总结带来了困难。传统定义的片流出现在冲积扇末端和河道的下段，粒度比河道沉积物细。然而，有些学者对于片流岩石相特征及其分布规律有不同的认知，认为其岩石相可以为粒度较粗的砾岩，并具有平行层理，分布范围可以在冲积扇的近端或几乎全部区域。

冲积扇一般包括其中一种或几种自旋回产生的沉积类型。各种沉积在冲积扇中的分布位置与所占的比例也因冲积扇沉积环境不同而有较大的差异。泥石流沉积一般分布在扇顶附近，筛状沉积分布在河道交会点之下，河道沉积主要位于扇中交会点以上，片流沉积分布在河道交汇点以下及扇顶附近。

第三节 冲积扇沉积模式

冲积扇可按照气候和沉积成因划分成不同类型。按气候划分，冲积扇包括干旱型和湿润型两种；按沉积成因划分，冲积扇包括碎屑流主控型、碎屑流与河流共同控制型以及河流主控型。按照该分类结果，分别介绍各类沉积模式，最后结合实例。从差异性及相似性两方面对冲积扇露头与地下储层进行类比。

一、不同成因类型及模式

（一）气候成因冲积扇沉积模式

根据冲积扇生成过程中所受的气候影响不同，将冲积扇分为干旱型冲积扇和湿润型冲积扇（许长福等，2012），二者沉积模式有一定差异。

1. 干旱型冲积扇

干旱型冲积扇常常不发育植被，主要由泥石流、筛状、片流、辫状河道沉积物组成，这些沉积物所占扇体的比例因地而异。泥石流成因的沉积物可占扇体的5%～14%。泥石流沉积是干旱型冲积扇的重要组成部分，特别是在扇根处，沉积厚度大，向下游方向，沉积厚度急剧减薄，粗碎屑含量降低，但黏土含量相对不变。泥石流沉积以成分复杂、无层理、基质支撑、砾石悬浮直立状、碎屑棱角状为特征。筛状沉积面积占扇体的比例较小，但在砾石丰富、粉砂与黏土很少的地方，扇体可能主要由筛状沉积组成。砂质的扇缘沉积具板状和槽状交错层理及波纹层。洪泛下切河道的快速充填产生了向上变细的垂向层序。扇缘处的片流沉积由平行纹层沙组成，并被次级沙丘河道横切。扇缘处沉积构造常被化学沉淀、矿物生长、植物根、生物掘穴等破坏。

干旱型冲积扇或冲积扇储集体可划分为扇顶（又称扇根）、扇中及扇缘三个沉积亚相带（图2-18），其沉积特点各有不同。

1）扇顶

扇顶位于冲积扇的根部，往往只有1～2条主河道，沉积宽度较小，沉积坡度较陡，主要沉积物为泥石流沉积和河道充填沉积，发育漫洪带、主槽、侧缘槽、槽滩等沉积微相。其岩石类型是成分复杂、分选性差、无组构的混杂砾岩、具叠瓦状构造的砾岩和砂砾岩，具有块状构造和明显的冲刷面，可见砾石直立或大角度斜列，砾石中间充填泥质及砂级杂基，鲜见化石。有时可见具有不明显的具有平行层理、交错层理的砂砾岩。

2）扇中

扇中构成了冲积扇的格架，具有较为明显的牵引流沉积作用，发育漫流带和辫状沟槽等微相。主要沉积物为岩性成分复杂、分选性较差的砂岩、砾质砂岩和砾岩，砂岩和砾质砂岩占主要部分。砾石结构或混杂或具叠瓦状构造，扁平面倾向扇顶方向，砂岩和砾质砂岩可具有不明显的平行层理和交错层理，常位于具有叠瓦状构造的砾岩上，构成向上变细的沉积韵律。扇中主要河道之间发育漫流沉积，由砂岩和泥岩组成，砂岩具有交错层理，泥岩则有暴露构造，如干裂和雨痕等。

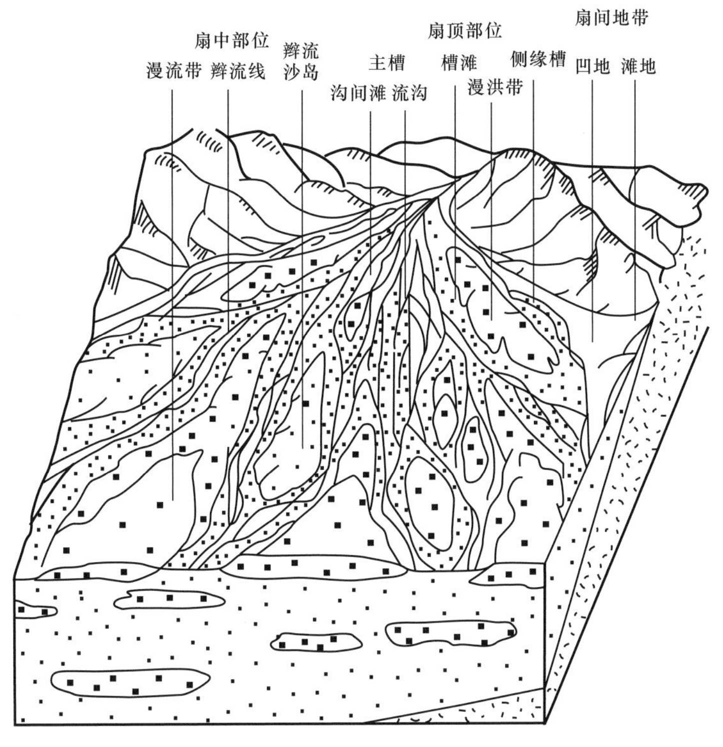

图 2-18　冲积扇沉积模式图（据张纪易，1980）

3）扇缘

扇缘位于冲积扇的最前端，缺少明显的河流冲刷作用，沉积坡度变缓，沉积范围扩大，沉积物变细，主要沉积物为砂岩、粉砂岩及泥岩，局部见膏盐沉积。砂岩分选性相对变好，具有平行层理和交错层理，沉积厚度较扇中河道的沉积物薄，但宽度大。泥岩沉积具有块状构造和暴露标志。

2. 湿润型冲积扇

湿润型冲积扇可有较发育的植被和明显的河流作用。自扇根到扇缘的沉积特征具有较明显的变化，即河流能量降低、河道深度变浅、碎屑粒径变小、沙坝类型由席状沙坝经过渡带变化为远端的纵向沙坝、格架砾岩的体积迅速减小而交错层状含砾砂岩的体积则相应增加、交错层规模向远端减小，由板状层组过渡为槽状层组（Mcgowen 等，1971）（图 2-19、图 2-20）。

湿润型冲积扇中的三个亚相逐渐过渡（图 2-19、图 2-20）。扇根亚相主要由若干单元的砾岩组成，这些单元的基底平直，在垂直于水流方向的剖面中具有上凸的顶面。沉积单元呈长条状，与水流方向平行，两侧为具交错层理的砂岩。扇根亚相近端主要受泄水量的控制。砾石主要为巨砾粒级，碎屑呈叠瓦状且磨圆良好。大多数细砾和巨砾相互接触，其间被后期的较细粒沉积物充填。

扇中亚相底部发育冲刷面，沉积物含砾不多，但在扇中亚相可确定出两种类型的沙坝。扇中上部或过渡带为粗砾的斜长方形沙坝。扇中下部为纵向沙坝。斜长方形沙坝与相邻河道间的地形高差大于扇根席状沙坝与邻近河道的高差。最大的碎屑集中于斜长方形沙坝的上游一端，在坝的侧方或下游一侧，砂岩具板状交错层理，河道砂质砾岩发育槽状交

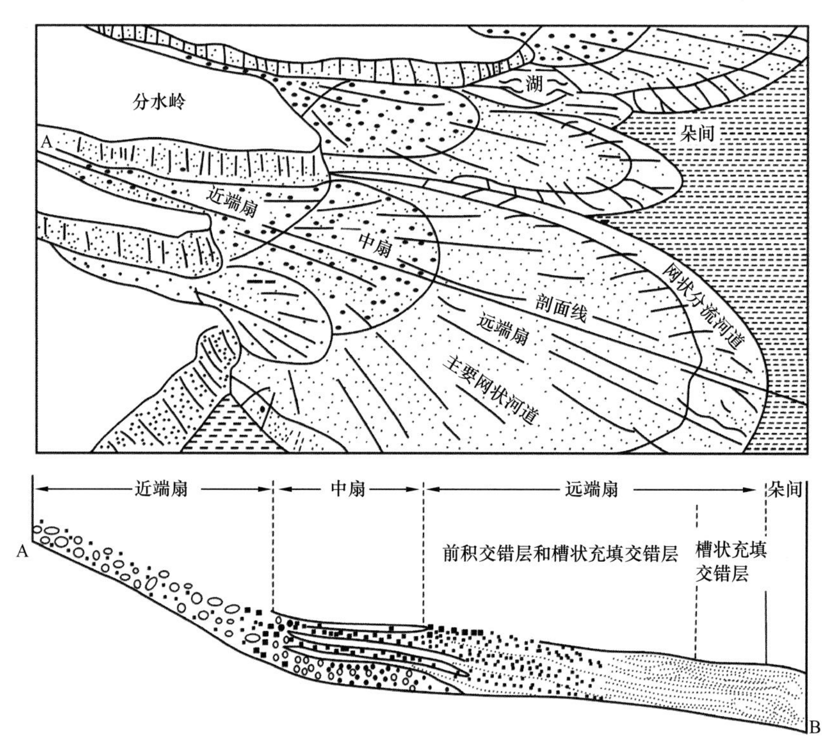

图 2-19　得克萨斯范霍恩湿润型冲积扇亚相划分和沉积特征（据 Mc Gowen 等，1971）

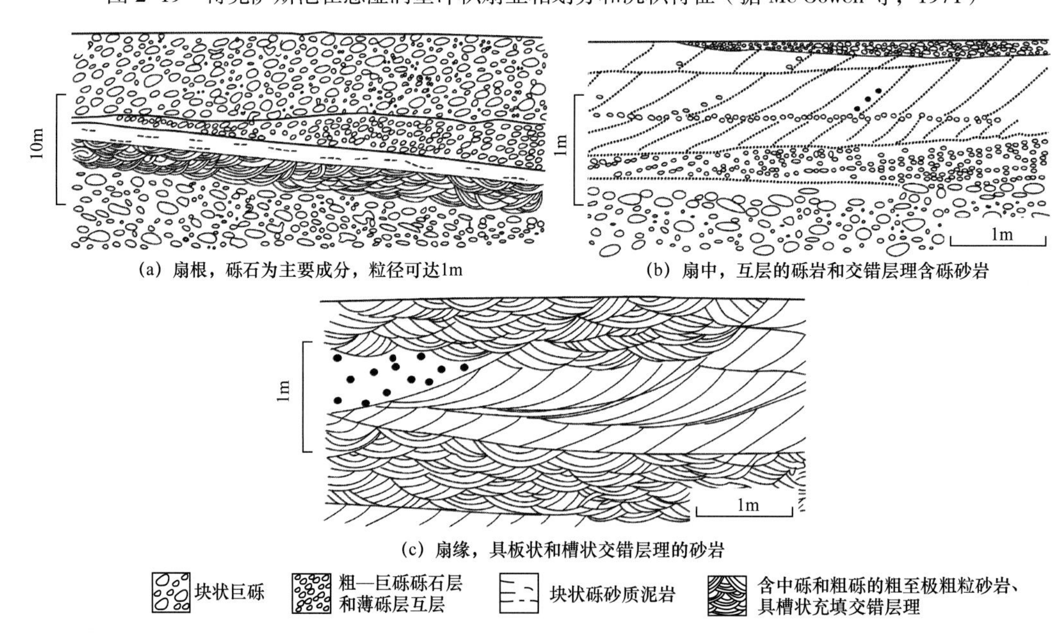

（a）扇根，砾石为主要成分，粒径可达1m

（b）扇中，互层的砾岩和交错层理含砾砂岩

（c）扇缘，具板状和槽状交错层理的砂岩

图 2-20　得克萨斯范霍恩湿润型冲积扇亚相沉积特征（据 Mc Gowen 等，1971）

错层理。扇中下部的纵向沙坝主要由洪泛期沉积的细砾石组成，其间是低水流河道，发育沙丘。纵向沙坝砾岩发育水平层理和板状前积层等。

扇缘亚相的砾石仅分散在具槽状、板状交错层理的一些薄层砂岩和透镜体砂岩。扇缘发育径流水道，可见纵向、舌形和横向沙坝。最常见的沉积构造是板状交错层理和波纹层理，河道沙丘沉积槽状交错层理砂岩。

（二）沉积成因冲积扇沉积模式

1993 年，Stanistreet 和 Mc Carthy 曾尝试将碎屑流沉积、辫状水道沉积和曲流水道沉积作为三端元，将冲积扇划分为碎屑流主控型、辫状水道主控型和曲流水道主控型三类。但后续研究对这一方案中的曲流水道主控型存在争议，因这种类型的冲积扇十分少见。由此，吴胜和（2016）提出了改进的冲积扇分类，按沉积成因将冲积扇分为碎屑流主控型、碎屑流与河流共同控制型以及河流主控型。

1. *碎屑流主控型冲积扇*

碎屑流属于沉积物重力流的一种，其流动状态为典型的非牛顿流体，具有高屈服强度和高黏度特点，是水和黏土杂基支撑碎屑物质的高密度块体流，既可发育在陆上（朱筱敏，2008），亦可发育在深水区域（朱相博等，2011）。碎屑流主控的冲积扇本质上是由多期洪水事件带来的碎屑流沉积复合而成的扇形沉积体，间洪期小规模、季节性水道可对碎屑流沉积造成一定程度的侵蚀和改造。每一期碎屑流沉积是阵发性的、瞬间的、短暂的、快速的（于兴河，2008），因此，碎屑流主控的冲积扇规模相对来说较小。在沉积过程中，大量碎屑物质快速搬运至山前开阔地带卸载，形成长条状、朵状砾石体，在间洪期受到辫状水道的冲刷改造，形成冲沟。冲沟两侧为未被侵蚀的残余朵叶体，多为中粗砾沉积体，可视为砾石堤。水道经历长时间的冲刷、淘洗后形成两类沉积物：原有朵叶体中的粗粒沉积物被淘洗后滞留在原地，形成粗粒的水道滞留沉积；辫状水道在沉积过程中形成细砾、粗砂充填水道，分布于辫流水道内侧。顺水流方向上，辫状水道对碎屑流朵叶体的侵蚀作用由强变弱，在冲积扇近端部位可形成较深的深切水道，而在远端部位下切作用减弱，碎屑流朵叶体得到较好的保存。

碎屑流主控的冲积扇在顺源方向上可划分为堤岸主控和朵叶体主控两个带（图 2-21a），堤岸主控带分布于冲积扇近端（图 2-21b、c）。

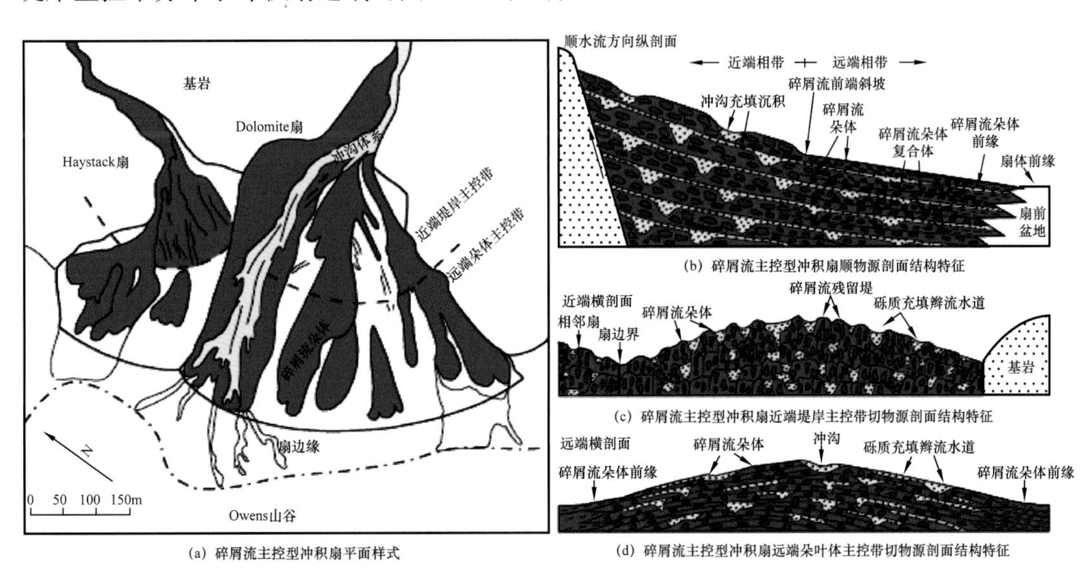

图 2-21　碎屑流主控型冲积扇沉积模式（据吴胜和，2016）

2. 碎屑流与河流共控冲积扇

该类型冲积扇的主要成因特点是其建设性作用包括碎屑流沉积作用和牵引流沉积作用两方面，且二者的作用占比大体相当（单新等，2014）。通常情况下，坡度大小控制着不同沉积作用的主次，在近山口处，坡度较陡，冲积扇以碎屑流沉积为主，形成成分复杂的砾石体，而在远山口处，坡度降低，碎屑流转化为牵引流，形成辫状水道和径流水道。与完全由碎屑流主控的冲积扇相比，这类冲积扇多发育在半干旱气候条件下，且水流相对充足，碎屑流沉积物的浓度相对较低（图 2–22）。

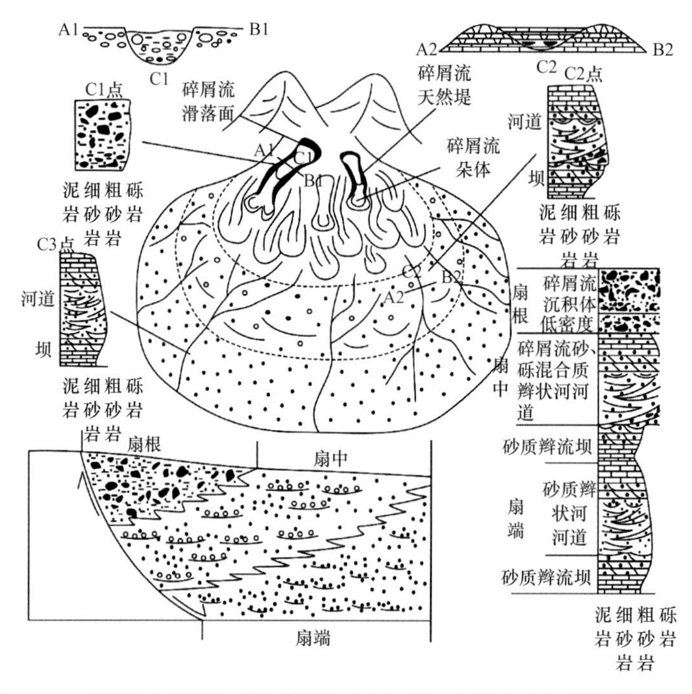

图 2–22 碎屑流与辫状河共同控制型冲积扇沉积模式（据单新等，2014）

扇根可划分为扇根内带（包括槽流带和漫洪带）和扇根外带（片流带），其沉积物分选差，杂基支撑，以多泥质、漂砾为特征，发育洪积层理（印森林等，2011）。扇根内带主要形成厚层、宽带状砂砾岩体，剖面上表现出下凸半透镜状；槽流砾石体由多期洪水事件携带的粗粒沉积物垂向叠加而成；单期槽流砾石体一般呈不太明显的正韵律，其顶部发育间洪期形成的流沟。扇根外带则是碎屑流冲出沟槽地形后撒开并快速沉积形成的扇形连片砂砾岩体，平面呈扇状，剖面上呈上凸半透镜状，规模较大。看似泛连通的片流带由多个单一片流朵叶体（由一次洪水事件形成，一般呈朵状或舌状）侧向、垂向复合而成。

扇中随着坡度减缓，从以碎屑流沉积作用为主过渡为以牵引流沉积作用为主，由辫流带和漫流带组成。根据水动力强度的不同，可将其内部的辫流水道分为洪水水道和间洪水道两类；洪水水道形成于洪水期，水动力强，沉积物粒度较粗，水道规模较大，水道侧向切割、汇合及分叉现象频繁，形成侧向连续性较好的宽带状水道体系，主要分布于近片流相带前方；间洪水道形成于间洪期，水动力较弱，沉积物粒度明显较细，水道规模较小，侧向复合现象较少。层理以板状交错层理以及大型槽状交错层理为主。

扇缘主要由径流水道和漫流带组成，同时可发育漫溢细粒沉积。径流水道呈孤立状分布于泥岩中，水道侧向复合现象少，而尖灭现象多见。层理以小型交错层理为主。

3. 河流主控冲积扇

河流主控的冲积扇实质上为扇状的多河流体系，因此又称河流扇。这类扇主要由河流在扇面来回迁移摆动沉积形成，具有更高的坡度和更大的沉积物卸载流量，扇体面积大，可达数千平方千米（Shukla 等，2001），因而又可称之为巨型冲积扇（megafan），包括印度的 Kosi、Ganga、Gandak、Sarda 等冲积扇，意大利的 Brenta、Tagliamento 等冲积扇（Fontana 等，2008）。这类扇主要发育于潮湿的气候环境，大多为湿地扇。河流主控冲积扇的沉积构型特征与其他沉积机制控制的冲积扇具有明显的区别。Shukla（2001）曾对印度 Ganga 扇进行了深入的储层构型分析，在顺源方向上，将冲积扇划分为四个带，即Ⅰ—砾质辫流带、Ⅱ—砂质辫流带、Ⅲ—网状水道平原和Ⅳ—孤立曲流河道带（图 2-23）。

相带Ⅰ最靠近出山口部位，由宽带状砾质辫流水道构成，水道宽 15～20km，在近端部位主要为砾质坝复合体，而在远端则以砂质—砾质坝互层为主。

相带Ⅱ本质上为一个辫流平原，由多条宽带状辫流水道带构成，不同的辫流水道带活动时期不同。该相带以砂质沉积为主，偶见洪水成因的砾石层。

相带Ⅲ由网状分流水道体系构成，河道间平原泥质沉积物丰富，植被发育。剖面上水道砂体往往呈透镜状。水道复合程度较前两个相带大大降低。

相带Ⅳ由曲流河道和河道间泥岩构成，且河道间泥岩分布广泛，曲流水道往往孤立分布。

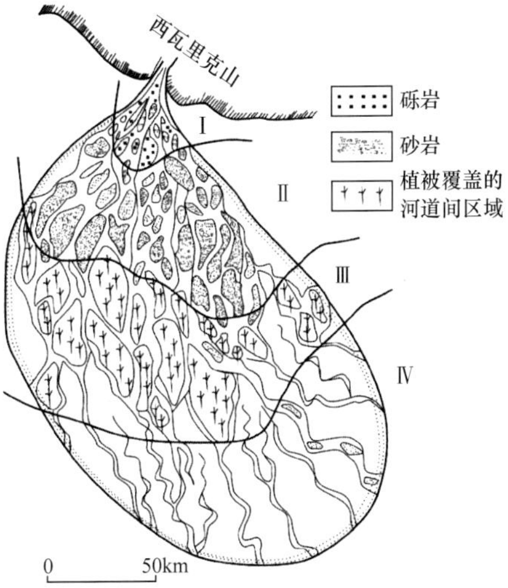

图 2-23　辫状河控制的冲积扇沉积模式
（据 Shukla 等，2001）

（三）冲积扇沉积模式实例

1. 库车坳陷新近系冲积扇

库车坳陷位于塔里木盆地北部的天山南麓，南抵塔北隆起，呈北东东向展布，东西长 270km，南北宽 20～60km，总面积约 2.8×10^4km^2（图 2-24）。库车坳陷主要经历了三期构造运动：晚二叠世—三叠纪的前陆盆地演化阶段、侏罗纪—古近纪伸展夷平阶段和新近纪以来的再生前陆演化阶段，库车坳陷现今构造格局主要受新近纪以来构造运动的控制，尤其是库车组沉积晚期，南天山快速向南俯冲，强烈的构造抬升导致剥蚀剧烈，陆相碎屑岩的沉积厚度巨大，其中在北部的山前凹陷内厚度可达万米，冲积扇极为发育，成为山前地区主要的沉积相类型（李鑫等，2013）。

通过对库车坳陷冲积扇发育规模、分布特征及其控制因素的研究，认为库车坳陷冲积扇主要有两种沉积模式：长期稳定的继承性单物源冲积扇和受局部构造控制的多物源冲积扇。

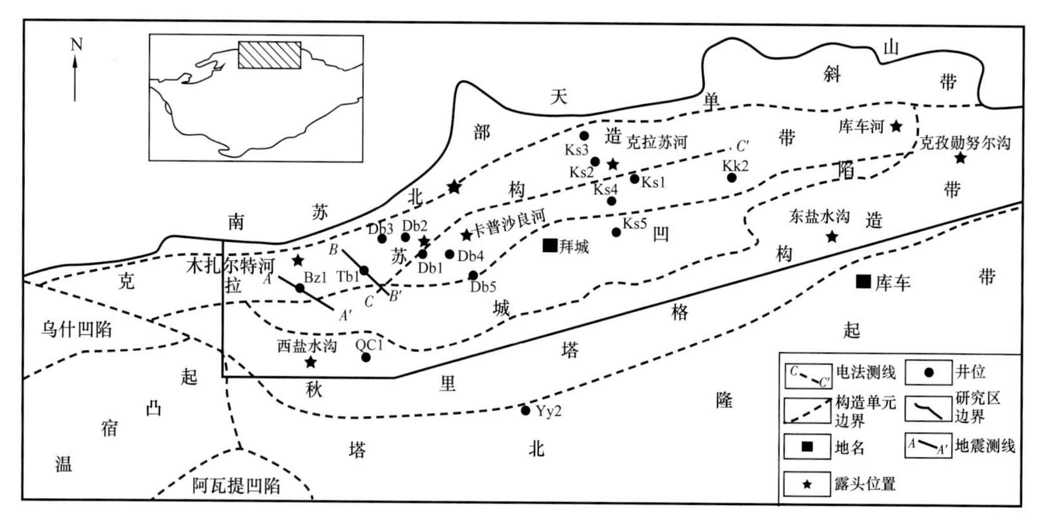

图 2–24　库车坳陷位置图（据李鑫等，2013）

1）长期稳定的继承性单物源冲积扇

该类型冲积扇主要发育在 Bz1 井地区（图 2–25a），由于受断裂作用影响小，持续的隆升导致冲积扇继承性沉积，冲积扇具有砾岩的砾石直径大、垂向厚度大和平面范围广的特点，并向盆地中心进积。

2）受局部构造控制的多物源冲积扇

这种模式的冲积扇主要发育在受断裂作用影响的地区（图 2–25b），由于断裂活动导致局部强烈抬升，同时干旱的气候条件有利于风化侵蚀，为冲积扇提供了新的物源。由于受到物源规模的限制，该类型的冲积扇规模相对较小，以局部分布为主。

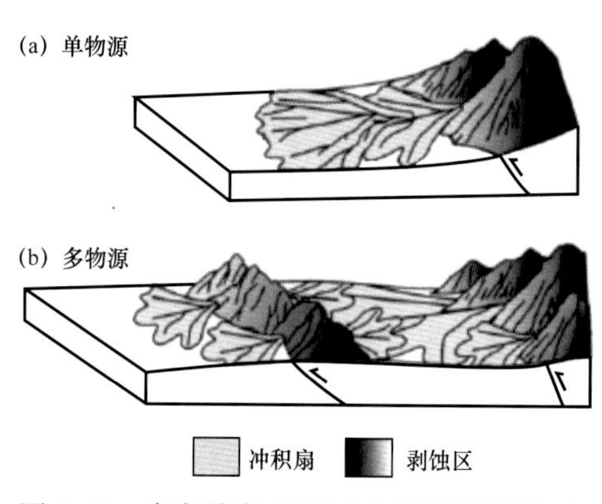

图 2–25　库车坳陷不同地区冲积扇沉积模式（据李鑫，2013）

2. 老君庙古近系冲积扇

老君庙油田位于甘肃省酒泉盆地酒西坳陷南部的老君庙逆冲推覆构造带（图 2–26）。该逆冲推覆构造带覆盖整个南部凸起和青南次凹，北以逆冲断层为界，南达祁连山造山带，西至鸭儿峡油田，东达青头山；自西向东发育三个油田：鸭儿峡油田、老君庙油田和石油沟油田。老君庙油田为一个完整的不对称穹隆背斜构造，背斜北陡南缓，局部倒转，闭合高度为 700m，油藏平均埋深为 810m，面积约为 $13.3km^2$。构造的北翼和东端分别受逆冲断层和平移断层遮挡，西部和南翼为边水封闭，边水不活跃（王旭影等，2017）。

构造背景、气候条件和古地形等因素决定老君庙油田 M 油组的冲积扇沉积模式（图 2–27）。M 油组沉积时期，北祁连山褶皱带开始隆升，同时受干旱的气候条件影响，加速风化剥蚀，为整个老君庙构造带提供了稳定而充足的物源。洪水期，受槽沟和山前平原地形的控制，大量碎屑物质从槽沟流出，在山前平原呈扇形快速堆积。扇根内缘主要发育槽流带；扇根外缘发育片流带和漫洪带；扇中发育漫洪带背景下的辫流带，漫洪带规模

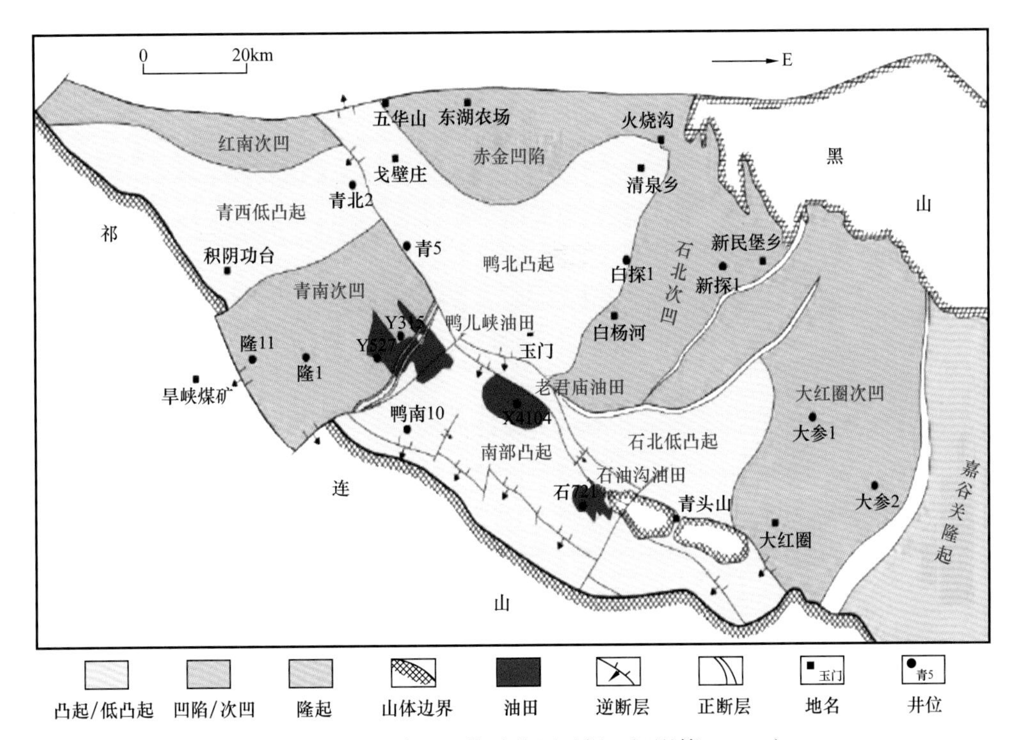

图 2-26　老君庙油田构造位置（据王旭影等，2017）

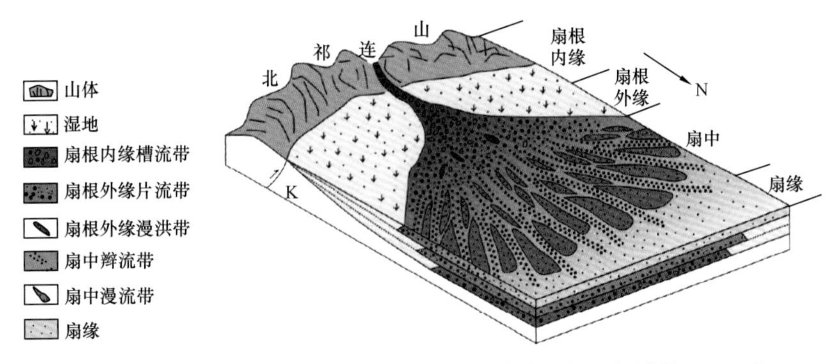

图 2-27　老君庙油田 M 油组冲积扇沉积模式（据王旭影等，2017）

顺物源方向逐渐增大，辫流带规模随之变小；扇缘发育广泛漫流细粒背景下的径流带，扇缘的径流水道延伸较短，规模也较小。

M 油组沉积初期，主要沉积冲积扇扇根外缘的片流带，粗细粒混杂堆积，分选差，杂基含量很高，受搬运距离和洪水携带能力的影响，以粗砂岩为主，含少量细砾岩。M 油组沉积中后期，伴随侵蚀基准面升高和湖平面上升，冲积扇扇体向北祁连山退覆，主要接受扇中辫流带和漫流带沉积，由于辫流水道发育，分选变好，杂基含量降低，粒度较早期沉积变细，以中—细砂和粉—细砂为主。

二、露头与地下储层类比

（一）类比原则

进入开发中后期的油气田，存在层间矛盾突出、剩余油分布复杂、油气井水淹程度高等问题。对于冲积扇砾岩储层来说，由于具有比其他类型储层更强的非均质性，以上的问题会更突出。为了解决这一难题，已进行大量技术攻关，其中，将露头与地下储层进行类比分析取得了显著进展（蔡希源等，2017）。露头砂体的分布规律、几何形态、内部结构和储层非均质性的定量分析，在预测无数据的井间储层特性方面发挥了重要作用。露头区具备直观、取样方便的特点，因此露头常被用作地下地层和储层的模拟对象。

在进行露头与地下储层类比时，主要遵循以下原则：

（1）露头与地下储层对比时，首先要确保二者的沉积类型一致，要具有可比性。

（2）如地下储层历经了不同的沉积成岩阶段，则可分不同阶段各自寻找可类比露头参照物。

（3）从宏观到微观的各个角度、多层次进行对比。

（4）对比的内容可从不同的方面来阐述，具体看研究目的与研究精度，可对应于不同的对比内容。

（5）对比完特征后要分析相同与不同之处的原因，以此为依据进一步分析相似之处是否可用。

（二）露头与储层类比方法

冲积扇的地质特征受到多种因素控制，不同构造背景、气候条件、水系发育特征及物源供给量条件下形成的冲积扇差异很大，可以说“千扇千面”，用高度概括的冲积扇沉积模式对地下冲积扇储层的研究进行指导具有一定局限性。因此，寻找与目标地下储层具有相似沉积背景的露头进行对比研究十分重要，从二者之间的相似性及差异性特征研究出发，最终得到有参考价值的相似性信息。下面以塔里木盆地库车坳陷的冲积扇—扇三角洲复合体露头为例，说明露头与地下储层的类比方法。

1. 库车坳陷概况

库车坳陷整体位于塔里木盆地北部，北缘是南天山单斜带，南面与塔北隆起相邻，呈北东东向展布。根据克拉 2 井及依南 2 井资料显示（刘建清等，2004），白垩系主要为下统，缺失上统，自上而下为依次为巴什基奇克组、巴西盖组、舒善河组和亚格列木组，古近系库姆格列木群与白垩系不整合接触。其中白垩系的巴什基奇克组为主力含气层，多期扇体垂向叠置，侧向相接，这样形成的冲积扇—扇（辫状）三角洲复合体直接进入湖盆，形成了白垩纪规模巨大的砂体，巴西盖组和亚格列木组具有相似的沉积相类型，但有利储层相带的分布范围相对巴什基奇克组较局限（张丽娟等，2006）。大北气田构造上位于库车坳陷北部克拉苏构造带西段，与之对比的索罕露头区（图 2–28）位于拜城县城西北方向约 40km，大北气田区东北方向约 50km。索罕露头区地表出露地层与大北气田井下目标储层一致，其中巴什基奇克组第三段出露条件最好（王波等，2013）。

2. 露头与地下储层异同点

1）沉积相带

大北气田的巴什基奇克组目标储层属于冲积扇—扇三角洲复合体的前缘亚相，上部岩性为褐色中—细砂岩夹薄层泥岩为主，有相对质纯的泥岩薄层出现，下部岩性变粗，含砾砂岩、砂砾岩泥岩夹层变厚（张荣虎等，2008）。而经过对索罕露头区的综合地质分析，认为索罕露头区巴什基奇克组的相应层段也为同样的前缘亚相。整体上来说，露头区沉积

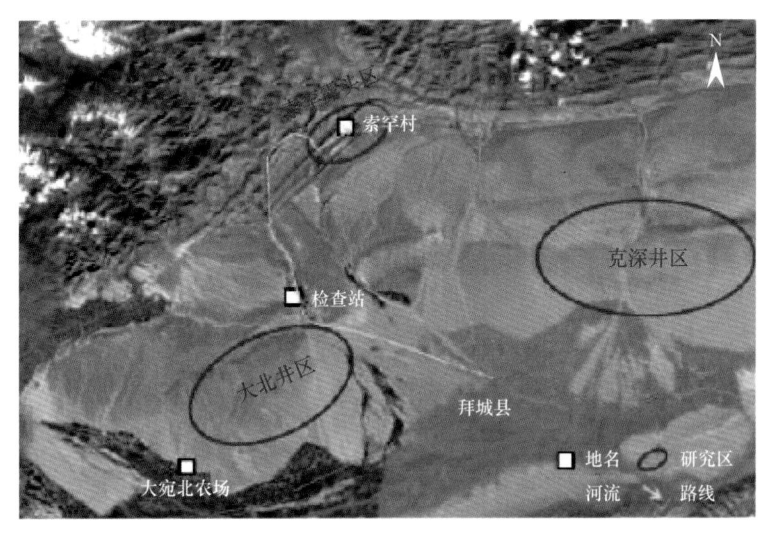

图 2–28 索罕露头区剖面位置图（据王波等，2013）

相、亚相类型与地下储层一致，岩性、粒度也相似，剖面岩性组合特征也为砂泥互层，相对来说索罕露头区的泥岩层更发育，砂地比较低。

2）岩石学特征

由于露头和目标储层分布在不同的扇体部位（目标储层处于扇体的主物源供给带，露头区处于扇体侧翼或连接部），沉积物搬运距离不同，储层岩石学特征略有差异。露头区岩性以岩屑长石砂岩为主，其次为长石岩屑砂岩；杂基类型为普遍发育的泥质和灰质，但含量较低；胶结物以方解石为主，岩屑含量较低。目标储层岩性以细粒长石岩屑砂岩为主，填隙物中胶结物和杂基均值比露头区均偏高，岩屑含量非常高。二者表现为结构成熟度相似，成分成熟度露头区略高于目标储层。

3）储层物性

露头区孔隙度为 1%～20.0%，均值为 13.2%；渗透率为 0.03～152mD，均值为 28mD；孔渗相关性较好。而目标层段的孔隙度分布区间为 2%～7%，渗透率为 0.01～1mD。可以明显看出露头与目标储层的物性差异非常大，露头物性较好，孔渗相关性良好。

4）储集空间类型

通过露头区孔渗相关性较好这一特征，反映出孔隙类型主要以粒间孔为主，次生孔隙含量较低，此外还有裂缝发育，原生孔隙有原生粒间孔和残余原生粒间孔；次生孔隙包括粒间溶孔（胡涛等，2003）、长石和岩屑的粒内孔及泥屑中的微孔隙；裂缝包括构造微裂缝、泥屑收缩缝和成岩压碎缝。

井下目标储层的孔隙类型主要为粒间、粒内溶孔等次生孔隙，其次为原生粒间孔和裂缝。

对比后可发现，露头与目标储层的储集空间类型最大的区别在于前者以原生孔隙为主，后者以次生孔隙为主。

3. 差异性控制因素

1）埋藏历史

二者的埋藏过程不同，导致物性差异较大。目标储层与露头区的早期、中期埋藏史相似。目标储层经历了早期长期浅埋、中期抬升暴露和晚期快速深埋的过程，最大埋深在5000m以上，较高的地层压力使得孔隙损失较大。露头区经历了早期浅埋—抬升—浅埋后，经历一次深埋，最大埋深在4000～4500m，然后喜马拉雅晚期的构造活动导致大幅度抬升，最终出露地表，经受风蚀作用，保存较好的储层物性。

2）构造挤压程度

构造挤压程度是造成露头区与目标储层质量差异的重要因素之一。最初，人们认为储集空间的减孔量是垂向压实导致的，但有的地区经过计算，垂向压实减孔量与实际减孔量之间存在一定差距，因此，构造挤压的作用逐渐为人们所重视。根据前人最大古构造应力减孔的经验计算公式（张荣虎等，2011）和侧向挤压减孔实验模拟公式（寿建峰等，2003），分别得到大北气田某井区白垩系巴什基奇克组三段储层最大减孔量可达6.1%～6.2%，露头区的构造挤压减孔率为3.2%。对比分析表明露头区构造侧向挤压比井下弱。

3）成岩作用

目标储层与露头区储层质量差异的成岩作用因素主要为压实作用和胶结作用，根据David W.Houseknecht（1987）的计算方法，对压实作用和胶结作用对储层孔隙度造成的损失进行评价。经对比分析表明露头区巴三段储层在成岩作用方面的主要影响因素为压实作用，相比井下的压实程度弱。这一方面是由于露头区沉积物中岩屑含量较低，刚性颗粒含量较高，可较好地抵抗埋藏期的压实作用，另一方面由于露头区埋深不如目标储层深，地层围压相对小。

4）现代风化淋滤作用

露头区出露地表后遭受了现代风化淋滤作用，形成了一定数量的溶蚀孔隙，改造了储层物性。但是现代风化淋滤作用相对于古表生期或者埋藏期作用形成的溶蚀孔隙来说，经历的地质时间较为短暂，效果难以统计。但是在镜下可以见到一些现代风化淋滤作用的证据，其中包括泥质层间泄水构造、褐铁矿浸染杂基、渗流物质粒间充填以及高价铁氧化膜等。

参考文献

鲍志东，赵立新，王勇，等．2009. 断陷湖盆储集砂体发育的主控因素——以辽河西部凹陷古近系为例［J］. 现代地质，23（4）：676-682.

蔡希源，李思田，郑和荣，等译. 2008. 储层模拟中露头和现代沉积类比的综合研究［C］. AAPG 论文集80. 北京：地质出版社，1-367.

陈欢庆，梁淑贤，舒治睿，等．2015. 冲积扇砾岩储层构型特征及其对储层开发的控制作用——以准噶尔盆地西北缘某区克下组冲积扇储层为例［J］. 吉林大学学报（地球科学版），45（1）：13-24.

陈留勤，郭福生，梁伟，等．2013. 江西抚崇盆地上白垩统河口组砾石统计特征及其地质意义［J］. 现代地质，27（3）：568-576.

陈玉琨，王延杰，朱亚婷，等．2015. 克拉玛依油田七东_1区克下组冲积扇储层构型表征［J］. 岩性油气藏，27（5）：92-97.

陈卓．2016. W油田乌尔禾组油藏地质综合研究［D］. 西北大学．

单新，于兴河，李胜利，等．2014. 准南水磨沟侏罗系喀拉扎组冲积扇沉积模式［J］. 中国矿业大学学报，

43（2）：262–270.
冯文杰，吴胜和，印森林，等 . 2017. 准噶尔盆地西北缘三叠系干旱型冲积扇储层内部构型特征［J］. 地质论评，63（1）：219–234.
胡涛，张柏桥，舒志国，等 . 2003. 库车坳陷白垩系巴什基奇克组露头储层特征［J］. 石油与天然气地质，24（2）：171–174.
贾爱林，穆龙新，陈亮，等 . 2000. 扇三角洲储层露头精细研究方法［J］. 石油学报，21（4）：105–108.
贾爱林，程立华 . 2012. 精细油藏描述程序方法［M］. 北京：石油工业出版社 .
李相博，付金华，陈启林，等 . 2011. 砂质碎屑流概念及其在鄂尔多斯盆地延长组深水沉积研究中的应用［J］. 地球科学进展，26（3）：286–294.
李鑫，钟大康，李勇，等 . 2013. 库车坳陷新近系库车组冲积扇沉积特征及相模式［J］. 现代地质，27（3）：669–680.
刘建清，赖兴运，于炳松 . 2004. 库车坳陷白垩系储层的形成环境及成因分析［J］. 现代地质，18（2）：249–255.
刘朋远，柳成志，辛仁臣 . 2015. 松辽盆地东南缘籍家岭泉头组沉积微相特征及演化：由冲积扇演化为曲流河的典型露头剖面［J］. 现代地质，29（6）：1338–1347.
马勋，张保国，蔡敏，田刘胜 . 2011. 六中区下克拉玛依组冲积扇储层构型解剖研究［J］. 吐哈油气，16（3）：228–232.
申本科 . 2005. 陆相砂砾岩油藏精细描述［D］. 中国地质大学（北京）.
寿建峰，朱国华，张惠良 . 2003. 构造侧向挤压与砂岩成岩压实作用——以塔里木盆地为例［J］. 沉积学报，21（1）：90–95.
王波，刘群，张惠良，等 . 2013. 库车坳陷索罕露头区与大北气田井下白垩系储层差异性分析［J］. 沉积学报，31（4）：717–723.
王晓光，贺陆明，吕建荣，等 . 2012. 克拉玛依油田冲积扇构型及剩余油控制模式［J］. 断块油气田，19（4）：493–496.
王旭影，姜在兴，岳大力，等 . 2017. 老君庙油田古近系 M 油组冲积扇沉积特征［J］. 东北石油大学学报，41（2）：1–12.
吴胜和，冯文杰，印森林，等 . 2016. 冲积扇沉积构型研究进展［J］. 古地理学报，18（4）：497–512.
吴胜和 . 2010. 储层表征与建模［M］. 石油工业出版社 .
许长福，钱根葆，王延杰 . 2012. 冲积扇砾岩储层构型与水驱油规律：以 KLMY 油田六中区为例［M］. 北京：石油工业出版社 .
伊振林，吴胜和，岳大力，等 . 2010. KLMY 油田冲积扇岩石相特征及储层质量分析［J］. 断块油气田，17（3）：266–269.
印森林，胡张明，郑丽君，等 . 2015. 第四纪昌平冲积扇沉积特征研究［J］. 中国科技论文，（15）：1828–1833.
印森林，刘忠保，陈燕辉，等 . 2017. 冲积扇研究现状及沉积模拟实验——以碎屑流和辫状河共同控制的冲积扇为例［J］. 沉积学报，35（1）：10–23.
于兴河 . 2008. 碎屑岩系油气储层沉积学（第二版）［M］. 北京：石油工业出版社 .
余宽宏，金振奎，李桂仔，等 . 2015. 准噶尔盆地 KLMY 油田三叠系克下组洪积砾岩特征及洪积扇演化［J］. 古地理学报，17（2）：143–159.

张纪易 . 1980. 克拉玛依洪积扇粗碎屑储集体［J］. 新疆石油地质，36-56.

张丽娟，李多丽，孙玉善，等 . 2006. 库车坳陷西部古近系—白垩系沉积储层特征分析［J］. 天然气地球科学，17（3）：355-360.

张荣虎，姚根顺，寿建峰，等 . 2011. 沉积、成岩、构造一体化孔隙度预测模型［J］. 石油勘探与开发，38（2）：145-151.

张荣虎，张惠良，寿建峰，等 . 2008. 库车坳陷大北地区下白垩统巴什基奇克组储层成因地质分挝［J］. 地质科学，43（3）：507-517.

郑占，王伟，陈洪艳，等 . 2009. KLMY 油田六区克下组冲积扇砾岩储层沉积特征［J]. 科技导报，27(19)：52-56.

郑占，吴胜和，许长福，等 . 2010. KLMY 油田六区克下组冲积扇岩石相及储层质量差异［J］. 石油与天然气地质，31（4）：463-471.

朱筱敏 . 2008. 沉积岩石学［M］. 北京：石油工业出版社 .

D. W. Houseknecht，星子 . 1988. 压实作用和胶结作用对砂岩孔隙度降低之相对重要性的评估［J］. 海洋石油，8（5）：55-62.

Fontana A，Mozzi P，Bondesan A. 2008. Alluvial megafans in the Venetian-Friulian Plain（north-eastern Italy）：Evidence of sedimentary and erosive phases during Late Pleistocene and Holocene［J］. Quaternary International，189（1）：71-90.

Mc Gowen J H. 1971. Gum Hollow fan delta，Nueces Bay，Texas［J］. Bureau of Economic Geology University of Texas.

Miall A D. 1977. A review of the braided-river depositional environment［J］. Earth Science Reviews，13（1）：1-62.

Shukla U K，Singh I B，Sharma M，et al. 2001. A model of alluvial megafan sedimentation：Ganga Megafan［J］. Sedimentary Geology，144（3-4）：243-262.

第三章　扇三角洲砾岩沉积成因及模式

扇三角洲的概念最早由 Holmes（1965）和 Mc Gowen（1970）提出。扇三角洲是从山区陡坡冲出山口的冲积扇推进到稳定水体（海洋或湖泊）中的部分，代表了其具有冲积扇成因，并不是表示其形状似扇形（fan–like delta）。

国外研究人员在 20 世纪 60 年代中期到 80 年代对扇三角洲的地质研究进入高峰阶段，众多地质学家对美国、英国、牙买加、日本、南非、挪威等地区的扇三角洲沉积开展了广泛研究，对其构造背景、沉积体系及模式、沉积过程、储集特征等方面进行了总结（周继刚等，2009）。国内各个含油气盆地基本上都分布着规模不等的扇三角洲沉积，是中国碎屑岩储层的重要组成部分（裘怿楠等，1997），比如泌阳双河扇三角洲（董艳蕾等，2015）、克八区上二叠统扇三角洲（朱水桥等，2005）、高邮凹陷古近系扇三角洲（纪友亮等，2012）、东营凹陷永安镇油田沙四段扇三角洲（张春生等，1995）、玛湖凹陷百口泉组扇三角洲（于兴河等，2014）、准噶尔盆地南缘八道湾组扇三角洲（谭程鹏等，2014）等。国内对扇三角洲的地质研究可分为三个阶段，第一阶段主要是引进国外的研究成果，初步认识国内陆相湖盆发育扇三角洲；第二阶段是深入研究扇三角洲沉积体系及其与油气分布的关系和开发地质特征；第三阶段是系统化及精细化研究，针对高含水期油藏进行更精细储层表征与预测。

本章主要介绍扇三角洲砾岩储层的相关特征及沉积模式，首先通过扇三角洲露头研究，明确其主要沉积序列、成因单元形态及组合，之后以 KLMY 油田上乌尔禾组储层为例，评价扇三角洲的岩石学性质、微观储层结构、储层物性等，最终介绍扇三角洲的沉积模式。

第一节　扇三角洲露头

露头研究具有直观性、完整性及精确性等优点，通过对扇三角洲露头所体现的地质背景、主要沉积序列及成因单元特征进行研究，可以指导地下相似沉积地质体的储层分布表征。

一、区域地质背景

对陆相沉积环境而言，当位于湖盆陡坡带的母岩区发生事件性暴洪时，洪水携带大量的陆源碎屑物快速流出山麓地带。由于地势坡度急剧减缓，使得携带大量陆源物质的洪水流速降低，搬运沉积物的能力明显减弱。从而在陡窄的地带内形成不稳定的辫状河道，并杂乱堆积形成位于水上的较粗扇三角洲平原沉积物（朱筱敏等，1994）。由于每次暴洪强度的差异和沉积物的快速沉积，造成辫状水道不稳定，并缺乏沼泽沉积。入湖后的洪水仍具一定能量，并能冲蚀湖底形成水下分支河道，沉积物粒度较粗，交错层理发育。在水下分支河道出口处，受湖水较大的顶托作用及湖浪和沿岸流的重新改造，较细粒沉积物发生侧向迁移，形成广布的薄层前缘席状砂。在前扇三角洲沉积区，主要为沉积于较安静水体中的偏暗色细粒沉积物。结合扇三角洲这一形成过程和露头观测分析的结果，认为断陷湖盆扇三角洲发育的地质背景具有以下特点（穆龙新等，2003）：

（1）地形高差大、坡度陡、沉积面积较小。

湖盆扇三角洲主要发育在高差大、坡度陡、物源区紧邻湖体的古地形条件，地形坡度一般是三角洲的几倍到几十倍不等。扇体面积一般为几平方千米到几十平方千米，有的甚至不到 $1km^2$。

（2）构造活动带和断陷湖盆是扇三角洲发育的有利构造条件。

在深大断裂一侧，由于断裂活动可造成地形陡，湖盆水体与物源近邻、高差大、物源丰富等地质条件，这就使携带大量碎屑的山区河流以辫状水道或冲积扇的方式进入水体形成扇三角洲砂体。

（3）干旱、半干旱气候条件更有利于扇三角洲发育。

各种气候条件下都可以发育扇三角洲沉积，其中干旱、半干旱气候条件更为有利。因为在这种气候条件下，降水变化大，入湖水流更易具有事件性、突发性的特点。同时，因为地面植被较少、岩石机械风化作用强，这样可产生较丰富的碎屑物源。

（4）近源、洪枯水流量变化幅度大。

地形条件与气候条件最终是通过河流的水文特征起作用的。形成扇三角洲的河流具有近源、比降大、洪水流量大而急、洪枯水流量变幅大的特点，入湖河流为辫状河。陆上水系的能量变化特点可在扇三角洲的垂向沉积剖面上明显地反映出来。一般来说，高山区的水流多来自洪水暴发和常年积雪的融化，可形成常年性河流，而低山丘陵地区的河流主要由降水而形成，具有明显的季节性。

（5）物源区母岩易于机械风化。

易于机械风化的母岩如粗碎屑岩、多数火成岩和变质岩等，要比不易于机械风化的母岩如碳酸盐岩、玄武岩为扇三角洲提供更多的粗碎屑物质。

二、沉积序列

扇三角洲在垂向上的沉积层序符合瓦尔特相律，与平面上亚相的分布相对应。最常见的是粒度向上变粗的进积型复合反韵律沉积序列，或者是粒度先变粗后又略变细的复合韵律沉积序列（图 3-1）。前者一般是前扇三角洲—扇三角洲前缘相的加积层序，后者是前扇三角洲—扇三角洲前缘—扇三角洲平原的加积层序。

不同扇三角洲具有类型各异的沉积序列，其沉积物的粒度变化趋势、沉积构造与化石类型、矿物组成、沉积微相变化、单个岩性段厚度变化等方面差异极大，不同的层序构成，包含了不同的扇三角洲沉积过程和盆地地质学信息（张昌民等，2015）。美国犹他州和怀俄明州边界上的 Laramide 隆起始新统 Wasatch 组砂砾岩露头是一个先向上变粗，之后变细的巨层序（Crew 等，1993），代表了尤因塔山北翼从上升到侵蚀旋回期间扇三角洲沉积体系的生长和废弃过程，其包含的沉积序列反映了扇体沙坝建造、断续性洪水及辫状水道的充填和侧向迁移。而位于加利福尼亚 Plush Ranch 盆地中的古近系—新近系非海相沉积岩和火山岩显示出拉张盆地不同部位发育不同的沉积体系，形成不同的沉积序列（Cole 等，1995）。

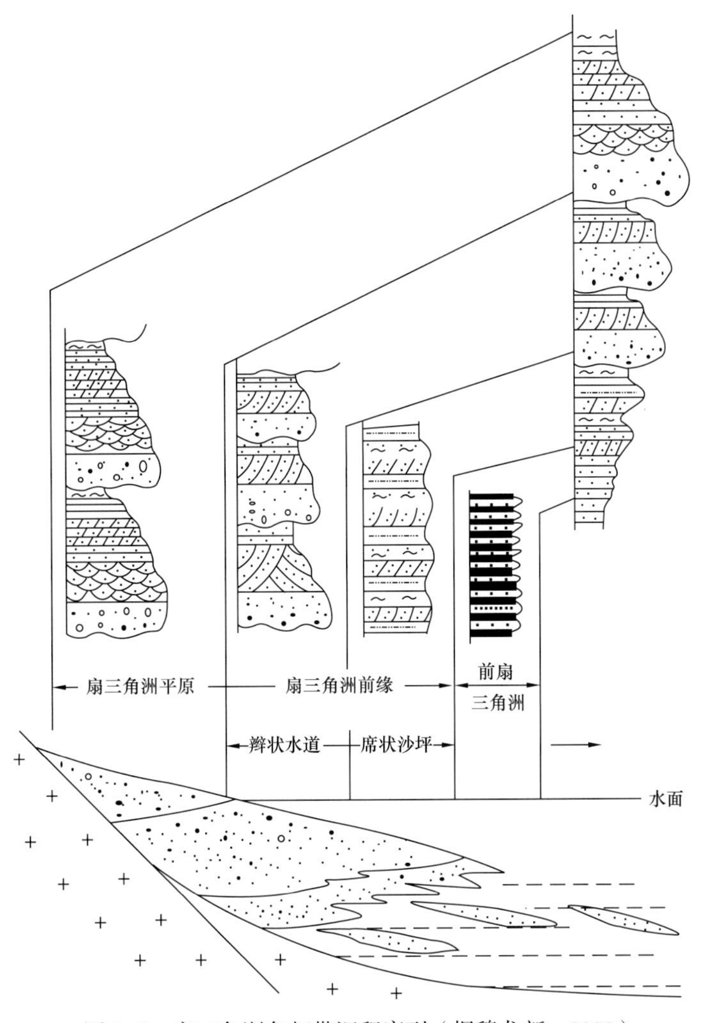

图 3-1　扇三角洲各相带沉积序列（据穆龙新，2002）

从露头剖面观测来看，一个扇三角洲的内部，砂砾岩层可以与粉砂、泥岩层频繁互层；在扇三角洲体的顶底，通常有一定厚度的前扇三角洲和湖相泥岩层，一个扇三角洲砂体的垂向厚度通常为几米到三四十米不等。

扇三角洲沉积具有明显的旋回性和层次性。随着层序地层学的发展，对扇三角洲沉积层序的旋回性和层次性分级越来越细，对旋回和不同层次层序形成时间的分析越来越定量化。旋回性和层次性研究促进地层纵向分层更加精细，横向对比更加准确。

三、成因单元形态及组合

扇三角洲是进入稳定水体的冲积扇，按不同级次构型界面可以划分不同的成因单元，通过研究各成因单元的形态、岩性、沉积构造、旋回性等特征，有助于解剖扇三角洲的储层结构，从而为精细预测剩余油分布提供地质依据。

从亚相级次来说，扇三角洲可分为扇三角洲平原、扇三角洲前缘及前扇三角洲三种成因单元，其各自又包括几种对应于微相级次成因构型单元，该级次成因单元是目前精细储层结构表征的研究重点（图 3-2）。

亚相	扇三角洲平原			扇三角洲前缘						前扇三角洲	
微相（岩相）	水上泥石流（砾岩相）	辫状河道（砂砾岩相）	平原河道间（砂泥岩相）	水下主河道（砾岩相）	水下河道（砂砾岩相）	水下河道间（砂泥岩相）	水下泥石流（砂砾岩相）	水下河道末端（砂岩相）	河口坝—远沙坝（砂岩相）	前扇三角洲粉砂（岩相）	前扇三角洲泥岩（相）
颜色	褐色、杂色	褐色、杂色	褐色、杂色	灰绿—杂色	灰—灰绿色	灰色	灰—灰绿色	灰色	灰色	深灰色	灰黑色
搬运介质	重力流	牵引流	牵引流	牵引流	牵引流	牵引流	重力流	牵引流	牵引流	牵引流	牵引流
粒度	巨砾—砂	砂砾为主	砂为主含泥	大砾—粗砂	砂砾为主	砂质—泥质	砾—砂—泥	中砂岩	中细砂为主	粉砂为主	泥质含粉砂
沉积构造	厚层块状构造，砾岩砂体呈楔状	透镜状砂体、斜层理和槽状交错层理	平行层理、层系多呈透镜状和楔状	厚层状砂砾岩体见大型槽状交错层	中层砂砾岩发育大型槽状交错层理	中层—薄层波状层理和平行层理	中层—厚层粒序层理颗粒支撑	中层砂岩小型槽状和板状层理	中薄层砂岩小型槽状和板状层理	薄层粉砂岩沙纹层理和水平层理	厚层泥岩夹粉砂质泥岩和水平层理
沉积结构	杂基含量高 分选性差 磨圆度中等	杂基较多 分选性较差 磨圆度较好	杂基含量多 分选中等	颗粒支撑 分选较差 磨圆较好	颗粒支撑 分选中等 磨圆较好	杂基含量高 分选较好 磨圆中等	杂基含量较高 分选中等 磨圆较差	分选性好 磨圆较好 具正韵律	分选性好 磨圆度较好 具反韵律	分选性好 磨圆度较好	粒度细、分选好、黏土含量高
测井曲线	高幅箱形	中幅齿状箱形	低幅齿状箱形	齿状钟形+箱形	高幅齿状钟形	高幅齿化指状	中幅箱形+钟形	中幅钟形+指状	中幅齿化漏斗形	中幅齿化指状	低幅齿化指状
测井相模式	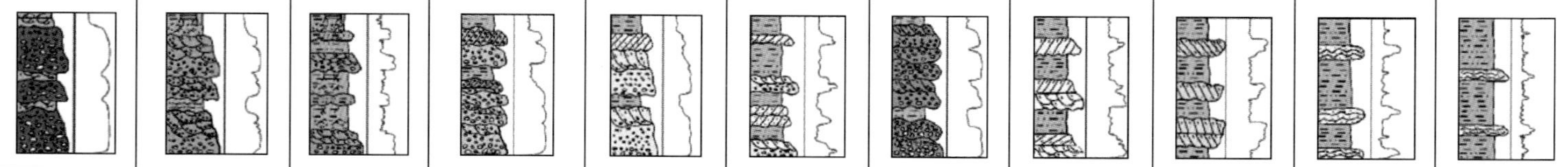										
沉积序列	夏 74	夏 75	玛 132	夏 89	夏 81	玛 133	玛 007	玛 005	玛 131	玛 2	玛 005
描述	高幅厚层箱形顶底突变接触快速混杂沉积	中幅齿状中厚层箱形，顶部渐变，底部突变，水动力强弱变化	低幅齿状箱形顶底渐变接触粗细粒交互沉积	高幅齿状钟形，与箱形组合，顶部渐变，底部突变，稳定的水动力	高幅齿状厚层，钟形，顶部渐变，底部突变，稳定的水动力	高幅齿状厚层，钟形，顶部渐变，底部突变，稳定的水动力	中幅箱形与钟形组合，顶底突变接触，较强水动力	中幅钟形与指状组合，顶底部突变接触，持续稳定水动力	中幅齿状漏斗形水动力较稳定	中幅齿化指状厚层砂泥岩交互沉积	低幅指状或微齿线性

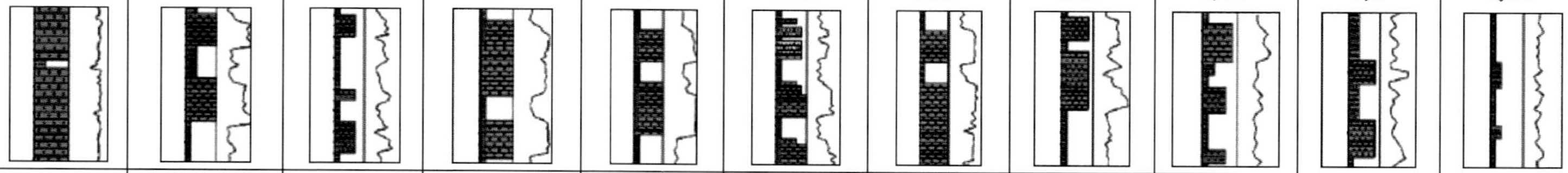

图 3-2　扇三角洲成因单元分析（据邹妞妞，2015）

（一）扇三角洲平原

扇三角洲平原包括扇三角洲陆上和水下部分，是主辫状河道与平原分流河道发育区，可进一步细分出泥石流、辫状河道、辫状河道间三种成因单元。

1. 泥石流成因单元

该沉积单元是扇三角洲的水上部分，在滦平盆地桑园营子侏罗系扇三角洲剖面可观测到，其结构和构造具有重力流的沉积特征。最重要的沉积标志是共生的砾岩、砂砾岩及泥岩，泥岩多为褐色、棕色及杂色等氧化色，发育冲刷充填构造、板状交错层理及厚层块状构造。砂砾岩在垂向上以块状韵律层叠置为特征，底部见冲刷构造。该微相粒度较粗，沉积物无规律排列、分选性差，具有明显的动荡环境中能量不稳定的重力流沉积特点。岩石杂基含量高，电性特征曲线特征为高幅箱形，沉积能量较高。

2. 辫状河道成因单元

该成因单元主要是辫状河道沉积，属于扇三角洲平原的主要成因单元。在柴达木盆地西部阿尔金南缘侏罗系大煤沟组和潮水盆地红柳沟下白垩统庙沟群剖面均已观测到。岩性由反映水上氧化环境的褐色、杂色砂砾岩、砂质砾岩和砾状砂岩构成。砾岩多为碎屑颗粒支撑，砾石间充填混合杂基，砾石成分复杂，大小不等，杂乱分布，分选差。发育槽状交错层理、块状层理、递变层理及板状交错层理，显示牵引流沉积特征。此外，辫状河道砂砾岩发育冲刷面，反映洪水的频繁冲刷和充填过程。在水体能量最强处，砂砾岩的杂基被冲刷掉，形成同级颗粒支撑结构。测井曲线呈垂向叠加的多个齿化或弱齿化箱形。

3. 辫状河道间成因单元

洪水溢出辫状河道后在河道侧缘沉积而形成该成因单元。岩性主要为褐色、棕褐色、杂色泥岩夹泥质粉砂岩和粉砂岩，在垂向上和平面上介于辫状河道之间，常为黏土夹层，杂基含量多，分选中等，可见水平层理和波状层理，砂岩与泥岩通常为冲刷式突变接触，底部的印模构造极为发育，有时可见洪水季节河床漫溢沉积的砂砾质夹层。测井曲线表现为薄层低幅齿化指形。

（二）扇三角洲前缘

扇三角洲前缘是扇三角洲沉积的主体，分布范围最广，具有沉积单元类型多，沉积构造丰富，泥岩、砂岩、砾岩不规则透镜状分布等特征。可进一步分为水下主河道、水下分流河道、水下分流河道间、河口坝、前缘席状砂等成因单元（邹妞妞等，2015）。

1. 水下主河道成因单元

该单元是扇三角洲沉积的主体，也是砂体最发育部位，处于水下，分布范围最大。岩性主要为灰绿、杂色砾岩、砂砾岩和粗砂岩，分选较差、磨圆较好，呈次圆状—次棱角，以颗粒支撑为主，厚层状砂砾岩体中可见大型槽状交错层理。自然电位曲线主要呈齿状钟形 + 箱形的组合型。

2. 水下分流河道成因单元

随着扇三角洲平原辫状河道向湖推进，河道变宽变浅、分叉，形成水下分流河道。沉积物主要为灰色、灰绿色含砾砂岩和砂岩，砾岩含量少，以颗粒支撑为主，磨圆较好，具明显的河道沉积特点。发育大型槽状交错层理，局部见砾石定向排列及小型冲刷面。自然电位曲线主要为高幅齿状钟形或因水道退缩呈钟形—箱形叠置的复合型。

3. 水下分流河道间成因单元

岩性主要由灰绿色、灰色块状或水平层理砂质、粉砂质泥岩夹薄层或透镜状砂岩组成。由于水下分流河道频繁改道，该单元的沉积物易被冲刷。自然电位曲线多为齿状、指状或齿化指状。

4. 河口坝成因单元

该单元出现在水下分流河道向湖盆的延伸区域。沉积物粒度变细，由灰色中细砂岩、粉砂岩和含砾细砂岩组成；岩心可见清晰的交错层理和板状层理，冲刷面少见，上部常见波状交错层理和波状层理。岩石杂基含量低，分选性好、磨圆度较好，在岩性剖面及电性上均表现为由下向上变粗的反韵律沉积序列。自然电位曲线为中幅齿化漏斗形。

5. 前缘席状砂成因单元

在水下分流主河道末端，地形较平坦，分支水流速度减慢，携带的碎屑物质迅速沉积下来，形成由多个分流河道舌状砂体和漫流区砂岩组成的扇形砂岩体，即前缘席状砂。在潮水盆地红柳沟下白垩统庙沟群广泛发育这类沉积单元。岩性由薄层的粉砂岩、细砂岩与浅灰色、灰色泥岩互层构成。受湖浪和湖流反复改造，成分成熟度较高，发育浪成交错层理、小型板状交错层理、波状层理等；泥岩中发育水平层理。生物潜穴构造极为发育。

（三）前扇三角洲

前扇三角洲成因单元位于扇三角洲最前端，与湖泊相过渡，是扇三角洲体系中分布最广、沉积最薄的地区。主要沉积灰色、深灰色粉砂岩和泥岩夹粉砂质泥岩，以厚层泥岩与薄层砂岩频繁互层为特征。发育波状层理、波纹层理与水平层理。磨圆分选较好，表明水动力较为稳定。自然电位测井曲线为中低幅齿化指状。

第二节　断陷湖盆扇三角洲储层评价

断陷湖盆型扇三角洲又称吉尔伯特型扇三角洲，主要为山口冲积扇入湖形成。垂向层序呈现出粒度向上变粗的反韵律进积型变化特征。往往构成冲积扇—扇三角洲—水下扇沉积体系。本节以 KLMY 油田 JL2 井区上乌尔禾组扇三角洲储层为例，介绍该类扇三角洲储层评价的内容及方法。

一、岩石学性质

（一）矿物成分与组构

JL2 井区上乌尔禾组 P_3w_1 段储层岩性主要为砂砾岩。砾石成分含量 54%～90%，平均为 69.4%。砾石母岩主要为凝灰岩，含量 31.9%～73.1%，平均为 44.1%；其次为安山岩（10.2%）、霏细岩（10.1%）。砂质成分含量 4%～34%，平均为 21.1%，砂级颗粒母岩主要为凝灰岩，含量 25%～61.4%，平均为 51.6%；其次为霏细岩（8.3%）、安山岩（5.7%）。胶结物含量 0～18%，平均为 5.1%，主要为方解石。杂基含量 0～16%，平均为 4.4%。碎屑颗粒磨圆较好，砾石多以次圆状—次棱角状为主，颗粒支撑为主要方式，分选差。

P_3w_2 段储层岩性主要为岩屑砂岩，其次为长石岩屑砂岩。其中石英含量 2%～20%，平均为 6.5%；长石含量 0～18%，平均为 8.9%；岩屑含量 67%～96%，平均为 84.6%。岩屑成分主要为凝灰岩，含量 40%～86%，平均为 60.2%；其次为安山岩及中酸性喷出岩、千枚岩等。碎屑颗粒分选中等，磨圆度以次圆—次棱角状为主。杂基含量 0～6%，平均为 2.5%。胶结物含量 0～15%，平均为 4.1%，胶结矿物主要为浊沸石。胶结类型主要为孔隙式—压嵌式胶结，颗粒支撑为主要方式，颗粒间以点状、线状接触为主。

总体上，JL2 井区上乌尔禾组储层具有低成分成熟度和低结构成熟度的特征。

（二）储集空间类型

上乌尔禾组 P_3w_1 段储集空间类型主要为剩余粒间孔，含量平均为 52.3%；其次为粒内溶孔，含量平均为 35.5%；粒内孔和收缩裂缝较少，占比分别为 7.2% 和 5.0%。P_3w_2 段储集空间类型主要为剩余粒间孔，含量平均为 85.9%；其次为粒内溶孔、粒间溶孔和微裂缝，平均含量分别为 8.8%、2.4% 和 3.0%（图 3–3 至图 3–5）。

(a) 金208井, 4131.81m，砂砾岩，泥质杂基含量低，剩余粒间孔为主，其次为粒内溶孔

(b) 金龙2井，4181.40m，中砾岩，碎屑颗粒及杂基有荧光显示，放大倍数10

图 3–3　JL2 井区上乌尔禾组 P_3w_1 段储层孔隙类型照片

(a) JL2004井，4021.94m，含砾砂岩。少量浊沸石溶孔，其次为粒间孔，面孔率0.09%

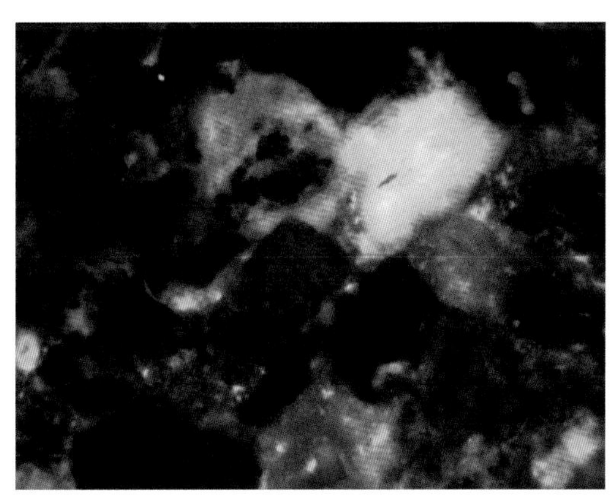

(b) 金202井，4059.96m，中细砂岩，部分颗粒及杂基具荧光显示，放大10倍

图 3–4　JL2 井区上乌尔禾组 P_3w_2 段储层孔隙类型照片

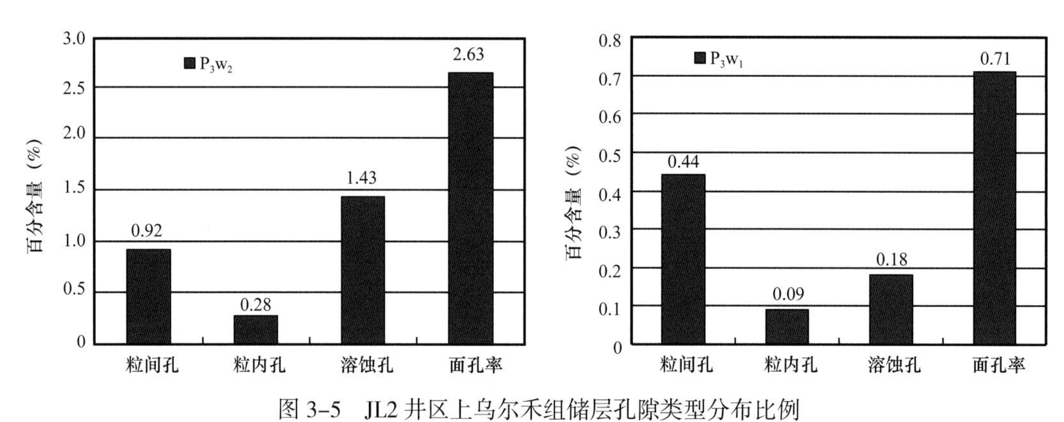

图 3-5　JL2 井区上乌尔禾组储层孔隙类型分布比例

二、储层微观结构

（一）孔隙结构

JL2 井区上乌尔禾组 P_3w_1 段和 P_3w_2 段储层毛细管压力曲线形态均显示储层孔喉偏细，以微—细孔喉为主。

根据上乌尔禾组储层压汞实验数据计算，P_3w_1 段储层最大孔喉半径平均为 0.87μm，排驱压力平均为 1.14MPa，中值压力平均为 2.07MPa，非饱和孔隙体积为 57.65%；P_3w_2 段储层最大孔喉半径平均为 2.13μm，排驱压力平均为 0.54MPa，中值压力平均为 9.63MPa，非饱和孔隙体积平均为 37.62%（表 3-1）。总体上，上乌尔禾组储层表现为孔喉半径小、分选中等—差、非饱和孔隙体积高、孔喉结构差的特征。

（二）油水两相渗流特征

JL2 井区 P_3w_2 油藏 9 块样品和 P_3w_1 油藏 1 块样品油水相对渗透率测定分析表明，P_3w_1、P_3w_2 储层具有束缚水饱和度高、两相流动范围窄、无水期采收率低的特点（表 3-2、表 3-3）。归一化处理后的综合油水相对渗流率曲线反映出 P_3w_1、P_3w_2 储层具有较高的束缚水饱和度，分别为 46.0%、48.5%；共渗点饱和度中等，分别为 56.1%、56.9%；两相流动范围较窄，分别为 30.1%、26.4%；无水期水驱油效率较低，分别为 17.2%、17.6%；最终水驱油效率较低，分别为 55.7%、51.2%，可采储量大部分在较高含水期采出（表 3-3）。

三、储层性质

（一）储层物性

储层物性及微观结构直接影响着油田开采效果。根据岩心物性分析，JL2 井区 P_3w_1 段储层孔隙度为 5.0%～15.6%，平均为 8.3%；渗透率为 0.011～376.0mD，平均为 0.95mD。油层孔隙度为 7.5%～15.6%，平均为 9.7%，渗透率为 0.1～376.0mD，平均为 1.05mD（图 3-6）；P_3w_2 段储层孔隙度为 5.0%～17.3%，平均为 12.3%，渗透率为 0.02～347.0mD，平均为 1.17mD。油层孔隙度为 9.8%～17.3%，平均为 12.8%，渗透率为 0.1～347.0mD，平均为 1.33mD（图 3-7）。

表 3-1　JL2 井区上乌尔禾组储层压汞特征参数统计表

层位	毛细管压力特征参数									样品数（个）
	有效孔隙度/平均（%）	渗透率/平均（mD）	中值压力/平均（MPa）	中值半径/平均（μm）	排驱压力/平均（MPa）	最大孔喉半径/平均（μm）	平均毛管半径/平均（μm）	非饱和孔隙体积百分数/平均（%）	分选系数/平均	
P_3w_1	3.7～12.1/7.73	0.01～7.92/1.35	0.01～16.35/2.07	0.01～0.11/0.02	0.01～3.01/1.14	0.24～4.97/0.87	0.01～1.41/0.18	33.47～72.49/57.65	0.93～2.73/1.46	35
P_3w_2	6.5～17.3/12.69	0.02～18.2/2.21	0.01～20.33/9.63	0.01～0.33/0.09	0.01～2.61/0.54	0.01～9.52/2.13	0.01～2.38/0.58	14.6～69.04/37.62	1～2.76/2.03	12

表 3-2　JL2 井区实验油水相对渗透率特征值

层位	样品数	空气渗透率范围（mD）	孔隙度范围（%）	束缚水饱和度范围（%）	残余油饱和度范围（%）	两相流范围（%）	无水期水驱油效率（%）	最终水驱油效率（%）	残余油饱和度下水相相对渗透率（%）
P_3w_1	1	1.98	10.1	42.3	23.9	33.8	17.2	58.6	30.7
P_3w_2	9	1.93～10.6	11.3～14.4	41.8～56.0	20.6～32.2	23.4～29.8	7.14～31.3	44.4～54.8	13.2～63.6

表 3-3　JL2 井区归一化油水相对渗透率特征值

层位	空气渗透率（mD）	束缚水饱和度（%）	残余油饱和度（%）	共渗点饱和度（%）	两相流范围（%）	无水期水驱油效率（%）	最终水驱油效率（%）	残余油饱和度下水相相对渗透率（%）
P_3w_1	1.98	46.0	23.9	56.1	30.1	17.2	55.7	30.7
P_3w_2	5.55	48.5	25.1	56.9	26.4	17.6	51.2	28.6

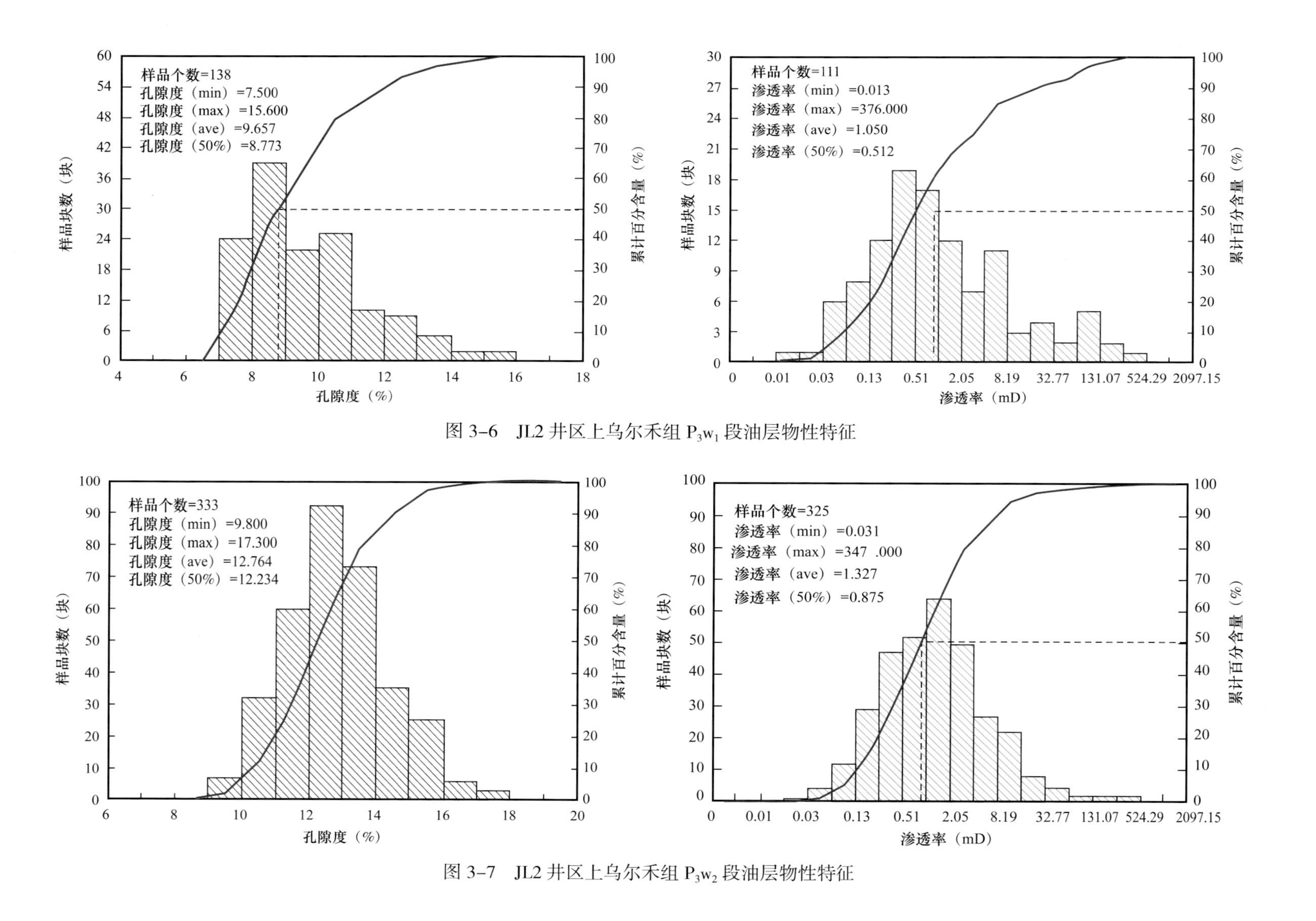

图 3-6　JL2 井区上乌尔禾组 P_3w_1 段油层物性特征

图 3-7　JL2 井区上乌尔禾组 P_3w_2 段油层物性特征

通过岩心样品分析数据，建立孔隙度与渗透率的相关关系，P_3w_1、P_3w_2储层孔隙度与渗透率的相关性均较好，具体相关关系如下：

P_3w_1储层：$K=0.0464e^{0.3389\varphi}$，$R=0.85$

P_3w_2储层：$K=0.004e^{0.4407\varphi}$，$R=0.90$

通过上乌尔禾组岩心样品实测的水平渗透率和垂直渗透率相关性分析，两者相关性较好。

$$K_v=0.5885K_h+0.3272，R=0.92 \quad (3\text{-}1)$$

（二）储层敏感性分析

1. 黏土矿物

根据上乌尔禾组全岩分析及X衍射分析统计，P_3w_1段黏土矿物总量为2.64%～3.51%，平均为2.95%。黏土矿物成分以伊/蒙混层为主，相对含量为31%～70%，平均为52.4%；其次为绿泥石，相对含量为10%～52.9%，平均为25.8%；高岭石相对含量为0～50%，平均为12.8%。

P_3w_2段黏土矿物总量为0.52%～2.08%，平均为1.55%。黏土矿物成分以绿泥石为主，相对含量为18.5%～87.6%，平均为59.9%；其次为伊/蒙混层，相对含量为13.6%～65.5%，平均为30%；见少量高岭石，相对含量平均为2.8%（表3-4、表3-5）。黏土矿物成分反映，上乌尔禾组储层具有潜在的水敏和酸敏性质。

表3-4　JL2井区上乌尔禾组油藏黏土矿物绝对含量统计表

层位	井号	样品数（个）	黏土矿物总量（%）	常见非黏土矿物含量（%）						
				石英	钾长石	斜长石	方解石	铁白云石	浊沸石	磁铁矿
P_3w_1	金208	11	2.71	59.28	0	33.25	4.76	0	0	0
	JL2001	3	3.51	61.26	0	30.8	2.03	2.41	0	0
	JL2002	6	2.64	37.63	6.09	26.15	1.11	1.71	9.21	15.47
	平均		2.95	52.72	2.03	30.07	2.63	1.37	3.07	5.16
P_3w_2	金204	1	0.52	5.13	3.08	5.13	0	0	86.14	0
	金208	14	1.88	29.31	0	50	4.93	2.39	11.5	0
	JL2001	10	2.08	21.1	0.93	35.72	8.24	1.5	30.21	0
	JL2002	10	1.71	12.81	2.58	29.01	2.02	0.22	51.23	0.42
	平均		1.55	17.09	1.65	29.97	3.8	1.03	44.77	0.11

表 3-5　JL2 井区上乌尔禾组油藏黏土矿物相对含量统计表

层位	伊 / 蒙混层	伊利石	高岭石	绿泥石	绿 / 蒙混层	合计（%）
	平均（%）	平均（%）	平均（%）	平均（%）	平均（%）	
P_3w_1	31～70	4.7～11.6	0～50	10～52.9	0	100
	52.4	9	12.8	25.8	0	
P_3w_2	13.6～65.5	1.6～11.5	0～14.5	18.5～87.6	0～4.5	100
	30	6.7	2.8	59.9	0.6	

2. 储层敏感性

1）盐敏效应

JL2 井区 P_3w_1、P_3w_2 储层临界盐度均较高，第一临界矿化度分别为 17800mg/L、16000mg/L，第二临界矿化度分别为 6000mg/L、5500mg/L，储层在高矿化度情况下，渗透率下降较快，随着矿化度的降低，渗透率下降幅度有所减缓。P_3w_1、P_3w_2 储层平均渗透率损失率分别为 39.40%、45.96%。按照储层敏感性评价标准（SY/T 5358—2002），P_3w_1、P_3w_2 储层均为中等偏弱盐敏。

2）酸敏效应

JL2 井区 P_3w_1、P_3w_2 储层酸敏性试验样品共 24 块，其中 $P_3w_1$8 块，$P_3w_2$16 块。P_3w_1、P_3w_2 储层平均渗透率损失率分别为 27.73%、25.58%。按照储层敏感性评价标准（SY/T 5358—2002），P_3w_1、P_3w_2 储层均具有中等偏强酸敏。

3）速敏效应

JL2 井区 P_3w_1、P_3w_2 储层速敏试验表明，流体注入速度使 P_3w_1、P_3w_2 储层平均渗透率损失率分别为 -13.63%、-0.94%。按照储层敏感性评价标准（SY/T 5358—2002），均无速敏。

JL2 井区 P_3w_1 砂砾岩储层和 P_3w_2 砂岩储层通过敏感性实验，表现为高临界盐度、中等偏弱盐敏、中等偏强酸敏，基本无速敏。

（三）润湿性

JL2 井区 P_3w_2 段储层相对润湿指数为 0～0.13，平均为 0.054，表现中性—弱亲水性；P_3w_1 段储层相对润湿指数为 0，表现为中性（表 3-6）。

（四）四性关系

1. 岩性与电性关系

统计 P_3w 岩石类型及测井响应，应用电阻率和密度交会法，建立了岩性与电性关系图版（图 3-8）。具体的岩性—电性划分标准为：

砂砾岩：$RT \geqslant 11.6\Omega \cdot m$，$\rho \geqslant 2.45g/cm^3$。

砂岩：$11.6\Omega \cdot m > RT \geqslant 10.0\Omega \cdot m$，$\rho \geqslant 2.39g/cm^3$。

泥质砂岩：$10.0\Omega \cdot m > RT \geqslant 6\Omega \cdot m$，$\rho \geqslant 2.37g/cm^3$。

泥岩：$RT < 6\Omega \cdot m$。

表 3-6　JL2 井区上乌尔禾组 P_3w_2、P_3w_1 储层润湿性评价表

层位	井号	样品深度（m）	岩石定名	气体渗透率（mD）	相对润湿指数	润湿性评定
P_3w_2	金 202	4065.70	中—细砂岩	1.48	0.022	中性
	金 202	4071.44	中—细砂岩	8.11	0.038	中性
	金 202	4073.78	细砂岩	9.02	0.12	弱亲水
	金 204	4172.19	砂砾岩	5.92	0.13	弱亲水
	金 208	4084.21	含砾中砂岩	11.2	0	中性
	JL2002	4117.45	含砾细砂岩	0.865	0.051	中性
	JL2002	4123.85	灰绿色含砾中砂岩	1.94	0.074	中性
	平均			4.23	0.054	中性
P_3w_1	金 208	4133.00	砂砾岩	2.33	0	中性
	JL2002	4175.95	灰绿色砂砾岩	0.919	0	中性
	JL2002	4181.32	灰绿色砂砾岩	1.01	0	中性
	JL2002	4195.36	杂色砂砾岩		0	中性
	平均			1.29	0	中性

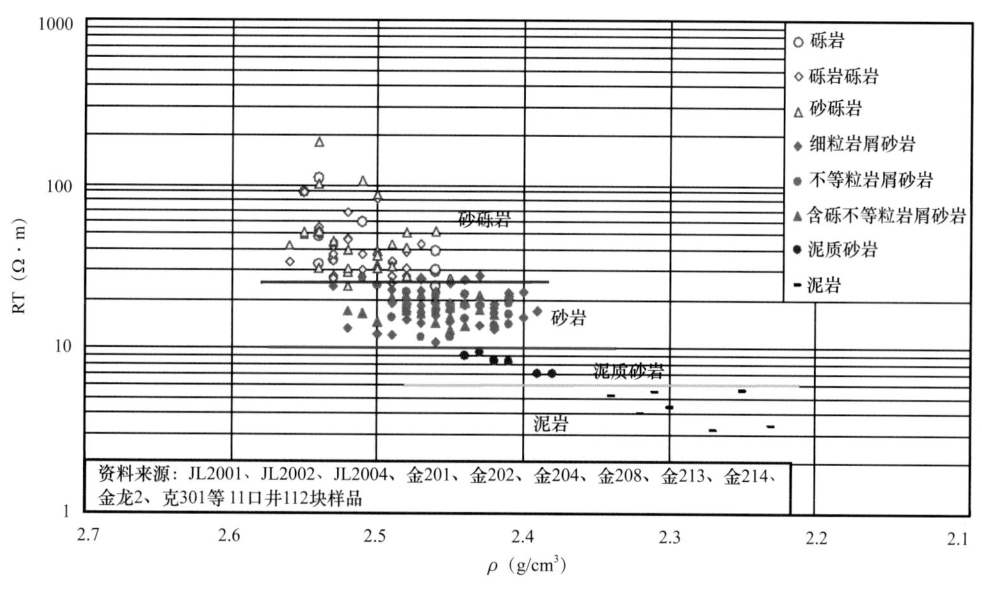

图 3-8　JL2 井区上乌尔禾组岩性图版

2. 岩性与含油性关系

P_3w_1 储层岩性以砂砾岩为主，占 P_3w_1 取心储层总量的 92.3%；其次为砂岩，占取心储层总量的 7.7%。砂砾岩储层荧光级别岩心占比 41.88%，油迹、油斑和油浸分别占总量的 18.6%、19.4% 和 9.7%；砂岩以荧光级别为主。P_3w_1 含油岩性主要为砂砾岩。

P_3w_2 储层岩性以砂岩为主，占 P_3w_2 取心储层总量的 62.2%，其中荧光级别岩心占比 41.9%，油迹、油斑和油浸占比分别为 18.6%、19.4% 和 9.7%；其次为砂砾岩和含砾砂岩，占比取心储层总量的 37.8%，油斑级岩心较多，占总量的 9.89%，油浸、油迹和荧光分别占总量的 3.21%、6.93% 和 6.61%。P_3w_2 储层含油岩性主要为砂岩，其次为砂砾岩。

3. 物性与含油性关系

根据 P_3w_1 取心井物性分析、岩心含油气显示绘制含油性交会图。确定 P_3w_1 油层孔隙度下限范围为 6.8%，渗透率下限为 0.1mD（图 3–9），同时对 P_3w_1 取心井压汞曲线进行“J”函数处理，确定 P_3w_1 油层孔隙度下限为 6.98%，渗透率下限为 0.15mD。通过以上两种方法，最终确定 P_3w_2 油层的孔隙度下限为 7.0%，渗透率下限为 0.1mD。

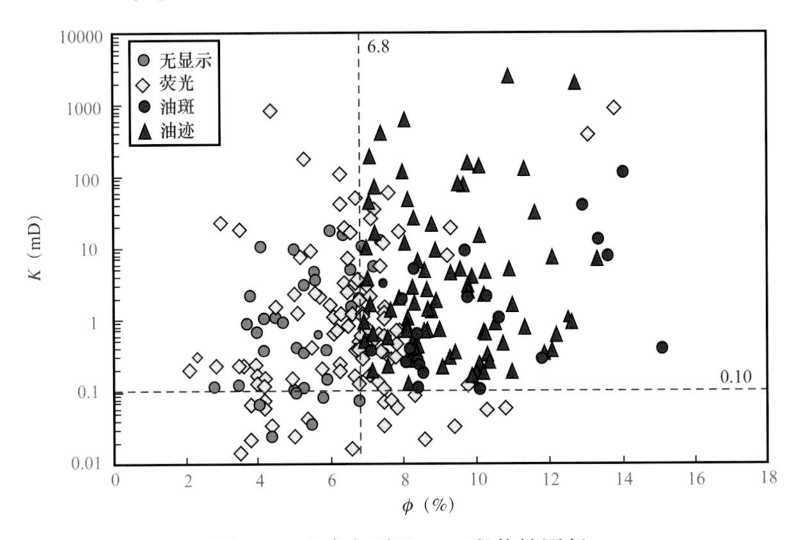

图 3–9　上乌尔禾组 P_3w_1 段物性图版

根据 P_3w_2 取心井物性分析、岩心含油气显示级别编制含油性交会图，确定 P_3w_2 油层孔隙度下限范围为 9.5%，渗透率下限为 0.1mD（图 3–10），同时对 P_3w_2 取心井压汞曲线进行“J”函数处理，确定 P_3w_2 油层孔隙度下限为 9.88%，渗透率下限为 0.01mD。通过以上两种方法，最终确定 P_3w_2 油层的孔隙度下限为 9.8%，渗透率下限为 0.1mD。

4. 电性与物性关系

利用 JL2 井区 P_3w_1 99 块岩心分析孔隙度与对应测井密度值数据，建立二者的相关关系图版（图 3–11），其关系式为

$$\rho=2.6614-0.0171\phi,\ R=0.93 \tag{3-2}$$

式中　ϕ——岩心分析孔隙度，%；

ρ——测井密度，g/cm^3。

利用 JL2 井区 P_3w_1 99 个岩心分析孔隙度与对应测井声波时差数据，建立二者的关系图版（图 3–12），具体关系式为

$$\Delta t=1.1256\phi+56.667,\ R=0.84 \tag{3-3}$$

式中　ϕ——岩心分析孔隙度，%；

Δt——测井声波时差，μs/ft。

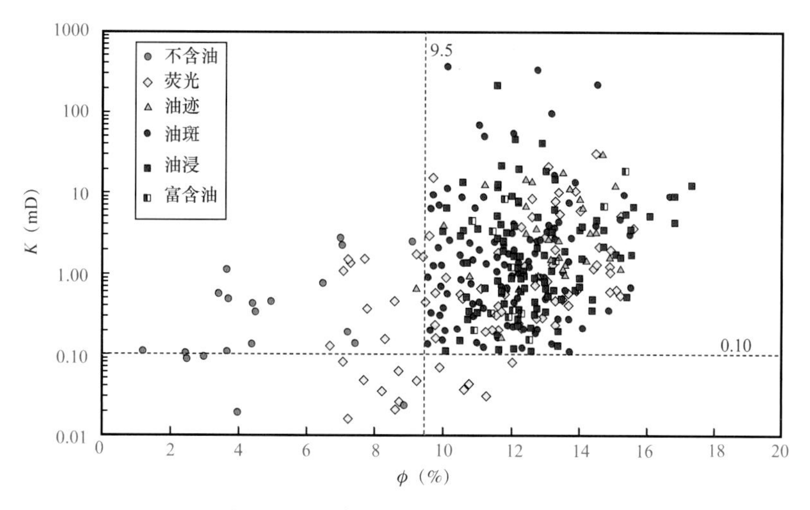

图 3-10　上乌尔禾组 P_3w_2 段物性图版

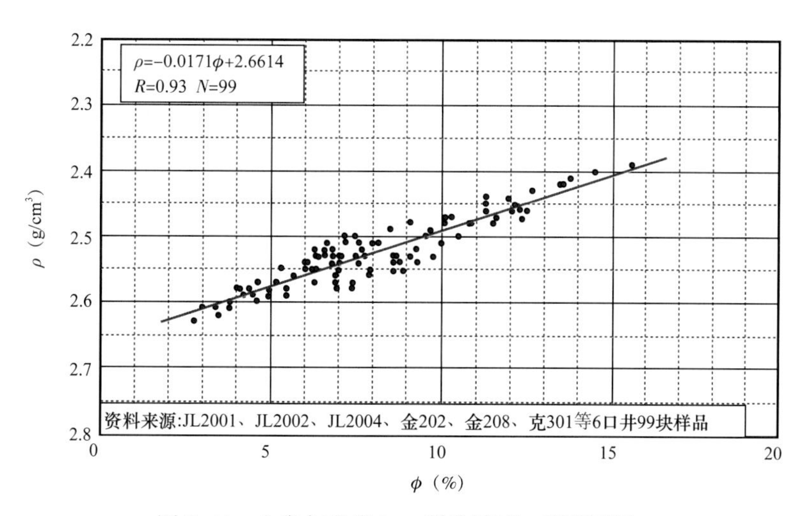

图 3-11　上乌尔禾组 P_3w_1 段孔隙度—密度图版

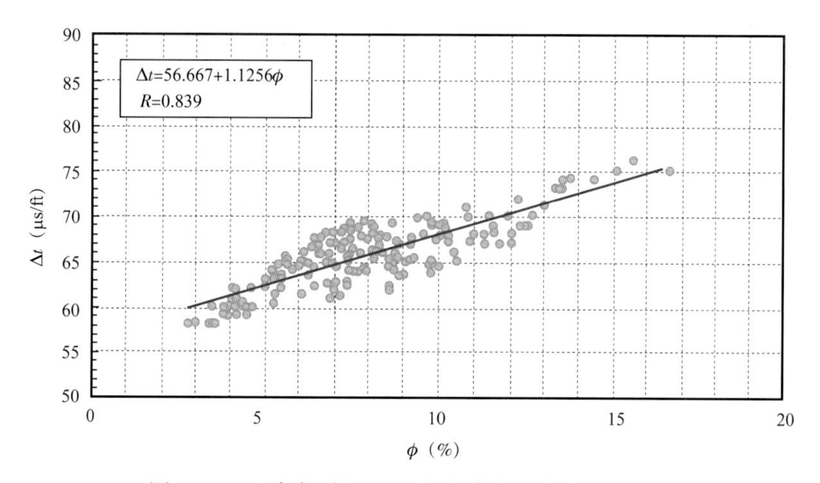

图 3-12　上乌尔禾组 P_3w_1 段孔隙度—声波时差图版

利用JL2井区P_3w_2的317块岩心分析孔隙度与对应测井密度值数据建立关系图版（图3-13），其关系式为

$$\rho=-0.0177\phi+2.6737，R=0.86 \quad (3-4)$$

式中 ϕ——岩心分析孔隙度，%；

ρ——测井密度，g/cm^3。

利用JL2井区P_3w_2的317个岩心分析孔隙度与对应测井声波时差数据建立关系图版（图3-14），关系式为

$$\Delta t=1.148\phi+56.807，R=0.83 \quad (3-5)$$

式中 ϕ——岩心分析孔隙度，%；

Δt——测井声波时差，μs/ft。

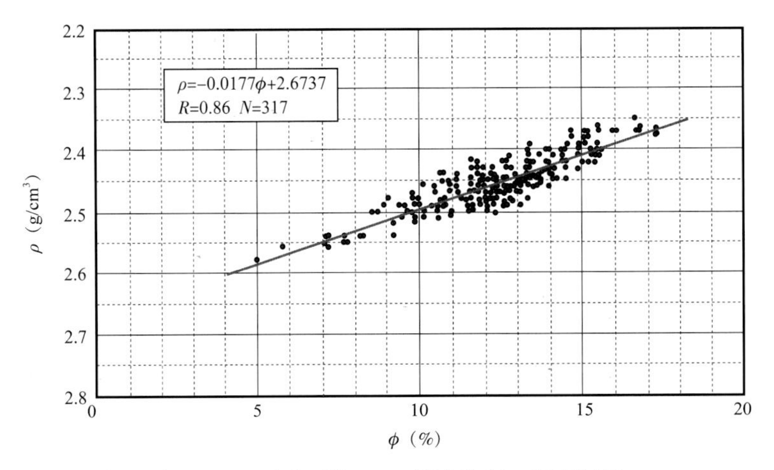

图3-13 上乌尔禾组P_3w_2段孔隙度—密度图版

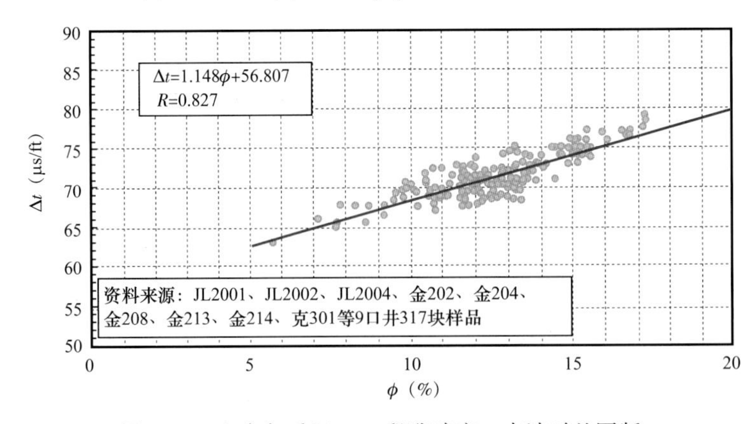

图3-14 上乌尔禾组P_3w_2段孔隙度—声波时差图版

5. 电性与含油性关系

根据测井获得的电阻率、孔隙度数据，应用阿尔奇公式，可以计算油层的原始含油饱和度，阿尔奇公式的表达式如下

$$S_o=1-\left[a*b*R_w/(\mathrm{RT}*\phi^m)\right]^{1/n} \quad (3-6)$$

阿尔奇公式中的相关参数可通过岩电实验获得，具体参数如下：

根据本区 P_3w_1 的 5 口井 21 块样品和 P_3w_2 的 8 口井 47 块样品的岩电实验分析资料，建立地层因素（F）—孔隙度（ϕ）、电阻增大率（I）—含水饱和度的关系图版，进而求得 a、b、m、n 等各项岩电参数。P_3w_1 和 P_3w_2 的各项岩电参数还有小幅度的变化：

P_3w_1：0.987（a）、1.116（b）、1.907（m）、1.913（n）。

P_3w_2：0.997（a）、1.104（b）、1.814（m）、1.903（n）。

根据本区实际水分析数据和地层温度，通过查图版求得地层水电阻率（R_w）为 0.095Ω·m。

将以上参数代入阿尔奇公式，可计算获得不同试油层含油饱和度相关数据，依据图版确定 P_3w 油层下限：

P_3w_1：孔隙度（ϕ）≥7%；电阻率（RT）≥24Ω·m；含油饱和度（S_o）≥45%。

P_3w_2：孔隙度（ϕ）≥9.8%；电阻率（RT）≥16Ω·m；含油饱和度（S_o）≥47%。

四、储层质量评价

扇三角洲储层强烈的非均质性导致储层不同位置处的物性参数差异较大，因此需要对储层质量进行评价分级。在对 JL2 井区储层韵律性、非均质性及隔夹层分析的基础上，对储层质量进行评价。

（一）储层非均质性

1. 韵律性

JL2 井区上乌尔禾组 P_3w_1 段储层主要以扇三角洲前缘水下分流河道和水下碎屑流沉积为主，在电性上主要表现中高自然伽马、中高电阻率、中高补偿密度及低声波时差的特征，呈现砾石颗粒向上变细、含量减少的正韵律。P_3w_2 段储层主要以扇三角洲前缘水下分流河道砂体沉积为主，表现向上变细的正韵律；其次发育河口坝砂体，沉积序列呈反韵律。

2. 隔夹层分布规律

1）隔层分布规律

JL2 井区 P_3w_3、P_3w_2 储层间发育一套全区分布稳定的泥岩隔层，厚度 0.7～19.3m，平均为 7.4m，在金 203 井—金 217 井及克 301 井—克 102 井附近区域厚度较大（图 3-15）。P_3w_2、P_3w_1 储层间发育一套全区分布稳定的泥岩隔层，厚度 1.3～29.1m，平均为 11.6m，金 207 井和金 217 井附近区域厚度较大（图 3-16）。

2）夹层分布规律

上乌尔禾组夹层主要为物性夹层，电性上表现为中—高伽马、中—高电阻及高密度特征。通过对上乌尔禾组油藏 $P_3w_2^1$、$P_3w_1^1$、$P_3w_1^2$ 夹层统计（表 3-7），$P_3w_2^1$ 夹层在金 202 井、金 214 井、金 209 井断块较发育，平均单层夹层厚度分别为 4.66m、6.35m、5.5m，平均单井夹层个数分别为 2 个、1 个和 1.5 个；$P_3w_1^1$ 夹层在金 202 井、金 214 井断块较发育，平均单层夹层厚度分别为 4.56m、5.6m，平均单井夹层个数分别为 1.6 个和 3 个；$P_3w_1^2$ 夹层在金 202 井、金 218 井、金 209 井断块较发育，平均单层夹层厚度分别为 8.75m、5.7m、2.3m，平均单井夹层个数分别为 1.75 个、1 个和 1 个（图 3-17、图 3-18）。

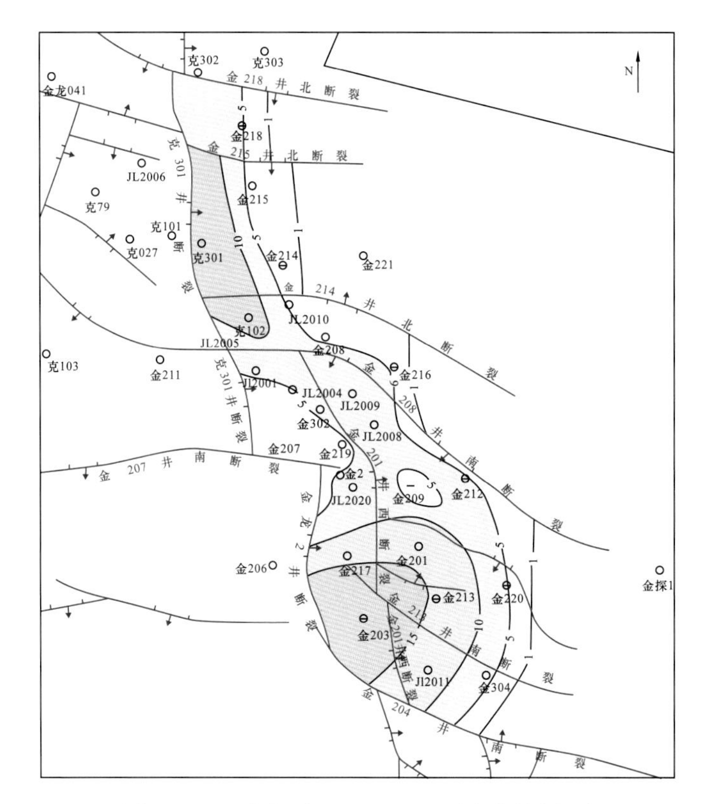

图 3–15 上乌尔禾组 P_3w_3—P_3w_2 段隔层厚度图

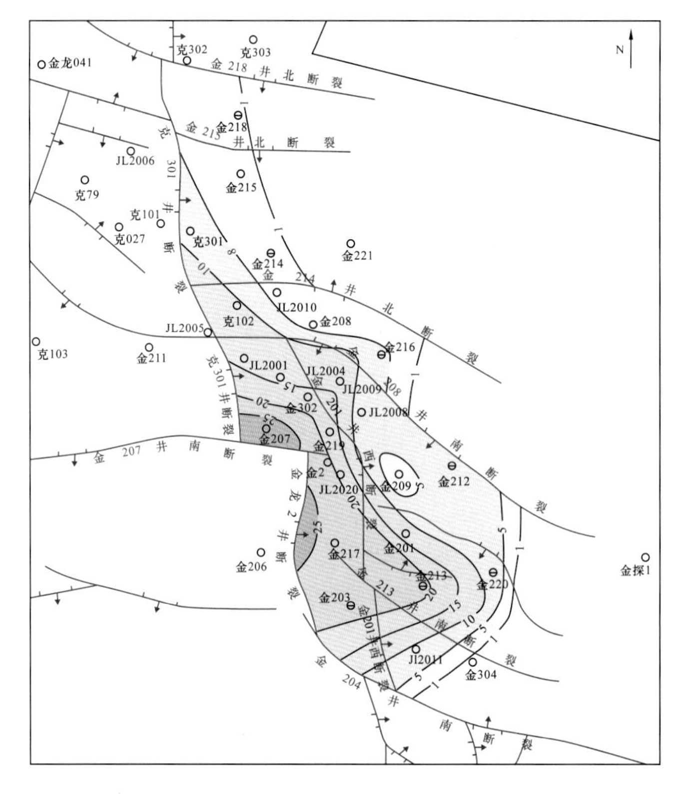

图 3–16 上乌尔禾组 P_3w_2—P_3w_1 段隔层厚度图

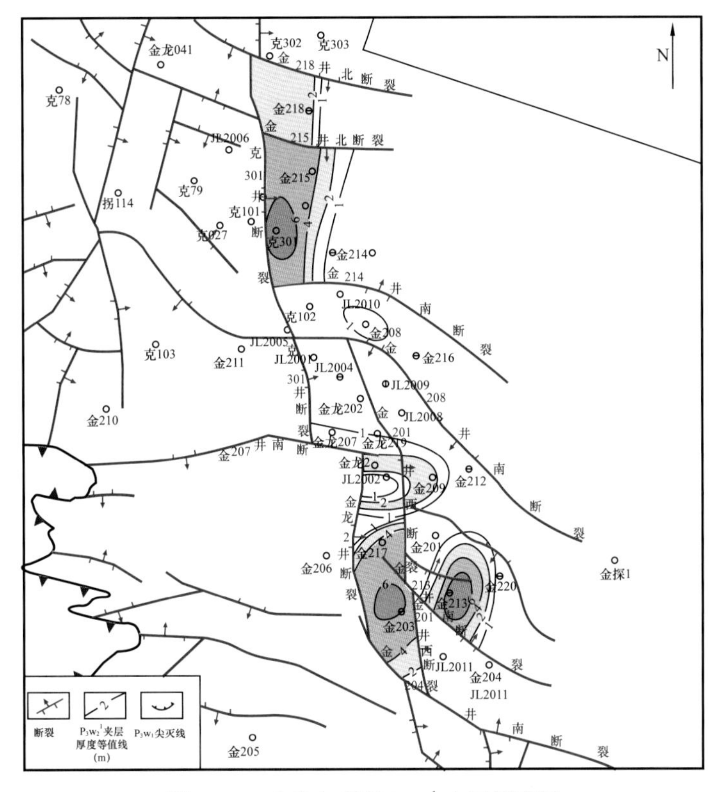

图 3-17　上乌尔禾组 $P_3w_2^1$ 夹层厚度图

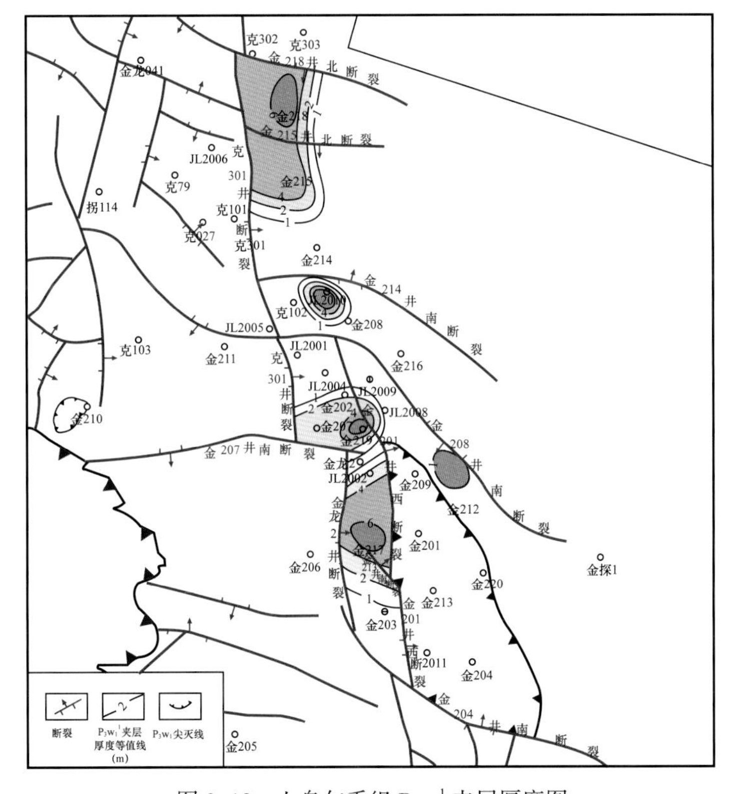

图 3-18　上乌尔禾组 $P_3w_1^1$ 夹层厚度图

表 3–7　JL2 井区上乌尔禾组油藏夹层统计表

层位	断块	夹层分布井数（口）	单井夹层个数（个）		单井夹层厚度（m）	
			范围	平均	范围	平均
$P_3w_2^1$	金 218	1	1	1.0	3.7	3.7
	金 214	2	1	1.0	5.2～7.5	6.35
	金 208	1	1	1.0	0.4	0.4
	金 209	2	1～2	1.5	2.4～8.6	5.5
	金 201	1	2	2.0	7.6	7.6
	金 202	5	1～3	2.0	1.3～7.6	4.66
	平 均			1.42		4.70
$P_3w_1^1$	金 218	1	2	2.0	9.8	9.8
	金 214	1	3	3.0	5.6	5.6
	金 208	1	1	1.0	6.5	6.5
	金 209	1	1	1.0	2.3	2.3
	金 202	5	1～3	1.6	1.7～7.9	4.56
	平 均			1.72		5.75
$P_3w_1^2$	金 218	1	1	1.0	5.7	5.7
	金 214	1	1	1.0	0.8	0.8
	金 208	1	1	1.0	2.0	2.0
	金 209	1	1	1.0	2.3	2.3
	金 202	4	1～2	1.75	5.3～13.3	8.75
	平 均			1.15		3.91

3. 储层非均质评价

表征储层非均质性的渗透率参数主要包括变异系数、突进系数及级差。根据储层参数测井解释，JL2 井区上乌尔禾组 P_3w_1 油层段渗透率变异系数为 0.16～6.38，平均为 0.67；突进系数为 0.25～595.34，平均为 27.5；级差为 1.90～1654.32，平均为 76.66。按储层非均质评价标准，P_3w_1 储层表现出中等—强非均质性。P_3w_2 油层段渗透率变异系数分别为 0.31～2.26，平均为 0.7；突进系数为 1.85～33.74，平均为 6.1；级差为 4.6～456.81，平均为 83.3。按储层非均质评价标准，P_3w_2 储层表现出中等—强非均质性。

总的来看，上乌尔禾组 P_3w_1、P_3w_2 油层均表现中等—强非均质性（表 3–8）。

表 3-8　JL2 井区上乌尔禾组 P_3w 油层段非均质特征参数表

层位	断块	变异系数		突进系数		极差		井数	非均质性评价
		范围	平均	范围	平均	范围	平均		
$P_3w_2^1$	金 214	0.46～2.26	1.11	2.98～29.78	12.22	8.16～316.21	113.36	3	强
	金 208	0.31～0.75	0.49	1.85～4.30	2.91	4.60～23.85	12.35	3	中等—强
	金 202	0.47～2.11	0.85	2.84～33.74	8.75	9.02～243.59	47.96	7	强
	金 209	0.38～0.56	0.47	2.09～3.84	2.87	7.18～18.59	11.07	3	中等—强
	金 201	0.39～0.73	0.56	2.42～4.35	3.39	6.44～456.81	231.63	2	中等—强
$P_3w_1^1$	金 214	0.27～0.68	0.46	1.70～4.67	2.96	2.77～13.97	7.69	3	中等—强
	金 208	0.20～0.41	0.31	1.42～2.45	2.01	1.96～6.25	4.16	3	中等
	金 202	0.16～6.38	1.44	0.25～595.34	102.3	1.9～1653.32	283.97	6	强
	金 209	0.45～0.49	0.47	2.66～2.79	2.73	9.98～11.67	10.83	2	中等
$P_3w_1^2$	金 214	0.39	0.39	2.93	2.93	6.82	6.82	1	中等—强
	金 208	0.45～0.58	0.52	3.30～3.78	3.54	9.25～13.54	11.39	2	中等—强
	金 202	0.29～1.87	0.92	0.03～22.86	8.76	3.03～104.73	37.22	6	强

（二）储层分类评价

参考中国陆相碎屑岩储集岩级别分类标准，选取常用的孔隙度、渗透率、排驱压力、中值压力、最小非饱和孔隙体积、平均毛细管半径及毛细管压力曲线类型作为分类评价参数。根据储层分类标准，JL2 井区上乌尔禾组 P_3w_1、P_3w_2 储层均为Ⅳ 1 类特低孔特低渗、微孔微细喉道的差储层（表 3-9）。

JL2 井区二叠系上乌尔禾组储层岩性主要为低孔特低渗砂砾岩储层。根据储层岩性岩相、物性参数、微观孔隙结构参数、流动层指数及储集空间类型，将上乌尔禾组油层进一步分出三类（表 3-10，图 3-19、图 3-20）。

Ⅰ类储层的岩性主要为含砾中—粗砂岩，储集空间类型以孔隙型为主，有效厚度 10～22m，孔隙度平均为 18.7%，渗透率平均为 19.41mD，密度平均为 2.11g/cm³，可动流体饱和度相对较高，平均为 67.6%。Ⅰ类储层平面上主要分布在金 214、金 208，金 209、JL2 等断块。

Ⅱ类储层的岩性主要为砂砾岩、中—粗砂岩，储集空间类型以孔隙型为主，有效厚度 2～5m，孔隙度平均为 17.8%，渗透率平均为 2.58mD，密度平均为 2.12g/cm³，可动流体饱和度平均为 54.32%。Ⅱ类储层平面上主要分布在金 219、金 202、金 217 等断块。

Ⅲ类储层的岩性主要为细砂岩、泥质粉砂岩，储集空间类型为孔隙型，有效厚度 2～18m，孔隙度平均为 12.5%，渗透率平均为 1.49mD，密度平均为 2.3g/cm³，可动流体饱和度平均为 31.12%。Ⅲ类储层主要分布在 JL2008 断块。

表 3-9　储层综合分类评价表

分类	Ⅱ类 中孔中渗	Ⅲ类低孔低渗		Ⅳ类特低孔特低渗		JL2 井区 储层参数	
		Ⅲ 1	Ⅲ 2	Ⅳ 1	Ⅳ 2		
	中孔 中喉道	中孔 中细喉道	小孔 细喉道	微孔 微细喉道	微孔 微喉道	P_3w_1	P_3w_2
孔隙度 平均 （%）	13.8～19.5 17.06	9.5～18.3 15.65	7.3～17.7 14.71	6.3～16.4 12.78	3.5～11.9 8.0	7.50～15.60 9.66	9.80～17.30 12.76
渗透率 平均 （mD）	100～500 224.79	50～100 70.98	10～50 28.45	1～10 4.02	＜1 0.24	0.01～396.00 1.05	0.03～347.00 1.33
排驱压力 平均 （MPa）	0.01～0.04 0.03	0.03～0.31 0.06	0.03～0.33 0.09	0.06～0.67 0.23	0.24～2.77 1.38	0.01～3.01 1.14	0.01～2.61 0.54
中值压力 平均 （MPa）	0.07～0.46 0.18	0.13～0.86 0.46	0.14～4.86 0.9	0.85～6.19 1.89	3.02～17.64 8.94	0～16.35 2.07	0.01～20.33 9.63
最小非饱和孔隙体积 平均 （%）	3.96～14.26 8.22	4.86～25.7 14.46	2.09～31.7 15.96	9.43～37.8 17.84	20.17～47.0 30.59	33.47～72.49 57.65	14.6～69.04 37.62
平均毛细管半径 平均 （μm）	6.8～21.09 10.2	3.86～7.93 5.91	0.79～9.01 3.78	0.46～3.53 1.39	0.1～0.78 0.27	0.01～1.14 0.18	0.02～2.38 0.58
压汞曲线类型	Ⅱ	Ⅱ、Ⅲ	Ⅲ	Ⅲ、Ⅳ	Ⅳ	Ⅳ	Ⅳ
主要孔隙类型	残余粒间孔	粒间溶孔、残余粒间孔	粒间溶孔、粒内溶孔	粒内溶孔、微孔、粒间溶孔	粒间微孔	剩余粒间孔	剩余粒间孔
评价	较好	中等	较差	差	非储层	差	差

表 3-10 乌尔禾组砂砾岩油藏油层分类标准

油层类型	孔隙度（平均）（%）	渗透率（平均）（mD）	密度（平均）（g/cm^3）	岩性	可动流体饱和度（%）	储集空间类型	行业标准
Ⅰ	3.7～21.3（18.7）	0.1～164（19.41）	1.782～2.682（2.11）	含砾中—粗砂岩	10.6～72.9（30.5）	孔隙型	Ⅰ
Ⅱ	3.41～19.04（17.8）	0.1～73.73（2.58）	2.436～2.618（2.12）	中、粗砂岩、砂砾岩	12.8～44.8（29.4）	孔隙型	Ⅱ
Ⅲ	2.8～14.99（12.5）	0.1～33.77（1.49）	2.474～2.629（2.30）	细砂岩、粉砂岩	15.7～50.3（27.5）	孔隙型	Ⅲ—Ⅳ

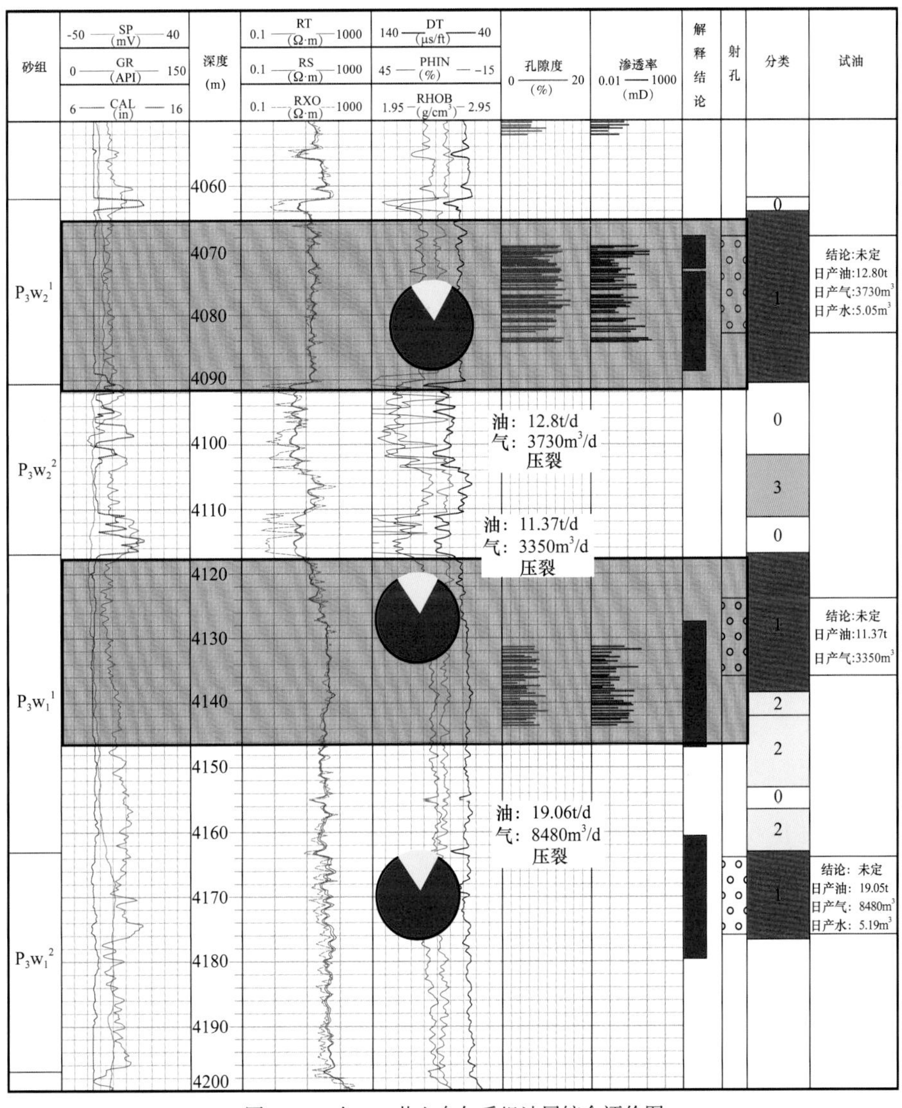

图 3-19 金 208 井上乌尔禾组油层综合评价图

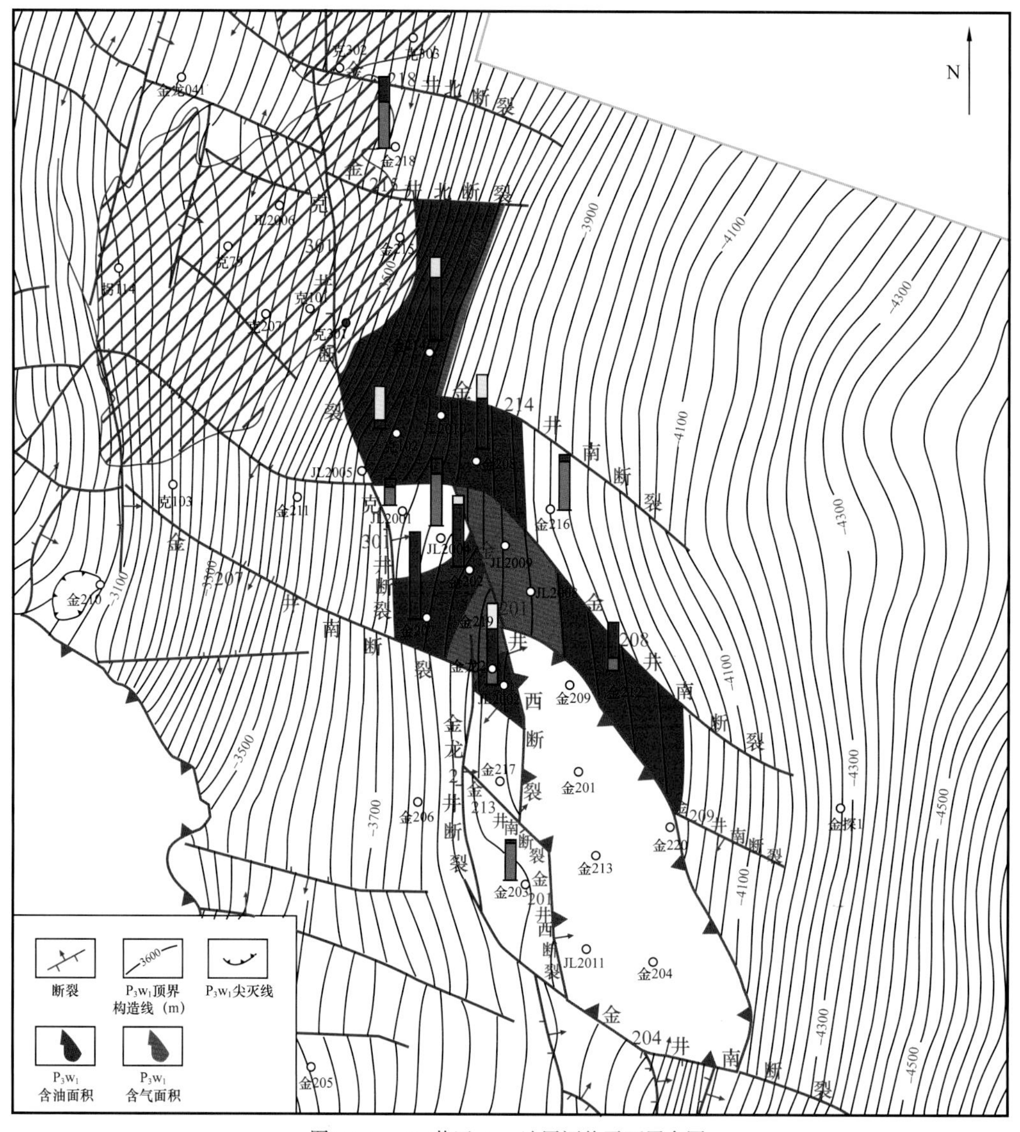

图 3-20　JL2 井区 P_3w_1 油层评价平面展布图

第三节　扇三角洲沉积模式

综合沉积物源、储层岩石学性质，可以初步分析储层沉积成因；在识别沉积微相类型的基础上，描述沉积微相展布，进而建立储层沉积模式，反映储层成因单元的纵向和横向演化规律。

一、储层沉积成因

（一）沉积物源

依据砂体厚度变化及稳定重矿物含量的分布，上乌尔禾组物源方向主要为北西方向，其次西部和南部。沿克 302 井—克 102 井—JL2004 井—金 204 井方向，绿帘石、辉石等不稳定重矿物的含量逐渐减少，钛铁矿、褐铁矿等稳定重矿物的含量逐渐增加。这表明上乌尔禾组扇三角洲沉积物源主要以西北方向为主。

P_3w_1、P_3w_2 段砂体厚度平面分布图均表现为由北向南逐渐减薄的趋势（图 3-21、图 3-22）。综合分析，认为 JL2 井区上乌尔禾组物源主要来自北西方向，南部的拐 15 井附近物源方向为南西向，金 206 井—金 217 井附近物源方向为西部。

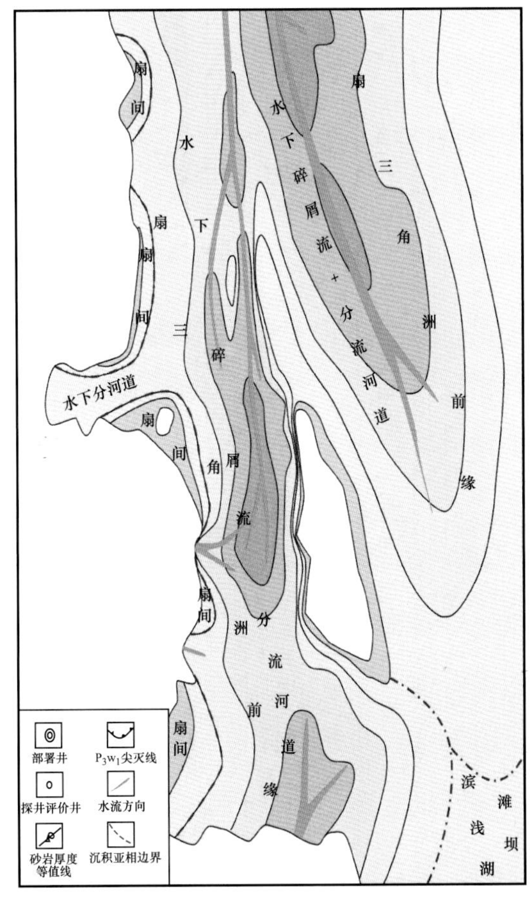

图 3-21 上乌尔禾组 P_3w_1 段砂体厚度平面图

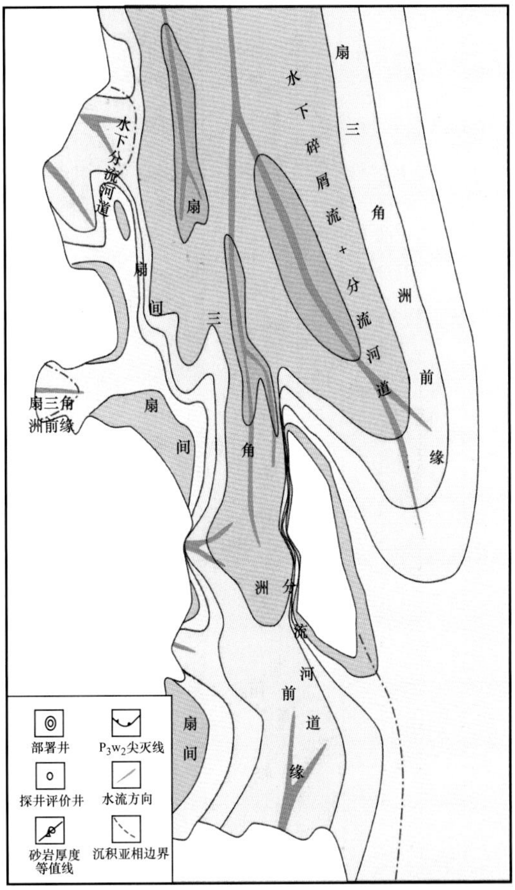

图 3-22 上乌尔禾组 P_3w_2 段砂体厚度平面图

（二）储层沉积特征

岩心及岩屑观察，JL2 井区上乌尔禾组 P_3w_1 段储层岩性主要以灰色砂砾岩和砾岩为主，呈块状。$P_3w_2^1$ 砂层组储层岩性为灰色含砾粗中砂岩、细砂岩，平行层理、交错层理及冲刷—充填构造发育，底部的 $P_3w_2^2$ 砂层组岩性主要为深灰色泥岩，中间夹泥质粉砂岩和粉砂质泥岩，P_3w_3 段岩性主要为灰褐色、深灰色泥岩，反映了上乌尔禾组为弱氧化—还原环境下的沉积体系，粒度垂向上呈由下向上变细的正粒序（图 3-23）。

上乌尔禾组储层在粒度累积概率曲线表现为"两段式"和"三段式"（图 3-24、图 3-25）。其中 P_3w_1 段粒度累积概率曲线呈宽缓"两段式"，主要为跳跃和悬浮搬运，粒度分布范围较大，分选差，具重力流特征；P_3w_2 段粒度累积概率曲线呈"三段式"和"两段式"，分选相对较好，悬浮组分为 20%～50%，滚动组分较少，具牵引流特征。

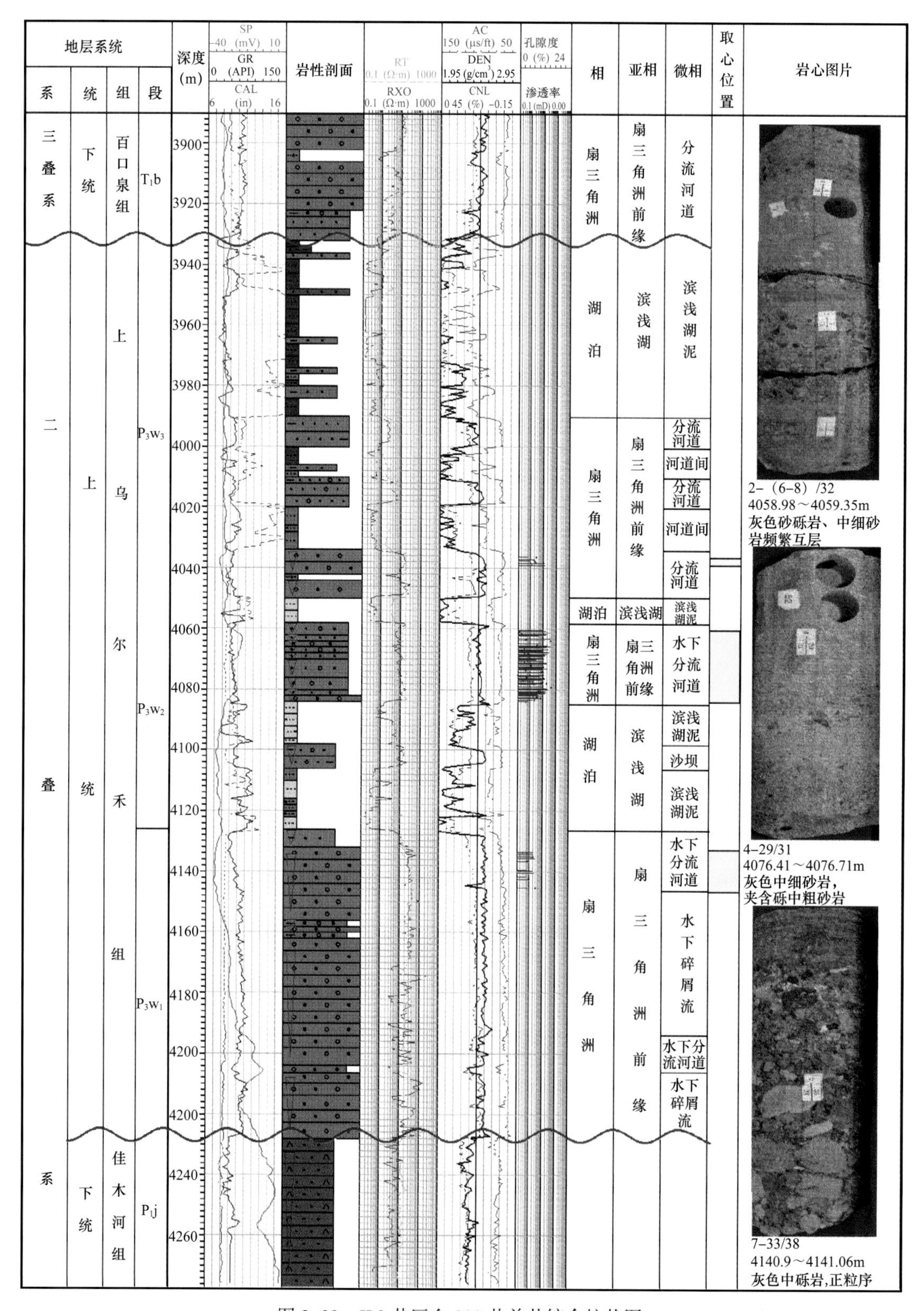

图 3-23　JL2 井区金 202 井单井综合柱状图

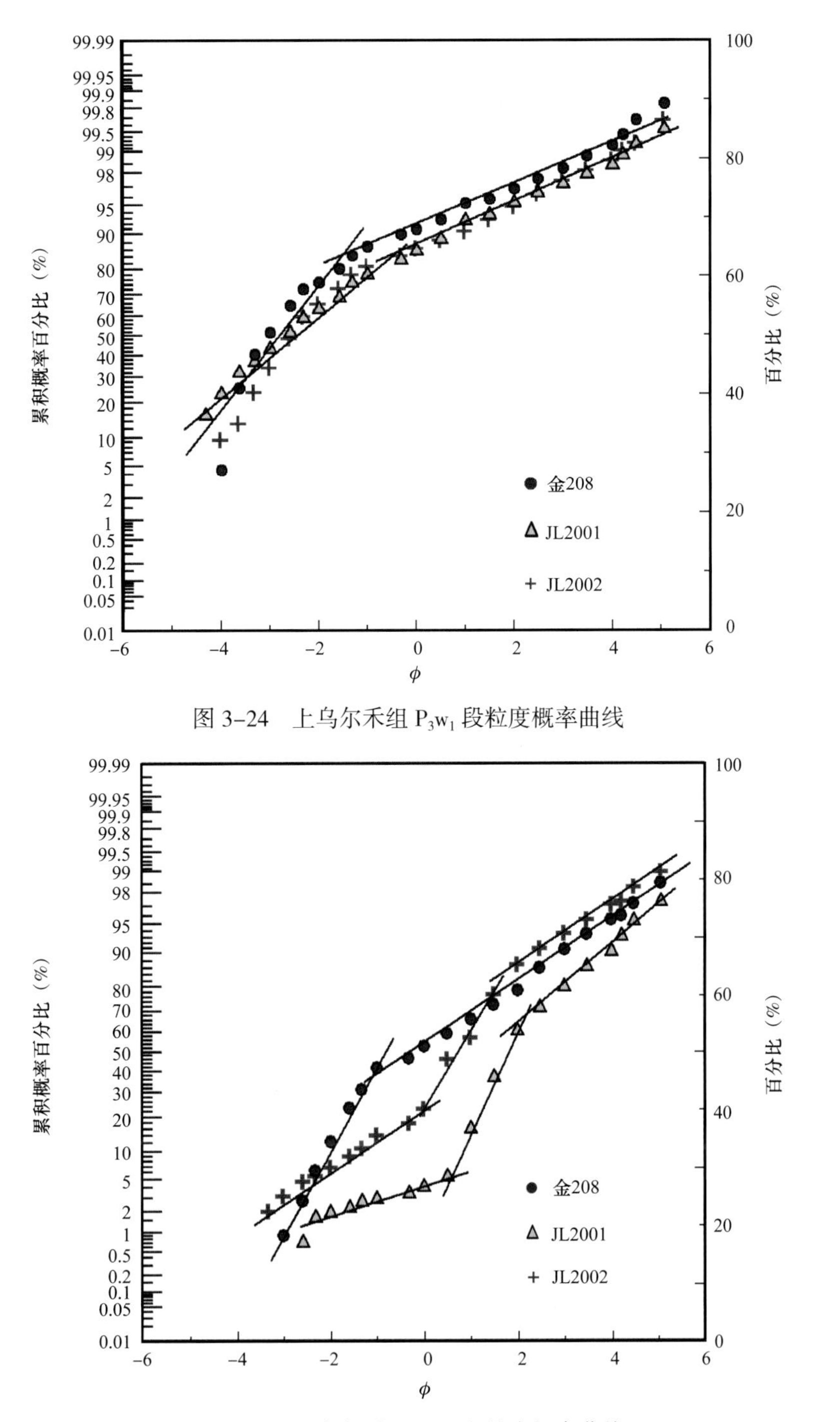

图 3-24 上乌尔禾组 P_3w_1 段粒度概率曲线

图 3-25 上乌尔禾组 P_3w_2 段粒度概率曲线

二、沉积微相

通过岩心观察和单井测井相分析，JL2 井区上乌尔禾组 P_3w 主要为扇三角洲平原、扇三角洲前缘及滨浅湖沉积，发育有分流河道、水下分流河道、河道间湾、水下碎屑流、河口坝及滩坝等微相（表 3-11）。其中 P_3w_1 段沉积相主要发育扇三角洲前缘水下碎屑流和水下分流河道微相，P_3w_2 段沉积相主要以扇三角洲前缘水下分流河道，其次以河道间和河口坝为主，P_3w_3 段主要为滨浅湖沉积。

表 3-11　JL2 井区上乌尔禾组沉积相类划分表

沉积相	亚相	微相	岩性
扇三角洲	扇三角洲前缘	水下分流河道、水下碎屑流、分流间湾、河口沙坝	砂砾岩、砂岩、泥岩
	前三角洲	前三角洲泥	粉砂岩、泥岩
湖泊	滨浅湖	滩坝、滨浅湖泥	泥岩、泥质粉砂岩

上乌尔禾组 P_3w_1 段砂体厚度在 40.7～105.1m，平均为 71.9m，在金 215 井—克 301 井—JL2004 井—金 207 井附近区域的厚度较大，普遍大于 70m，砂体总体呈北北西—南南东方向，金 209 井—金 201 井—金 204 井一带发育的佳木河组古潜山凸起区 P_3w_1 缺失，同时对北北西方向来的水流具分隔作用，由古潜山向东、西两边砂体厚度逐渐增厚，在该区 P_3w_1 沉积微相主要为扇三角洲前缘水下碎屑流和水下分流河道（图 3-26）。

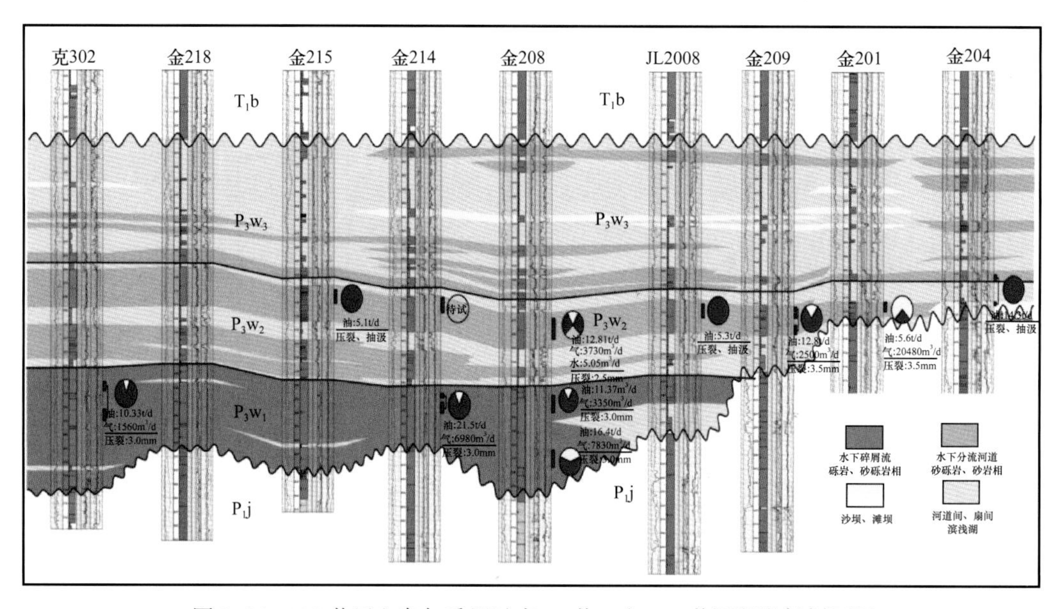

图 3-26　JL2 井区上乌尔禾组过克 79 井—金 204 井沉积微相剖面图

上乌尔禾组 P_3w_2 段砂体厚度为 7.4～58.3m，平均为 34.4m，在金 218 井—金 215 井—金 216 井—金 212 井—金 220 井一线区域厚度较大，普遍大于 25m，砂体总体呈北北西—南南东方向展布，受佳木河组古潜山影响，金 201 井—金 213 井—金 204 井附近区域 P_3w_2 砂体明显减薄，厚度小于 15m。砂体优势沉积相主要为扇三角洲前缘水下分流河道。

三、扇三角洲沉积模式

湖盆扇三角洲一般发育在断陷湖盆陡坡带紧靠山地前缘或构造形成的深大断裂、陡崖一侧（黄郑等，2005），具有断裂活动强烈、物源供给充分、山间洪水流急量大、入水深度大、快速堆积、快速埋藏等特点，这也为扇三角洲形成提供了先决条件。湖泊扇三角洲沉积体系的沉积特征受构造沉降、地形、沉积物供给、湖平面变化、气候和湖泊水动力等多种因素控制（程日辉等，1996），其中湖平面变化和沉积物供给对其沉积序列影响最大（张春生等，2003）。通常情况下，湖平面下降，较大河道下切速率增大，而较小河道往往被废弃，所有水流都进入主辫状河道，当湖平面下降速率大于或等于沉积物补给速率时，在辫状河道前方形成新的扇三角洲朵叶体，同时辫状河道发生侧向迁移，削去早期扇三角洲沉积的上部沉积物，此时沉积方式以侧向加积为主；当湖平面下降速率小于沉积物供给速率时，沉积序列表现为侧向和垂向加积两种沉积叠置方式。湖平面上升，河道下切速率较小，以沉积为主，主要发生垂向加积。

扇三角洲各微相单元平面上的展布主要受地形控制，虽然从山前至湖盆依次发育扇三角洲平原、扇三角洲前缘和前扇三角洲（图 3–27），但是由于陡坡带的坡降大，扇体很快深入水体，常呈现出相带窄、相变快、三角洲平原亚相不发育等特征。扇三角洲平原为扇三角洲水上部分，结构特征与沉积构造表现为冲积扇环境，基本上是事件性洪峰卸载条件下的泥石流和辫状河沉积；沉积物由以砾岩、砾状砂岩和砂岩为主的粗碎屑构成，格架是基质支撑和颗粒支撑；前部废弃河道和河道间可见紫红色泥质层等暴露标志，表明洪水岸线在扇三角洲平原亚相前端向湖过渡。扇三角洲前缘为扇三角洲主体，地形较扇三角洲平原变缓，在入湖处形成多条分支河道；随着沉积物的搬运、分异，水动力逐渐减弱，粗碎屑物质开始沉积，岩性以细砾岩、砂岩为主，发育牵引流成因的多种沉积构造；随着水道加宽变浅，地形趋于平缓，能量进一步减弱，细粒和泥质沉积物开始沉积；分为水下分流河道、河道间、河口坝和席状砂微相。前扇三角洲亚相已处于开阔湖地带，来自物源区的水流很难到达该区域，主要是悬浮质进入较深水中的静水沉积物，局部地区夹杂滑塌浊积岩沉积（王勇等，2010）。

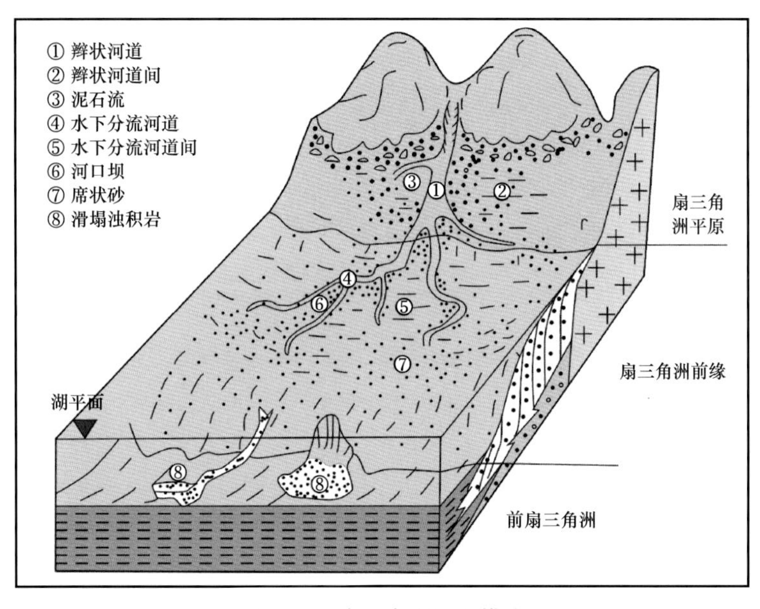

图 3–27　扇三角洲沉积模式

与三角洲沉积相比，扇三角洲存在与之相似之处，但也有许多差异性：扇三角洲多分布在盆地的陡坡带，紧靠盆地的边界，而三角洲可分布在入湖、入海口等；扇三角洲的岩性主要有砾状砂岩、含砾砂岩等，沉积构造包括块状构造、交错层理和平行层理等。总体上，扇三角洲的岩性比三角洲要粗；扇三角洲沉积的砂地比高于三角洲，单砂层厚度也较大；在垂向层序上，扇三角洲出现在近岸水下扇之后，其下部多为近岸水下扇（钟大康等，2007）。

参考文献

程日辉，刘招君，徐勇．1996. 扇三角洲体系作为层序中体系域类型的识别标志［J］. 长春地质学院学报，（4）：47-51.

董艳蕾，朱筱敏，耿晓洁，等．2015. 泌阳凹陷东南部核桃园组近岸水下扇与扇三角洲沉积特征比较及控制因素分析［J］. 石油与天然气地质，（2）：271-279.

黄郑，刘斌．2005. 北马庄油田南部扇三角洲储集体沉积特征［J］. 海洋石油，（3）：24-28.

纪友亮，李清山，王勇，等．2012. 高邮凹陷古近系戴南组扇三角洲沉积体系及其沉积相模式［J］. 地球科学与环境学报，34（1）：9-19.

穆龙新，贾爱林．2003. 扇三角洲沉积储层模式及预测方法研究［M］. 北京：石油工业出版社．

裘怿楠，薛叔浩，应凤祥．1997. 中国陆相油气储集层［M］. 北京：石油工业出版社．

谭程鹏，于兴河，李胜利，等．2014. 准噶尔盆地南缘八道湾组扇三角洲露头基准面旋回与储层的响应关系［J］. 中国地质，41（1）：197-205.

王勇，钟建华．2010. 湖盆扇三角洲露头特征及与油气的关系［J］. 油气地质与采收率，17（3）：6-11，111，119-120.

于兴河，瞿建华，谭程鹏，等．2014. 玛湖凹陷百口泉组扇三角洲砾岩岩相及成因模式［J］. 新疆石油地质，35（6）：619-627.

张昌民，朱锐，尹太举，尹艳树．2015. 扇三角洲沉积学研究进展［J］. 新疆石油地质，36（3）：362-368.

张春生，赖志云，李春光，等．1995. 永安镇油田沙四段冲积扇—扇三角洲沉积［J］. 地球科学，（1）：95-100.

张春生，刘忠保，施冬，等．2003. 矽质扇三角洲沉积过程实验研究［J］. 江汉石油学院学报，（2）：1-4.

钟大康，朱筱敏．2007. Sunda 盆地（印尼）古近系 Zelda 段（扇）三角洲沉积特征［J］. 西安石油大学学报（自然科学版），（1）：7-11，120.

周继刚，荣磊．2009. 扇三角洲研究综述［J］. 胜利油田职工大学学报，23（6）：41-42.

朱水桥，肖春林，饶政，等．2005. 新疆克拉玛依油田八区上二叠统下乌尔禾组河控型扇三角洲沉积［J］. 古地理学报，7（4）：471-482.

朱筱敏，信荃麟．1994. 湖泊扇三角洲的重要特性［J］. 中国石油大学学报（自然科学版），（3）：6-11.

邹妞妞，史基安，张大权，等．2015. 准噶尔盆地西北缘玛北地区百口泉组扇三角洲沉积模式［J］. 沉积学报，33（3）：607-615.

Cole R B，Stanley R G. 1995. Middle Tertiary extension recorded by lacustrine fan-delta deposits，Plush Ranch Basin，western Transverse Ranges，California［J］. Journal of Sedimentary Research，65（4）.

Crews S G，Ethridge F G. 1993. Laramide tectonics and humid alluvial fan sedimentation，NE Uinta Uplift，Utah and Wyoming［J］. Journal of Sedimentary Research，63（3）.

Holmes A. 1965. Principles of Physical Geology. Revised Edition［M］. Nelson.

McGowen J H，GARNER L E. 1970. Physiographic features and stratification types of coarse-grained pointbars：modern and ancient examples［J］. Sedimentology，14（1-2）：77-111.

第四章　冲积扇砾岩储层构型

储层构型是指不同级次储层单元的形态、规模、方向及相互叠置关系（吴胜和，2010）。这一概念是由 Miall 最早提出并应用于河流相构型研究中的，实质是分析研究储层不同层次界面内部的非均质性，为进一步挖潜剩余油、提高油气采收率提供支撑。

储层构型将地层表示为由代表沉积间断的界面和连续的沉积单元组成，不同规模的界面和沉积单元由于跨越了不同的时间尺度而组成层级体系，不同的层级界面将不同等级的沉积单元限定其中。

储层构型研究在某种程度上相当于沉积相研究的深化和细化。从层次界面上来说，储层构型研究可细化到单砂体内部级次，比沉积微相研究更进一步。尤其侧重界面处隔夹层的展布特征，分析各构型单元的连通性及各级沉积界面对剩余油的控制作用，对指导剩余油挖潜具有重要作用。

本章以 KLMY 油田六中东区克下组冲积扇砾岩储层为例，从构型要素分析、岩相组合及成因单元特征分析入手，详细介绍冲积扇储层构型单元的识别及描述；在此基础上，结合油藏的生产动态响应，分析评价冲积扇砾岩储层构型单元的连通性；基于不同井网井距对储层构型单元的控制程度分析，提出冲积扇砾岩油藏开发中后期井网井距优化的技术政策。

第一节　储层构型要素

储层构型要素是储层构型识别划分的基础，包括层次界面及界面所限定的构型单元特征。对储层构型单元进行分析之前，首先要识别划分储层构型界面级次，这是储层构型研究的基本组成；在此基础上，通过不同构型界面级次的限定，可以识别划分出不同级别的储层构型单元。

一、地层层次界面

储层的层次性和结构性可通过构型分级来体现，其级次主要通过构型界面来划分。构型界面是指一套具有等级序列的岩层接触面，据此可将地层划分为具有成因联系的地质体，该界面可以是岩性、沉积构造、粒度等特征的变化面，通常以其为界的上下部分具有不同沉积特征；也可以是反映新一期沉积单元起点的隔夹层。构型界面具有不同的级次规模，可以是区域性的全盆地发育，划分出不同的地质时期，也可以局部发育，划分出不同的沉积事件（包兴，2012）。

Allen（1983）在河流沉积中第一次明确划分了三级界面，这一界面划分方案被许多地质学家广泛采用。Allen 的一级界面为单个交错层系的界面，二级界面是交错层序组或成因上相关的一套岩石相组合界面，三级界面为一组构型要素或复合体的界面，通常是一个明显的冲刷面。

Miall（1996）在 Allen 对界面级次划分的基础上，通过对河流相储层的深入研究，提出了一个七级界面划分方案，即一级至七级界面（图 4-1）。

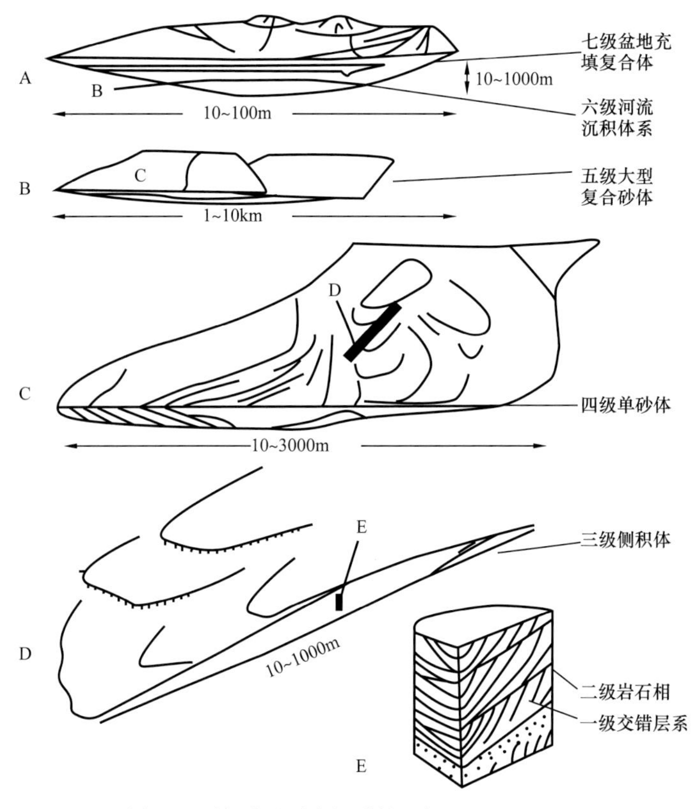

图 4-1　构型界面分级系统（据 Miall，1988）

一级界面为交错层系的界面。在这一级界面内部没有侵蚀或仅有微弱的侵蚀作用，实际上代表了连续的沉积作用和相应的地形。在岩心中，这些界面有时并不明显，但可根据交错前积层的前缘及切割作用来识别。

二级界面为简单的层系组边界面。这类界面指示了流向变化和流动条件变化，但没有明显的时间间断，界面上下具有不同的岩石相。在岩心中，可以通过岩石相的变化来区分一级和二级界面。

三级界面为大型底形（如点坝或心滩）内的大规模再作用面或增生面，为一种横切侵蚀面，其倾角较小（小于 15°），以低角度切割下伏交错层，通常穿过 2～3 个交错层系；界面上通常披覆一层薄泥岩或粉砂岩（代表水位下降事件），其上砂岩内可发育泥砾；界面上下的相组合相同或相似。三级界面代表流水水位变化，但并没有特别明显的沉积方式和地形方面的变化，代表大型的侵蚀作用。

四级界面为大型底形的界面，如单一点坝或心滩的顶面，其表面通常是平直或上凸的，下伏的层理面以及一、二、三级界面遭受低角度切割或局部与上部层平行；小型河道（如串沟）的底侵蚀面、决口扇顶面亦为四级界面，而大型的河道底面属于级别较大的界面。四级界面亦为低角度面，界面上亦可披覆一层薄泥岩（或透镜体）及泥砾，但界面上下的岩相组合有变化，而且界面限定的构型单元较大。

五级界面为大型沙席边界，诸如宽阔河道及河道充填复合体的边界。通常是平坦到稍具上凹的，但由于侵蚀作用会形成局部的侵蚀—充填，以切割—充填地形及底部滞留砾石为标志，基本与 Allen 的三级界面相当。

六级界面为一种异旋回事件沉积体的界面，相当于体系域的界面，如最大海（湖）泛面，其限定的单元为大型沉积体系。

七级界面为区域不整合面，相当于三级层序的边界，其限定的单元为盆地充填沉积复合体。

二、岩石相识别

储层岩性识别与岩石相（岩相）划分是油气勘探开发的基础和关键，岩性岩相对各类油气藏，特别是岩性油气藏的油气分布具有较明显的控制作用，因此，精细刻画与描述储层岩性岩相特征就变得尤为重要（赖锦等，2013）。

（一）岩相类型

岩相是形成于特定构造、沉积背景，具有一定沉积特征且岩石性质基本相同的三维岩体，既反映了现今岩石组合特征，又能体现一定的沉积环境，是沉积相中最重要和最本质的组成部分（赵澄林，2001）也是沉积相序和储层的最基本单元（于兴河等，1995），是对沉积微相的进一步细分和量化（谢宗奎，2001）。岩相的颜色、结构构造特征能指示一定的沉积环境，可反映一定的水动力条件及沉积物搬运方式，因此，也将岩相称之为沉积能量单元或者水力单元（于兴河等，1997），可根据优质岩相类型，进一步确定优质储层的主要发育相带。结合鄂尔多斯盆地合水地区重力流成因砂岩相（周正龙等，2016）、白杨河现代冲积扇岩相研究及玛湖凹陷百口泉组砾岩储层实例，介绍岩石相类型。

1. *砂岩相类型*

鄂尔多斯盆地合水地区属于湖盆沉积，发育多期半深湖—深湖相重力流成因砂体，可细分出五种岩相类型。

1）砂质碎屑流细砂岩相

砂质碎屑流沉积主要为细砂岩，整体呈均质块状，颗粒分选较好（图 4–2），部分块状砂岩顶部发育薄层平行层理，可能是由于砂质碎屑流向牵引流转化而形成。砂岩底部含大量植物碎屑，无定向分布。砂体规模相对较大，厚度从几十厘米至几米。与上下岩层呈顶、底突变和顶部渐变、底部突变的接触关系最常见。砂质碎屑流砂体的矿物成熟度和结构成熟度较低，杂基含量相对高。

图 4–2 块状细砂岩（据周正龙，2016）

2）浊积粉细砂岩相

浊积岩主要由细砂岩、粉砂岩构成，发育正粒序，常以砂泥岩薄互层形式出现，构成多个韵律层（图 4–3）。横向延伸稳定，厚度变化小，单期浊积砂岩厚度通常小于 0.6m，但浊流的发育期次多。砂体正粒序的上部出现砂纹层理等牵引流构造。纵向剖面上浊积砂体往往被湖相泥岩所隔，局部发育不完整鲍马层序。小规模侵蚀时，在浊积岩层的底部形成槽模等底层面构造及火焰状构造等同生变形构造。

3）滑塌细砂岩相

滑塌沉积岩性主要为粉砂质泥岩或粉砂岩，砂泥高度混杂，整体呈块状。发育包卷层理（图 4–4）和小型褶皱构造。滑塌砂体中见液化砂岩脉和大小不一的泥砾，底部发育滑动面和球枕构造，界面上下岩性差异显著，砂体厚度较大，一般从几十厘米至十几米。滑塌岩是滑塌作用较强烈阶段的产物，与碎屑流沉积的主要区别之一是与下伏岩层不一定有突变界面，向下和向上与正常层之间均可呈渐变接触关系。

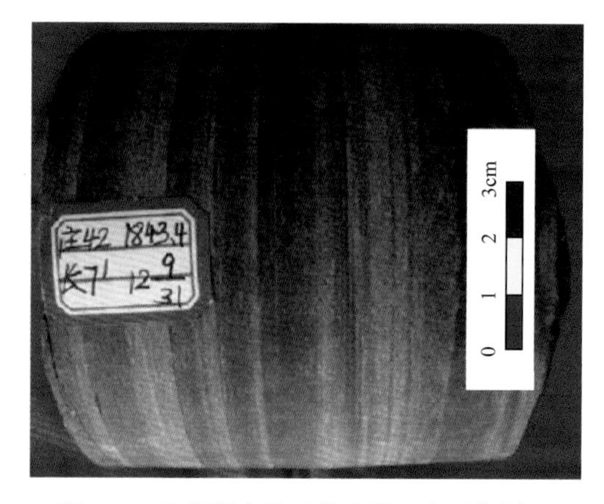

图 4–3 浊积岩中的正粒序层理和平行层理
（据周正龙，2016）

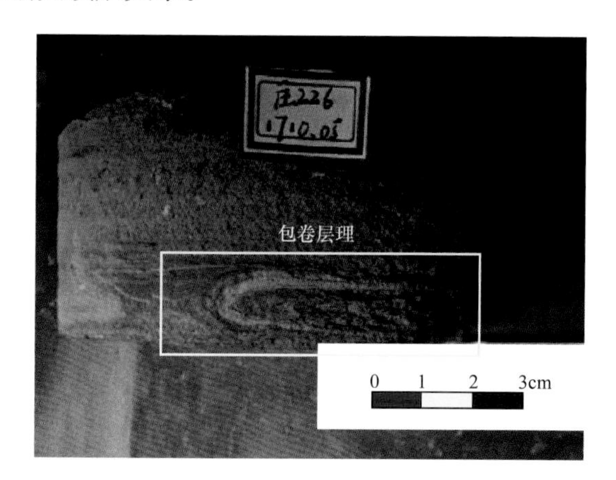

图 4–4 滑塌岩中包卷层理
（据周正龙，2016）

4）半深湖—深湖泥岩相

半深湖—深湖泥岩相呈灰黑色、黑色、厚层块状，发育广泛且连续厚度较大，含黑色碳化植物碎屑，局部发育水平层理（图 4–5）。

5）油页岩相

油页岩主要分布在沉积序列的中下部，属于大型内陆湖盆的湖相油页岩，厚度相对较大，品质好，成熟度适中，内部发育页理，横向上连续性好，见暗色斑点状的黄铁矿（图 4–6），发育泥包砂等深水沉积构造。

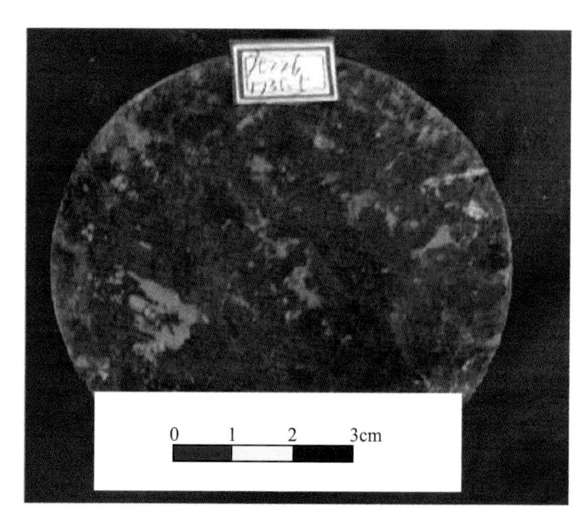

图 4–5 暗色泥岩含黑色碳化植物碎屑
（据周正龙，2016）

图 4–6 油页岩见暗色黄铁矿
（据周正龙，2016）

2. 砾岩相类型

玛湖凹陷是准噶尔盆地西部最具规模的油气聚集带与勘探区，发育典型的砾岩储层。砾岩的岩相代码通常为 G，小写字母 t、p、m、c 等分别代表槽状交错层理、板状交错层理、基质支撑和颗粒支撑等沉积构造及岩石结构类型等。识别出九种砾岩相类型（于兴河等，1997）。

1）泥质支撑漂浮砾岩相（Gmm）

该岩相是高泥质含量的碎屑流沉积。典型识别标志为不同粒径的砾石漂浮于泥岩基质中，砾石通常与界面平行顺层排列，偶见直立状，其粒径直方图为多峰态，且物性差（图 4–7a）。

2）砂质支撑漂浮砾岩相（Gms）

该岩相是以中、粗砂为填隙物的富砂碎屑流沉积。碎屑流沉积中当砂质碎屑含量较高时，砾石悬浮于砂质颗粒中，为其典型识别标志。其主要粒径为砂质粒径与砾石粒径，因而其粒度直方图呈双峰态，且砂质含量更多，呈正偏双峰态。颗粒间孔隙空间相对适中，但连通性较好（图 4–7b）。

3）砾石质支撑漂浮砾岩相（Gmg）

中粗砾石悬浮于细砾中，属于富砾粗碎屑流沉积。当砾石含量较高时，粗砾石被细砾支撑悬移，这是该岩相的识别标志。其主要粒径为细砾石粒径与粗砾石粒径，粒度直方图表现为双峰态。由于粒度较粗，因而又称高双峰态。颗粒间孔隙空间相对较大，但连通性差（图 4–7c）。

4）同级颗粒支撑砾岩相（Gcs）

该岩相典型区分标志为砾石分选性与磨圆度均较好，且相互接触支撑，沉积构造相对不发育。该岩相为稳定水动力条件下牵引流沉积，发育于辫状水道、辫状分支水道序列的中上部。其主要粒径为中细砾岩粒径与细砾岩粒径，粒度直方图呈矮双峰态。颗粒间孔隙空间最大，孔喉连通性较好，为最有利的岩相类型（图 4–7d）。

5）多级颗粒支撑砾岩相（Gcm）

该岩相典型识别标志为大小混杂，多级颗粒支撑，砾石分选与磨圆差，粗砾石之间充填中砾、细砾和粗砂，各个级别粒度基本均有覆盖，为扇三角洲平原上的洪流沉积，多以厚层块状出现于水道的底部。粒度直方图呈多峰态。颗粒间孔隙空间较小，连通性也差，属于最差的岩相类型（图 4–7e）。

6）叠瓦状砾岩相（Gi）

砾石呈层状、叠瓦状定向排列，是识别该岩相的典型标志，反映水动力条件为较稳定的牵引流，常发育于扇三角洲前缘水下分流河道或辫状分支水道中部。其主要粒度范围相对集中，粒度直方图呈负偏双峰态，颗粒间孔隙空间相对较大，但连通性较差（图 4–7f）。

7）粒级层理砾岩相（Gg）

砾岩为正粒序，且粒序变化频繁，多层中厚层状正粒序的叠加为该岩相的识别特征，反映间歇性洪水沉积，发育于扇三角洲各类水道的上部。粒度相对集中，其直方图呈单峰态，是有利的岩相类型之一，其孔隙度好，渗透率也较好（图 4–7g）。

8）槽状交错层理砾岩相（Gt）

该岩相识别标志在于砾石呈槽状排列，且相互发生侵蚀切割，发育槽状交错层理，反映水动力方向变化的冲刷沉积，位于扇三角洲前缘水道的中下部。其主要粒度较为集中，主要为中细砾岩与细砾岩，其孔隙度较好，渗透率中等（图 4–7h）。

9）板状交错层理砾岩相（Gp）

该岩相识别标志为砾石沿某固定方向倾斜排列，发育板状交错层理，反映顺水流方向的加积作用，位于扇三角洲水道的中上部。其粒度范围与 Gt 类似，也是单峰态，主要为中细砾岩与细砾岩，其孔隙度较好，渗透率一般（图 4–7i）。

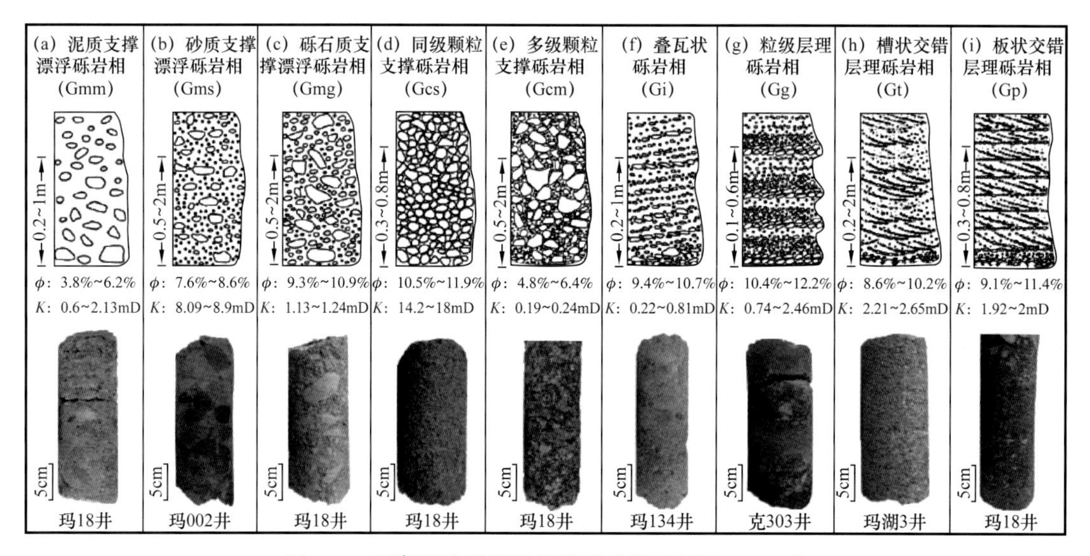

图 4–7 玛湖凹陷砾岩岩相类型（据于兴河，2014）

（二）岩相识别方法

1. 测井曲线识别法

测井曲线识别法是最早采用的常规识别岩相的方法之一（PetfordN，2003），通常情况下，砾岩储层的岩性种类较多，成分复杂，仅依靠单一测井曲线或一种方法很难准确识别各类岩相，主要采用对储层岩性敏感的常规测井曲线，如伽马测井、声波时差测井、补偿中子测井、密度测井等，通过测井曲线交会图（尚玲等，2013），以及包括主成分分析法及聚类分析在内的多元统计分析法等方法来对岩相进行识别。

一般来说，测井曲线交会图法的识别效果较好。在川西北地区古中坳陷低缓构造区中的 11 口井中，运用这类方法识别岩石相的符合率达 81.7%（蒋裕强等，2013）。一些测井新技术有助于岩石相识别，微电阻率成像（EMI）和地层微电阻率成像（FMI）测井技术能够展示连续的、高分辨率的地层响应，在致密储层岩性识别中发挥了重要作用，但存在费用昂贵、老区相关资料少的问题。

2. 支持向量机识别法

支持向量机是一种依据多维参数判别，可实现非线性聚类的判别方法（Vapnik，2010）。其实现流程包括四个步骤：首先选取建立模型所需样品（学习集）和检验模型可靠性所需样品（验证集），学习集和验证集由不同类别样品组成，每个样品包含多条测井曲线或其他参数；之后对所有样品进行数据预处理，以消除数量级差异对计算结果的影响；然后选取合适的核函数，将低维空间的变量投影到高维空间中；最终确定模型内的惩罚因子 C 和核函数，依据所建立的模型预测储层岩相。

支持向量机方法在火山岩储层和致密碎屑岩储层岩相识别中，得到初步应用，识别效果明显好于测井曲线交会图、主成分分析方法、判别分析方法等常规方法。如以反映火山岩岩性、组构、成因和孔隙结构的多种测井参数作为判别依据，利用支持向量机成功识别了三塘湖盆地马朗凹陷火山岩性（朱怡翔等，2013）；利用常规测井曲线建立支持向量机判别模型，实现广利油田沙四段粉砂岩、细砂岩和不等粒砂岩的有效识别（韩学辉等，2013）。在对徐家围子断陷沙河子组储层岩相识别中，以常规测井作为判别资料，经过样本选取，数据预处理等步骤，利用最小二乘支持向量机建立岩相识别模型，岩相识别准确率平均达到 88.1%（汪益宁等，2016）。

3. 贝叶斯识别法

目前，贝叶斯判别方法在岩相识别方面为地球物理学家所广泛应用（Mukerji，2001；Eidsvik，2004）。将总结出来所需识别的岩相作为离散变量加入贝叶斯公式，待估点可用参数表示，参数可以来自测井曲线或地震属性样点。通过观测待估点的值，将先验概率转换为后验概率，从而预测其属于哪一类岩相。Houck（2002）基于该方法利用 AVO 属性进行了岩相识别，但并未充分考虑岩相之间的空间相关性。Sams 等（2010）通过研究地质先验信息与岩石物理关系，认为二者有助于降低岩相的预测误差。在地质学中，岩石类别的更替通常具有马尔科夫性质。Larsen（2006）在进行岩相流体预测时，采用先验马尔科夫链模型的贝叶斯 AVO 反演得到了岩相流体的垂向分布特征。Rimstad 等（2010）对先验模型马尔科夫随机场进行了参数再优化，对于复杂结构可以更清晰地识别。

国内学者通过综合贝叶斯反演方法与马尔科夫链先验模型，表征岩相的垂向分布特征（王芳芳等，2014）。首先通过优选关键井，联合应用岩心、测井信息定义岩相；之后进行岩石物理分析，拓展训练数据集，利用测井数据合成地震属性，推测岩相的条件概率密度函数；将地震属性进行尺度放大，利用基于马尔科夫链先验模型的贝叶斯方法得到待估点的后验概率密度函数，从而得到岩相识别精度更高的结果。

三、储层构型单元

储层构型界面是识别构型单元的前提。不同的构型界面约束着不同级次的沉积单元，其中 4～5 级构型界面限定的沉积单元称为构型单元，对应于单砂体、沉积微相级次。在现有研究条件下，对冲积扇砾岩储层识别到 3～4 级构型单元是可行的，目前的电测曲线上已可以辨识出单砂体级次。

储层构型单元研究一直是精细储层表征的热点方向，众多学者针对不同的沉积体系进行了详尽的研究，并取得了卓有成效的结果。河流相是储层构型单元研究中较为成熟的一类沉积体系。Miall 最早总结了河流相体系的基本构型单元，划分出河道、砾石坝和底型、沉积物重力流、砂底型、顺流加积的大型底形、侧向加积沉积、纹层砂席、越岸细粒沉积等八种基本的构型单元（于兴河等，2004）。其中对于曲流河的构型模式研究已较为透彻，形成了基本成熟的技术路线（周银邦，2011）；对于辫状河储层构型的研究成果也十分丰富。目前，针对冲积扇、扇三角洲等砾岩油气藏的储层构型单元研究逐渐引起重视，不断提出相关的构型模式及分类方案，这对砾岩类型油气藏储层性质的认识意义重大。

（一）储层构型单元表征步骤

在对构型单元进行表征时，可遵循以下步骤展开工作：

（1）露头研究。选择交通便利、出露完整、便于观测及沉积现象较为丰富的露头进行解剖，建立剖面的镶嵌照片，记录剖面的尺度、倾角及走向方位等参数（兰朝利等，2001）。

（2）确立沉积体系。不同类型的沉积体系具有各自不同的发育规律及储层特征，比如曲流河具有侧向迁移和截弯取直的特性；冲积扇具有粒度分选极差、发育泥石流沉积等。研究构型单元之前，首先要明确目标地质体的沉积类型，这是进行下一步工作的前提。

（3）识别及划分构型界面级次。依据岩性、沉积结构及构造的变化，逐级识别出各构型界面级次，划分独立的沉积单元。

（4）划分岩相，识别构型单元。通过划分岩相，建立相应的沉积序列，从而识别出不同的构型单元并描述其特征。

（5）单砂体识别。在沉积微相中，通过多重手段进行单一微相的划分，从而识别单砂体。

（6）成因单元内部构型解剖。单砂体内部夹层的识别是单砂体解剖的核心，因此，确定主要夹层的成因类型、发育模式及识别标志是单砂体内部构型解剖的重点（贾爱林等，2012）。

（二）储层构型单元特征

冲积扇储层通常可分为三个亚相级次构型单元，分别是扇根、扇中及扇缘。以 KLMY 油田相关区块为例，进一步细分，可得到九种四级构型单元，分别为扇根带中的槽流砾石体、泥石流沉积体、漫洪砂体、漫洪细粒沉积、片流砾石体；扇中带中的辫流水道、漫流细粒；以及扇缘的径流水道、漫流砂体。

1. 槽流砾石体

槽流砾石体为洪水期快速堆积于主槽（或侧缘槽）的沉积体，是冲积扇储层粒度最粗的成因构型单元。槽流砾石体以中砾岩相为主，局部可见粗砾岩，偶尔夹有薄层砂岩透镜体。各种岩石混杂在一起，分选和磨圆极差，发育块状构造，厚度一般大于 2m，中间夹有薄砂层。

槽流砾石体包括槽流砾石坝和槽流流沟两个三级构型单元。洪峰期主槽内形成片状快速混杂堆积的砾石体，洪水后期及间洪期水流在其上冲刷形成流沟，流沟之间即为砾石坝。砾石坝地势相对较高，岩性较粗，多为中砾岩相，砾石含量大于 90%，其中粗粒和中砾含量大于 30%。流沟内主要充填洪水期后的沉积物，粒度比砾石坝细，分选更好，多为细砾岩相、粗砂岩相，有时也充填粉砂岩相等细粒沉积。流沟为大段中砾岩相中夹含薄层的细砾岩相、粗砂岩相、中砂岩相、细砂岩相，分选较好，厚度约 0.2m。

2. 泥石流沉积体

泥石流沉积多出现于槽流带靠近出山口的位置，具有较小的分布范围。泥石流沉积物主要为基质支撑中砾岩相，分选磨圆极差，沉积构造呈块状构造，含漂砾。砾石直径不等，最大的砾石直径超过 10cm，沉积厚度约 0.4m。

3. 漫洪砂体

该类型成因单元是洪峰过后在扇面相对高部位形成的砂体。岩性一般为含泥砂砾岩，颗粒混杂，粒度一般小于中砾，总体上比槽流砾石坝细，一般作为较差的储层。分选磨圆差。砂泥砾混杂，泥质含量高。沉积厚度一般在 0.4m 左右。

4. 漫洪细粒沉积

该类型成因单元分布范围不大，岩性为粗砂岩、含砾泥岩、薄层的含砾泥质粉砂岩及中细砂岩。岩性相对较细。沉积构造呈块状构造，物性条件较差，主要以泥质夹层形式出现。

5. 片流砾石体

片流砾石体是在洪水期由洪水携带的粗碎屑物质在冲积扇面快速堆积而形成的砂砾岩体。片流宽度取决于扇体大小及洪水能量。岩相以中砾岩和砂砾岩为主，粒径从细砾至中砾，中砾含量一般大于 25%。分选较差，砾石呈次圆度—棱角状。多为块状构造，无明显层理，具不明显正韵律，向上砾石含量变少，砾石直径变小，略显成层性。

6. 漫流细粒

漫流细粒属于洪泛期后的悬浮沉积形成，岩性一般为泥岩（含细砾石）、含泥粉砂—细砂岩和泥质细砾岩，可见植物根系。沉积厚度通常较大，为 2～5m，沉积构造主要为水平层理。

7. 辫流水道

在漫流细粒沉积背景下，水流下切形成的河道，在扇中呈辫状分布，向扇缘变为径流。以粗砂岩、细砾岩为主，砂砾岩少见，分选较好，圆度中—好。多为块状构造，呈典型正韵律，见平行层理和板状交错层理。辫流水道内部发育辫流沙坝和辫流沟道。辫流沙坝岩性较粗，以砂质细砾岩和含砾粗砂岩为主，分选较好，厚度较大；辫流沟道岩性较细，以细砂岩或泥质细砂岩为主。

8. 径流水道

扇缘低洼处在扇中来水的不断冲洗下，逐渐形成小的沟道，即径流水道。岩性主要为细砂岩、中粗砂岩、砂砾岩。径流水道沉积的单层厚度较薄，体积不到扇缘体积的 10%。

9. 漫流砂体

该类型成因单元属于洪峰期水道满溢后沉积。漫流砂体岩石相为含泥中砂岩相、中砂岩相和粉砂岩相；碎屑粒度细于辫流水道，分选磨圆相对较差，单层厚度一般小于 0.5m。

四、储层构型单元配置样式

进行储层构型要素表征时，除了对层次界面、岩相识别、构型单元等内容进行研究之外，还需要刻画构型要素的叠加方式及其规模。不同岩石类型反映了不同的沉积体系，对砂岩储层和砾岩储层，不同学者都进行了相关的构型单元配置样式研究。

（一）砂岩储层构型单元配置样式

河流相砂岩储层的构型要素叠加方式可分为垂向叠置和侧向叠置两种（图 4–8）。垂向叠置主要受沉积体系、物源供给及古地貌的控制；侧向叠置主要受沉积体系和水动力条件的影响。

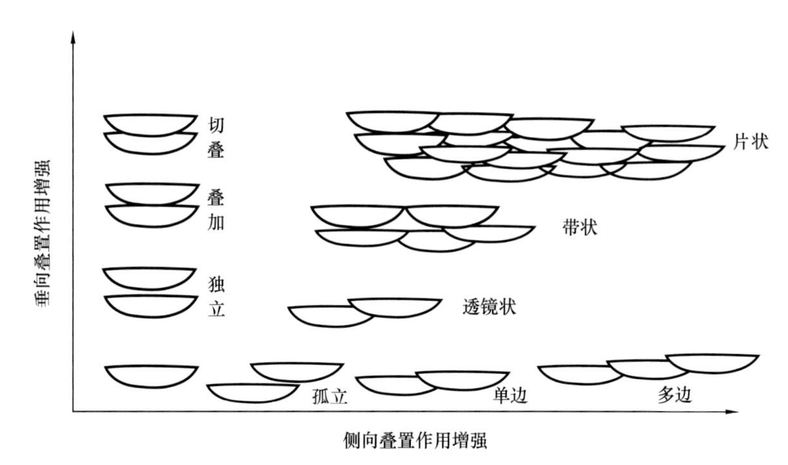

图 4–8　砂体垂向及横向叠置模式（据吴胜和等，2008）

河流相构型单元的平面分布模式可分为交织状、交织—条带状和条带状三种（图 4–9），有利砂体的连通程度逐渐降低（苏亚拉图等，2012）。纵向叠置样式可分为孤立型、横向局部连通型、堆积叠置型及切割叠置型（图 4–10），有利砂体的连通程度逐渐增强（卢海娇等，2014）。

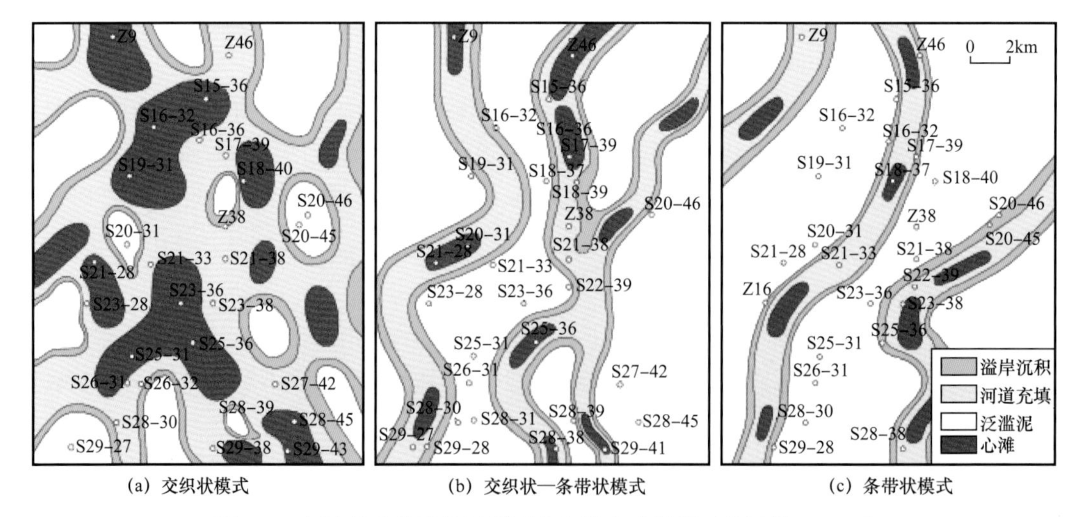

图 4–9　河流体系构型单元平面分布模式（据苏亚拉图等，2012）

（二）砾岩储层构型单元配置样式

冲积扇砾岩储层构型单元从扇根到扇缘可划分三种配置样式，扇根处的连片状砂砾岩体分布，扇中处的宽条带状砂砾岩体分布及扇缘处的窄带状砂体分布（王晓光等，2012）。KLMY 油田三叠系克下组冲积扇储层即具有相应的样式特征（吴胜和等，2008）。

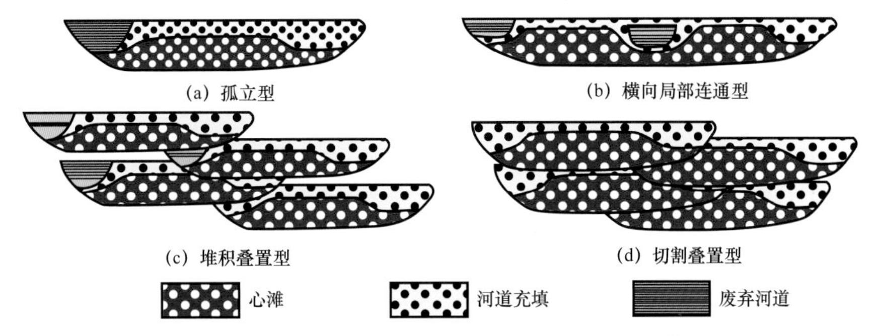

图 4-10 河流体系构型单元纵向叠置模式（据卢海娇等，2014）

1. 连片状砂砾岩体分布

连片状分布的扇根内带槽流构型单元和外带片流构型单元平面上具有“泛连通体”特性（图 4-11），槽流砾石体宽度为 1500～2200m，片流带宽度可达 1000～3000m，三级构型单元的流沟及漫洪细粒沉积互为叠置，镶嵌于砾石坝中。

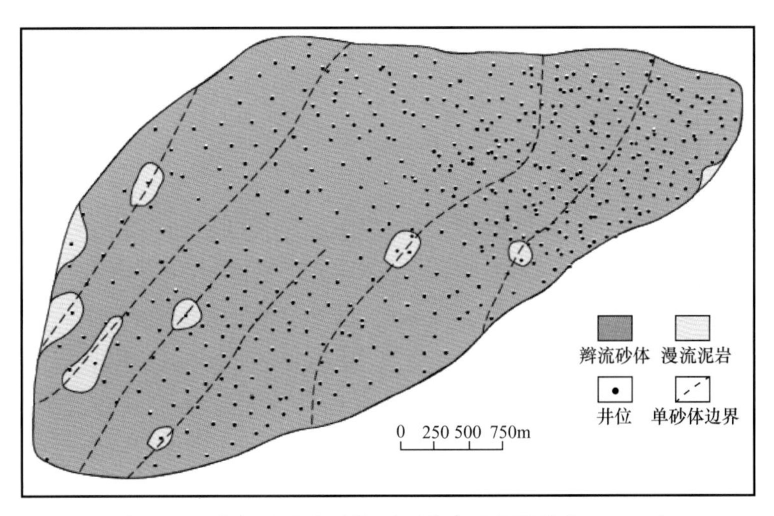

图 4-11 扇根连片状砂体平面分布（据吴胜和，2008）

该类型砂砾岩体组合发育于基准面上升早期，*A/S* 值较低。辫流河道的侧向迁移快，砂砾岩体相互叠置（图 4-12），细粒沉积很容易被后续的强水流侵蚀而无法保存。短期旋回之间的细粒沉积具有不连片的侧向连续性。

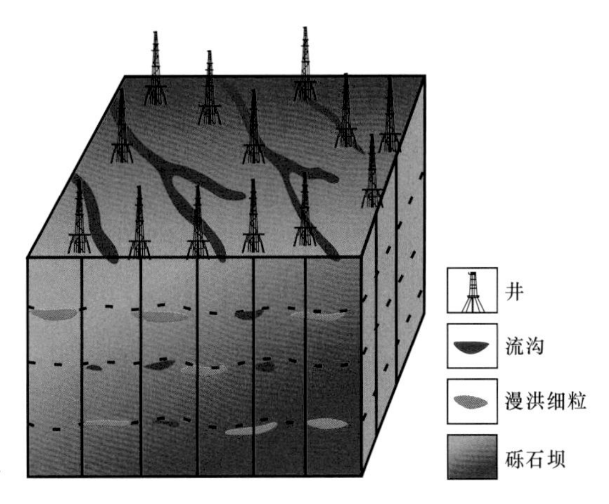

图 4-12 扇根连片状砂砾岩体分布（据王晓光等，2012）

2. 宽条带状砂砾岩体分布

扇中的多期辫流水道呈宽条带状相互叠置，单一水道宽度为 150～600m，三级构型单元的沟道和沙坝叠置镶嵌在漫流砂体和漫流细粒沉积中，构型单元组合平面呈宽带状（图 4-13），垂向上砂砾岩与细粒沉积互层（图 4-14）。

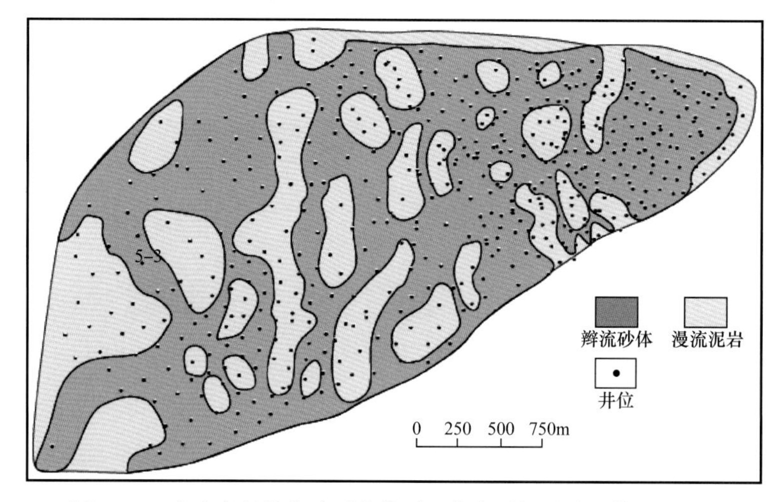

图 4-13 扇中宽条带状砂砾岩体平面分布（据吴胜和等，2008）

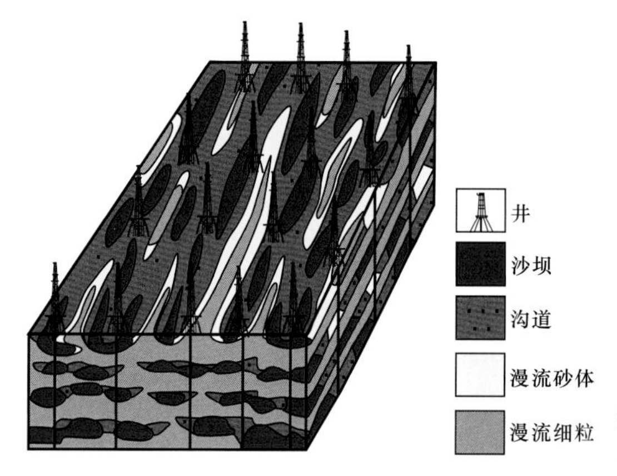

图 4-14 扇中宽条带状砂体立体分布（据王晓光等，2012）

该类型砂体组合位于长期基准面上升的中期，*A/S* 值较高。辫状水道的侧向迁移少，辫流带内一般为 1～2 条水道，因此砂砾岩体侧向宽度较小。纵向上，除局部地方由于河道下切导致旋回顶部细粒沉积冲刷外，各短期、超短期旋回顶部均存在细粒沉积。

3. 窄带状砂体分布

扇缘的窄条带状径流水道规模不大（图 4-15），厚度通常小于 2m，宽度小于 200m，以透镜状为主，三级构型单元基本互不影响，剖面上，构型规模逐渐向上变小（图 4-16）。

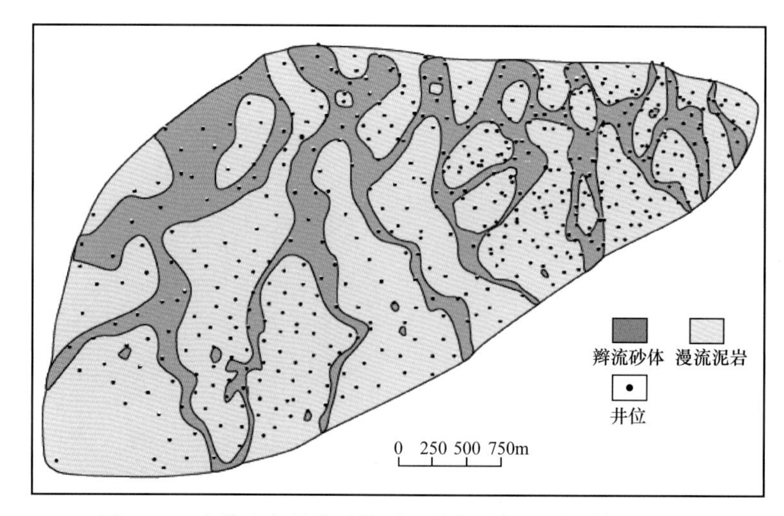

图 4-15 扇缘窄条带状砂体平面分布（据吴胜和等，2008）

该类型砂体组合主要位于长期基准面上升晚期，沉积环境主要为扇缘—湿地，*A*/*S* 值高，辫状河道呈径流型，侧向迁移小，砂体宽度一般小于 200m，侧向连续性差，厚度小。

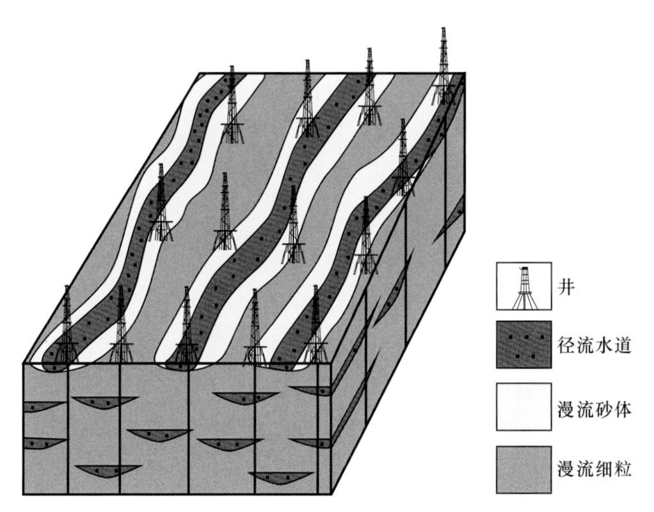

图 4-16　扇缘窄条带状砂体立体分布（据王晓光等，2012）

第二节　冲积扇岩相组合及成因单元

岩相通常是指某种特定的水动力条件或能量下形成的岩石单元。岩相组合能够反映相关的沉积环境特征，在成因上具有一定的联系，分析岩相组合有助于划分构型成因单元。以新疆地区 KLMY 油田六中区克下组储层为代表，分析了冲积扇砾岩储层的岩相组合及成因单元。

一、岩石相类型

根据岩性和沉积构造等特征，KLMY 油田六中区克下组储层岩相可以划分为砾岩、砂砾岩和砂岩 3 大类 23 类岩相。其中砾岩相又包括混杂构造粗砾岩相、块状层理粗砾岩相、块状层理中砾岩相、正反递变层理中砾岩相、交错层理中砾岩相、块状层理细砾岩相、平行层理细砾岩相。砂砾岩相可以细分为块状层理含砂砾岩相、递变层理含砂砾岩相、块状层理砂质砾岩相、平行层理砂质砾岩相、递变层理砂质砾岩相、块状层理砂砾岩相和正反递变层理砂砾岩相。砂岩相可以进一步细分为块状层理砾状砂岩相、块状层理含砾粗砂岩相、递变层理含砾粗砂岩相、块状层理含砾不等粒砂岩相、块状层理含砾不等粒砂岩相、块状层理细砂岩相、平行层理细砂岩相、波状层理粉砂岩相、块状层理细砂岩相和块状层理不等粒砂岩相。整体上储层以粗粒为主，沉积构造以块状层理为主。

二、冲积扇成因单元

成因单元反映的是在成因上相互间具有紧密联系，组合构成具有特定形态特征的地质体。相比于构型单元，成因单元具有更广的定义范围。不同级次的构型界面对应着各自的成因单元。

冲积扇从扇根到扇中，各构型单元的沉积机制逐渐从黏性碎屑流演化到砂质碎屑流、颗粒流和浊流，并进一步演化为牵引流，这决定了冲积扇不同储层构型单元的沉积结构及几何形态有较大差异（4–17）。

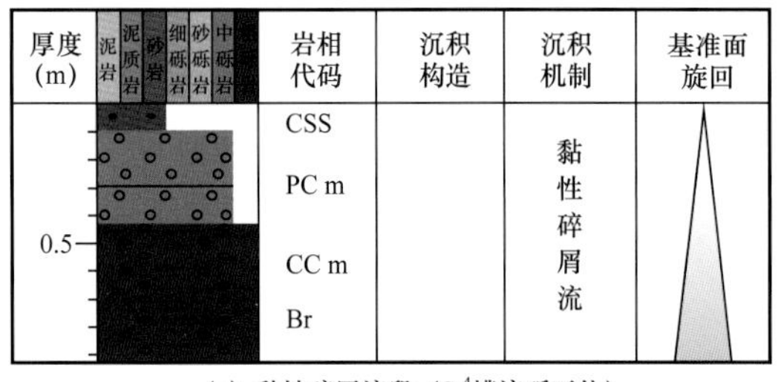

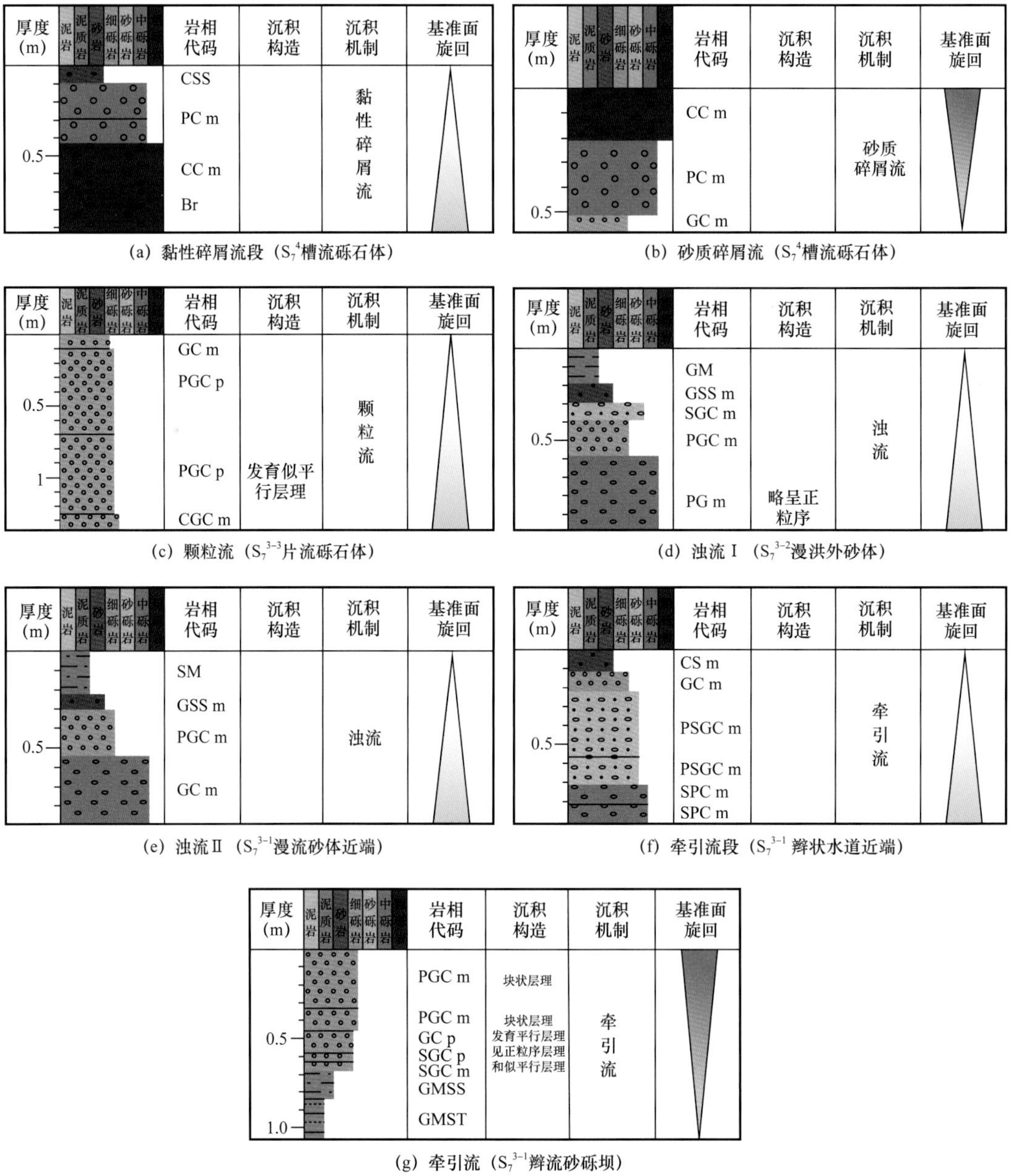

(a) 黏性碎屑流段（S_7^4槽流砾石体）

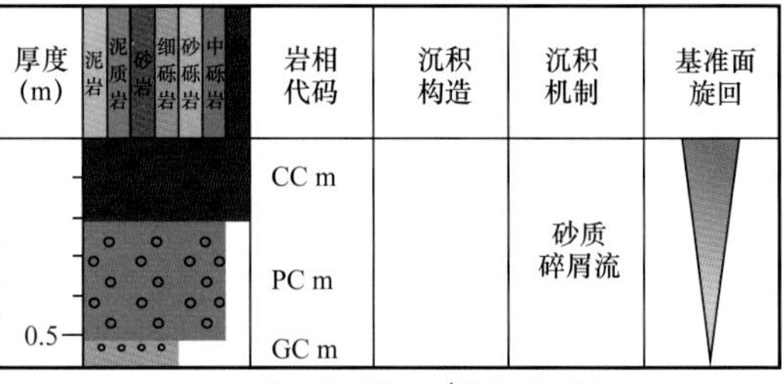

(b) 砂质碎屑流（S_7^4槽流砾石体）

(c) 颗粒流（S_7^{3-3}片流砾石体）

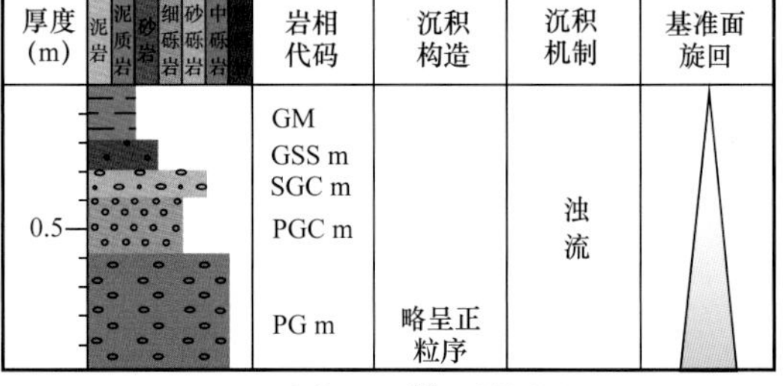

(d) 浊流Ⅰ（S_7^{3-2}漫洪外砂体）

(e) 浊流Ⅱ（S_7^{3-1}漫流砂体近端）

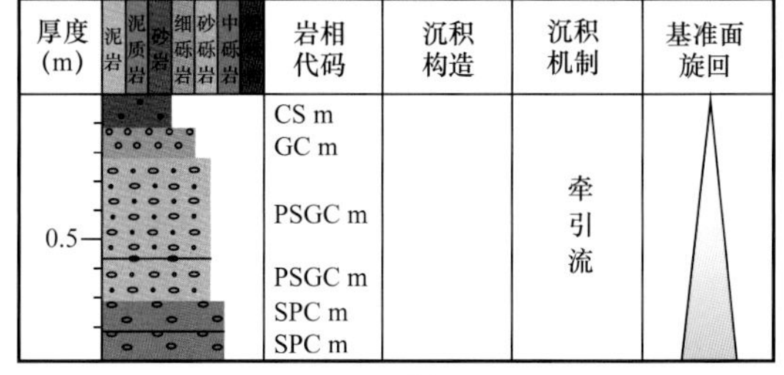

(f) 牵引流段（S_7^{3-1}辫状水道近端）

(g) 牵引流（S_7^{3-1}辫流砂砾坝）

图 4–17　KLMY 油田六区克下组冲积扇不同沉积机制沉积序列特征

黏性碎屑流段以杂基支撑角砾岩和块状层理粗砾岩、中砾岩为主，发育混杂构造（图 4–18）。砾石颗粒呈棱角—次棱角状，粗细混杂，泥质含量高，基本无分选。砾石长轴呈直立或高角度与沉积界面相交。顶底界面相对较平，多为突变接触。平面呈叶状舌形，剖面呈盾形或突变楔形。沉积序列总体略呈一正粒序，厚度约 0.9m。

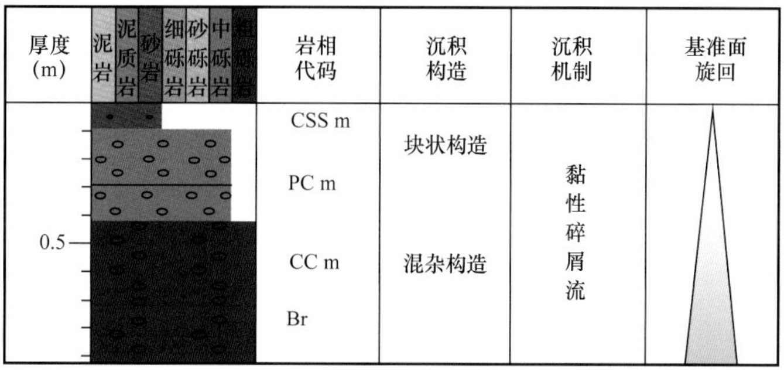

图 4–18　新疆 KLMY 油田六区克下组黏性碎屑流沉积序列（J581 井 S_7^4）

砂质碎屑流段以块状层理、反—正粒序层理、平行层理细砾岩为主，颗粒支撑，沉积序列底部见低幅度冲刷面（图 4–19）。砾石呈高角度、分散状，颗粒直径变化不大，最大约 35mm，泥质含量低，分选中等。顶界面平坦，多为突变接触。剖面呈宽缓透镜状或楔形，平面呈指状或舌状。沉积序列纵向岩相变化小，总体呈似块状，厚度 0.5～1.5m。

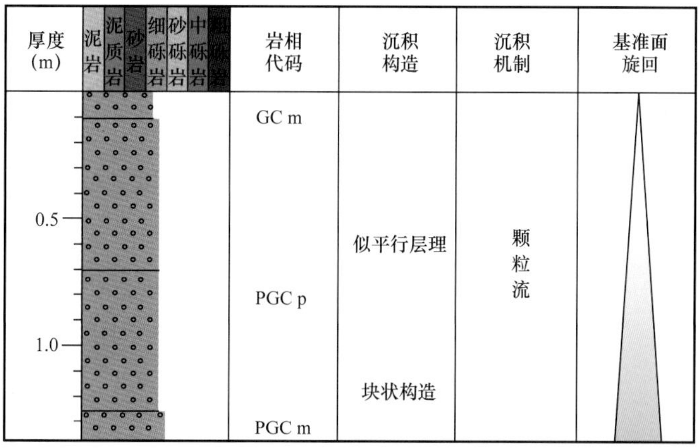

图 4–19　新疆 KLMY 油田六区克下组砂质碎屑流（S_7^{3-3} 片流砾石体）

颗粒流段以中薄层逆递变层理含中砾细砾岩和平行层理细砾岩为主，中间为薄层块状层理砂岩和薄层粉砂质泥岩（含炭屑），下部界面不清，顶部见冲刷面（图 4–20）。砾石呈次棱角状，漂砾为主，长轴低角度，最大直径约 40mm。平面呈垅岗状，剖面呈顶底起伏透镜状。沉积序列中见逆粒序为主要特点，厚度 0.5～1.5m。

图 4–20　新疆 KLMY 油田六区克下组颗粒流（S_7^4 漫流内砂体）

浊流Ⅰ段以中厚层正递变层理中砾岩和块状层理细砾岩为主，上部为薄层块状层理砂质砾岩、含砾砂岩和中薄层含砾泥岩，下部界面不清，顶部为渐变（图 4–21）。砾石呈次棱角状，长轴近水平或低角度，最大直径约30mm。从下向上，砾石含量逐渐减少。沉积序列总体呈正粒序，厚度约0.9m。

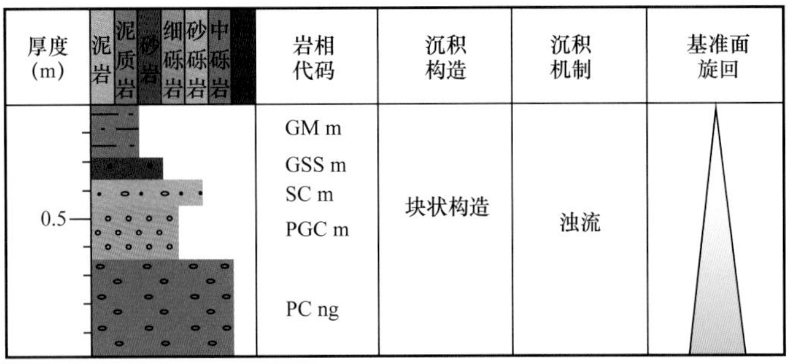

厚度(m)	泥岩	泥质岩	砂岩	细砾岩	砂砾岩	中砾岩	岩相代码	沉积构造	沉积机制	基准面旋回
							GM m			
							GSS m			
							SC m	块状构造	浊流	
0.5							PGC m			
							PC ng			

图4-21　新疆KLMY油田六区克下组浊流Ⅰ（S_7^{3-2}漫洪外砂体）

浊流Ⅱ段以中薄层块状层理砂质中砾岩和块状层理细砾岩为主，上部为薄层块状层理含砾砂岩和中薄层粉砂质泥岩，下部界面不清，顶部则渐变为泥质粉砂岩（图4-22）。砾石呈棱角—次棱角状，长轴近水平或低角度，最大直径约40mm。从下向上，砾石含量逐渐减少。沉积序列总体呈正粒序，厚度0.6～1.0m。

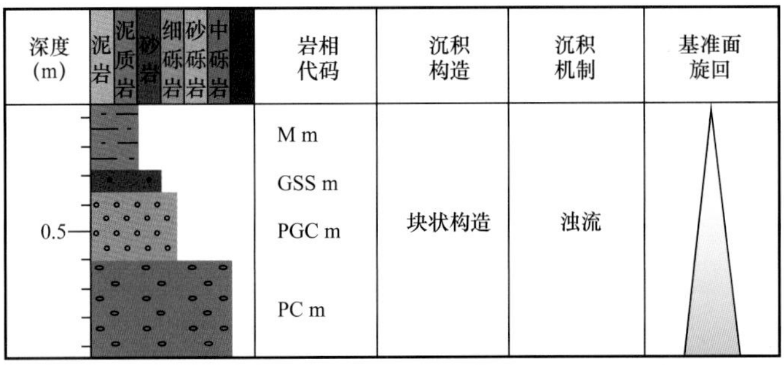

深度(m)	泥岩	泥质岩	砂岩	细砾岩	砂砾岩	中砾岩	岩相代码	沉积构造	沉积机制	基准面旋回
							M m			
							GSS m			
0.5							PGC m	块状构造	浊流	
							PC m			

图4-22　新疆KLMY油田六区克下组浊流Ⅱ（S_7^{3-1}漫流砂体近端）

牵引流辫状水道以中薄层块状层理中砾岩和中层块状层理砂质细砾岩为主，上部为薄层块状层理含砾砂岩和粗砂岩，下部界面不清，顶部则渐变为粉砂岩（图4-23）。砾石呈次棱角—次圆状，长轴近水平，最大直径约45mm。从下向上，砾石含量逐渐减少。沉积序列总体呈正粒序，厚度约1.0m。

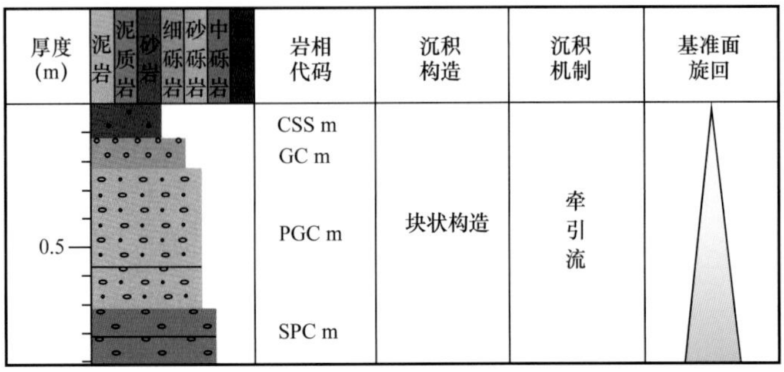

厚度(m)	泥岩	泥质岩	砂岩	细砾岩	砂砾岩	中砾岩	岩相代码	沉积构造	沉积机制	基准面旋回
							CSS m			
							GC m			
0.5							PGC m	块状构造	牵引流	
							SPC m			

图4-23　新疆KLMY油田六区克下组牵引流段（S_7^{3-1}辫状水道近端）

牵引流辫流砂砾坝以中薄层块状层理细砾岩和平行层理砂质细砾岩为主，底部为中薄层块状含砾泥岩，顶底部界面均为突变面（图 4-24）。砾石呈次棱角—次圆状，长轴近水平，最大直径约 50mm。从下向上，砾石含量逐渐增加。沉积序列总体呈逆粒序，厚度约 1.0m。

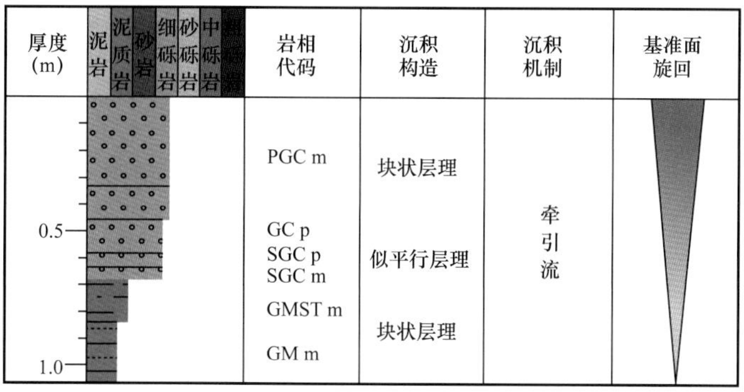

图 4-24　新疆 KLMY 油田六区克下组牵引流（S_7^{3-1} 辫流砂砾坝）

三、不同成因单元测井响应

利用测井曲线识别不同构型成因单元是砾岩储层构型表征的重要基础之一。岩心直接观察成因单元特征固然有其突出的优点，但同时由于成本限制，可用岩心数量相对于油田整体规模来说，数量偏少、代表性有限。对于油气田开发中后期储层构型表征来说，井网部署较为完善，钻井数量较多，由此得到的测井数据也较为丰富。通过建立成因单元的测井响应模板，并与岩心观察相结合，有助于更准确、更高效地认识地下储层构型单元的分布规律，为后续工作奠定良好的地质基础。

砾岩储层因其复杂的岩性组成、强烈的非均质性，使得建立测井响应模板变得更加艰巨，目前，可通过常规测井曲线组合分析和成像测井等新测井手段，进行成因单元的测井识别工作。

在对扇三角洲砂砾岩储层进行成因单元测井响应识别时，利用常规测井曲线组合可建立辫状分流河道、水下分流河道、心滩、溢岸及河道间等成因单元的测井响应特征：（1）辫状分流河道单元的自然电位曲线呈钟形或不规则箱形，具有底突变、顶渐变特征；电阻率曲线呈不规则箱形、钟形及高幅齿状，且电阻率值较高；（2）水下分流河道单元的自然电位曲线一般呈钟形，自然伽马曲线形态与自然电位曲线相似，电阻率曲线呈高幅齿状及钟形，且电阻率值较高；（3）心滩单元的自然电位曲线呈箱形，且幅度较大；（4）溢岸单元自然电位和电阻率曲线均呈指状，近似于小凸起，自然电位值较高，电阻率值较低；（5）河道间单元的电阻率和自然电位曲线均比较平直，自然伽马值高，电阻率值低（孙乐等，2017）。

成像测井在井下采用传感器阵列扫描或旋转扫描测量，沿井纵向、周向、径向采集地层信息，传输到井上以后通过图像处理技术得到井壁的二维图像或井眼周围某一探测深度以内的三维图像，具有视觉直观、分辨能力强等优点。胜利油田坨 711 井成像测井，可以清晰地观察到砾岩的特征，3095～3098m 井段的砾石棱角明显，分选较差，部分砾石直径较大，表明该处沉积属于近物源的冲积扇扇根单元（图 4-25）（吕希学等，2003）。

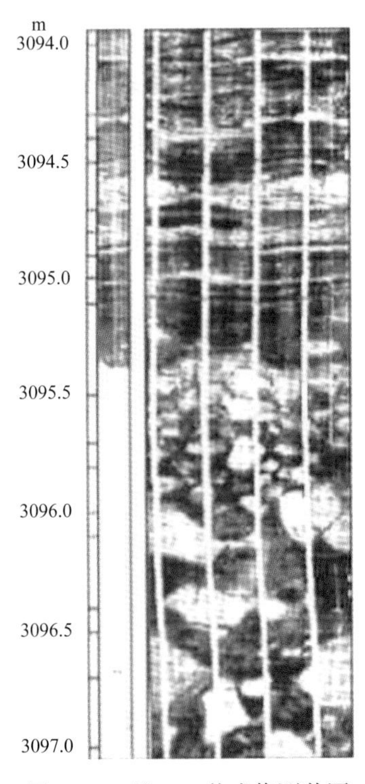

图 4-25　坨 711 井成像测井图（据吕希学等，2003）

对于冲积扇储层构型单元来说，扇根、扇中以及扇缘处的测井响应各有不同。

（一）冲积扇扇根测井响应

扇根单元分为扇根内带与扇根外带两部分，扇根内带沉积坡度角大，快速堆积，形成了砂砾岩“泛连通体”。其电阻率曲线（RT）、声波时差曲线（AC）及密度曲线（DEN）均为钟形或箱形，自然电位曲线（SP）呈漏斗形（图 4-26）。扇根外带是洪水流出主槽后，快速堆积出片流砂砾坝，形成“泛连通体”。测井曲线具有箱形夹小回返特点（图 4-27）。其漫洪砂体单元砂泥砾混杂，电阻率为 10～80Ω·m；漫洪细粒沉积单元电阻率接近泥岩基线，一般小于 30Ω·m，自然伽马曲线大于 70API。

（二）冲积扇扇中测井响应

扇中片流带演变成辫流带，其中的辫流水道比较发育，水道间有漫流细粒沉积，形成了多个由泥岩分隔的连通体。测井曲线表现为高、低阻的指状互层（图 4-28）。其辫流水道单元电阻率呈明显高值，自然电位负偏；漫流砂体单元电阻率小于 80Ω·m。

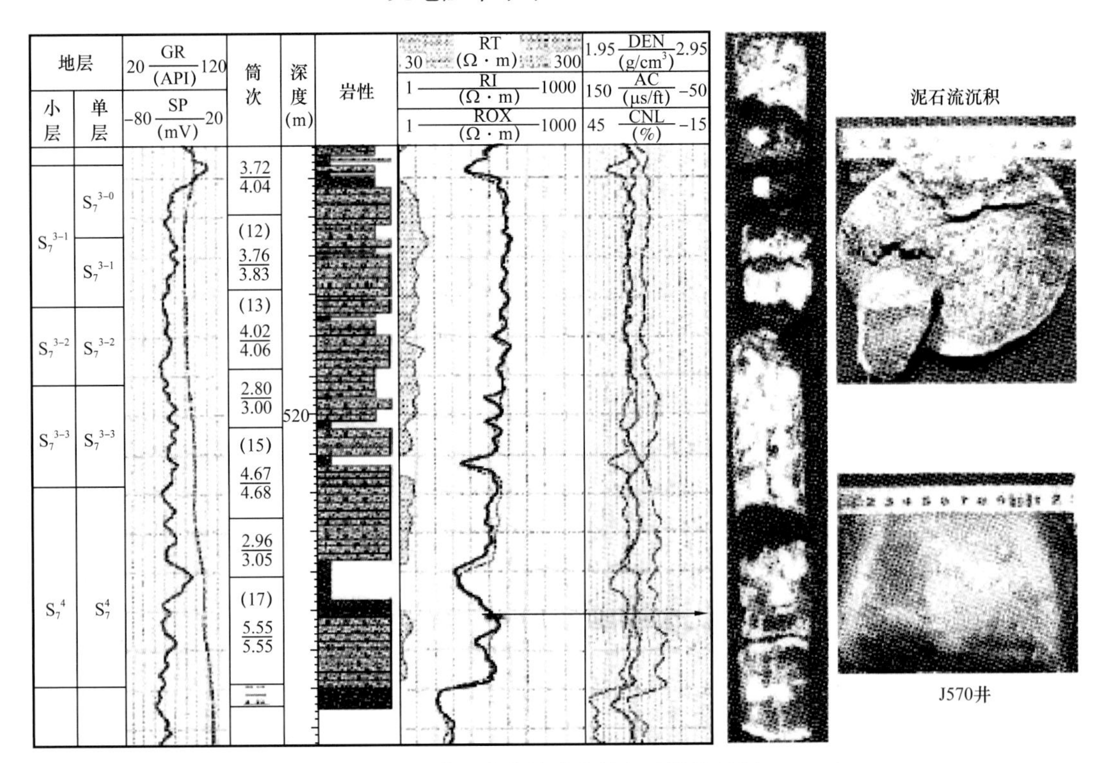

图 4-26　扇根内带测井曲线响应特征（据许长福，2012）

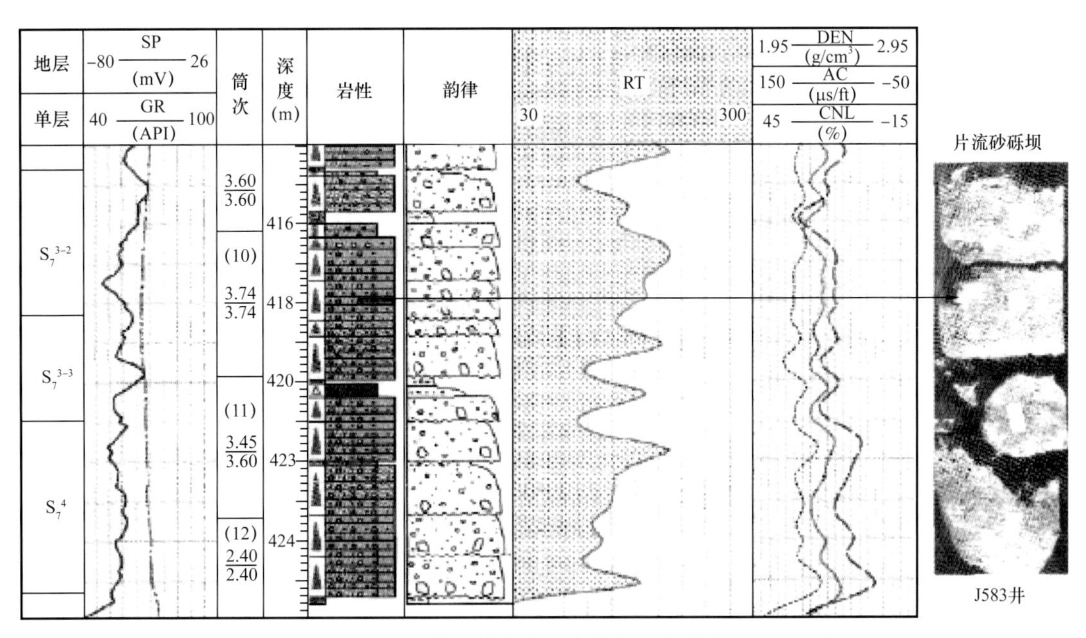

图 4-27　扇根外带测井曲线响应特征（据许长福，2012）

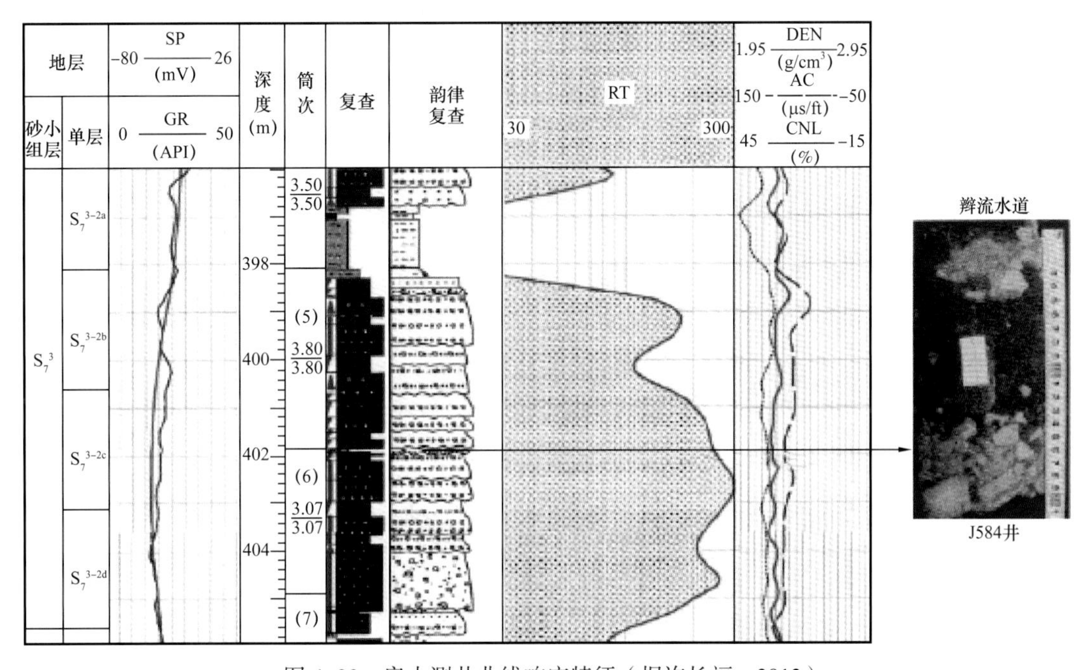

图 4-28　扇中测井曲线响应特征（据许长福，2012）

（三）冲积扇扇缘测井响应

扇缘是冲积扇整体中沉积物粒度最细，流体能量最低的部分，呈环带状围绕在冲积扇周围。电性曲线呈低阻平直状，有时夹少量中阻薄层（图 4-29）。其径流水道单元电阻率曲线呈钟形。

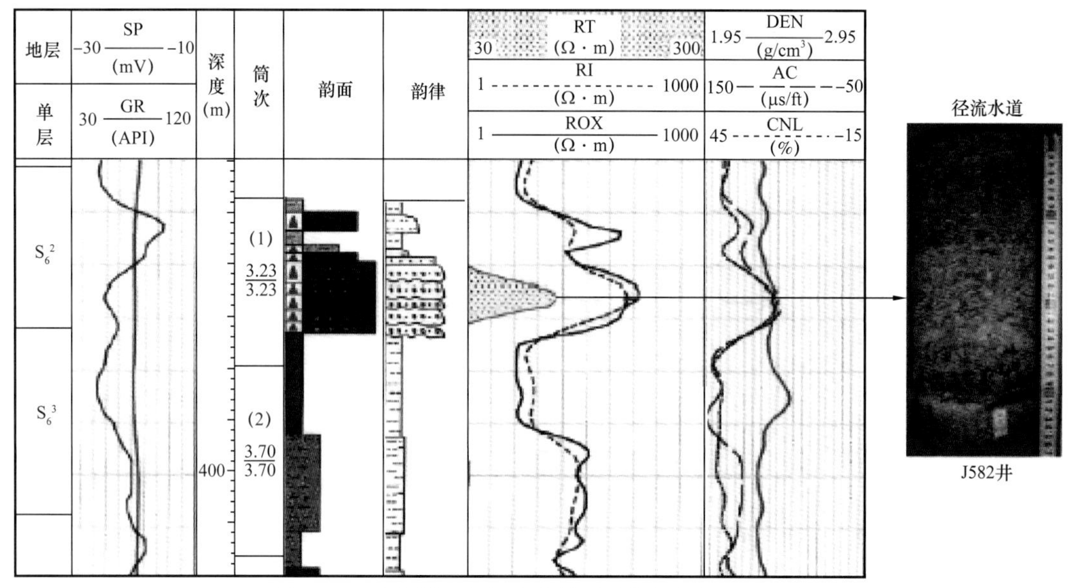

图 4–29　扇缘测井曲线响应特征（据许长福，2012）

四、成因单元组合样式

冲积扇砂砾岩单砂体成因单元可划分出五种组合样式，分别为垂向叠置、侧向交错、侧向叠置、侧向分隔及侧向拼接（兰朝利等，2001）。结合 KLMY 油田六中区三叠系克下组冲积扇储层实例，分别介绍各组合样式特征。

（一）垂向叠置

垂向上，根据单砂体解释结果，单层内发育两套砂体，间夹细粒沉积（图 4–30）。该类型砂体叠置方式主要存在于扇根带及扇中内缘区域。

（二）侧向交错

两井间的单一砂砾岩体侧向上具有明显的高程差异，侧向交错分布，垂向叠置成假连片状，实为不同沉积时期的砂体（图 4–30）。该类型砂体叠置方式主要存在于扇中内缘及扇中外缘区域。

（三）侧向叠置

在该组合样式中，两个单砂体侧向叠置，高程上明显具有差别，后期的砂体叠置在前期砂体之上（图 4–30）。依据测井曲线，单砂体解释成果及砂体相对高程等差异，通过多井对比，发现后期砂体叠置于前期砂体之上，部分下切于前期砂体。该类型砂体叠置方式多出现于扇中内缘和扇中外缘。

（四）侧向分隔

在该组合样式中，两个同期砂体侧向上被漫流细粒沉积分隔（图 4–30）。如 2–7 井与 2–5 井之间砂体出现细粒沉积，为同期不同位置沉积的砂体。该类型砂体叠置方式多出现于扇中外缘和扇缘。

（五）侧向拼接

在该组合样式中，两个同期砂体侧向连续，但曲线形态及规模有较大差异（图

4–30）。两井砂体厚度和曲线幅度差异较大，砂体是同期侧向拼接的。多出现于扇中外缘。

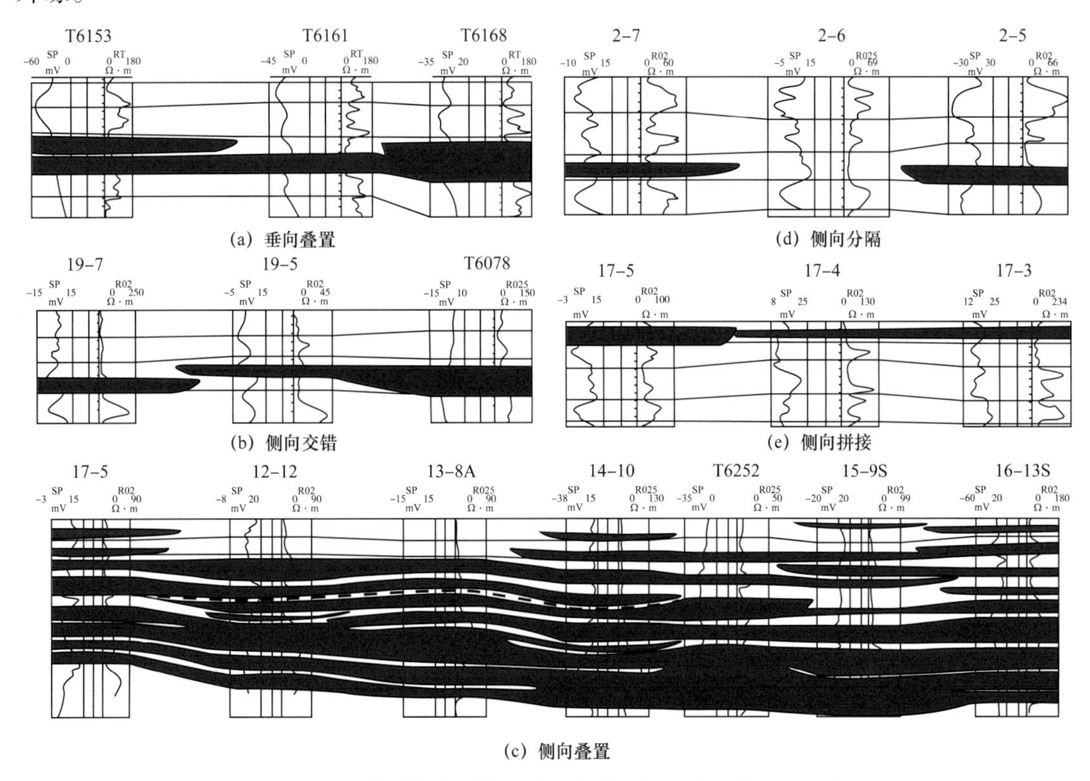

图 4–30　单砂体成因单元叠置方式（据吴胜和等，2012）

第三节　冲积扇储层构型

冲积扇储层构型研究首先关注构型单元的类型、形态、规模，之后分析隔夹层特征，最终总结出相应的构型沉积模式。以 KLMY 油田六中区克下组冲积扇砾岩储层为例，详细介绍具体内容。

一、储层构型单元类型

根据岩性、沉积构造、测井曲线形态和取值特征等，在沉积相和沉积亚相研究的基础上，对 KLMY 油田六区克下组砾岩储层进行了构型分析。主要包括 5 级构型和 4 级构型这两个层次。其中，5 级构型大体对应于沉积微相级别，而 4 级构型是在 5 级构型基础上的进一步细化。

扇根内带主要包括槽流带和漫洪内带这两个 5 级构型单元，槽流带以砾岩和砂砾岩等粗粒沉积为主，而漫洪内细粒以砂岩、粉砂岩和泥岩等相对细粒沉积为主。扇根外带主要包括片流带和漫洪外带两种 5 级构型单元，其中片流带以砾岩或砂砾岩等粗粒沉积为主，而漫洪外带以砂岩、粉砂岩和泥岩等较细粒沉积为主。扇中亚相主要包括辫流带和漫流带两种 5 级构型单元，其中前者以砂砾岩、砂岩等粗粒沉积为主，而后者主要为粉砂岩和泥岩等细粒沉积。扇缘也主要包括两种 5 级构型单元，分别是径流带和湿地，前者以砂岩等粗粒沉积为主，而后者主要为粉砂岩和泥岩等细粒沉积（表 4–1）。

表 4-1　新疆 KLMY 油田六区克下组砾岩储层构型分类特征

亚相	沉积环境	5级构型	4级构型	沉积机制类型	沉积方式	泥质含量低→高	砾岩比例	岩相	沉积构造	沉积结构	测井曲线形态：自然电位	测井曲线形态：电阻率
扇根内带	内带受古地形限制，谷底起伏较大，坡度较大	槽流带	槽流砾石体	黏性碎屑流、砂质碎屑流	块体层流垂向加积		70%~90%	粗砾岩、中砾岩、含泥砂砾岩	洪积层理、逆粒序层理混杂构造，块状层理，砾石倾角22°~79°	杂基支撑，巨砾、砾、砂、泥混杂，分选差，砾石棱角状		
			槽滩砂砾体	砂质碎屑流、颗粒流			70%~90%	中砾岩、砂砾岩	块状层理、逆粒序层理、正粒序层理	颗粒支撑杂基支撑		
		漫洪内带	漫洪内砂体	颗粒流			20%~50%	含砾砂岩、粗砂岩	粒序层理、块状层理			
			漫洪内细粒	浊流	浊积紊流		<20%	粉砂岩、泥质粉砂岩、含砾泥岩	沙纹层理、变形层理，偶见炭屑	杂基支撑		
扇根外带	外带出口宽阔，地形相对较缓	片流带	片流砾石体	砂质碎屑流、颗粒流	块体层流垂向加积		70%~90%	中砾岩、含中砾细砾岩、含泥砂砾岩	洪积层理、粒序层理、似平行层理、冲刷充填构造，冲刷面，砾石倾角22°~79°	砾石棱角状，杂基支撑、颗粒支撑，粒度分布服从罗辛分布		
		漫洪外带	漫洪外砂体	浊流			<40%	含砾砂岩、中—细砂岩	交错层理、粒序层理	杂基支撑		
			漫洪外细粒	浊流、细粒浆体沉积	浊积		<20%	粉砂岩、泥质粉砂岩、含砾泥岩	炭屑			
扇中	地形平缓，辫状水流大范围展布	辫流带	辫流水道	牵引流	垂向加积顺流加积侧向加积		50%~70%	砂质砾岩、含砾砂岩、粗砂岩、中砂岩	交错层理、块状层理。低幅度冲刷面	粒径变化小，分选中等—差，颗粒呈次棱—次圆，颗粒支撑		
			辫流砂砾坝				40%~60%	细砾岩、砂质砾岩、含砾砂岩	大型交错层理、洪积层理、沙纹层理			
		漫流带	漫流砂体	浊流	漫积		<20%	含砾砂岩、细砂岩	块状层理、变形层理、炭屑	颗粒支撑		
			漫流细粒		浊积		<20%	含砾粉砂质泥岩、含砾泥岩	水平层理、炭屑	杂基支撑		
扇缘	辫状水道消失，仅现小规模水道	径流带	径流水道	牵引流	填积		<40%	细砂岩、粉砂岩	沙纹层理、块状层理	颗粒支撑		
		湿地	水道间细粒		漫积		<20%	粉砂质泥岩、泥岩	水平层理、炭屑			

在单井岩电特征综合分析的基础上，对上述 8 种 5 级构型单元进行了进一步的精细划分，划分为 13 种 4 级构型单元，并对每一种构型单元的特征都进行了详细分析。槽流带主要包括槽流砾石体和槽滩砂砾体等两种 4 级构型单元，其中以前者为主，后者较少，规模也较小。整体上，槽流砾石体在剖面上，厚度要远大于槽滩砂砾体。在沉积物组成上，槽流砾石体以砾岩和砂砾岩为主，而槽滩砂砾体以砂砾岩为主，沉积物粒度比槽流砾石体细。平面上，槽流砾石体的展布范围也明显大于槽滩砂砾体。漫洪内带主要包括漫洪内砂体和漫洪内细粒等两种 4 级构型单元，前者为各种砂体粗粒沉积，后者主要为粉砂岩及泥岩沉积。

片流带主要对应片流砾石体 4 级构型单元，以砾岩和砂砾岩为主，大面积连片分布。漫洪外带主要包括漫洪外砂体和漫洪外细粒等两种 4 级构型单元类型，其特征与漫洪内砂体和漫洪内细粒类似。

辫流带主要包括辫流水道和辫流砂砾岩这两种 4 级构型单元，其中以辫流水道为主，辫流砂砾坝为辅，两者在沉积物粒度上差异不大。漫流带注意包括漫流砂体和漫流细粒，前者以较粗粒的砂岩、粉砂岩等为主，后者以泥岩等细粒沉积为主。

径流带主要发育径流水道 4 级构型单元，以砂岩为主，而湿地主要对应水道间细粒 4 级构型单元，以泥岩等细粒沉积为主（表 4–1）。

二、储层构型单元形态

槽流砾石体岩性主要为粗砾岩、中砾岩、含砾砂砾岩。平面呈条带状，剖面厚度大，在 2～8m，分选差，砾岩（砂砾岩）含量高，大于 90%（图 4–31）。电性特征变现为反旋回，SP、RT 漏斗形或倒梯形，RT 大于 70Ω · m。槽滩砂砾体岩性主要为中砾岩、砂砾岩，为扇顶沟槽与漫洪内带的过渡地带（图 4–32）。剖面上呈狭长条带状，厚度薄，一般小于 2m，分选较差。发育块状层理、粒序层理。砂砾岩含量在 70%～90%。电性特征为 RT 低幅指状，RT 大于 60Ω · m。漫洪内砂体岩性主要为含砾砂岩、粗砂岩厚度薄，分选差，偶见炭屑（图 4–33）。电性特征为 RT 大于 80Ω · m，漏斗形或倒梯形。漫洪内细粒岩性主要为粉砂岩、泥质粉砂岩、含砾泥岩。沉积厚度薄，一般小于 2m（图 4–33）。电性特征表现为 RT 值低，小于 20Ω · m，曲线平直。

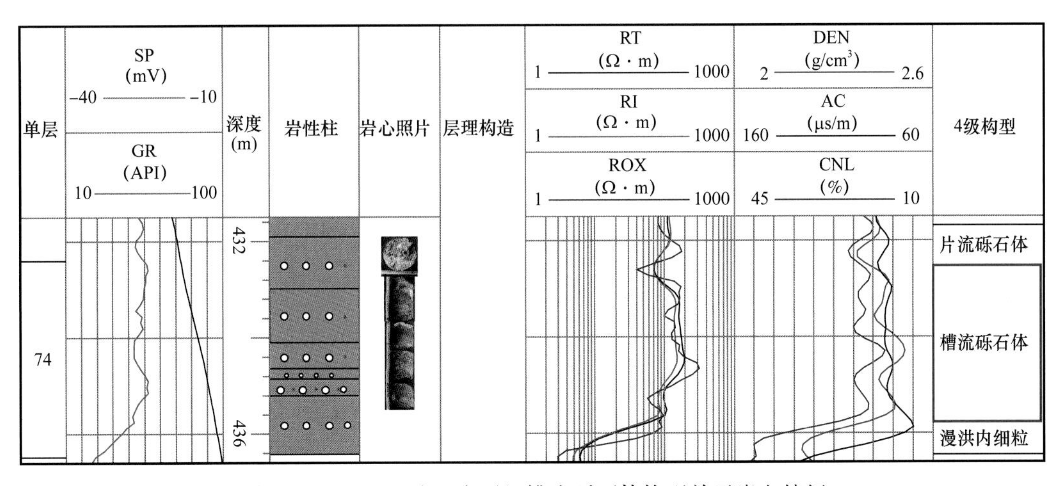

图 4–31 KLMY 油田克下组槽流砾石体构型单元岩电特征

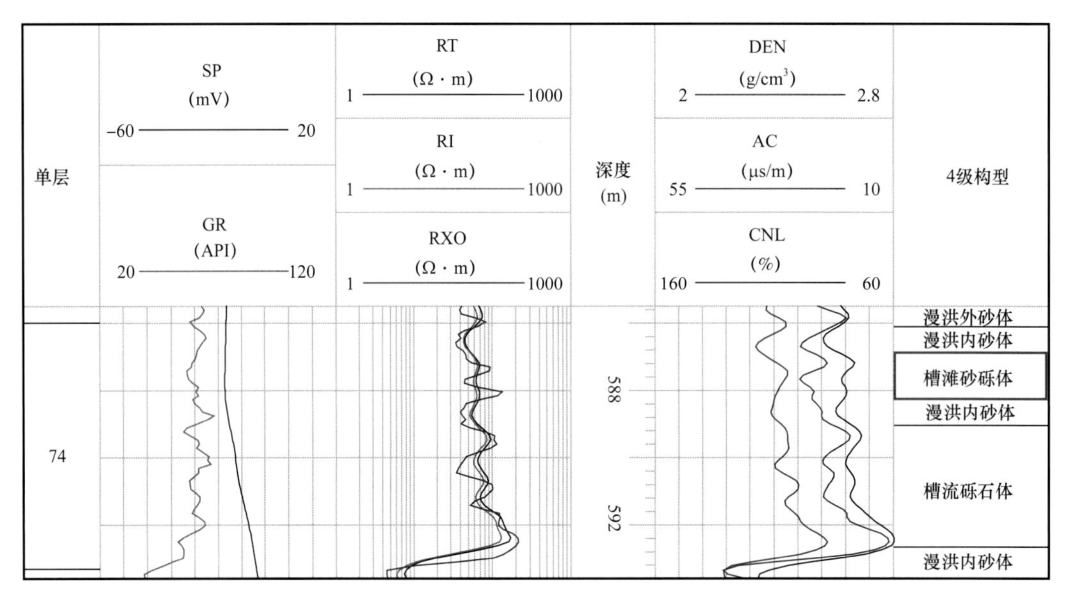

图 4-32　KLMY 油田克下组槽滩砂砾体构型单元岩电特征

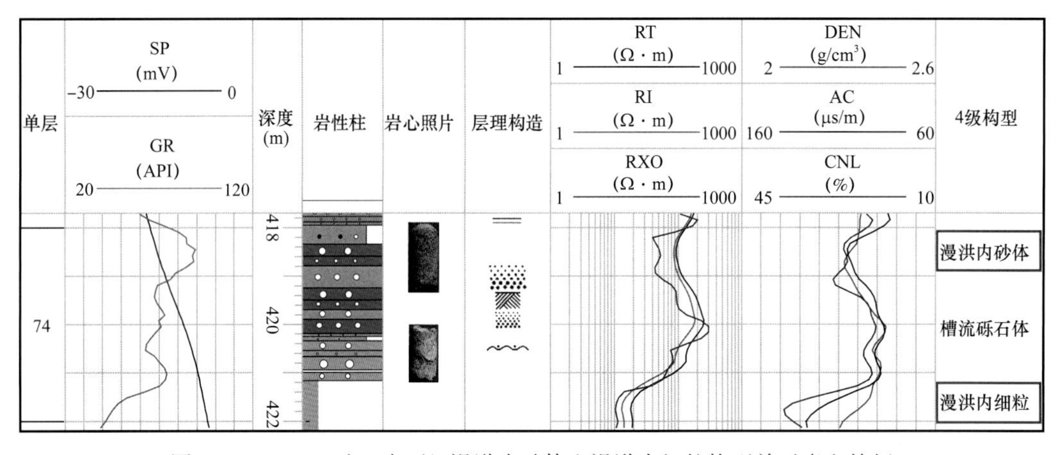

图 4-33　KLMY 油田克下组漫洪内砂体和漫洪内细粒构型单元岩电特征

片流砾石体岩性主要为中砾岩、含中砾细砾岩、含泥砂砾岩。沉积厚度大，一般在 2～7m，可见粒序层理、似平行层理，反粒序（图 4-34）。电性特征表现为 RT 曲线以漏斗形和倒梯形为主，取值大于 100Ω · m。漫洪外砂体岩性主要为含砾砂岩、中—细砂岩。沉积厚度较薄，一般小于 3m（图 4-35）。可见粒序层理、交错层理。电性特征表现为 RT 曲线呈漏斗形或倒梯形。漫洪外细粒岩性主要为粉砂岩、泥质粉砂岩、含砾泥岩。沉积厚度薄，一般小于 2m（图 4-35）。偶见炭屑。电性特征表现为 RT 曲线呈漏斗形或倒梯形。

辫流水道岩性主要为砂质砾岩、含砾砂岩、粗砂岩、中砂岩。沉积特征表现为平面呈条带状，宽度规模 80～400m，剖面透镜状，厚度大，2～7m（图 4-36）。分选中等，正粒序，可见交错层理，底部发育冲刷面。电性特征表现为 RT 曲线呈钟形或箱形，取值大于

100Ω · m。辫流砂砾坝岩性主要为细砾岩、砂质砾岩、含砾砂岩。沉积厚度较大，2～7m，一般反粒序，可见交错层理（图 4–37）。电性特征表现为 RT 曲线呈漏斗形或倒梯形，取值大于 60Ω · m。漫流砂体岩性主要为含砾砂岩、细砂岩。沉积厚度薄，一般小于 2m，可见块状层理（图 4–38）。电性特征为 RT 取值中，较低幅指状。漫流细粒岩性主要为含砾粉砂质泥岩、含砾泥岩等。沉积厚度大，一般为 2～5m，可见水平层理（图 4–38）。电性特征表现为 RT 值低，曲线平直。

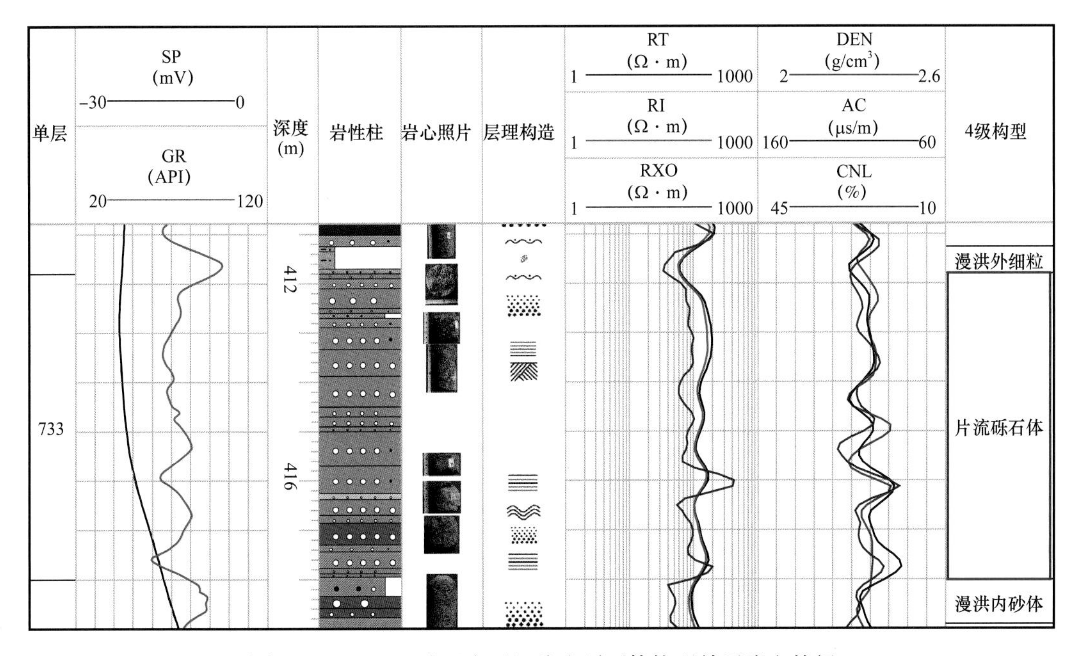

图 4–34 KLMY 油田克下组片流砾石体构型单元岩电特征

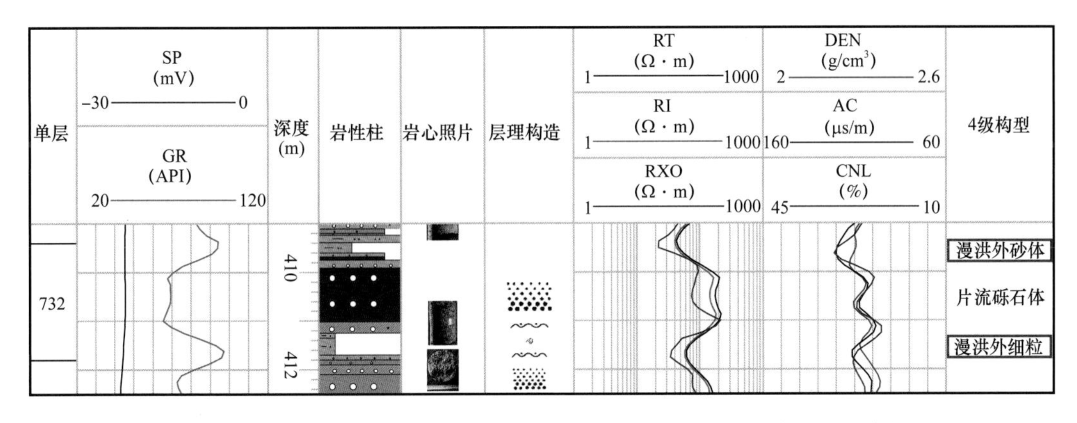

图 4–35 KLMY 油田克下组漫洪外砂体和漫洪外细粒构型单元岩电特征

径流水道岩性主要为细砂岩、粉砂岩。沉积厚度薄，一般小于 2m，可见沙纹层理、块状层理（图 4–39）。电性特征表现为 RT 取值 30Ω · m 左右，指状。水道间细粒岩性主要为粉砂质泥岩、泥岩。沉积厚度差异较大，一般在 1～4m，可见水平层理，炭屑。电性特征表现为 RT 值低，曲线平直。

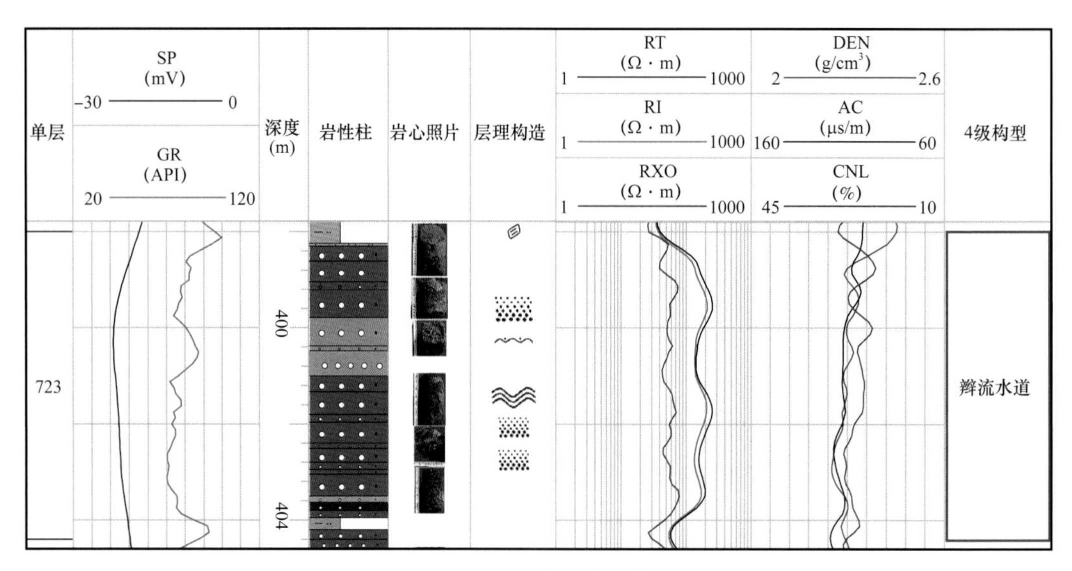

图 4-36　KLMY 油田克下组辫流水道构型单元岩电特征

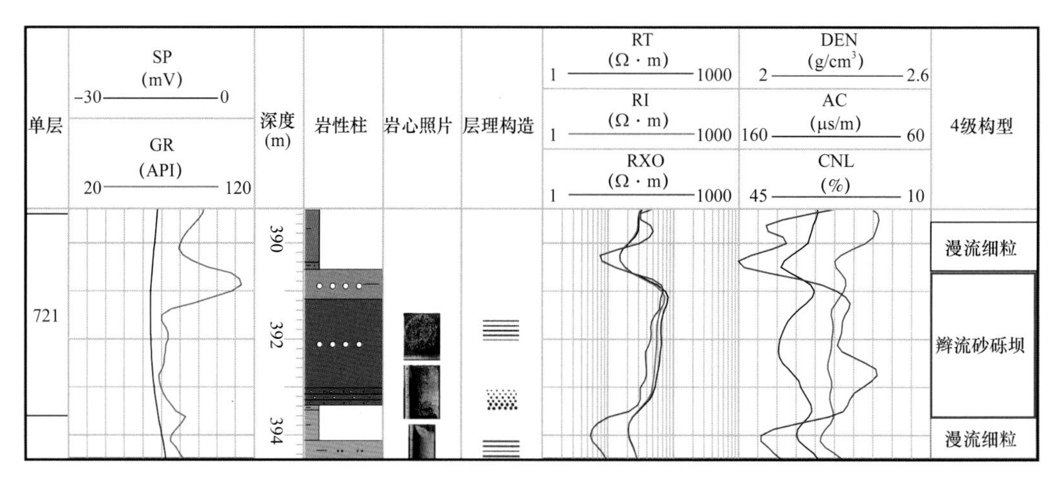

图 4-37　KLMY 油田克下组辫流砂砾坝构型单元岩电特征

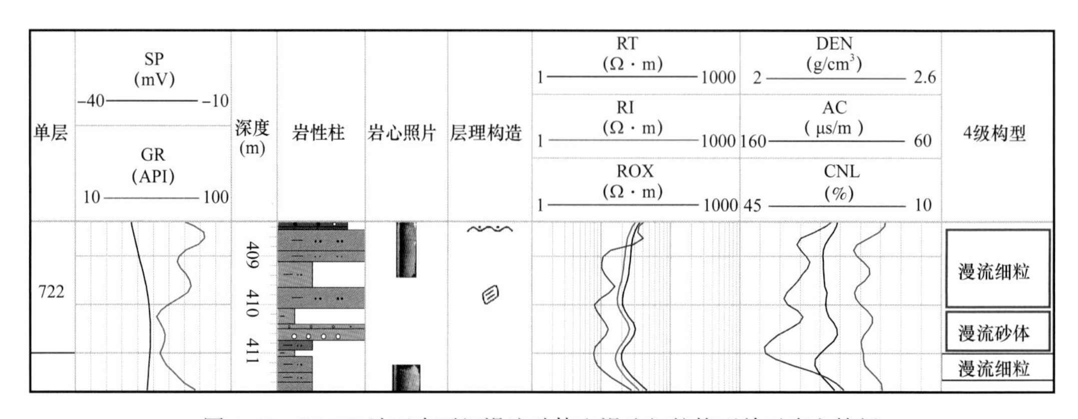

图 4-38　KLMY 油田克下组漫流砂体和漫流细粒构型单元岩电特征

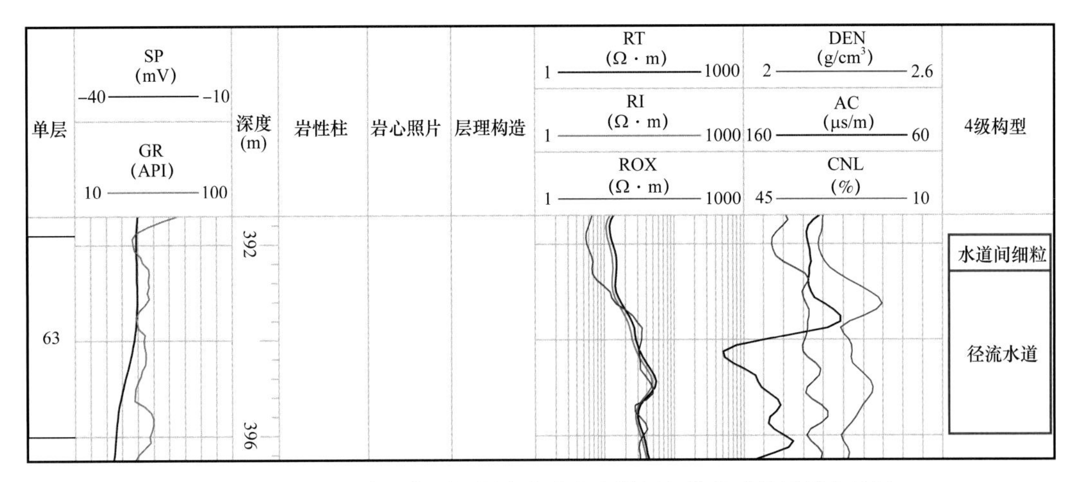

图 4-39　KLMY 油田克下组径流水道和水道间细粒构型单元岩电特征

三、储层构型单元规模

（一）单井储层构型划分

在进行冲积扇构型表征过程中，可遵循由点到线再到面的技术思路。首先对关键井开展单井储层构型划分，然后绘制储层构型剖面展布图，分析不同类型构型在空间上的发育规律，最后将上述中间成果推广至整个研究区域，形成全区构型平面分布图，最终总结储层构型在平面上的展布特征。单井构型分析是构型研究的基础和关键，对密闭取心井进行详细的储层构型解剖，在此基础上将单井构型划分的标准推广至其余非取心井，最终完成单井储层构型的划分。

下面以密闭取心井 J587 井为例，介绍储层构型在单井上的发育特征（图 4-40）。井内自下而上，单砂层 S_7^4 以中砾岩和砂砾岩为主，沉积物粒度粗，主要发育槽流砾石体和漫洪内细粒等构型单元，为砂质碎屑流和黏性碎屑流成因。单砂层 S_7^{3-3} 和单砂层 S_7^{3-2} 主要发育中砾岩、砂砾岩、细砾岩及砂岩，岩心观察中可以看到沙纹交错层理和平行层理等沉积构造。主要发育片流砾石体和漫洪外砂体等构型单元。

单砂层 S_7^{3-1}、S_7^{2-3}、S_7^{2-2}、S_7^{2-1} 和 S_7^1 主要发育砂砾岩、细砾岩和砂岩等粗粒沉积，向上沉积物粒度逐渐减小。岩心观察可以看到槽状交错层理、平行层理及炭屑等，以牵引流成因为主。主要发育的构型单元包括辫流水道、辫流砂砾坝和漫流砂体，其间为漫流细粒构型单元所分隔，表现为不同的沉积期次。

（二）储层构型横向展布

以密闭取心井为主体，分别选择平行于物源方向和垂直于物源方向的两条剖面，分析不同类型储层构型在空间上的发育规律（图 4-41、图 4-42）。

垂直物源方向，各构型类型规模相对较小，变化快，连续性差。扇根内带以槽流砾石体为主，较连片分布，局部有构型界面分隔。扇根外带以片流砾石体为主，连片分布，局部存在沉积构型界面。辫流带以辫流水道和辫流砂砾坝为主，相互切割叠置，从下往上，随着河流规模逐渐萎缩，砂体之间的连通性和叠置程度减弱。漫流砂体呈薄层分布于辫流水道和辫流砂砾坝之间，指示河道沉积的不同期次。扇缘径流带以水道间细粒为主，径流水道较少。

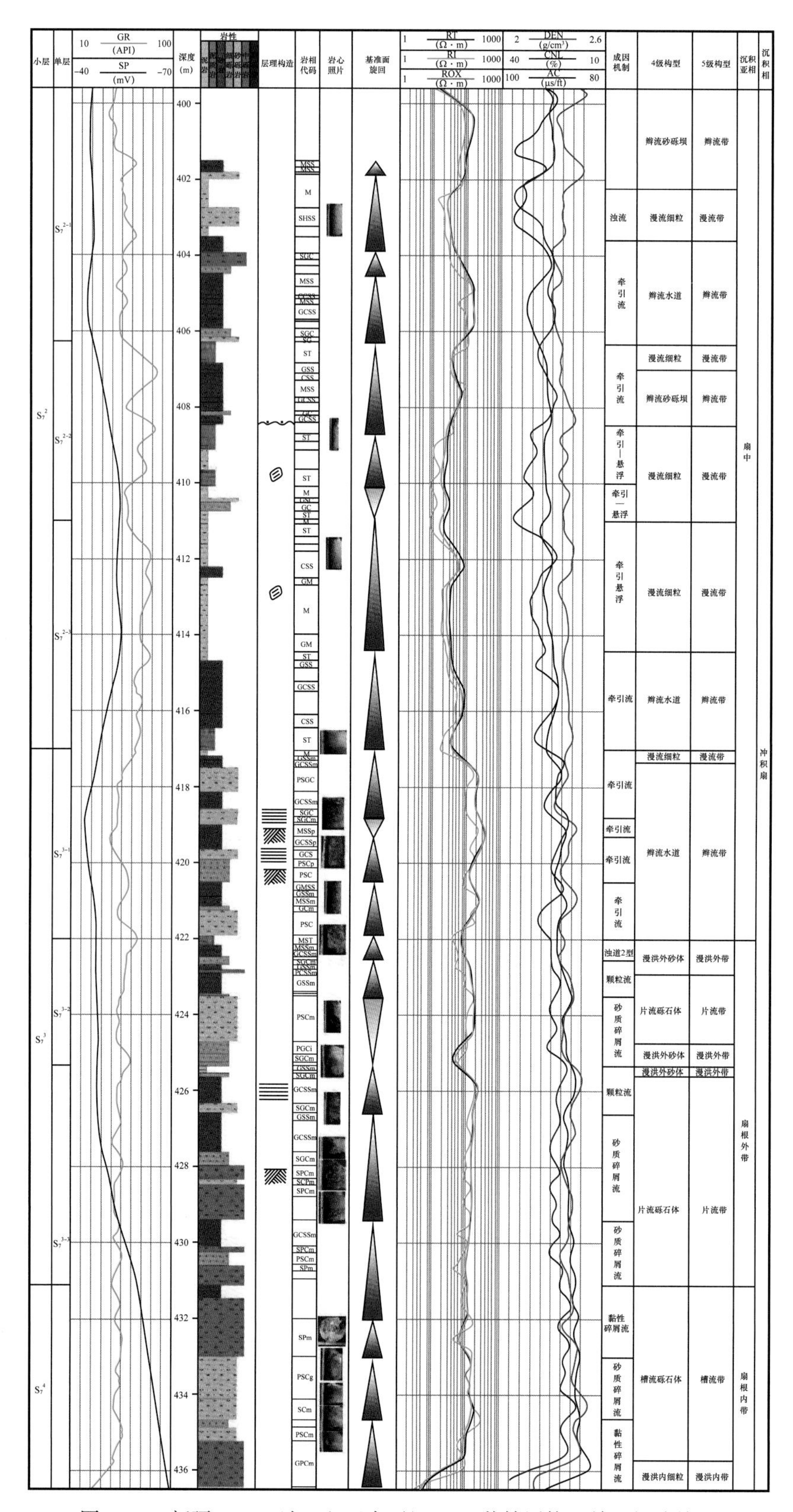

图 4-40　新疆 KLMY 油田六区克下组 J587 井储层构型单元划分特征

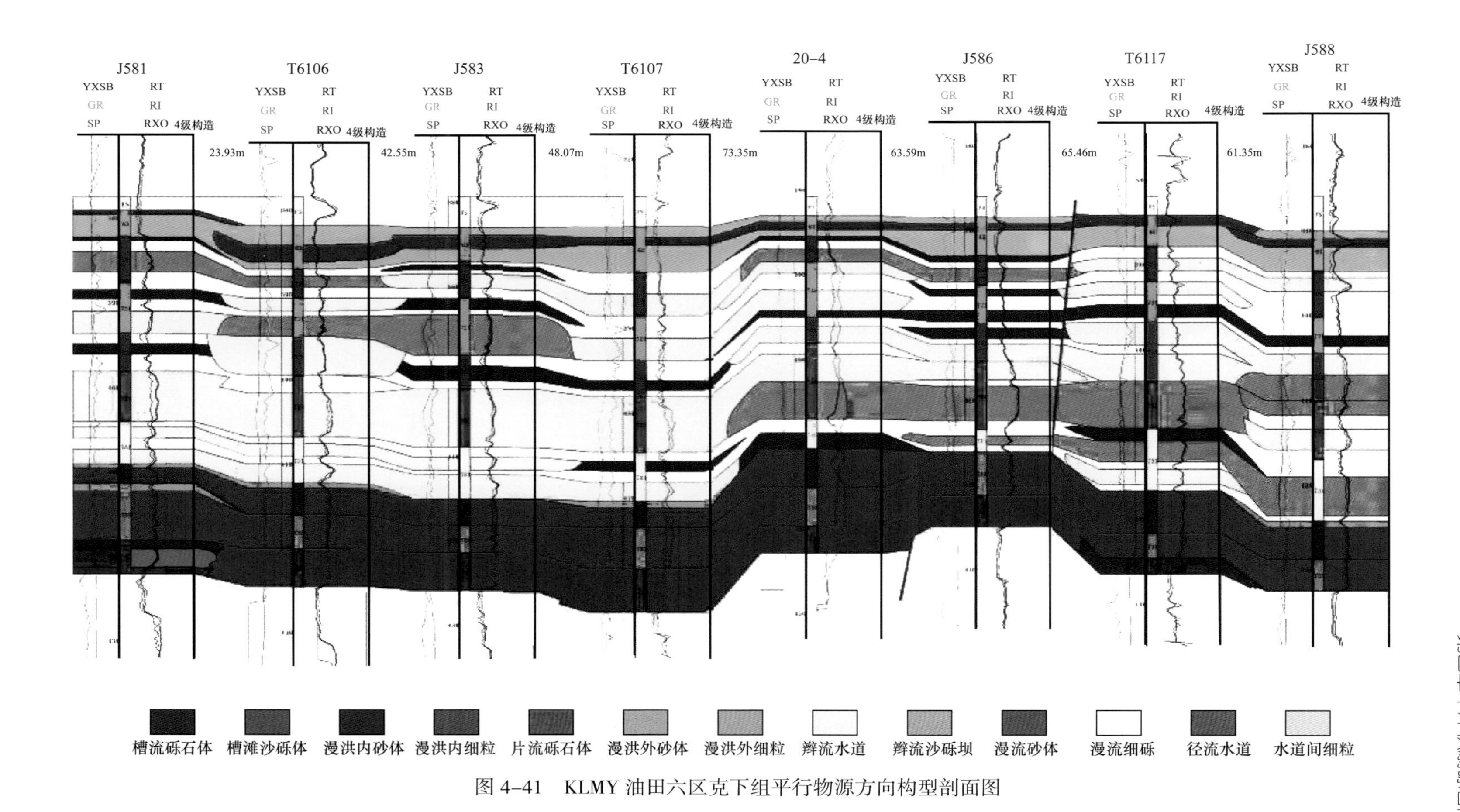

图 4-41 KLMY 油田六区克下组平行物源方向构型剖面图

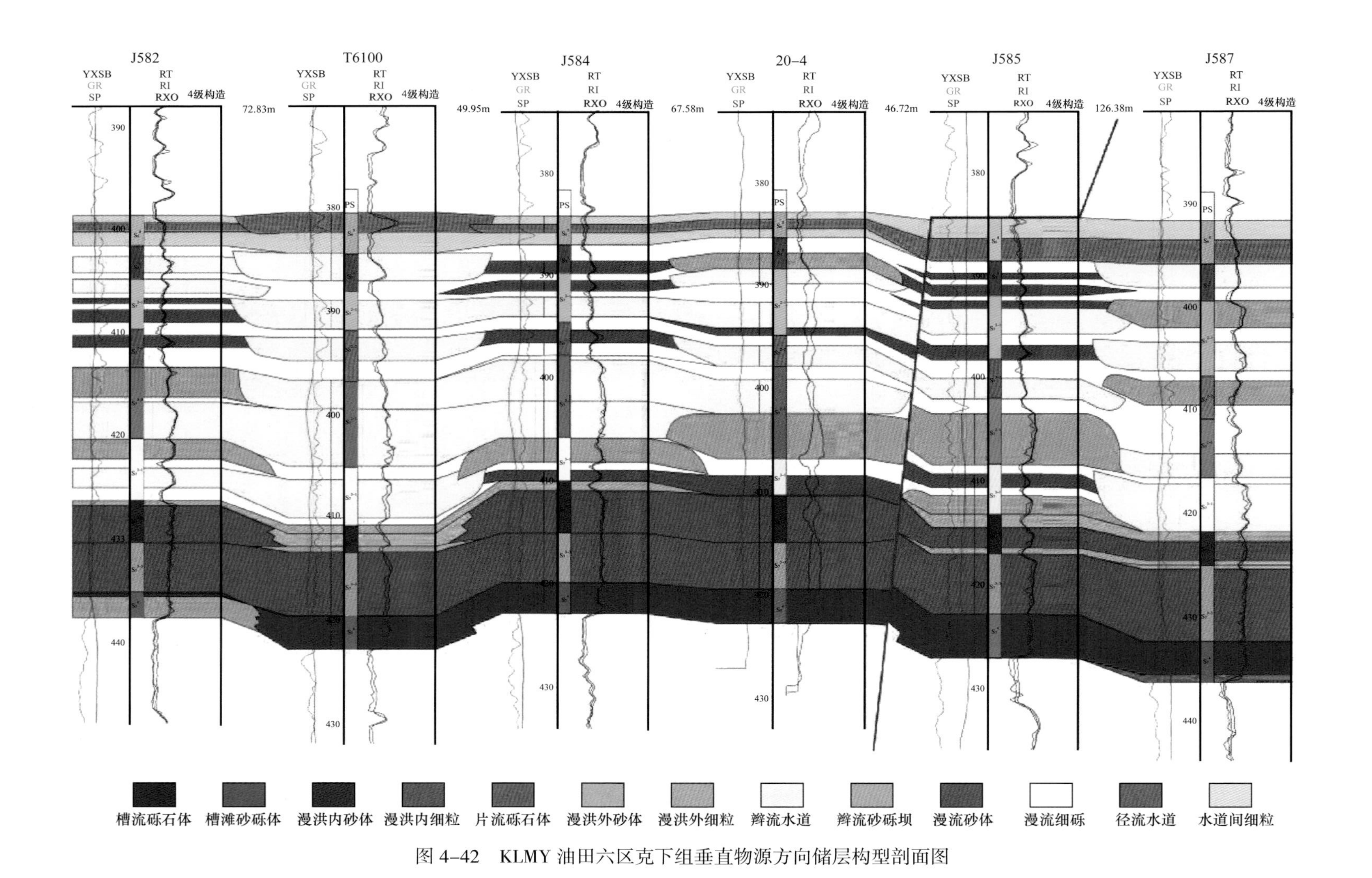

图 4-42　KLMY 油田六区克下组垂直物源方向储层构型剖面图

平行物源方向，整体上，受沉积作用的控制，各构型单元变化较小，砂体之间连通性变好，延伸距离变长。槽流带、辫流带、漫流带和径流带等发育规律与平行物源剖面所揭示的规律基本一致。只是扇根内带片流砾石体大范围横向叠置，连通性好。靠近扇体中部位置，砂体规模大，连通性好，细粒沉积较少，而在靠近扇体边缘部位，从目的层下部的槽流带到片流带，一直到辫流带，细粒组分明显增多，隔夹层逐渐发育。

（三）储层构型平面分布

KLMY 油田六区冲积扇储层自下而上，从槽流带演化至片流带，再演化至辫流带，最终演化至径流带。为了更加精细地刻画片流带 4 级构型的平面发育规律，将单砂层 S_7^{3-3} 和 S_7^{3-2} 进行了进一步细分，分别划分为 S_7^{3-3a}、S_7^{3-3b} 和 S_7^{3-2a}、S_7^{3-2b}，以实现片流砾石体在平面上发育规律的详细解剖。

接下来结合一些典型的单砂层，对该地区冲积扇储层构型平面分布演化过程进行分析。

位于克六区冲积扇储层下部的 S_7^4 单砂层主要发育扇根部位的槽流砾石体、槽滩砂砾体、漫洪内砂体和漫洪外砂体四种构型类型，物源呈北西向和北向。其中以槽流砾石体为主要沉积构型单元；槽流砂砾体在平面上的展布规律各异，大体划分为平行水流方向、斜交水流方向和垂直水流方向三种类型；漫洪内砂体大体呈坨状和条带状展布；漫洪内细粒分布范围有限。总体上看，在单砂层 S_7^4，从槽流砾石体，到槽滩砂砾体，再到漫洪内砂体，最后到漫洪内细粒，上述四类构型单元的发育范围逐渐减小，表明总体上该单砂层还是以粗粒沉积为主。槽滩砂砾体和漫洪内砂体等将槽流砾石体分隔呈条带状。在西南部有剥蚀区存在，指示古地形的高部位（图 4-43）。

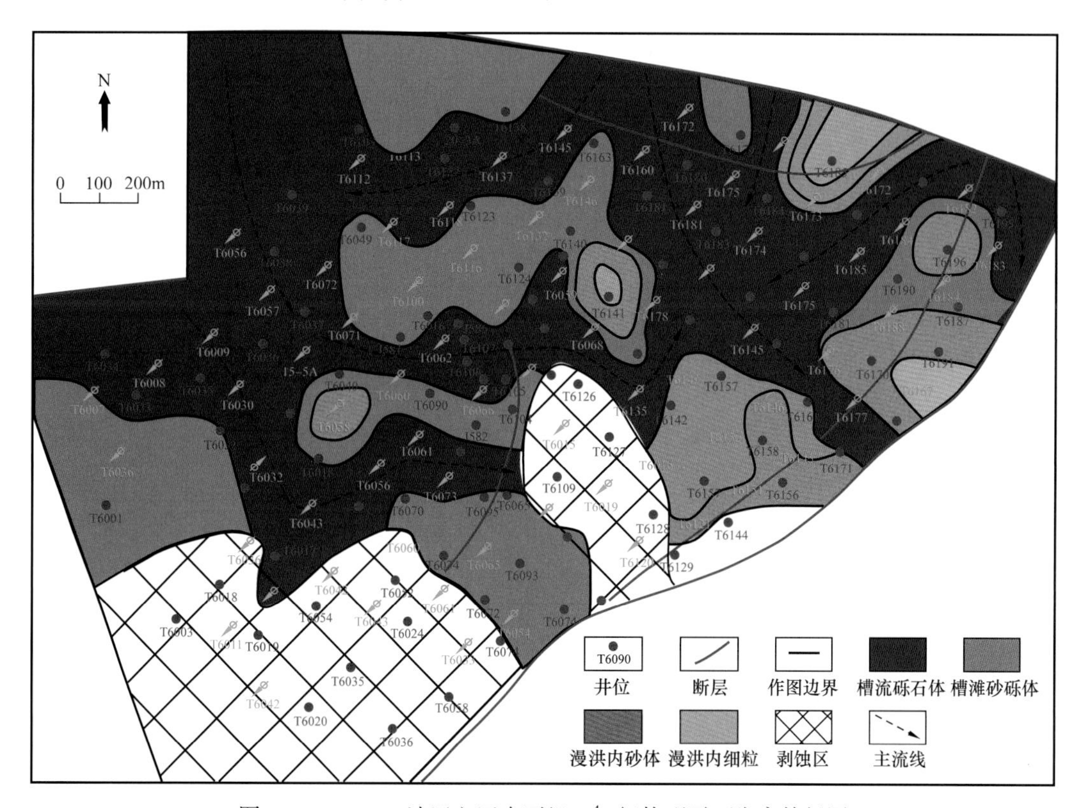

图 4-43　KLMY 油田六区克下组 $S_7^4$4 级构型平面发育特征图

在 S_7^4 单砂层之上的 S_7^{3-3} 和 S_7^{3-2} 单砂层发育相同类型的沉积构型单元，主要发育扇根外带的片流砾石体、漫洪外砂体和漫洪外细粒沉积构型（图 4–44、图 4–45）。其中片流砾石体的分布范围最广泛，漫洪外砂体次之，漫洪外细粒沉积只是在某些井附近可以看到。漫洪外砂体大体呈北西—南东向或近南北向将片流砾石体分隔开，大体呈坨状或条带状，漫洪外细粒沉积平面上主要呈平行于水流方向的长条状。在这两个单砂层中，从最下部进一步细分的 S_7^{3-3b} 单砂层到最上部的 S_7^{3-2a} 单砂层，片流砾石体的发育范围逐渐缩小，漫洪外砂体及漫洪外细粒的发育规模和分布范围逐步扩大。

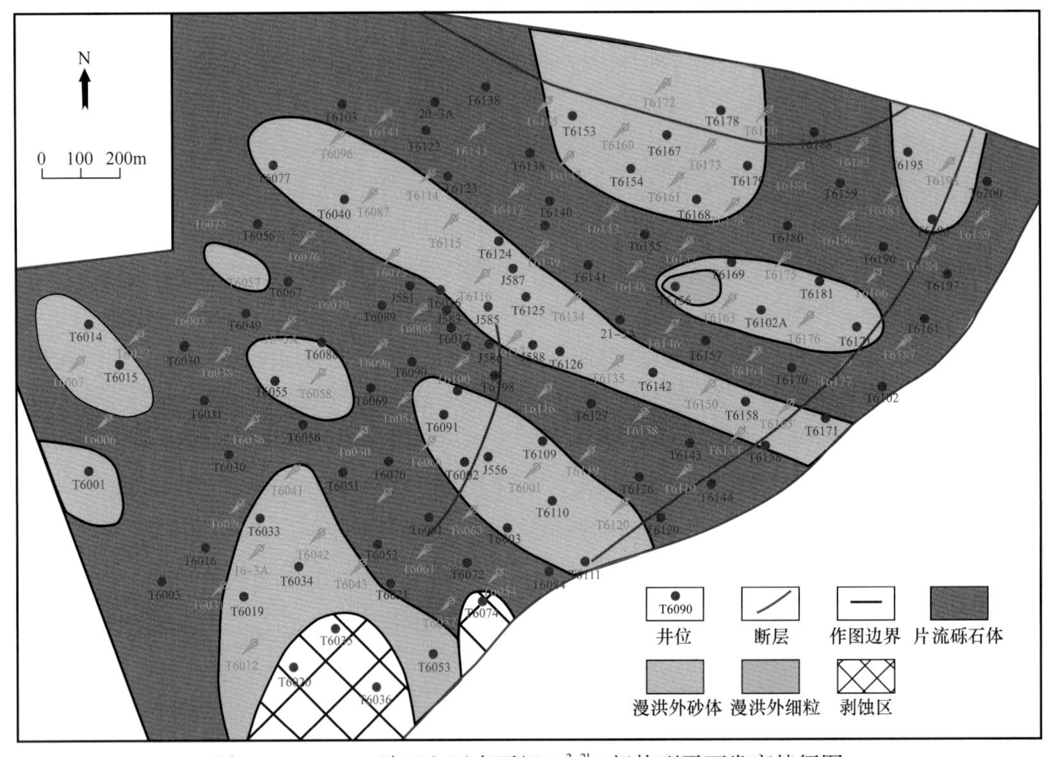

图 4–44 KLMY 油田六区克下组 S_7^{3-3b}4 级构型平面发育特征图

从 S_7^{3-1} 单砂层到 S_7^1 单砂层，共划分有五个单砂层，包括 S_7^{3-1}，S_7^{2-3}，S_7^{2-2}，S_7^{2-1} 和 S_7^1 单砂层。主要发育属于扇中部位的辫流水道、辫流砂砾坝、漫流砂体和漫流细粒沉积构型单元。物源方向为北西方向和正北向。从下到上，各单砂层的构型单元呈现出符合冲积扇沉积规律的演化发育形态。S_7^{3-1} 单砂层以大面积连片分布的辫流水道为主，水流改道和汇合等作用明显，水道间为辫流砂砾坝及漫流砂体等分隔。辫流砂砾坝形态主要表现为条带状，可以根据展布方向划分为平行水流方向、斜交水流方向和垂直水流方向三种类型。漫流砂体主要发育于南部和东部区域。漫流细粒主要集中在东西和东北部的小区域内（图 4–46）。随着层位变化，辫流砂砾坝、漫流砂体和漫流细粒等构型单元的发育范围有所增大，而辫流水道的发育规模有所缩小。辫流砂砾坝中，横向沙坝明显减少，以平行水流方向的沙坝为主。漫流砂体具有整体分布的特点，而不是仅仅局限于南部和东部的部分区域。漫流细粒的发育范围也扩展至南部和西部，主要呈条带状平行于水流方向展布。到 S_7^1 单砂层，辫流水道的宽度进一步缩小，辫流砂砾坝以平行水流方向为主，规模较小。漫流砂体的分布范围广泛，但规模变小，呈条带状发育于辫流水道或辫流砂砾坝一侧。漫流细粒的发育规模和展布范围进一步扩大，大体呈宽条带状展布，将不同的辫流水道分隔（图 4–47）。

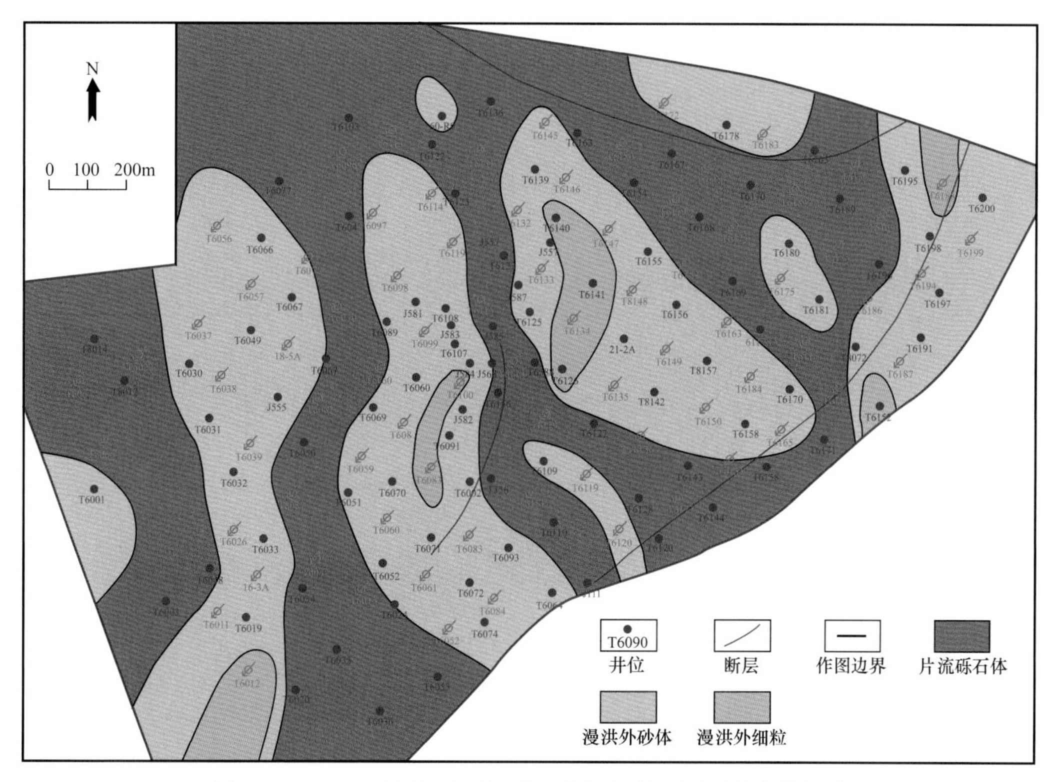

图 4-45　KLMY 油田六区克下组 S_7^{3-2a}4 级构型平面发育特征图

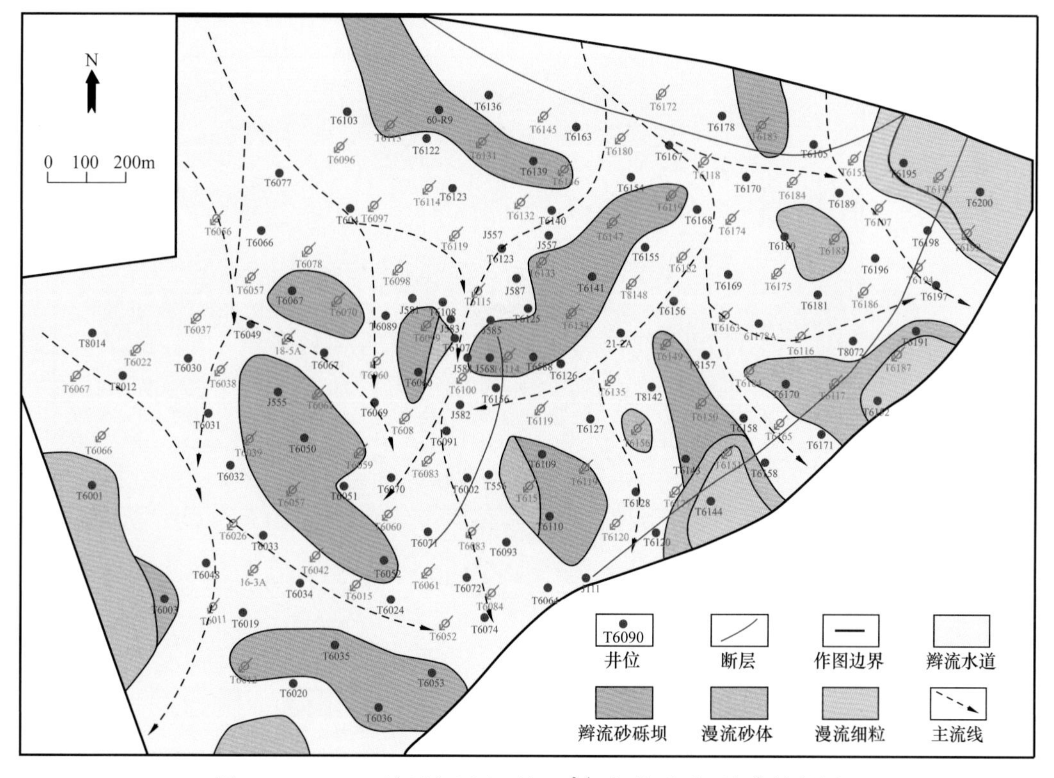

图 4-46　KLMY 油田六区克下组 S_7^{3-1}4 级构型平面发育特征图

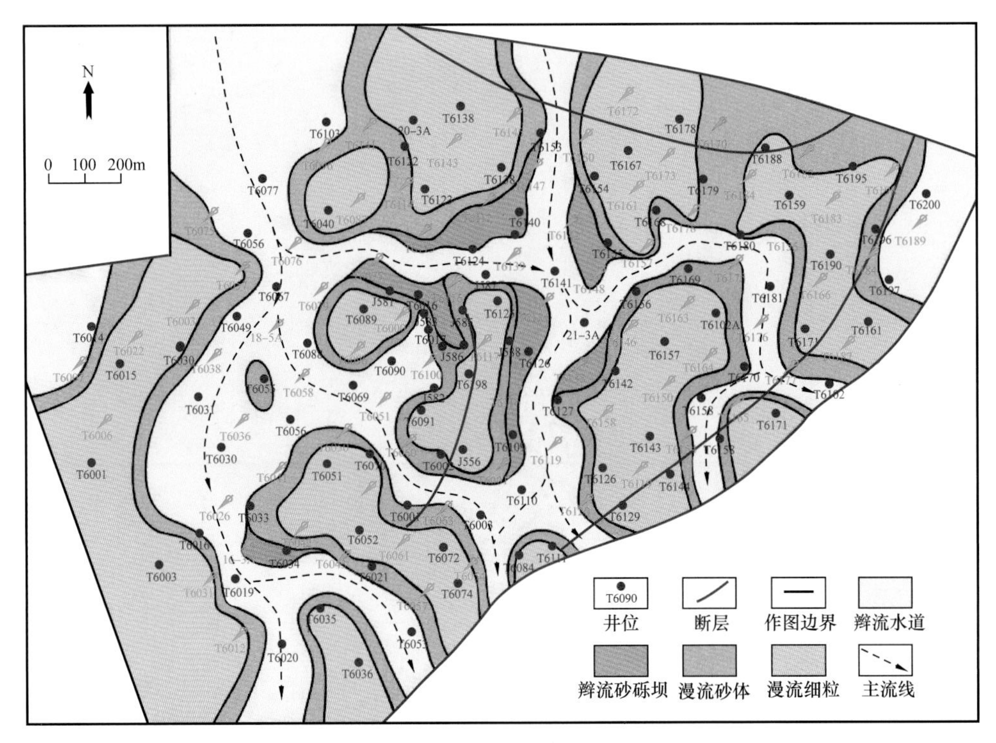

图 4-47 KLMY 油田六区克下组 $S_7^1$4 级构型平面发育特征图

S_6^3 单砂层物源主要来自北部，其次为北西向。主要发育属于扇缘部位的径流水道和水道间细粒沉积。径流水道分布的范围比较有限，单个水道规模总体上也较小（图 4-48）。

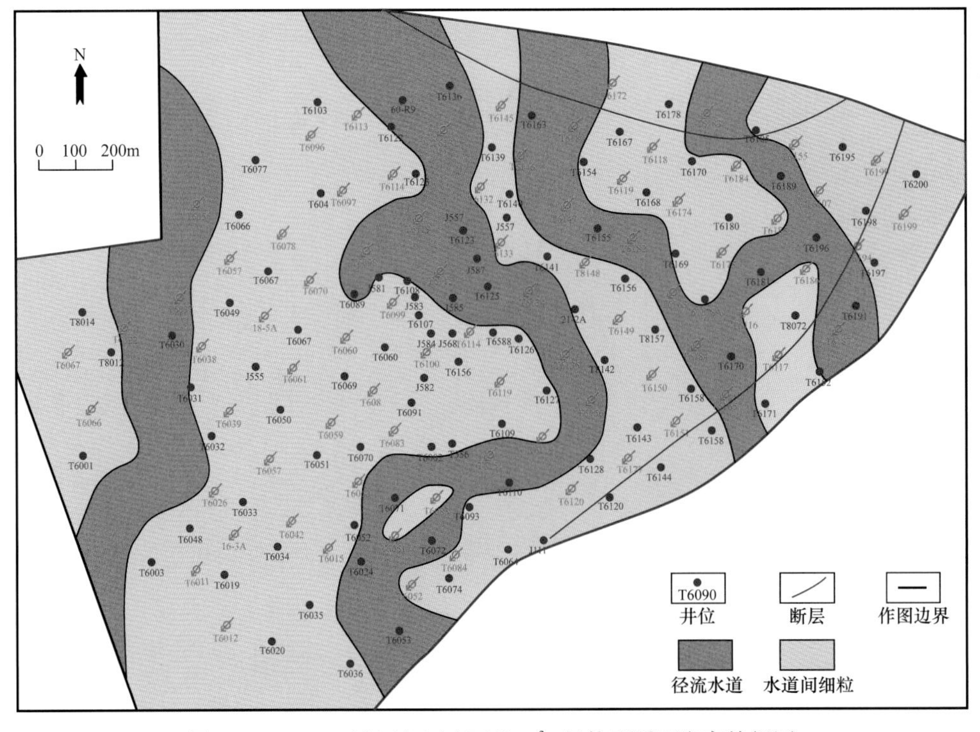

图 4-48 KLMY 油田六区克下组 $S_6^3$4 级构型平面发育特征图

（四）储层构型单元发育规模

分析砾岩冲积扇储集体剖面和平面储层构型单元的发育特征，得到不同类型储层构型几何形态、长、宽等规模定量信息（表4-2）。其中扇根内带的槽流砾石体在平面上呈条带状或叶状舌形，剖面上呈宽槽状盾形、楔状顶平底平或宽缓，冲刷不明显。界面多为岩性界面，可见杂基支撑、混杂构造、块状构造和逆粒序层理。延伸长度大于1300m，宽度70～700m。槽滩砂砾体平面上呈长条状、舌状或指状，剖面上呈薄层楔状、顶平宽缓透镜状。延伸长度达30～750m，宽度120～550m。漫洪内砂体平面上呈环边状，剖面上呈薄层楔状、透镜状。延伸长度100～200m，宽度60～400m。漫洪内细粒平面上呈窄条带状、片状，剖面上呈小透镜状。片流带平面上呈片状、带状和陇岗状。剖面上呈厚层楔状、顶平宽缓透镜状、顶底起伏透镜状。界面多为岩性界面，偶见薄泥质岩。可见杂基支撑、颗粒支撑，块状构造、正—逆粒序层理。延伸长度大于1900m，宽度大于2500m。漫洪外砂体呈厚层楔状，延伸长度140～650m，宽度100～800m。漫洪外细粒平面上呈孤立状、片状，剖面上呈透镜状。辫流水道平面上呈带状、条带状，剖面上呈上平下凸状。界面多呈低幅度冲刷面和泥质薄层。可见颗粒支撑、块状构造、平行层理。延伸长度大于1500m，宽度80～400。辫流砂砾坝平面上呈条带状、分叉带状，剖面上呈下平上凸状，可见颗粒支撑，块状构造和逆粒序层理。延伸长度150～700m，宽度80～180m。漫流砂体平面上呈环边状、带状，剖面上呈薄层楔状。延伸长度120～300m，宽度20～500m。漫流细粒平面上呈孤立状、片状。径流水道平面上呈枝状，剖面上呈上平下凸状。界面多为砂泥顶底突变，泥质层。可见颗粒支撑、杂基支撑，块状构造、沙纹层理和水平层理。延伸长度大于2300m，宽度90～260m。水道间细粒在平面上呈片状，大面积分布，剖面上呈厚层状。

四、隔夹层类型与分布

（一）隔夹层识别

1. 泥岩隔层

根据岩心观察，结合测井曲线特征，在S_7^{3-1}底部发育一套具有一定厚度的泥岩（图4-49）。同时还发现在S_7^{3-2}—S_7^{3-3}内部偶尔出现测井难以识别的薄层残留泥岩（厚度小于0.2米），分布不稳定，可作为层内夹层。相对具有一定厚度的泥岩隔层在测井曲线上反映较明显。是一定沉积结束时水动力条件相当弱的情况下产生的。

2. 钙质夹层

钙质夹层是S_7^3段内常见的层内夹层。钙质夹层一般有两种成因：一是在地表大气淡水环境下，因孔隙水的蒸发或CO_2脱气而产生沉淀。在潮湿气候区，孔隙水垂直下渗，有利于在下部发生沉淀和胶结；在较干燥气候区，强蒸发作用引起孔隙水上升，在地表形成钙结层；二是在沉积成岩过程中，随着埋深的增加，温度升高，压力增大，有机质热演化并释放大量的CO_2与地层水中Ca^{2+}、Mg^{2+}等结合形成的碳酸盐岩交代成致密碎屑岩。

表 4–2　KLMY 油田克下组储层构型发育规模统计表

亚相	5 级构型	4 级构型	沉积机制	沉积方式	岩相	沉积构造	沉积结构	几何形态		规模		
								平面	剖面	长（m）	宽（m）	宽 / 厚
扇根内带	槽流带	槽流砾石体	黏性碎屑流	块体层流，垂向加积	粗砾岩、中砾岩，含泥砂砾岩	洪积层理，逆粒序层理，混杂构造，块状层理。砾石倾角 22°～79°	杂基支撑，巨砾、砾、砂、泥混杂，分选差，砾石棱角状。	条带状 叶状舌形	宽檀状质形、楔状顶平底平或宽缓，冲刷不明显	＞1300	70～700	
		槽滩砂砾体	砂质碎屑流		中砾岩、砂砾岩	块状层理，逆粒序层理、正粒序层理	颗粒支撑 杂基支撑	长条状 舌状 / 指状	薄层楔状 顶平宽缓透镜状	30～750	120～550	
	漫洪内带	漫洪内砂体	颗粒流	浊流紊流	含砾砂岩，粗砾岩	粒序层理， 块状层理	杂基支撑	环边状	薄层楔状 透镜状	100～200	60～400	
		漫洪内细粒	浊流		粉砂岩，泥质粉砂岩，含砾砂岩	沙纹层理，变形层理，偶见炭屑		窄条带状 片状	小透镜状			
扇根外带	片流带	片洪砾石体	砂质碎屑流 颗粒流	块体层流，垂向加积	中砾岩、含中砾细砾岩、含泥砂砾岩	洪积层理，粒序层理，似平行层理、冲刷充填构造，冲刷面，砾石倾角	砾石棱角状，杂基支撑、颗粒支撑，粒度分布服从罗辛分布	片状 带状 垅岗状	厚层楔状 顶平宽缓透镜状 顶底起伏透镜状	＞1900	＞2500	
	漫洪外带	漫洪外砂体	浊流	浊积	含砾砂岩，中—细砂岩	交错层理， 粒序层理	杂基支撑	孤立状 条带状	薄层楔状	140～650	100～800	
		漫洪外细粒	浊流 细粒浆体沉		粉砂岩，泥质粉砂岩，含砾泥岩	炭屑		孤立状 片状	透镜状			
扇中	辫流带	辫流水道	牵引流	垂向加积、顺流加积、侧向加积	砂质砾岩，含砂砾岩，粗砂岩，中砂岩	交错层理，块状层理。低幅度冲刷面	粒径变化小，分选中等—差，颗粒呈次棱—次圆，颗粒支撑	带状 条带状	上平下凸状	＞1500	80～400	61.0 （30.4～160.3）
		辫流砂砾坝			细砾岩，砂质砾岩，含砾砂岩	大型交错层理，洪积层理，沙纹层理		条带状 分叉带状	下平上凸状	150～700	80～180	
	漫流带	漫流砂体	浊流	漫积	含砾砂岩，细砾岩	块状层理，变形层理，炭屑	颗粒支撑	环边状 带状	薄层楔状	120～300	20～500	
		漫流细粒		浊积	含砾粉砂质，含砾泥岩	水平层理，炭屑	杂基支撑	孤立状 片状				
扇缘	径流带	径流水道	牵引流	填积	细砂岩，粉砂岩	沙纹层理，块状层理	颗粒支撑	枝状	上平下凸状	＞2300	90～260	47.5 （34.5～64.8）
	湿地	水道间细粒		漫积	粉砂质泥岩，泥岩	水平层理，炭屑						

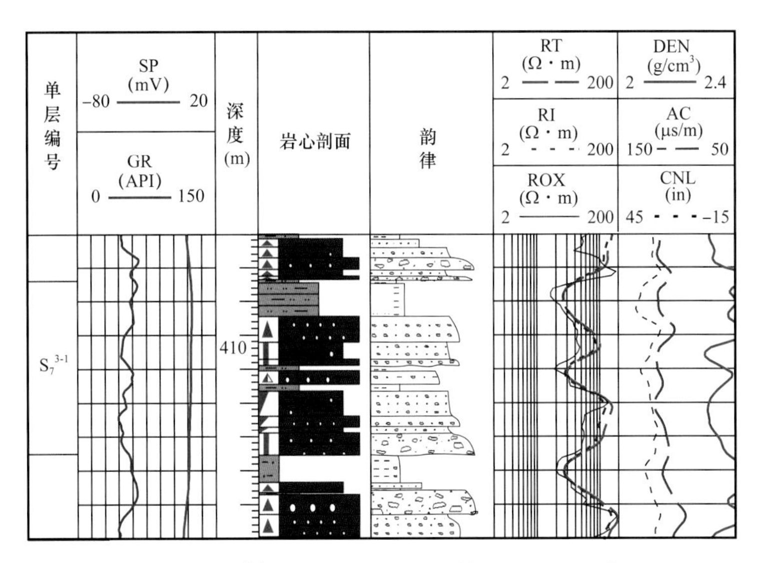

图 4-49　S_7^{3-1} 单层顶底隔层岩电模式图（J585 井）

根据 J555 井、J556 井、J557 井薄片资料统计，储层胶结物中普遍含方解石，一般含量在 3%～5%，而局部富集钙质夹层，反映在岩心剖面上各种岩性都有，砂砾岩至含砾粗砂岩，胶结致密，含油性较差，一般在油迹以下，厚度一般在 0.2～0.4m。在测井曲线上声波时差、密度测井反映敏感，声波时差一般小于 95μs/ft，密度大于 2.35g/cm³（图 4-50）。

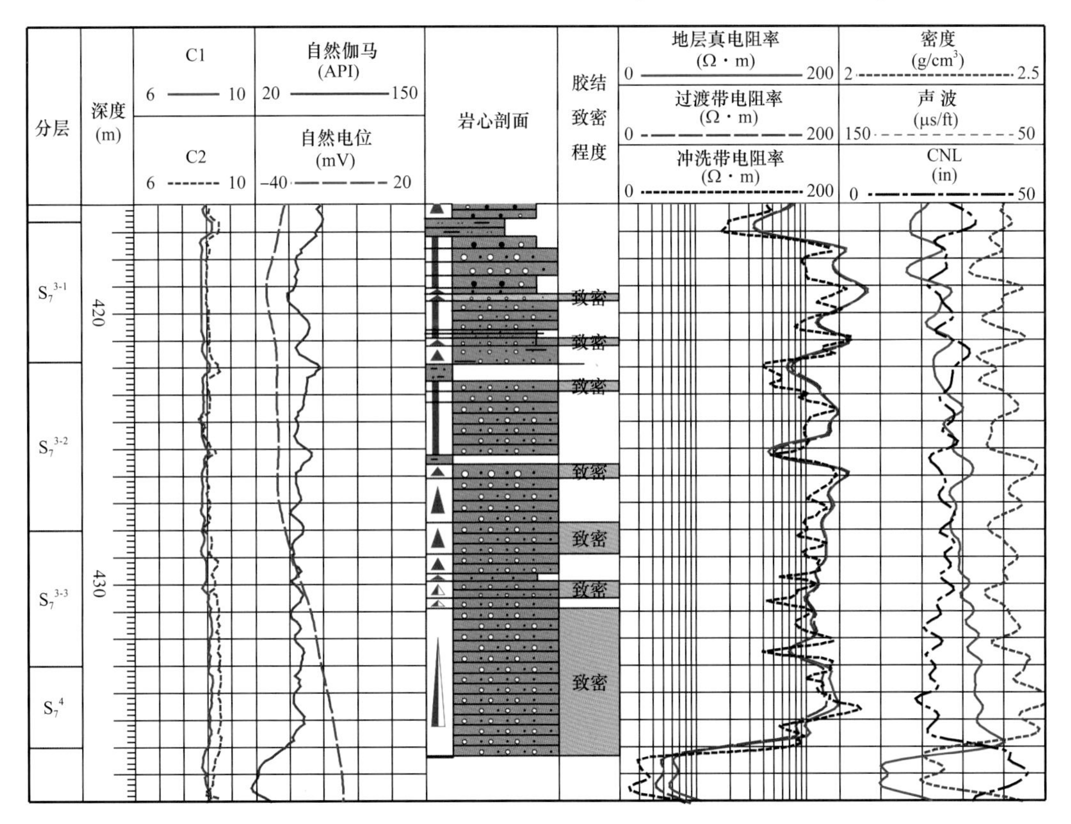

图 4-50　钙质夹层岩电模式图（J587 井）

通过岩心观察，S_7^3 段 S_7^{3-3} 中上部以上钙质夹层的出现与泥岩有密切关系，均发育于泥岩或残留薄层泥岩的底部。这是由于在此段的沉积具有片流特点而造成的。因此，该段钙质夹层的出现可以表征为一个沉积单元的结束，具有等时性或等深性，即为同一时间形成的，形成时的深度基本一致。

3. 物性夹层

物性夹层主要发育于 S_7^{3-3} 以下地层，岩性主要为砂质砾岩，在测井曲线上表现为低声波时差值（小于 95μs/ft）、高密度值（大于 2.4g/cm^3）。相对厚度较大，一般在 0.5m；含油性较差，主要为油迹以下储层，大部分为荧光级别储层，属无效储层。在自然伽马及自然电位上反映出泥质含量较高的特点，属滞留沉积产物（图 4–50）。

（二）隔夹层分布

经横向对比分析，S_7^{3-1} 底部泥岩隔层具有分布稳定的特点，由于 S_7^{3-1} 的储层特征及开发特征与 S_7^{3-2}—S_7^{3-3} 段存在明显的差异，当作为 S_7^3 内部进行分层注水或进一步实施分采的隔层，对于减少层间矛盾、提高水驱波及体积、提高油藏开发效果，其作用非常重要。

而对于钙质夹层，由于克下组冲积扇具有水动力极强，向下侵蚀严重，造成分布的不稳定性，通过对比其纵向分布呈随机性发育，剖面上连续性较差，一般连续在 1 个井组。因此，在个别有条件的井组，充分利用夹层的随机分布特点，实施多级分注，最大限度提高水驱波及体积，提高水驱采收率。

选择了不同区域进行对比，一个是构造翼部的中至强水淹区的 T6181 井区，另一个是构造顶部弱水淹区的 T6080 井区。通过对比分析，纵向上这种随机分布的钙质夹层，对油层纵向水淹程度没有大的影响，但对层内剩余油分布还是有一定的影响。

五、储层构型与岩性配置样式

基于 8 口密闭取心井资料，对取心段 4 级构型划分结果与岩性的对应关系进行了统计，并总结了相关规律（图 4–51）。槽流砾石体和槽滩砂砾体以砂砾岩、中砾岩等粗粒沉积为主，其中以一至两种岩石类型占绝对主体。主导的岩石类型厚度占总厚度的百分比大于 80%，甚至可以接近 90% 左右。因此槽流砾石体和槽滩砂砾体多形成高渗透条带。

对于片流砾石体而言，虽然是大面积连片分布，但是岩石类型也是以多变为特征。主要包括砂砾岩、细砾岩和中砾岩等，而且没有一种岩石类型占绝对的主导地位。除了以粗粒沉积为主外，还包括少量的泥岩等细粒沉积，虽然这部分细粒沉积很少，但是其影响却不容小视，其主要以构型界面等沉积特征存在，加剧了储层在空间上的非均质性，增加了储层有效开发的难度。整体上以粗粒为主，包括砂砾岩、细砾岩和中砾岩。

辫流水道、辫流砂砾坝等构型单元，一般由砂砾岩、砂岩等多种岩石类型组成，岩石类型分布范围广，并没有一种岩石类型占绝对的主导地位。这从侧面也反映 KLMY 油田六中区储层非均质性强烈，岩石类型多变。虽然粉砂岩、泥岩等细粒沉积和中砾岩等粗粒沉积含量很少，厚度百分比均在 10% 以内，但其对储层物性的影响却应该引起足够重视。因为上述细粒沉积往往以不同级次构型界面存在，影响储层的连通性。将辫流水道和辫流砂砾坝的岩石类型与片流砾石体和槽流砾石体等构型单元对比发现，前者砂岩和砾岩都发育，而后者以砂砾岩和中砾岩为主，沉积物粒度明显变粗。

对于漫流砂体，砂岩占绝对主体，厚度百分比大于 60%。同时可以看到粉砂岩到细砾岩等多种岩石类型，岩石类型分布范围广、变化大，这也影响了该构型单元的物性。

漫洪外砂体和漫洪内砂体，粒度明显粗于漫流砂体，主要由砂砾岩、细砾岩、砂岩等组成，其中砂岩、砂砾岩或细砾岩最多。粉砂岩和泥岩等细粒沉积的含量较少，厚度百分比一般小于10%。由于粉砂岩和泥岩的存在，极大地影响了上述构型单元储层物性。

对于水道间细粒、漫流细粒、漫洪外细粒和漫洪内细粒等细粒沉积，均由泥岩占主体，厚度比例最小也大于65%。粉砂岩等其他岩石类型很少，厚度比例几乎都在10%以内。

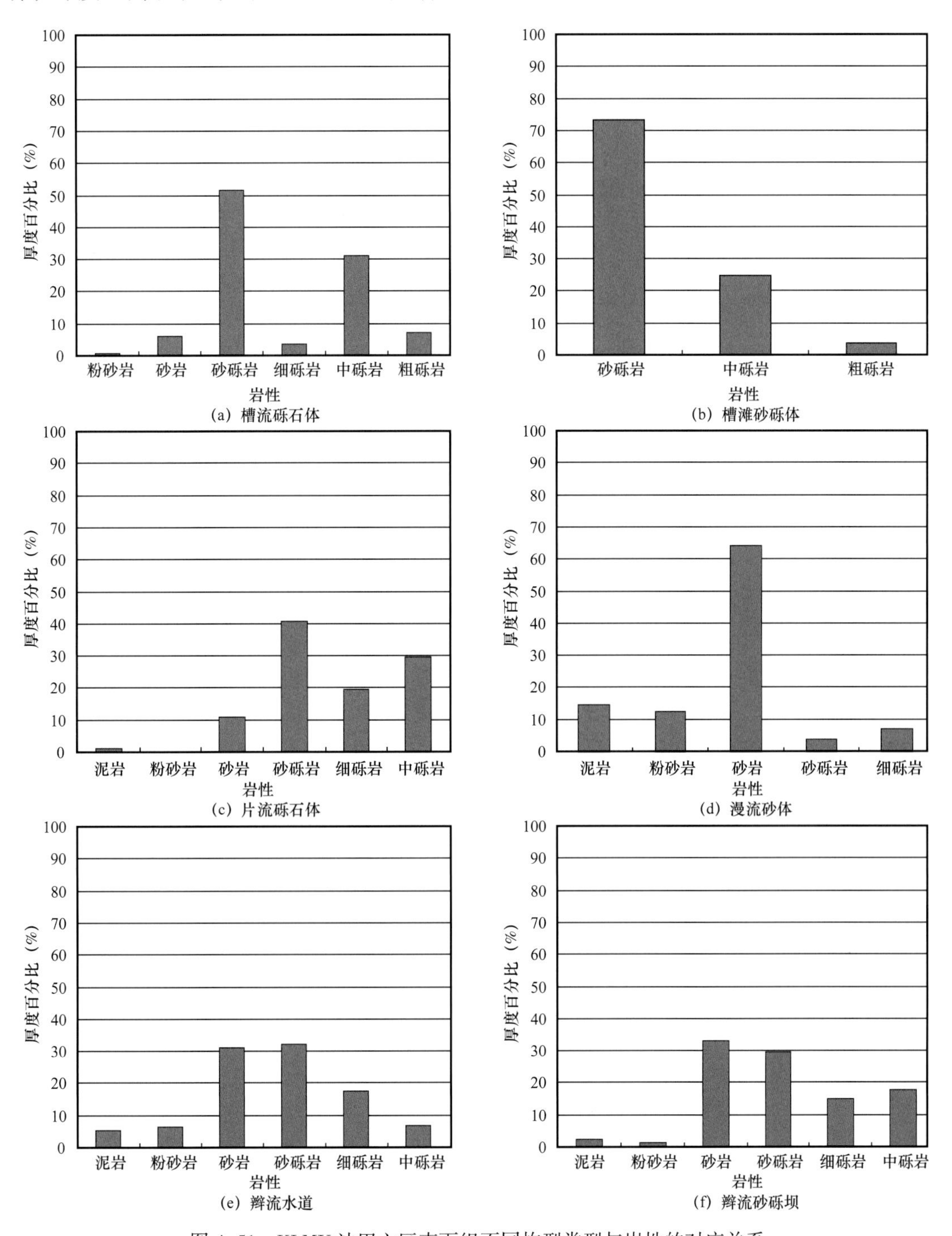

图4-51　KLMY油田六区克下组不同构型类型与岩性的对应关系

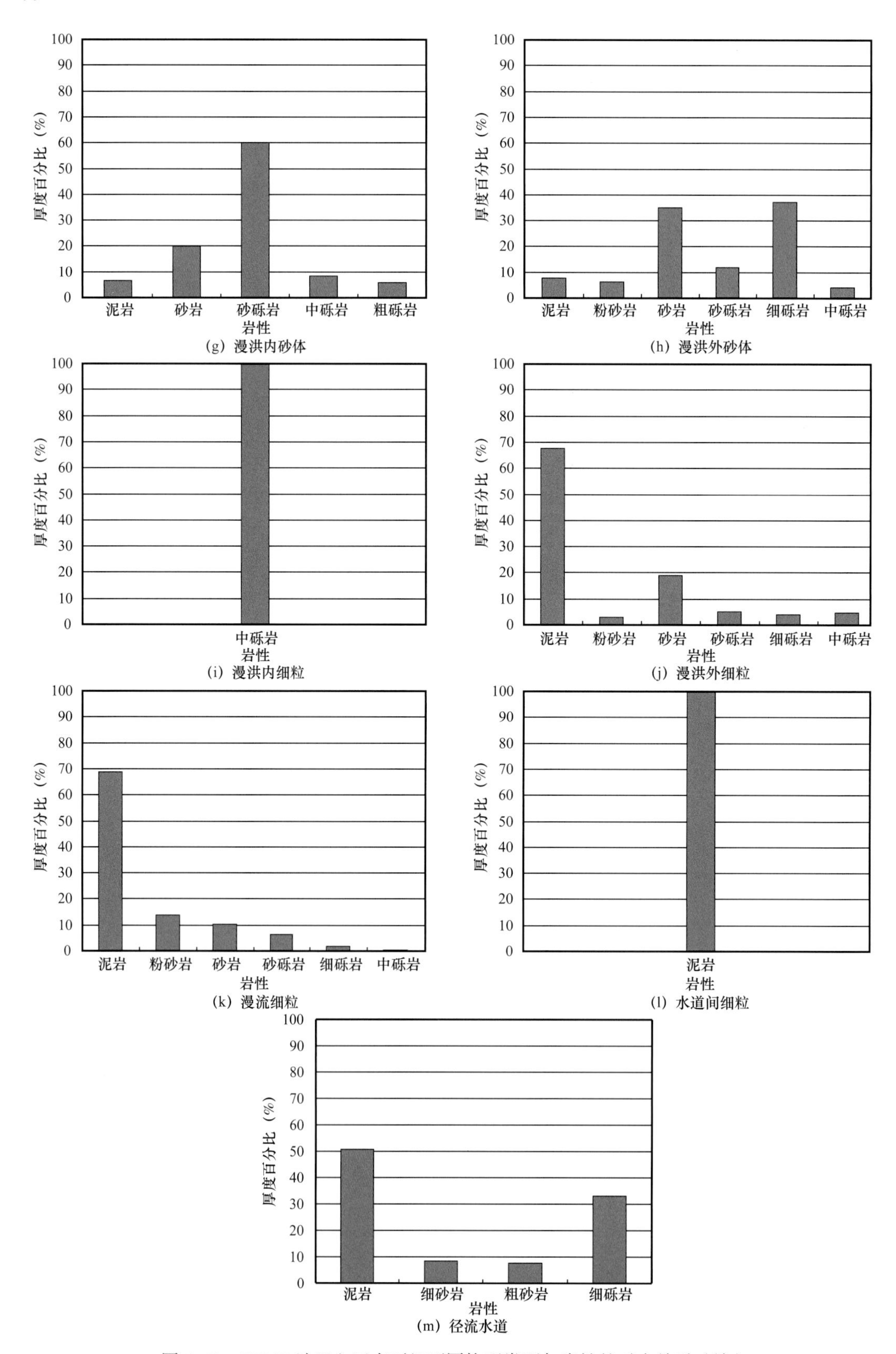

图 4-51　KLMY 油田六区克下组不同构型类型与岩性的对应关系（续）

六、冲积扇储层构型模式

（一）砾岩储层构型组合模式

KLMY 六区冲积扇储层共划分为 13 种构型类型，其中有 9 种可以发育为储层。上述这些不同类型构型单元在空间上形成不同的组合，并最终控制了不同类型储层在空间上的发育规律。总结归纳这些构型类型在空间上的组合模式，对于深入认识储层发育规律具有十分重要的意义。因此，通过不同构型单元在剖面上的展布特征来分析不同类型储层构型单元在空间上的组合特征，共总结出 29 种构型组合模式（图 4–52 至图 4–60）。

在扇根内带主要包括以下 6 种组合模式：槽流砾石体 + 槽流砾石体（S_7^4 单砂层最发育）、槽流砾石体 + 槽滩砂砾体 + 槽流砾石体、漫洪内砂体 + 槽滩砂砾体 + 漫洪内砂体 + 槽流砾石体、槽流砾石体 + 漫洪内砂体、槽流砾石体 + 漫洪内细粒 + 槽滩砂砾体、漫洪内砂体 + 漫洪内细粒 + 槽滩砂砾体（图 4–52）。

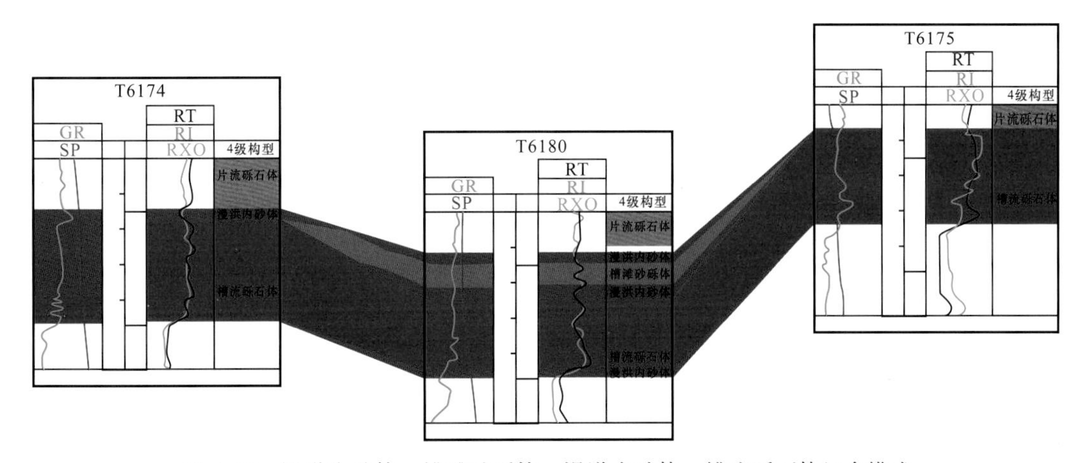

图 4–52 漫洪内砂体 + 槽滩砂砾体 + 漫洪内砂体 + 槽流砾石体组合模式

扇根外带主要包括以下 7 种组合模式：片流砾石体 + 漫洪外砂体 + 片流砾石体、漫洪外砂体 + 片流砾石体、片流砾石体 + 片流砾石体（单砂层 S_7^{3-2}、S_7^{3-3} 最发育）、片流砾石体 + 漫洪外细粒 + 片流砾石体、漫洪外砂体 + 片流砾石体 + 片流砾石体、漫洪外砂体 + 漫洪外细粒 + 漫洪外砂体、漫洪外砂体 + 漫洪外砂体（图 4–53、图 4–54）。

扇中亚相主要包括以下 16 种组合模式：辫流水道 + 漫流细粒 + 辫流水道（S_7^{2-2}、S_7^{2-1}、S_7^1 中发育）、漫流细粒 + 辫流砂砾坝 + 漫流细粒、辫流砂砾坝 + 漫流细粒 + 辫流砂砾坝、漫流细粒 + 辫流砂砾坝、辫流水道 + 辫流砂砾坝（S_7^{3-1}—S_7^1 均发育）、漫流砂体 + 辫流水道 + 辫流水道、辫流水道 + 辫流水道、漫流砂体 + 辫流水道、辫流水道 + 辫流砂砾坝 + 辫流水道（S_7^{3-1}、S_7^{2-3} 最发育）、辫流砂砾坝 + 漫流砂体、漫流砂体 + 辫流砂砾坝 + 辫流水道（S_7^{2-2} 最发育）、辫流水道 + 漫流细粒 + 漫流砂体、辫流水道 + 漫流砂体 + 辫流水道（S_7^{2-2} 最发育）、辫流砂砾坝 + 辫流水道 + 漫流砂体、辫流砂砾坝 + 辫流水道 + 辫流砂砾坝（S_7^{3-1}、S_7^{2-3} 最发育）（图 4–55 至图 4–57）。

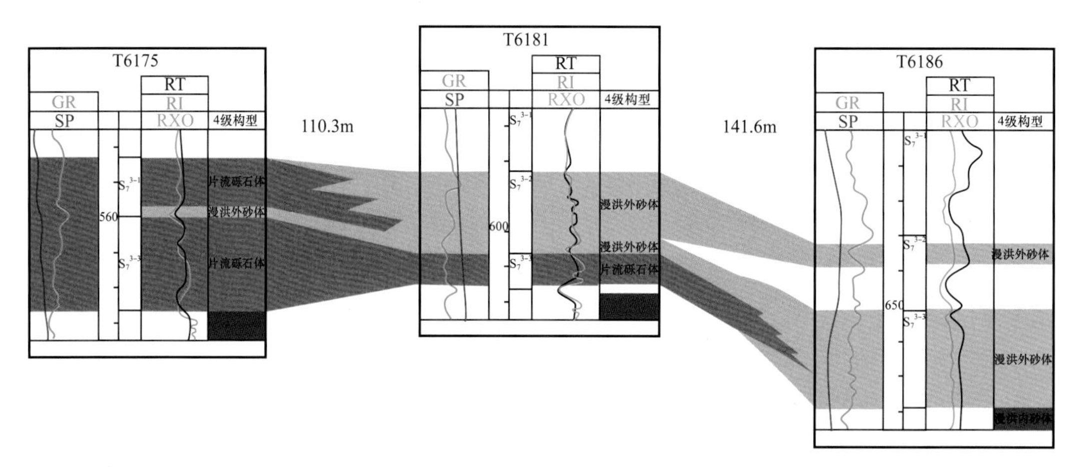

图 4-53 片流砾石体 + 漫洪外砂体组合模式

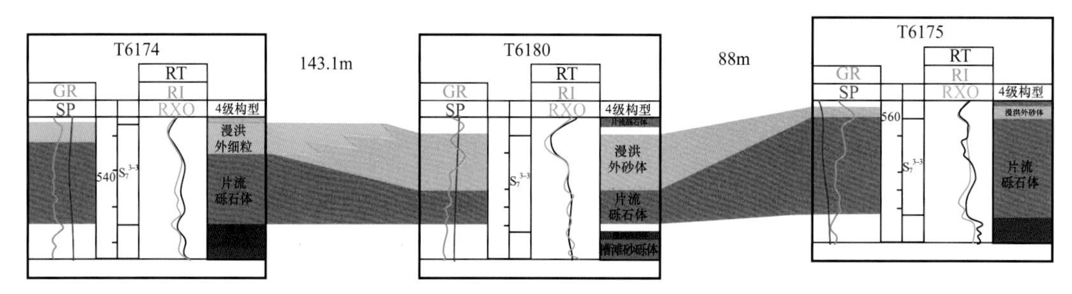

图 4-54 片流砾石体 + 漫洪外细粒 + 片流砾石体组合模式

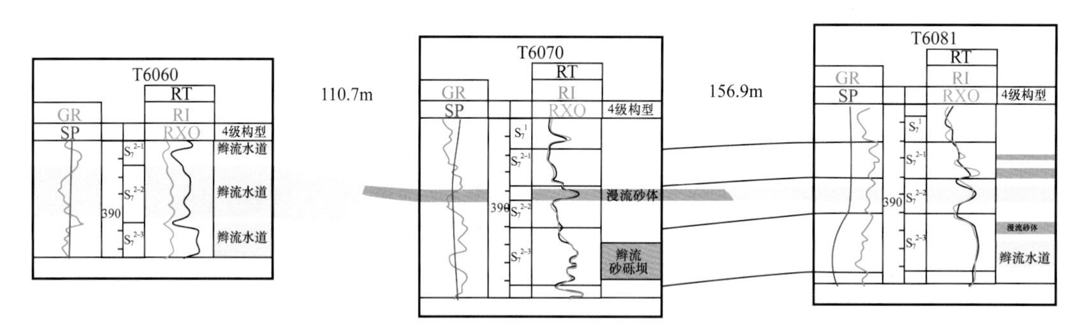

图 4-55 辫流水道 + 漫流砂体 + 辫流水道组合模式

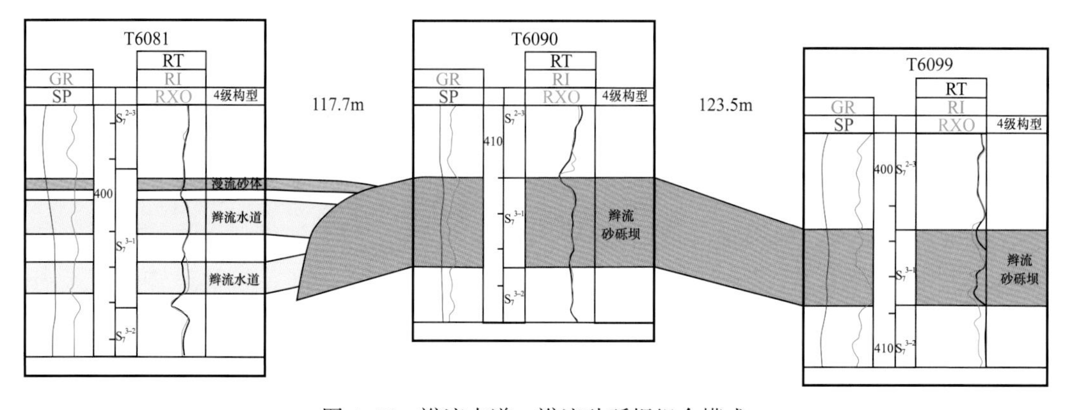

图 4-56 辫流水道 + 辫流砂砾坝组合模式

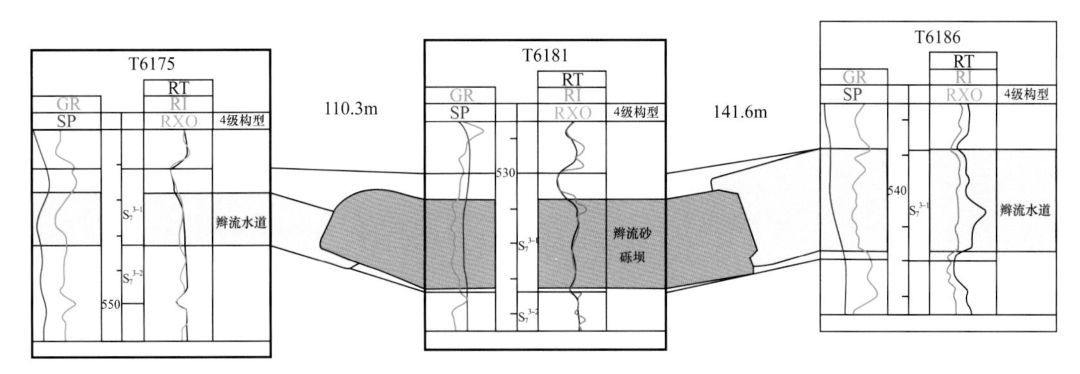

图 4-57 辫流水道 + 辫流砂砾坝 + 辫流水道组合模式

扇缘亚相主要发育的构型组合模式是径流水道 + 水道间细粒 + 径流水道（S_6^3）（图 4-58）。

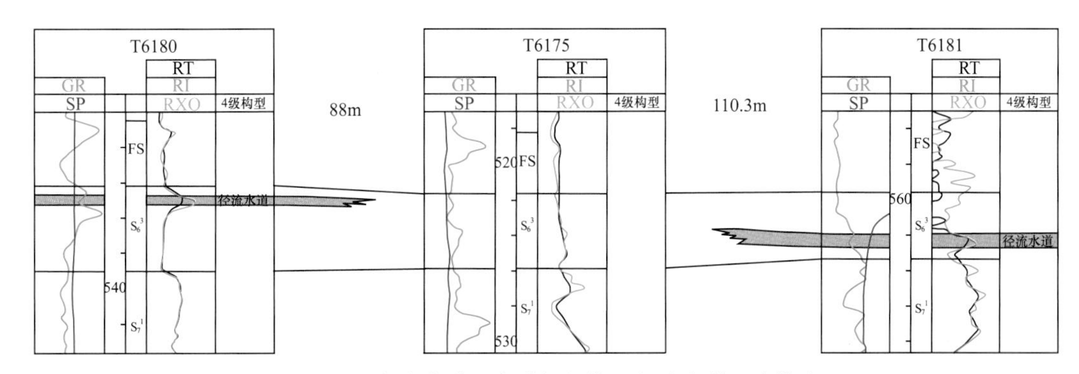

图 4-58 径流水道 + 水道间细粒 + 径流水道组合模式

（二）储层构型沉积模式

储层构型模式为反映储层及其内部构型单元的几何形态、规模、方向及其相互关系的抽象表述。根据不同类型构型单元在单井、剖面和平面上的展布规律及规模大小数据，建立 KLMY 油田六区克下组不同亚相带储层构型模式及典型单砂体构型沉积模式（图 4-59、图 4-60）。其中，冲积扇靠近盆地边缘发育。地层自下而上分别为扇根内带、扇根外带、扇中和扇缘沉积亚相，为典型的退积型特征。扇根内带以槽流砾石体沉积为主，扇根外带以片流砾石体沉积为主，总体上沉积物粒度都很粗。扇中主要为辫流水道、辫流砂砾坝和漫流砂体沉积，其中辫流水道占主体。扇缘基本上为大面积分布的细粒沉积，径流水道的延伸长度和河道宽度都十分有限。总体上，扇体从盆地中心向盆地边缘逐渐后退，表现为典型的退积特征。

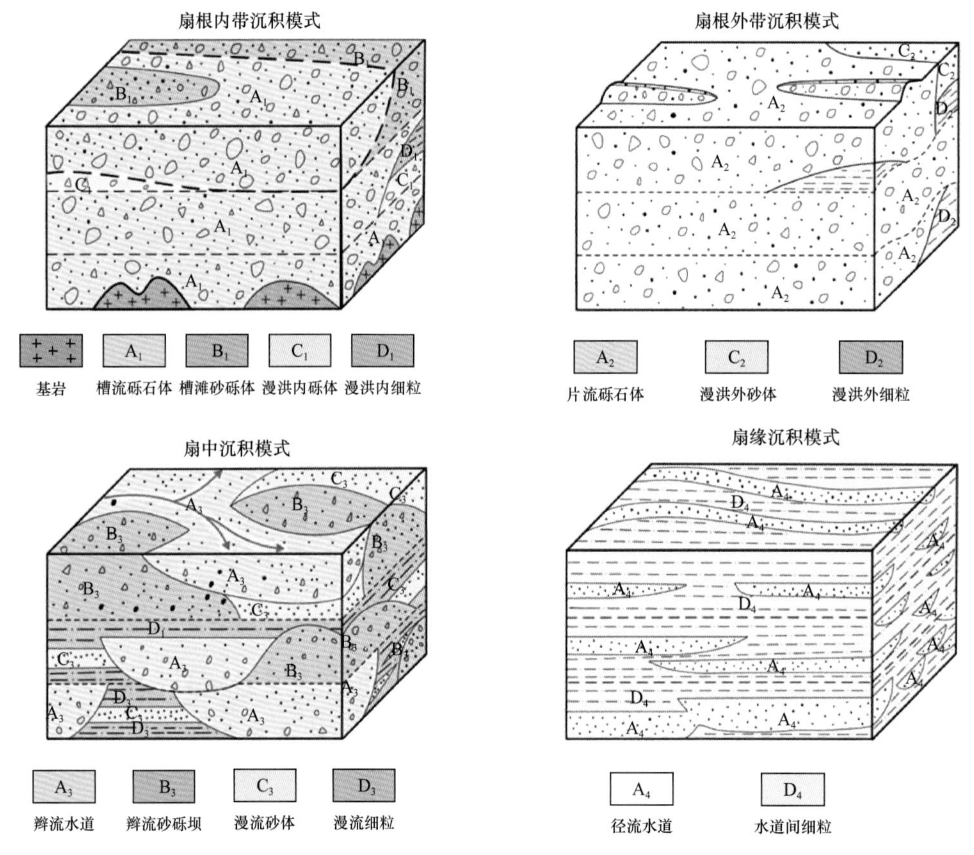

图 4-59 KLMY 油田六区克下组不同沉积亚相带储层构型模式

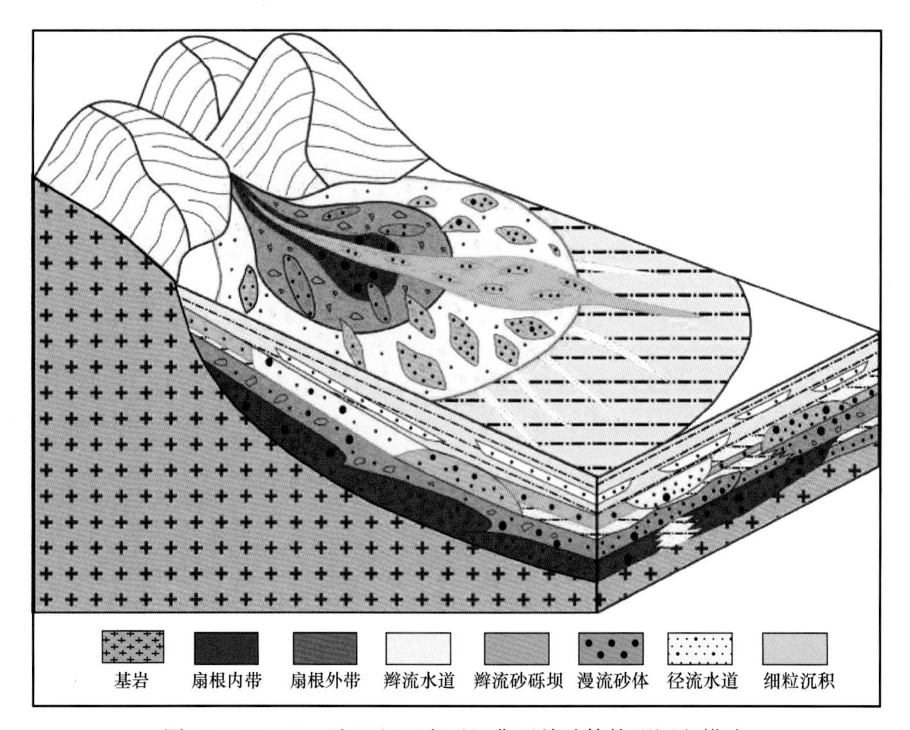

图 4-60 KLMY 油田六区克下组典型单砂体构型沉积模式

第四节　冲积扇储层构型连通性评价

冲积扇储层构型的连通性主要包括内部连通性和构型单元间连通性两方面，利用井间示踪剂监测及注水曲线和产吸液剖面对比，可较好地评价六中东区的储层构型连通性。

一、构型单元内部连通性

对油水井间的连通性判断可以根据油水井生产曲线特征、产吸液剖面、示踪剂等资料进行。尤其是示踪剂资料在判断油水井间连通性方面有比较直观的效果。2008 年 4 月 16 日至 5 月 4 日，为了配合老区的综合治理、挖潜增效，六中东区克下组油藏 T6038、T6039、T6061、T6083、T6084、T6099、T6100、T6116、T6117、T6133、T6137、T6184 12 个井组分上下两段（上段主要对应 S_7^{3-1} 层，下段主要对应 S_7^{3-2}、S_7^{3-3} 层）展开微量元素示踪剂井间示踪监测试验。这些示踪剂资料对处于相同构型或者不同构型单元的油水井连通性评价提供了基础。

二次开发调整井主要射孔层段集中在 S_7^{2-3}—S_7^4 层，产油井主要位于片流砾石体、辫流水道构型单元中。下面主要分析这两类构型单元内部的连通状况。

（一）片流砾石体内部

1. 单向见剂

T6100 井组的主要测试层位是 S_7^{3-1}、S_7^{3-2}、S_7^{3-3} 层，水井 T6100 井在这三个层位均有射孔。在测试层位中分上下两段注入示踪剂，下段示踪剂主要对应 S_7^{3-2}、S_7^{3-3} 层，只在 T6090 井中检测出（图 4–61）。该井组所有井在 S_7^{3-2}、S_7^{3-3} 层均处于片流砾石体中，属于片流砾石体内部单向见剂。

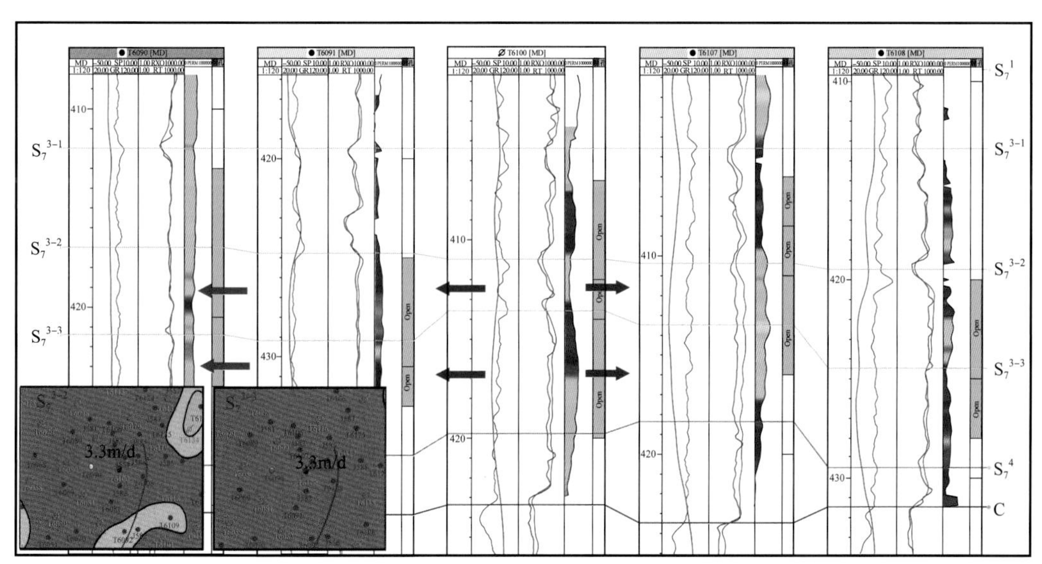

图 4–61　T6100 井组片流砾石体内部单向见剂

2. 双向见剂

T6099 井组的主要测试层位是 S_7^{3-2}、S_7^{3-3} 层，水井 T6099 在这两个层位均有射孔。在测试层位中分别注入不同的示踪剂，T6089 和 T6090 井中检测出相应的示踪剂（图 4-62）。该井组所有井在 S_7^{3-2}、S_7^{3-3} 层均处于片流砾石体中，属于片流砾石体内部双向见剂。

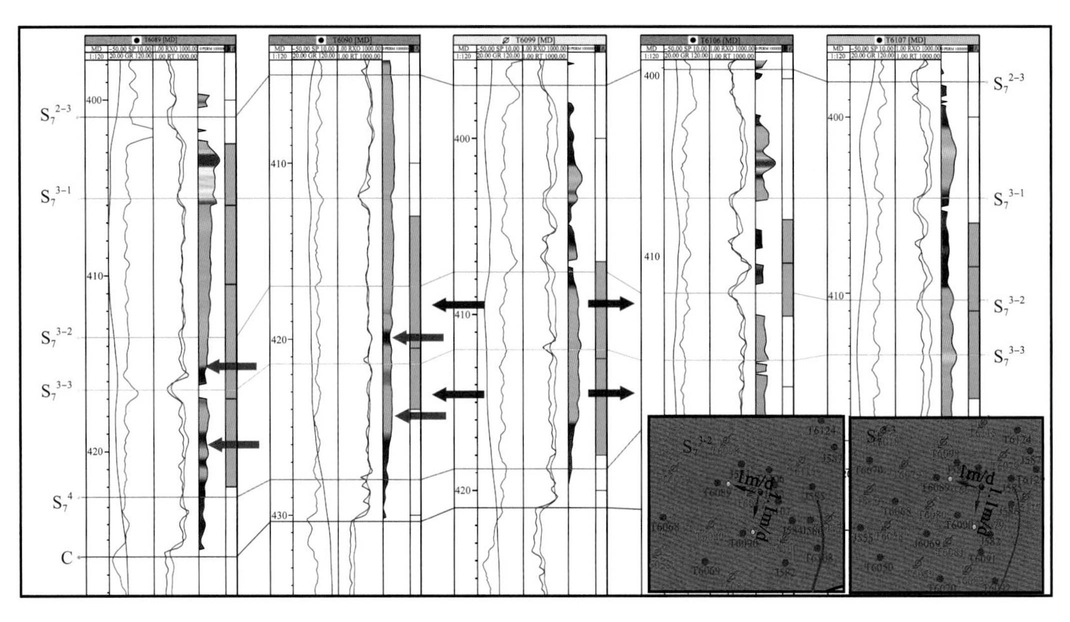

图 4-62　T6099 井组片流砾石体内部双向见剂

3. 多向见剂

T6133 井组的主要测试层位是 S_7^{3-2}、S_7^{3-3}、S_7^{4} 层，水井 T6133 在这三个层位均有射孔。S_7^{3-2} 层同 S_7^{3-3}、S_7^{4} 层分别注入不同的示踪剂，对于 S_7^{3-2} 层注入的示踪剂，在 T6124 井、T6106 井、T6125 井中检测出相应的示踪剂（图 4-63）。该井组所有井在 S_7^{3-2} 层主要处于片流砾石体中，属于片流砾石体内部多向见剂。

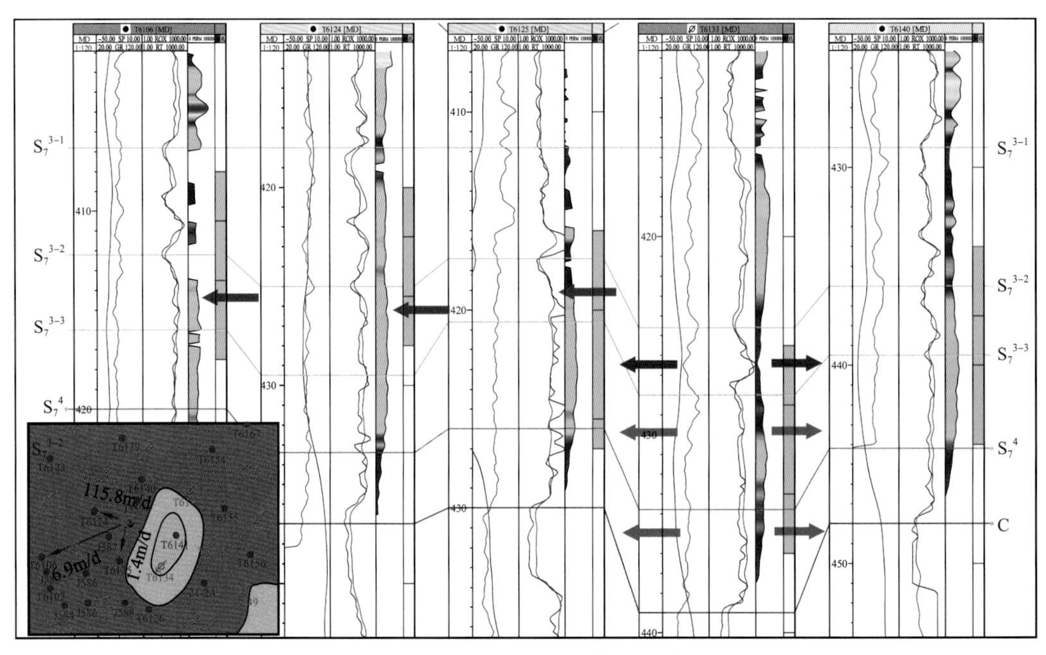

图 4-63　T6133 井组片流砾石体内部多向见剂

（二）辫流水道内部

1. 单向见剂

T6083 井组的测试层位是 S_7^{3-1}、S_7^{3-2}、S_7^{3-3} 层，水井 T6083 井在这三个层位均有射孔。主要在 S_7^{3-1} 层注入示踪剂，只有油井 T6074 井中检测出相应的示踪剂，对于断层同侧其他油井未检测出对应示踪剂（图 4-64）。该井组在 S_7^{3-1} 层主要处于辫流水道内部，属于辫流水道内部单向见剂。

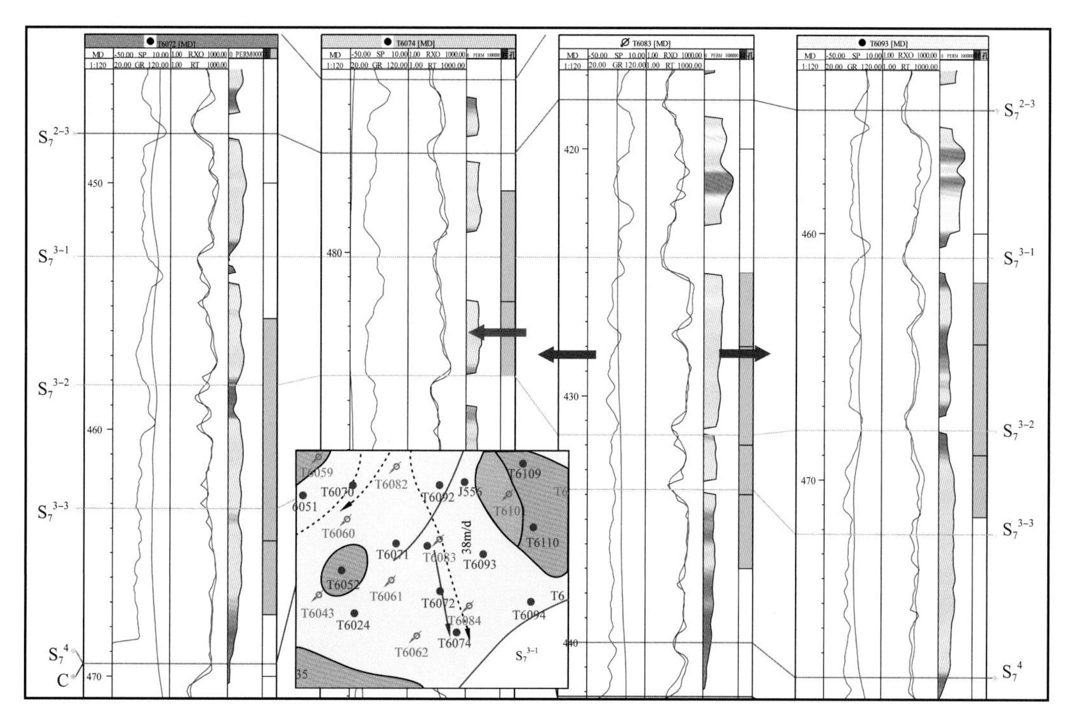

图 4-64 T6083 井组辫流水道内部单向见剂

2. 双向见剂

T6061 井组的测试层位是 S_7^{3-1}、S_7^{3-2}、S_7^{3-3} 层，水井 T6061 井在这三个层位均有射孔。在 S_7^{3-1} 层注入示踪剂，T6024、T6072、T6074 井组在 S_7^{3-1} 层有射孔对应。但只在 T6072 和 T6074 井组检测出相应的示踪剂（图 4-65）。该井组在 S_7^{3-1} 层主要处于辫流水道内部，属于辫流水道内部双向见剂。

按照上述思路，对 12 个示踪剂井组分别分析，得到片流砾石体、辫流水道内部示踪剂见剂统计表（表 4-3）。从储层构型内部见剂方向统计直方图可以看出，片流砾石体内部单向、双向、多向见效所占比例相当，但单向和双向见效所占比例略高；辫流水道内部以双向见效为主，而单向见效所占比例略低，没有多向见效（图 4-66）。这也说明，片流砾石体横向连通性好，而辫流水道的方向性比较明显。

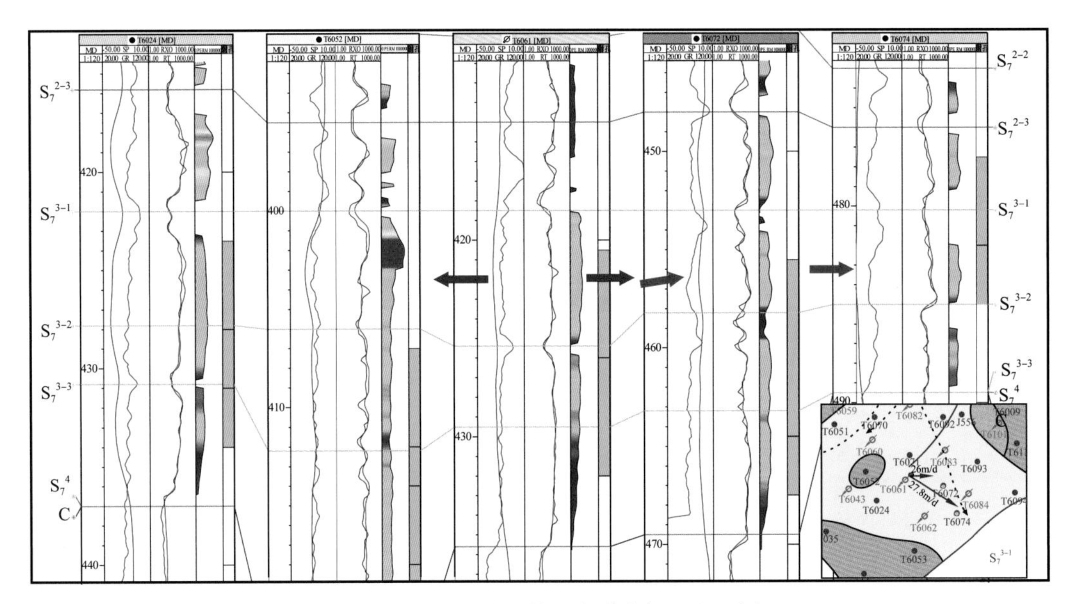

图 4–65　T6061 井组辫流水道内部双向见剂

表 4–3　同一构型单元示踪剂见剂统计表

构型	示踪剂见效统计					
	单向见效		双向见效		多向见效	
	注剂井组	见效井组	注剂井组	见效井组	注剂井组	见效井组
片流砾石体	T6038	T6031	T6099	T6089、T6090	T6116(S_7^{3-2})	T6106、T6107、T6124
	T6100(S_7^{3-2})	T6090	T6099	T6089、T6090	T6116(S_7^{3-3})	T6106、T6107、T6124
	T6100(S_7^{3-3})	T6090	T6137(S_7^{3-2})	T6128、T6143	T6133	T6106、T6124、T6125
	T6117	T6126	T6137(S_7^{3-3})	T6128、T6143		
	T6133	T6124	T6184	T6189、T6190		
辫流水道	T6083	T6074	T6061	T6072、T6074		
			T6100	T6106、T6107		

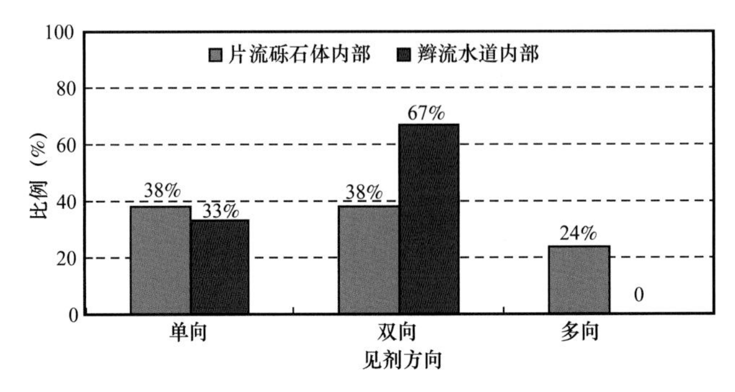

图 4–66　构型内部示踪剂见剂方向直方图

二、构型单元之间连通性

（一）片流砾石体与漫洪外砂体之间连通

以水井 T6174 和油井 T6180 为例，油水井射孔对应层位 S_7^{3-2}、S_7^{3-3} 层。根据储层构型分析，油水井在 S_7^{3-2} 层分属于不同构型单元，油井位于漫洪外砂体中，水井位于片流砾石体中（图 4-67）。在 S_7^{3-3} 层，油水井处于同一构型单元片流砾石体中。示踪剂情况显示，油水井在 S_7^{3-2} 层有对应关系。通过油井生产曲线同水井注水曲线对比及产吸液剖面对比可以看出（图 4-68），油水井在 S_7^{3-2} 层有较好的对应关系，表明处于片流砾石体与漫洪外砂体这两种不同构型单元的油水井有一定连通性。

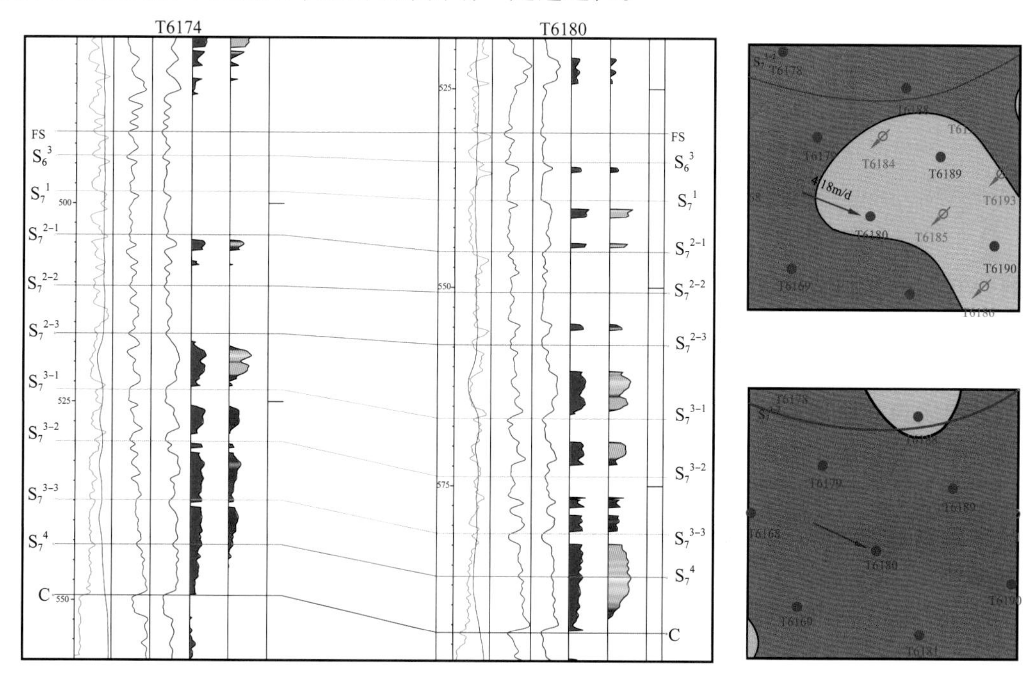

图 4-67　水井 T6174、油井 T6180 连井剖面及构型平面图

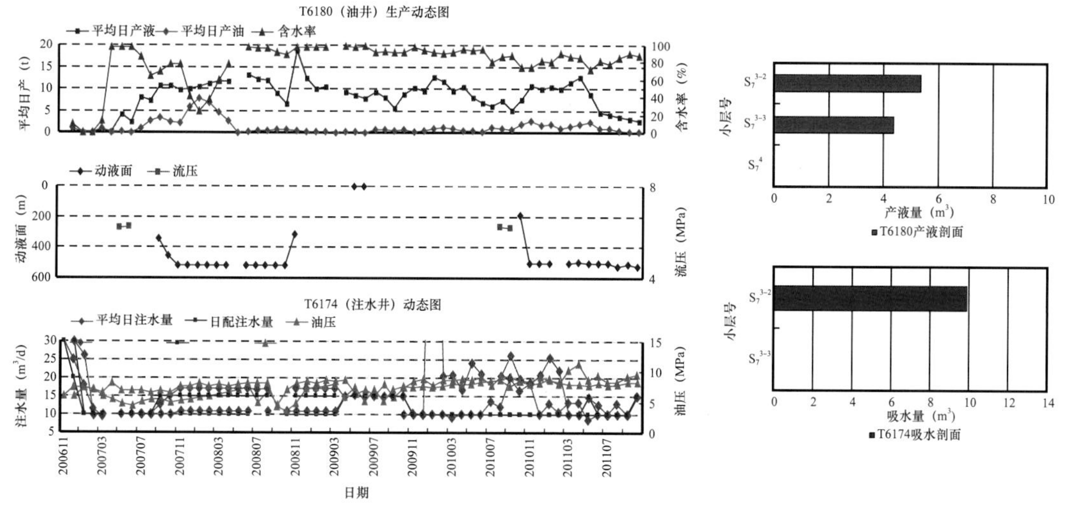

图 4-68　T6174 井、T6180 井生产曲线及产吸液剖面

（二）片流砾石体与漫洪外砂体之间不连通

以水井 T6193 和油井 T6195 为例，油水井射孔对应层位为 S_7^{3-2}、S_7^{3-3} 层。根据储层构型分析，油水井在 S_7^{3-2}、S_7^{3-3} 层分属于不同构型单元，油井位于漫洪外砂体中，水井位于片流砾石体中（图 4–69）。通过油井生产曲线同水井注水曲线对比及产吸液剖面对比可以看出（图 4–70），水井调剖等措施对油井影响并不明显，并且产吸剖面在 S_7^{3-3} 层对应关系差。因此油水井在 S_7^{3-3} 层对应关系差，表明处于片流砾石体与漫洪外砂体这两种不同构型单元的油水井连通性差。

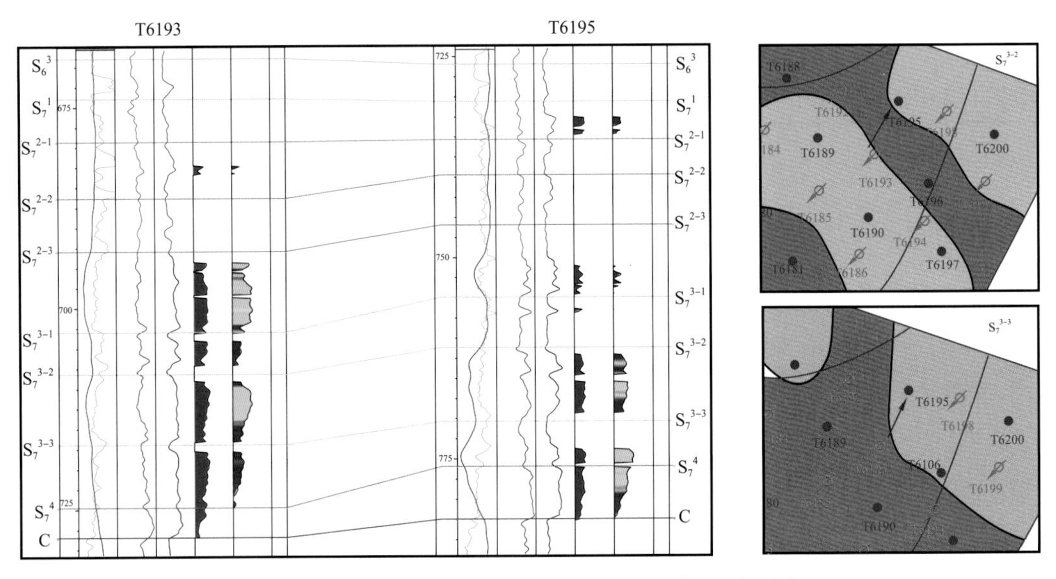

图 4–69　T6193 井、T6195 井连井剖面及构型平面图

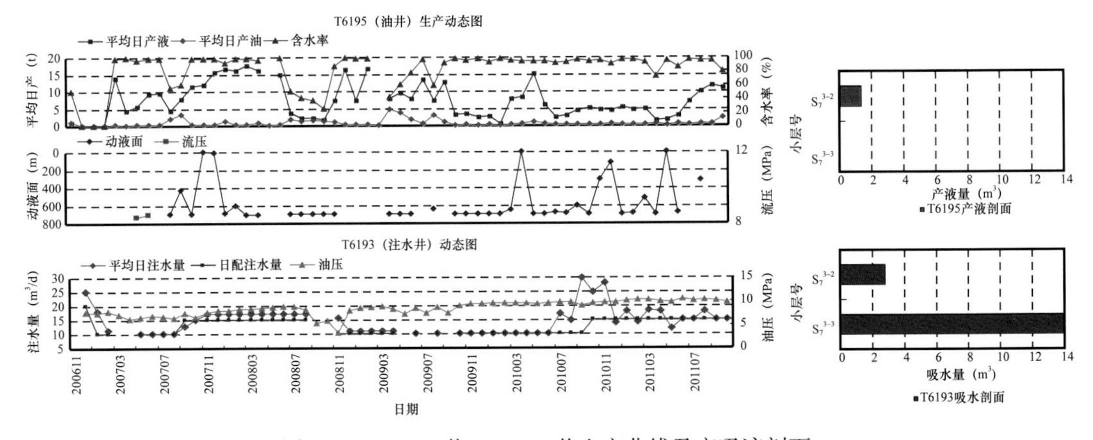

图 4–70　T6193 井、T6195 井生产曲线及产吸液剖面

（三）辫流水道与辫流砂砾坝之间连通

以水井 T6100 和油井 T6090 为例，油水井射孔对应层位是 S_7^{3-1}、S_7^{3-2}、S_7^{3-3} 层。根据储层构型分析，在 S_7^{3-1} 层，油井和水井分属于不同构型单元中，油井位于辫流砂砾坝中，水井位于辫流水道中。S_7^{3-2}、S_7^{3-3} 层小层油水井均位于片流砾石体中（图 4–71）。通过油

井生产曲线同水井注水曲线对比及产吸液剖面对比可以看出（图 4–72），水井调剖措施对油井影响明显，并且产吸剖面在 S_7^{3-1} 层对应关系较好。因此油水井在 S_7^{3-1} 层对应关系较好，处于辫流水道与辫流砂砾坝这两种不同构型单元的油水井存在连通性。另外示踪剂结果显示油水井在 S_7^{3-1} 层存在连通性。

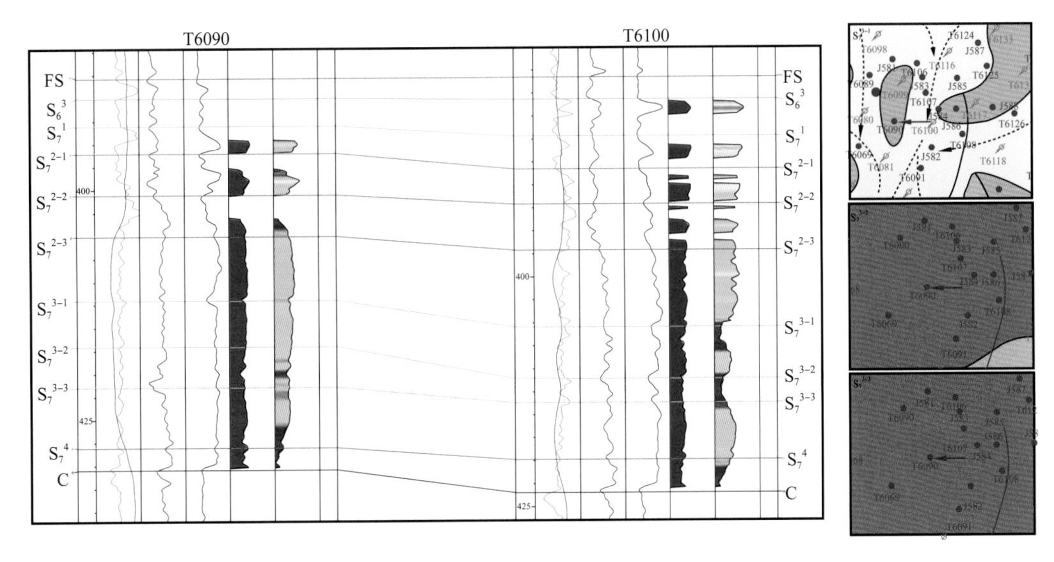

图 4–71 T6100 井、T6090 井连井剖面及构型平面图

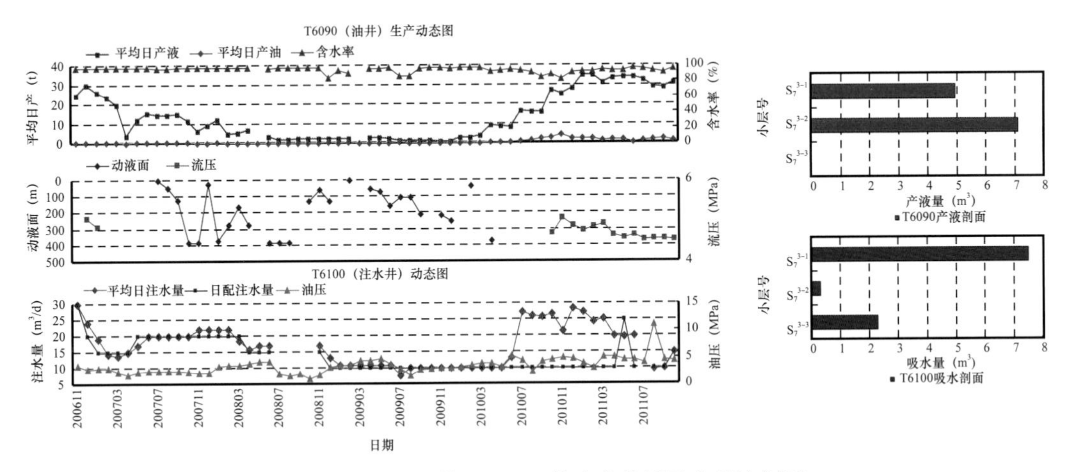

图 4–72 T6100 井、T6090 井生产曲线及产吸液剖面

（四）辫流水道与辫流砂砾坝之间不连通

以水井 T6113 和油井 T6103 为例，油水井射孔对应层位 S_7^{3-1}、S_7^{3-2}、S_7^{3-3} 层。根据储层构型分析，在 S_7^{3-1} 层，油水井分别属于不同构型单元中，油井位于辫流水道中，水井位于辫流砂砾坝中。S_7^{3-2}、S_7^{3-3} 小层油水井均位于片流砾石体中（图 4–73）。通过油井生产曲线同水井注水曲线对比及产吸液剖面对比可以看出（图 4–74），油水井生产曲线对应特征不明显，并且产吸剖面在 S_7^{3-1} 层对应关系差。表明处于辫流水道与辫流砂砾坝这两种不同构型单元的油水井连通性较差。

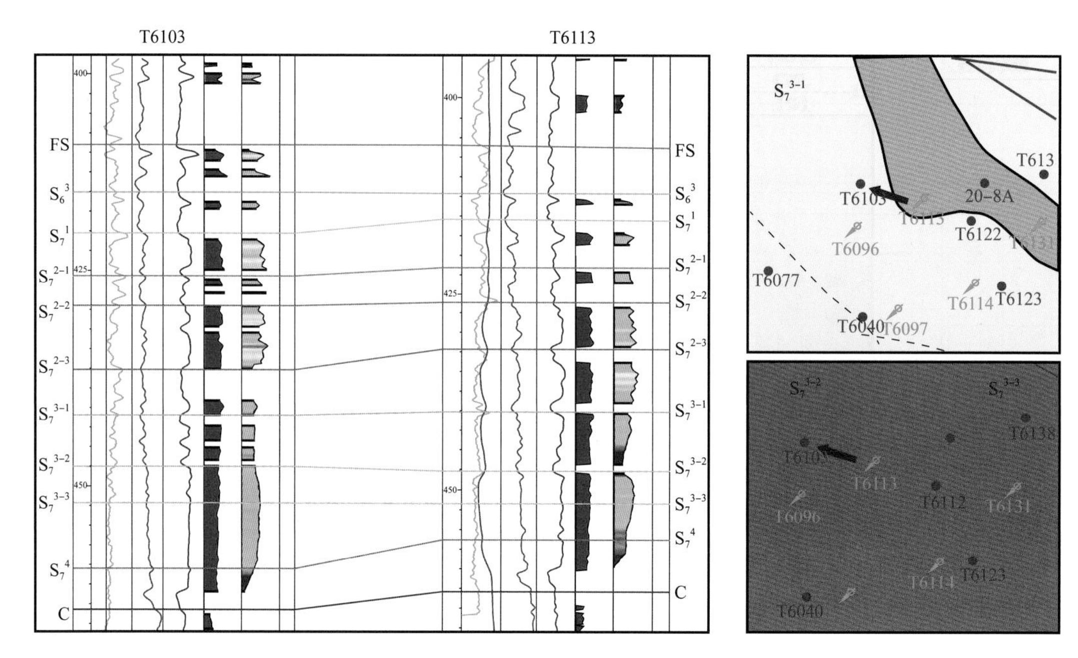

图 4-73　T6103 井、T6113 井连井剖面及构型平面图

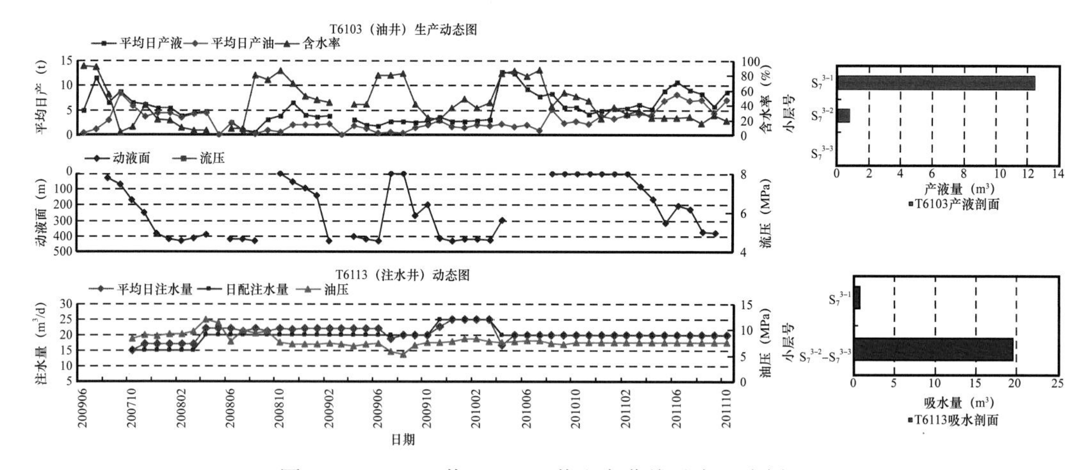

图 4-74　T6103 井、T6113 井生产曲线及产吸液剖面

（五）辫流水道与漫流砂体之间连通

以水井 T6165 和油井 T6170 为例，油水井射孔对应层位是 S_7^{3-1}、S_7^{3-2} 层。根据储层构型分析，在 S_7^{3-1} 层，油水井分别属于不同构型单元中，油井位于漫流砂体中，水井位于辫流水道中。在 S_7^{3-2} 层，油井位于片流砾石体中，水井位于漫洪外砂体中（图 4-75）。通过油井生产曲线同水井注水曲线对比及产吸液剖面对比可以看出（图 4-76），油水井生产曲线对应关系较好，并且在 S_7^{3-1} 层，产吸液剖面较对应。因此，在 S_7^{3-1} 层，处于辫流水道与漫流砂体这两种不同构型单元的油水井存在连通性。

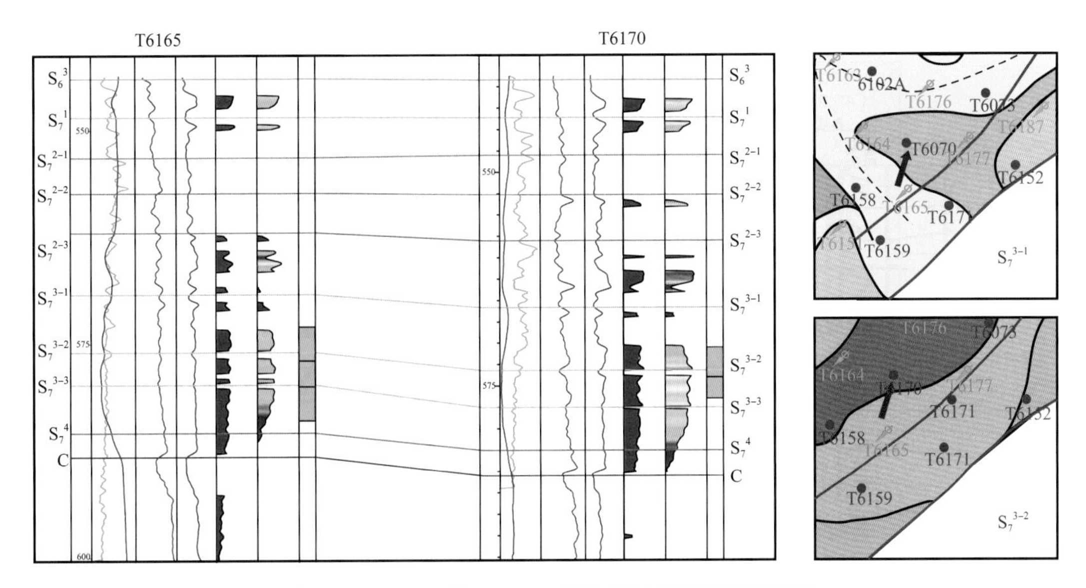

图 4–75　T6165 井、T6170 井连井剖面及构型平面图

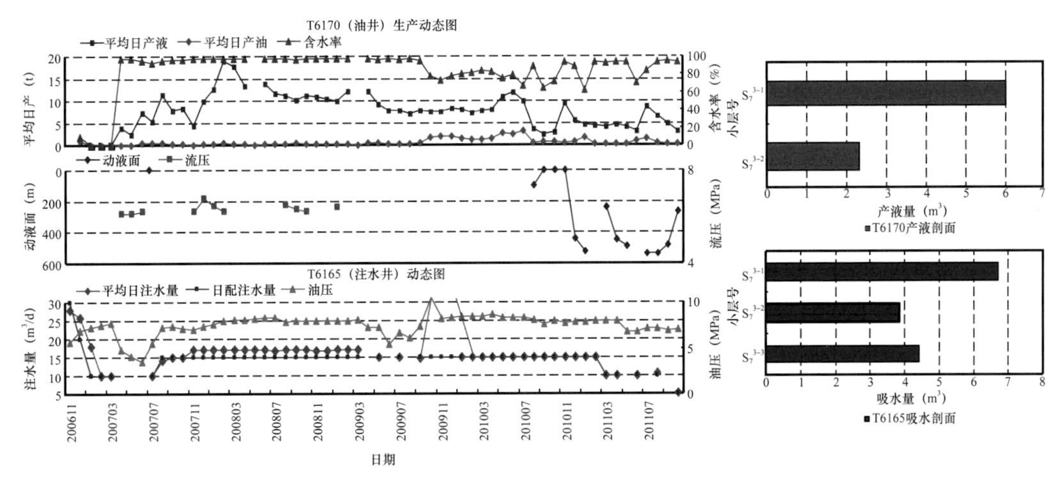

图 4–76　T6165 井、T6170 井生产曲线及产吸液剖面

（六）辫流水道与漫流砂体之间不连通

以水井 T6176 和油井 T6170 为例，油水井射孔对应层位 S_7^{3-1}、S_7^{3-2} 层。根据储层构型分析，在 S_7^{3-1} 层，油井水井分属不同构型单元中，油井位于漫流砂体中，水井位于辫流水道中。在 S_7^{3-2} 小层油水井均位于片流砾石体中（图 4–77）。通过油井生产曲线同水井注水曲线对比及产吸液剖面对比可以看出（图 4–78），油水井生产曲线有一定对应关系，但是产吸液剖面在 S_7^{3-1} 层对应关系差。表明油水井在 S_7^{3-2} 小层存在一定连通性，但是在 S_7^{3-1} 小层，油水井连通性较差。处于辫流水道与漫流砂体这两种不同构型单元的油水井不连通。

按照以上思路，统计了有射孔对应的、处于不同构型单元的油水井对的连通状况（表 4–4，图 4–79）。除片流砾石体与漫洪外砂体的构型组合外，其他几种类型构型组合的射孔对应率低，一般不超过 50%。整体上，不同储层构型单元间，注采不连通比例明显高于注采连通比例。

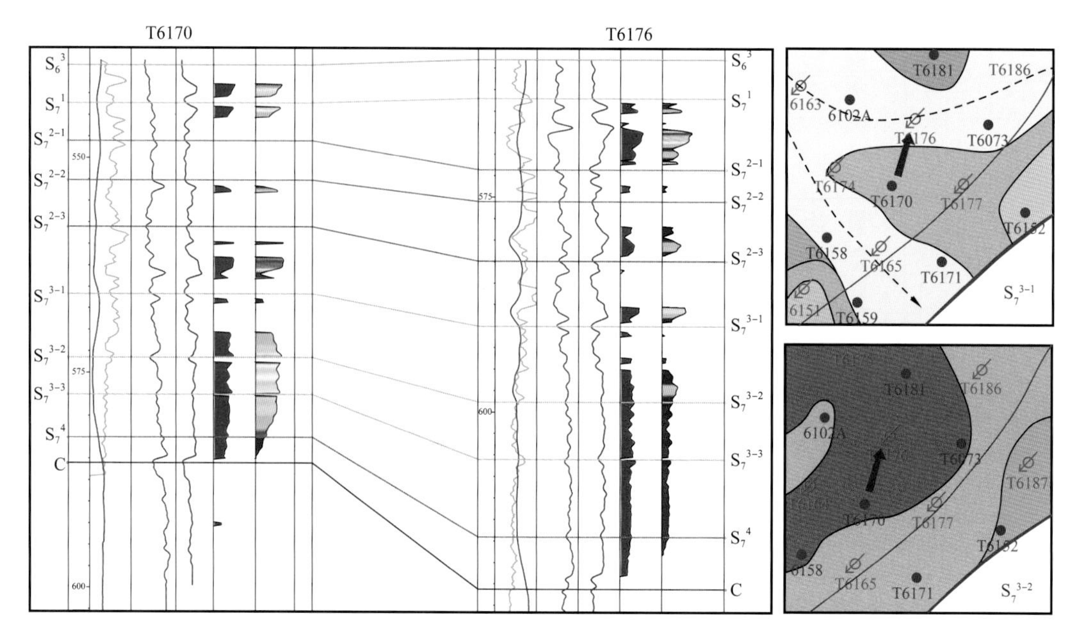

图 4-77　T6170 井、T6176 井连井剖面及构型平面图

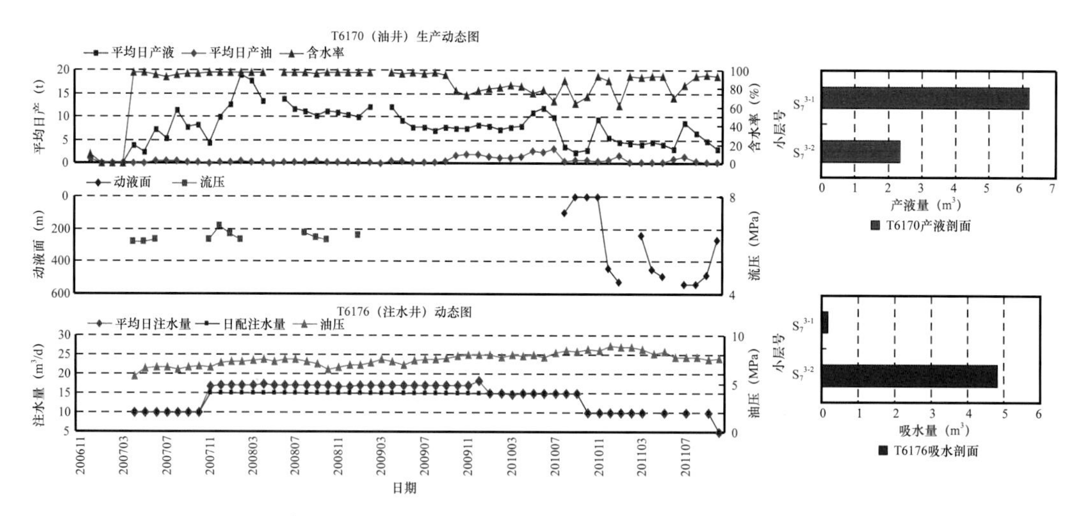

图 4-78　T6170 井、T6176 井生产曲线及产吸液剖面

表 4-4　不同储层构型单元注采连通状况统计表

构型组合	辫流水道—辫流砂砾坝	辫流水道—漫流砂体	辫流砂砾坝—漫流砂体	片流砾石体—漫洪外砂体
统计井数对	54	10	4	49
射孔对应井对	26	5	0	38
连通数	7	3	0	12
不连通数	19	2	0	26

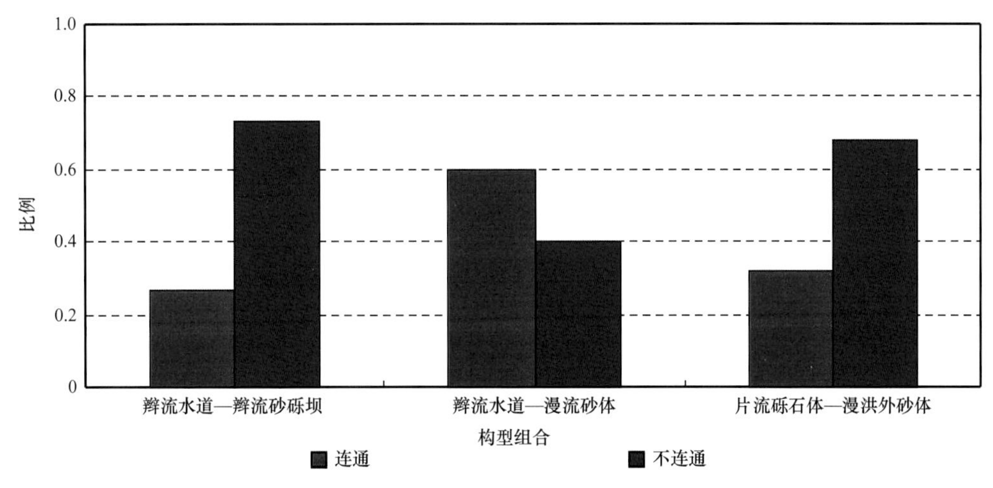

图 4-79　砾岩储层不同构型单元注采连通状况统计图

第五节　基于冲积扇储层构型的井网井距优化

油田开发中后期的井网井距优化是油田开发方案调整的重要内容之一。结合前期的储层构型分析，对井网井距进行优化调整，能够提高注采井网对储层构型单元的控制程度，增强注采井网的适应性。在 KLMY 油田六中东区克下组冲积扇储层构型表征的基础上，探索基于储层构型的井网井距优化技术策略。

一、油藏工程分析

注采井网系统包括井网布置、井网密度、注水方式等。它是油田注水开发体系中的重要组成部分，直接关系到油藏的开发效果。因此，建立有效的注采井网系统，对于砾岩油藏开发中后期的开发调整有着至关重要的作用。有效注采井网应满足以下条件：

（1）注采井网对储层有较好的适应性，有较高的水驱控制程度。

（2）在主要开发阶段，能够充分补给油层能量，注水采油能够相互适应。

（3）能够满足一定的采油速度要求，注入井的注入能力能够补偿高含水期采出的液量体积。

（4）能够建立最佳的压力系统和压力梯度，保证采油井的正常采油和注水井的正常注水。

（5）开发调整应有一个比较好的经济效益。

（一）开发井网调整

从开发历史来看，六中东区井网系统主要经历了行列线性井网转五点面积井网的转变历程。该油田开发初期，主要采用两排水井夹三排油井的线性注采井网系统。开采一段时间后，行列注水的三线油井长期不受效，逐步将行列注水整改成行列加点状注水。后来，由于井点损失严重，井网变得不规则，注采不对应率提高。在油田二次开发调整阶段，将原注采井网调整为油水井距 125m 左右的五点面积注采系统。

1. 不同井网系统适应性分析

目前油田采用较多的井网系统分为切割注水方式的行列线性井网和面积注水方式的面积井网。

行列线性井网主要适用于油层面积大、注水井排与生产井排连通性好、拥有较好流动系数的油藏。其优点在于便于修改注水方式，后期调整余地大，并且能够优先开采高产油层，达到生产要求。但由于这种井网形式的水线推进不均匀，不适合非均质较强的油藏，并且注水井间干扰大，导致吸水能力降低。

面积井网系统主要适用于油层分布不规则、渗透性差、流动系数差、强化采油的油藏。其优点在于所有生产井均置于注水井第一线，便于油井受效，并且注水面积大，见效快。但部分面积井网不便于后期调整。

在油藏面积一定的情况下，由于注采井之间的位置不同，导致不同井网系统的油水井数比和平面几何形态有一定差异（表 4–5）。一般来说，如果注采井之间几何形状呈线性或正方形，后期容易调整；如果注采井之间的面积呈三角形，注采井网后期调整的难度较大。

表 4–5　注水井网几何特征

井网	五点	七点	反七点	九点	反九点	直线排状
注采井数比	1∶1	2∶1	1∶2	3∶1	1∶3	1∶1
单元几何形状	正方形	正六边形	正六边形	正方形	正方形	长方形

2. 不同井网系统波及系数

不同井网系统的波及系数与流度比的关系不一样，而水驱波及系数对于注水开发油藏而言，有着举足轻重的作用。根据常用井网系统的流度比与水驱波及系数的理论关系，在相同流度比情况下，反七点井网的平面水驱波及系数最高，其次是五点和排状，反九点井网的平面水驱波及系数最小（图 4–80）。

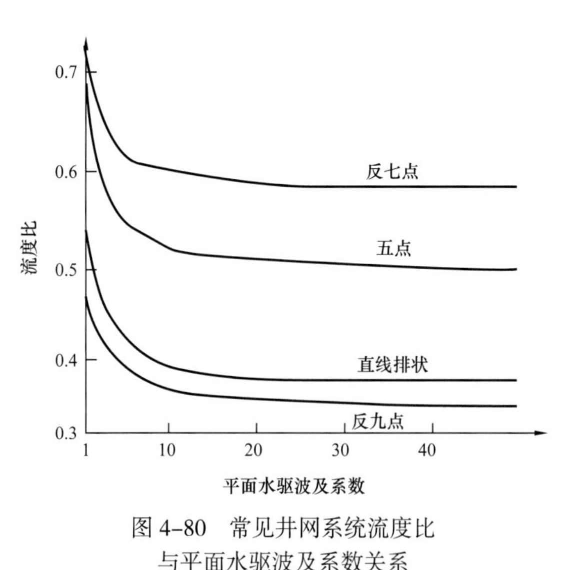

图 4–80　常见井网系统流度比与平面水驱波及系数关系

六中东区克下组属于储层非均质比较强的砾岩油藏，正方形面积井网或线性井网系统更适合开发中后期的井网调整。结合水驱波及系数同流度比关系及六中东开发历程，在进行井网优选时，主要选取五点、反七点、加密直线排状这三种井网进行井网调整方式的探讨。

（二）井网密度计算

论证井网密度是油田开发方案设计的一个极其重要的环节。因为井网密度的大小直接影响采收率的高低、投资规模的大小和经济效益的好坏。所谓合理井网密度是指：在以经济效益为中心的原则下，综合优化各项有关技术、经济指标，包括水驱控制储量、最终采收率、采油速度、钻井和地面建设投资、原油价格、成本、商品率、贷款利率、投资回报期等，最后得到技术可行、经济效益最佳、最终采收率高的井网密度。

1. 技术合理井网密度

技术井网密度是指没有考虑经济效益的井网密度值。分类汇总了常用技术井网密度计算方法和一般使用条件（表 4–6）。

表 4–6 确定技术井网密度常用方法

主要方法	产液吸水指数法	合理采油速度法	规定单井产能法	注采平衡法	分油砂体法
适用条件	高含水期	开发前后期	开发前中期	高含水期	砂岩油田
主要方法	最终采收率法	单井控制储量法	经验关系式	水驱控制程度法	采油指数与速度法
适用条件	开发前后期	深层低丰度油田	开前后期	砂岩油田	开发前后期

根据各类方法的适用性条件及相关参数的获取条件，最终选取合理采油速度法、规定单井产能法、注采平衡法三种方法，计算不同开采时期的合理井网密度。

1）合理采油速度法

根据储层和流体物性，计算在一定的生产压差下，满足合理采油速度要求所需的油井数和总井数，从而计算出所需的井网密度。该方法充分考虑了动态资料，计算结果比较可靠，且不受地区和开发阶段的限制，适于各类新老油田、砾岩开发前后期、高含水期油田、低渗透油田。计算公式如下［式（4–1）］：

$$SPC=\frac{NV_{\mathrm{o}}}{360\alpha\dfrac{Kh}{\mu}\Delta PR_{\mathrm{ot}}A} \tag{4-1}$$

其中，SPC 表示井网密度，口 /km^2；N 表示地质储量，m^3；V_{o} 表示合理采油速度，小数；α 表示计算系数；$\dfrac{Kh}{\propto}$ 表示地层流动系数，（μm^2 · m）/（mPa · s）；ΔP 表示压差，MPa；R_{ot} 表示油井数与总井数之比，小数；A 表示含油面积，km^2。

根据计算公式，针对数值模拟所选区块得到不同采油速度下的合理井网密度（表 4–7），以油田目前的开发现状来看，如果要达到 1% 的采油速度，五点井网的油水井距要求 140m 左右，反七点井网的油水井距要求 160m 左右。

2）规定单井产能法

根据采油速度和油井的单井产能，计算出所需的油井数，由油井数与总井数的关系，可确定出总井数，进而求出井网密度。计算公式如下［式（4–2）］：

$$SPC=\frac{NV_{\mathrm{o}}}{nq_{\mathrm{o}}\eta R_{\mathrm{ot}}A} \tag{4-2}$$

其中，SPC 表示井网密度，口 /km^2；N 表示地质储量，m^3；V_{o} 表示合理采油速度，小数；

n 表示生产天数，d；q_o 表示规定单井产能，m³/d；η 表示油井综合利用率，小数；R_{ot} 表示油井数与总井数之比，小数；A 表示含油面积，km²。

表 4–7　不同采油速度下的合理井网密度及井距表

采油速度		0.5%	1.0%	1.5%	2.0%
五点法	总井数	15	31	46	62
	油井数	8	15	23	31
	水井数	8	15	23	31
	井网密度	25.7	51.5	77.2	102.9
	油水井距	197	139.4	113.8	98.6
反七点	总井数	12	23	35	46
	油井数	8	15	23	31
	水井数	4	8	11	15
	井网密度	19.2	28.4	57.6	76.8
	油水井距	228.2	161.0	131.8	114.1

3）注采平衡法

在一定注采比条件下，根据采油速度和含水率，确定出所需的注水井数，再由注水井与油水井总井数比计算出油井总井数，进而求出井网密度。适用于高含水期油田和低孔低渗油田。计算公式如下［式（4–3）］：

$$SPC=\frac{NV_oB_oR_i}{nq_iR_{wt}\left(1-fw\right)A} \tag{4-3}$$

其中，SPC 表示井网密度，口 /km²；N 表示地质储量，m³；V_o 表示合理采油速度，小数；B_o 表示原油体积系数；q_i 单井平均注水量，m³/d；R_{wt} 表示注水井数与总井数之比，小数；fw 表示含水率，小数；A 表示含油面积，km²。

应用上述三种方法，计算油藏在采油速度为 1% 的条件下，含水 60%～80% 期间的合理井网密度及五点井网时的合理油水井距（表 4–8）。

表 4–8　采油速度 1% 条件下五点井网合理井网密度

方法	合理采油速度法	规定单井产能法	注采平衡法
总井数	31	31	32
油井数	15	15	16
水井数	15	15	16
井网密度	51.5	51.5	54
油水井距	139.4	139.4	136.0

经过技术井网密度计算，如果按照采油速度 1% 开采，其井网密度要达到 50 口 /km^2，如果按照五点法进行井网部署，其油水井距要达到 140m 左右。

2. 经济合理与极限井网密度

技术井网密度往往只关注了生产要求，没有考虑经济因素。利用谢尔卡乔夫的关于采收率同井网密度的相关公式，利用油田投资与产出的平衡关系，当总产出等于总投入，也就是总利润等于零时，所对应的井网密度就是极限井网密度；当总产出减去总投入达到最大值时，经济效益最佳，这时所对应的井网密度，就是合理井网密度。根据谢尔卡乔夫公式进行相关转换，可以求取合理井网密度和极限井网密度，国内具有代表性的计算方法主要有俞启泰方法、李道品方法、陶自强方法。

1）俞启泰方法

关于井网密度与原油采收率的关系，原苏联院士谢尔卡乔夫推导出了比较科学合理的公式（式 4–4）：

$$E_{\mathrm{R}} = E_{\mathrm{D}}\mathrm{e}^{-a\cdot s} \tag{4–4}$$

其中，E_{R} 表示原油采收率，小数；E_{D} 表示驱油效率，小数；a 表示井网指数，km^2/ 井；S 表示井网密度，km^2/ 井。

针对以上公式，俞启泰引入经济学投入与产出的因素，推导出计算经济最佳井网密度和经济极限井网密度的方法。其简要计算方法如下：

$$aS = \ln\frac{NL\eta_{\mathrm{o}}a}{A\left(I_{\mathrm{D}} + I_{\mathrm{B}}\right)} + 2\ln S \tag{4–5}$$

$$aS = \ln\frac{NL\eta_{\mathrm{o}}}{A\left(I_{\mathrm{D}} + I_{\mathrm{B}}\right)} + \ln S \tag{4–6}$$

式（4–5）表示经济合理井网密度计算，式（4–6）表示经济极限井网密度计算。针对公式，可以以 S 为横坐标，分别计算 aS 及公式右半部分的值，在同一坐标系下读取另两条曲线与 aS 曲线的交点所对应的 S 值，则分别对应经济合理井网密度、经济极限井网密度。

2）李道品方法

同俞启泰方法类似，只是在计算一些经济指标时，引入了另外一些参数，其简要的计算方法如下：

$$aS = \ln\frac{NV_{\mathrm{o}}T\eta_{\mathrm{o}}Ca\left(L-P\right)}{A\left[\left(I_{\mathrm{D}} + I_{\mathrm{B}}\right)\cdot\left(1+\dfrac{T+1}{2}r\right)\right]} + 2\ln S \tag{4–7}$$

$$aS = \ln\frac{NV_{\mathrm{o}}T\eta_{\mathrm{o}}C\left(L-P\right)}{A\left[\left(I_{\mathrm{D}} + I_{\mathrm{B}}\right)\cdot\left(1+\dfrac{T+1}{2}r\right)\right]} + 2\ln S \tag{4–8}$$

式（4–7）为计算经济合理井网密度公式，式（4–8）为计算经济极限井网密度公式。同样也可以采用做交会曲线的方式进行经济合理、极限井网密度的求取。

3）陶自强方法

陶自强参考前面两种方法，将二次开发前后的部分参数引入经济计算当中，主要体现在二次开发调整前后的采收率预测参数及二次开发前后井网密度等。其计算公式如下：

$$Y_1 = \ln\left[N\cdot(C\cdot L-P)\cdot E_{\mathrm{D}}\right]-\frac{a}{S_x} \tag{4-9}$$

$$Y_2 = \ln\frac{A\cdot(I_{\mathrm{D}}+I_{\mathrm{B}})}{a}+2\ln S_x \tag{4-10}$$

$$Y_3 = \ln\left[A\cdot(I_{\mathrm{D}}+I_{\mathrm{B}})\cdot S_x+N\cdot(C\cdot L-P)R_{\mathrm{o}}+M-A(I_{\mathrm{D}}+I_{\mathrm{B}})\cdot S_{\mathrm{o}}\right] \tag{4-11}$$

当 $Y_1=Y_2$ 时，计算出的井网密度为经济合理井网密度，当 $Y_1=Y_3$ 时，计算出的井网密度为经济极限井网密度。同样可以用交会曲线的方法进行井网密度求取。

式（4-5）至式（4-11）中：S 表示井网密度，km^2/ 口；a 表示井网指数，km^2/ 口；N 表示原油地质储量，t；V_{o} 表示采油速度，小数；T 表示投资回收期，a；η_{o} 表示驱油效率，小数；C 表示原油商品率，小数；L 表示原油售价，元 /t；P 表示原油成本价，元 /t；A 表示含油面积，km^2；I_{D} 表示单井钻井投资，元；I_{B} 表示单井地面建设投资，元；r 表示贷款年利率，小数；M 表示配套老井措施平均单井费用，元；R_{o} 表示二次开发调整前采出程度，小数；S_x 表示二次开发调整后井网密度，km^2/ 口；S_{o} 表示二次开发调整前井网密度，km^2/ 口。

根据提到的计算公式，采用六中东数模选区的相关经济参数进行经济合理、极限井网密度的计算（表 4-9）。

表 4-9　经济合理与极限井网密度计算参数表

区块	六中东数模选区	驱油效率	0.5～0.7	商品率	0.991
面积（km^2）	0.6	采油速度	0.01	油价（美元 /bbl）	60～100
地质储量（t）	2817628	投资回收期（a）	8～10	原油操作成本（元 /t）	915
钻井投资（万元 / 井）	200	地面建设投资（万元 / 井）	50～80	贷款利率	0.064
空气渗透率（mD）	250	原油黏度（mPa・s）	80	调整前采出程度	0.15～0.25

用交会图版方法得到三种方法交会图（图 4-81、图 4-82、图 4-83），并且得到三种方法不同油价下的经济合理、极限井网密度（表 4-10）。

经过上面的分析，从技术角度来讲，要达到 1% 的采油速度，技术合理油水井距应该在 140m 左右（油井间距离 200m 左右）。而不同油价条件下的经济合理、极限井网密度不同，以 80 美元 /bbl 油价为例，如果按照 1% 的采油速度计算，经济合理井网密度应该在 20～30 口 /km^2，经济极限井网密度在 100 口 /km^2 以上。综合技术和经济指标，如果以五点井网系统布井，则经济合理油水井距在 140m 左右（油井间距离 200m），经济极限油水井距在 70m 左右（油井间距离 100m 左右）。

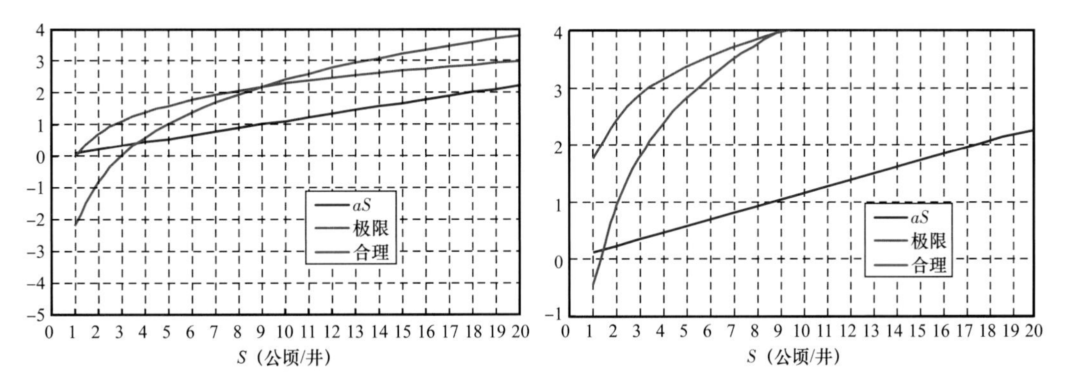

图 4–81　李道品方法 80 美元井网密度交会图　　图 4–82　于启泰方法 80 美元井网密度交会图

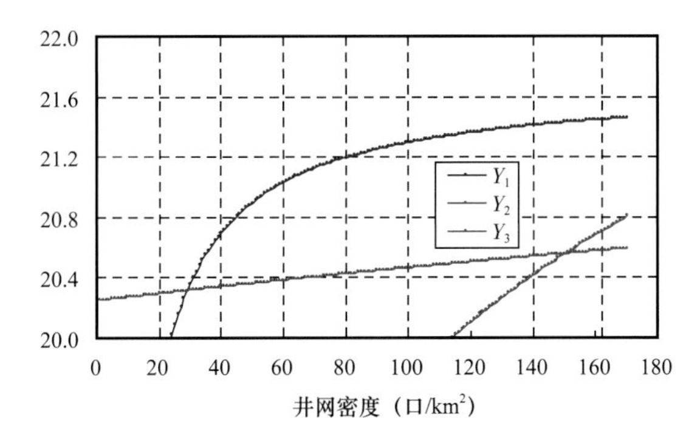

图 4–83　陶自强方法 60 美元井网密度交会图

表 4–10　不同方法计算经济合理、极限井网密度

	油价（美元 /bbl）	120	100	80	60
李道品方法	合理井网密度（口 /km^2）	32.26	26.32	23.81	17.54
	合理井距（m）	176.01	194.94	204.94	238.74
	极限井网密度（口 /km^2）	125.00	90.91	62.50	33.33
	极限井距（m）	89.44	104.88	126.49	173.21
俞启泰方法	合理井网密度（口 /km^2）	83.33	71.43	62.50	55.56
	合理井距（m）	19.54	118.32	126.49	134.16
	极限井网密度（口 /km^2）	333	250	200	142.86
	极限井距（m）	54.77	63.25	70.71	83.67
陶自强方法	合理井网密度（口 /km^2）	31	29	27	26
	合理井距（m）	179.61	185.70	192.45	196.12
	极限井网密度（口 /km^2）	210	180	160	153
	极限井距（m）	69.01	74.54	79.06	80.85

二、开发中后期井网型式优化

新疆砾岩油藏不同区块目前处于不同开发阶段。部分区块同六中东区类似，早期选择直线排状注采井网系统，到开发中后期，注采矛盾逐渐突出，面临井网调整、重新部署的问题。以六中东数模区块为解剖对象，研究不同采出程度最佳的井网转换形式，能够对其他类似区块的井网调整和开发具有借鉴意义。

首先以数模选区排状井网为基础井网，按照一定的采油速度模拟继续生产，选出采出程度15%、20%、25%三个时间节点，分别对应2007年、2016年、2032年。然后在这三个时间节点基础上，进行不同井网形式转换对比，应用数值模拟方法，计算了基础井网按照一定采油速度继续生产的采出程度和含水率同时间关系。（图4-84、图4-85）。

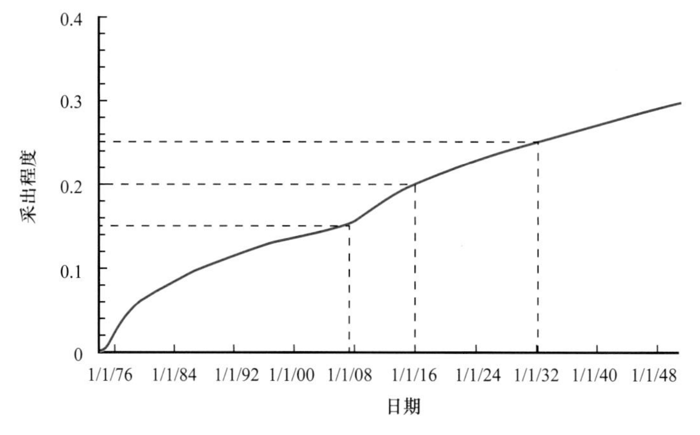

图4-84　基础井网采出程度同时间关系图

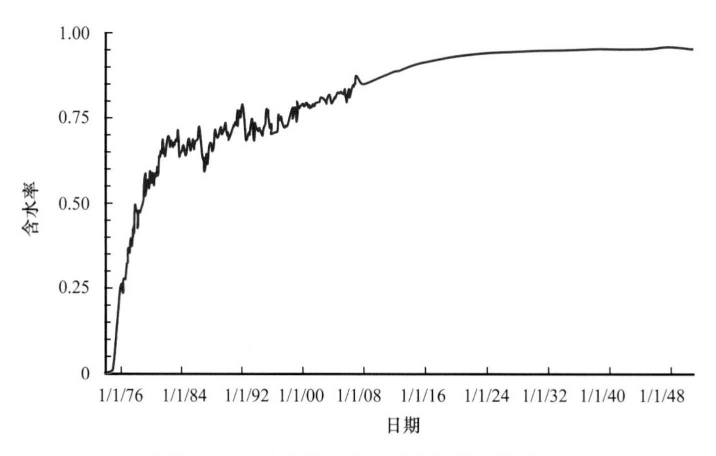

图4-85　基础井网含水率同时间关系图

（一）不同采出程度井网形式优化

针对模拟的三个时间节点，分别部署五点、反七点、加密排状三种类型井网形式（图4-86至图4-89）。几种类型的井网系统均采用200m油井距离，以5%的采液速度进行预测。对比不同采出程度下，各种形式井网系统的各项生产指标，优选不同采出程度下，最优的井网转换形式。

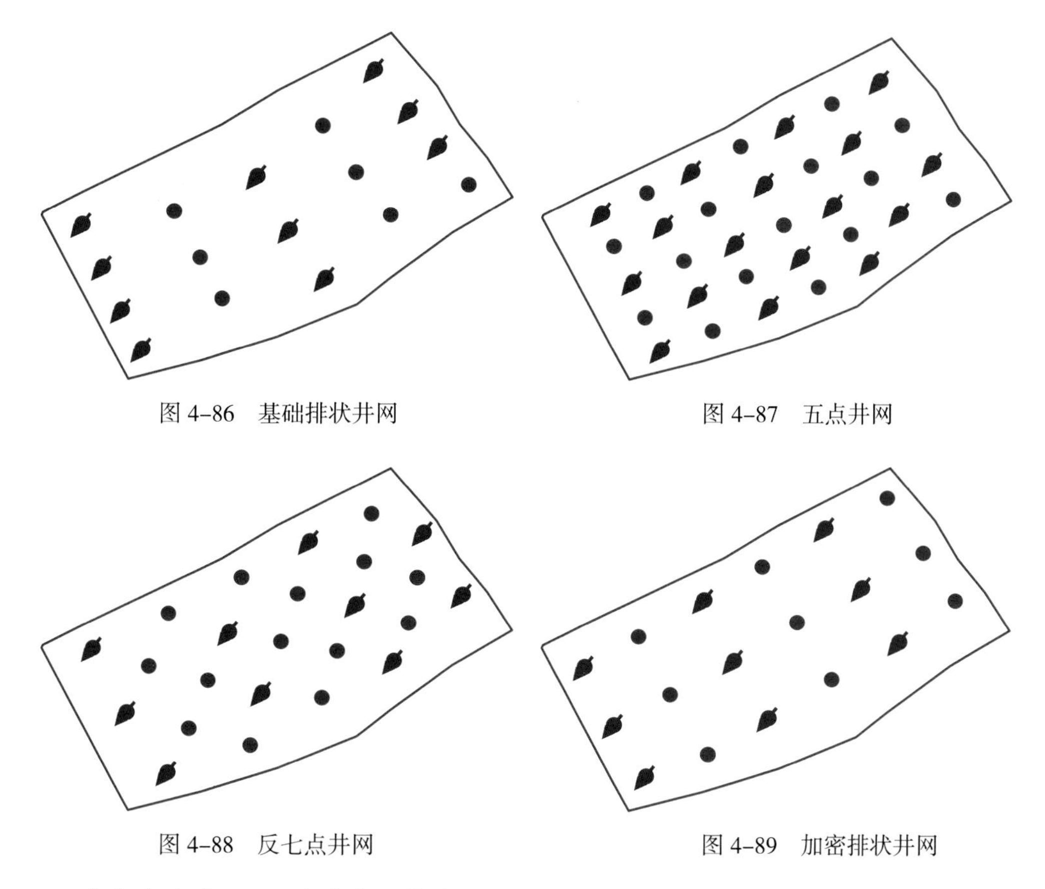

图 4-86 基础排状井网

图 4-87 五点井网

图 4-88 反七点井网

图 4-89 加密排状井网

1. 采出程度在 15% 时的井网优化

按照上面设计思路，在采出程度 15% 时，分别转换成五点、反七点、加密排状三种类型井网形式。并且按照当前剩余含油饱和度 0.45 以上、0.50 以上、0.55 以上、0.60 以上四种类型进行射孔。

1）转五点井网

首先对比采出程度在 15% 时转五点井网不同射孔条件下，未来 10 年的各项生产指标。从转五点井网不同射孔条件下采出程度、含水、采油能力、注水能力等各项指标图中看出（图 4-90 至图 4-93），对剩余含油饱和度在 0.55 以上的储层进行射孔时，采出程度高、含水率低、采油能力强。因此，采出程度在 15% 时，转五点井网的最佳射孔条件为剩余油饱和度在 0.55 时。

2）转反七点井网

同转五点井网类似，首先对比不同射孔条件下，未来 10 年的各项生产指标。从转反七点井网不同射孔条件下采出程度、含水、采油能力、注水能力等各项指标图可以看出（图 4-94 至图 4-97），对剩余含油饱和度在 0.55 以上的储层进行射孔时，采出程度高、含水率低、采油能力强，因此，采出程度在 15% 时，转反七点井网最佳射孔条件为剩余含油饱和度在 0.55 时。

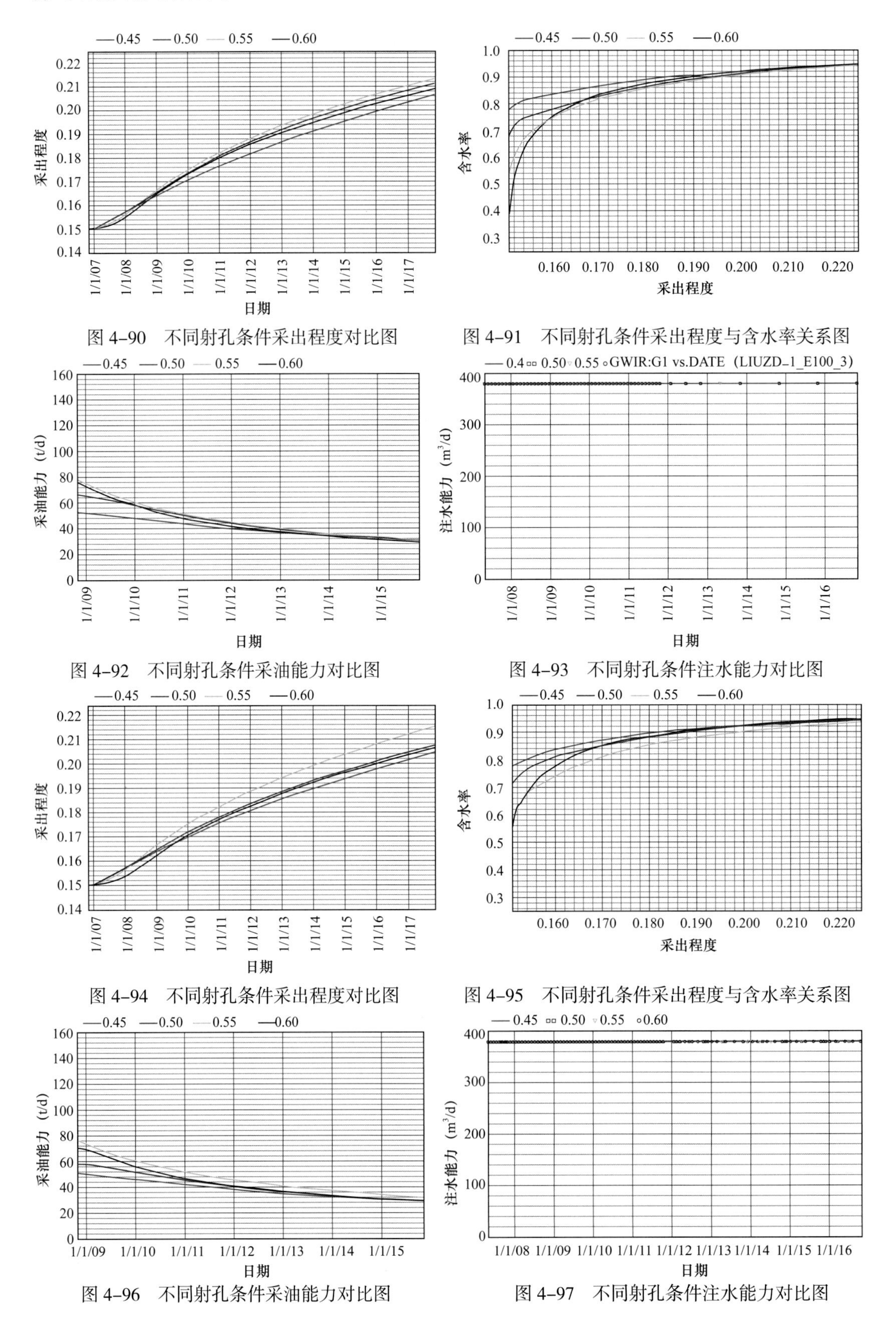

图 4–90　不同射孔条件采出程度对比图

图 4–91　不同射孔条件采出程度与含水率关系图

图 4–92　不同射孔条件采油能力对比图

图 4–93　不同射孔条件注水能力对比图

图 4–94　不同射孔条件采出程度对比图

图 4–95　不同射孔条件采出程度与含水率关系图

图 4–96　不同射孔条件采油能力对比图

图 4–97　不同射孔条件注水能力对比图

3）转加密排状井网

在采出程度为15%时，转加密排状井网，预测未来10年的各项生产指标。从转加密排状井网不同射孔条件下采出程度、含水、采油能力、注水能力等各项指标对比图中看出（图4–98至图4–101），剩余油饱和度为0.45和0.50时采出程度、采油能力、注水能力相对较强，综合采出程度与含水率关系，优选射孔条件为剩余含油饱和度为0.50时。

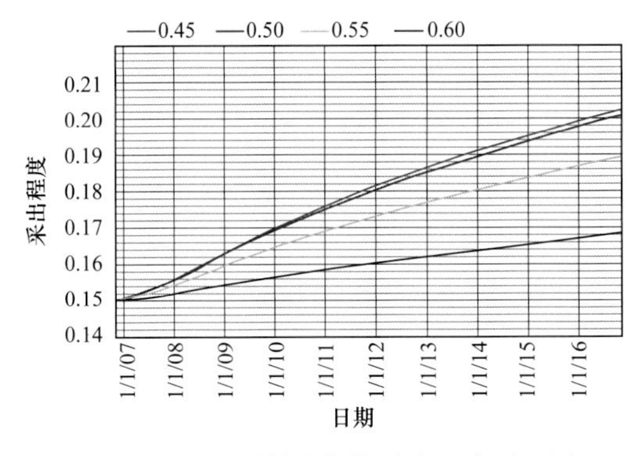

图4–98　不同射孔条件采出程度对比图

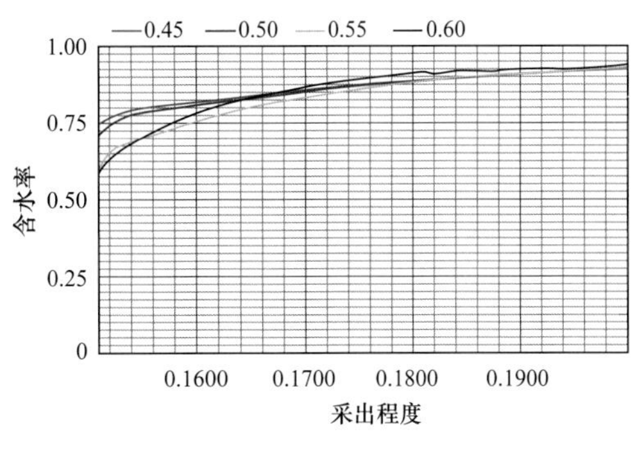

图4–99　不同射孔条件采出程度与含水率关系图

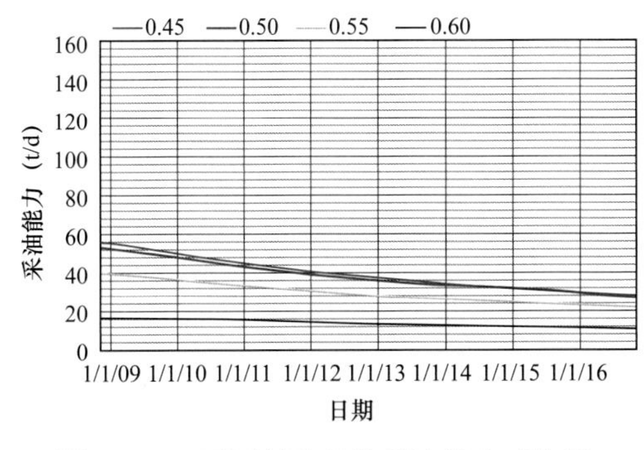

图4–100　不同射孔条件采油能力对比图

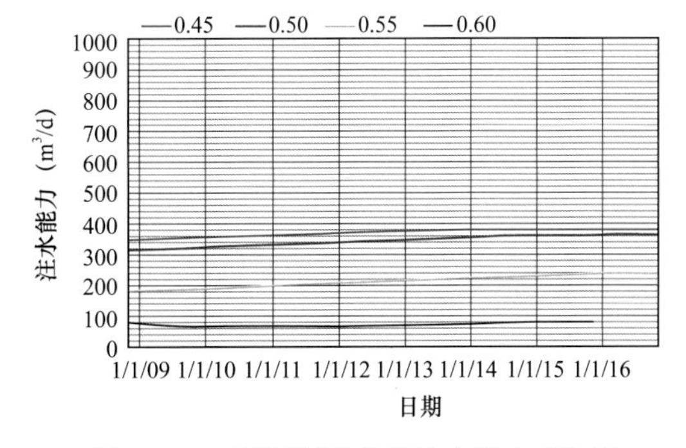

图4–101　不同射孔条件注水能力对比图

4）井网形式优化

在采出程度为15%的条件下，针对转三种形式井网系统优选出来的最佳射孔方案，再进行对比，以预测未来10年各项生产指标为判定标准。从三种井网形式的采出程度、含水率、采油能力、注水能力等指标对比图看出（图4–102至图4–105），反七点与五点井网的采出程度、采油能力、注水能力优于排状井网，并且从采出程度与含水关系看出，反七点井网和五点井网相对较好，且反七点井网更优。

另外，根据确定的经济参数（表4–9），计算得到不同井网条件下相对收益的大小。首先计算采出程度在15%时转三种井网，不同射孔条件下预测未来10年的采出程度。然后再计算在转三种井网条件下，未来10年的相对经济收益。在油价60美元、80美元、100美元条件下，反七点井网最优，其次是五点井网，最后是加密排状井网（图4–106、图4–107）。

综上所述，在采出程度为15%时，转反七点井网为最佳方案，最优射孔条件为剩余油饱和度为0.55时；转五点井网为次佳方案，最优射孔条件为剩余油饱和度为0.55时；转加密排状井网为较差方案，最优射孔条件为剩余油饱和度为0.50时。

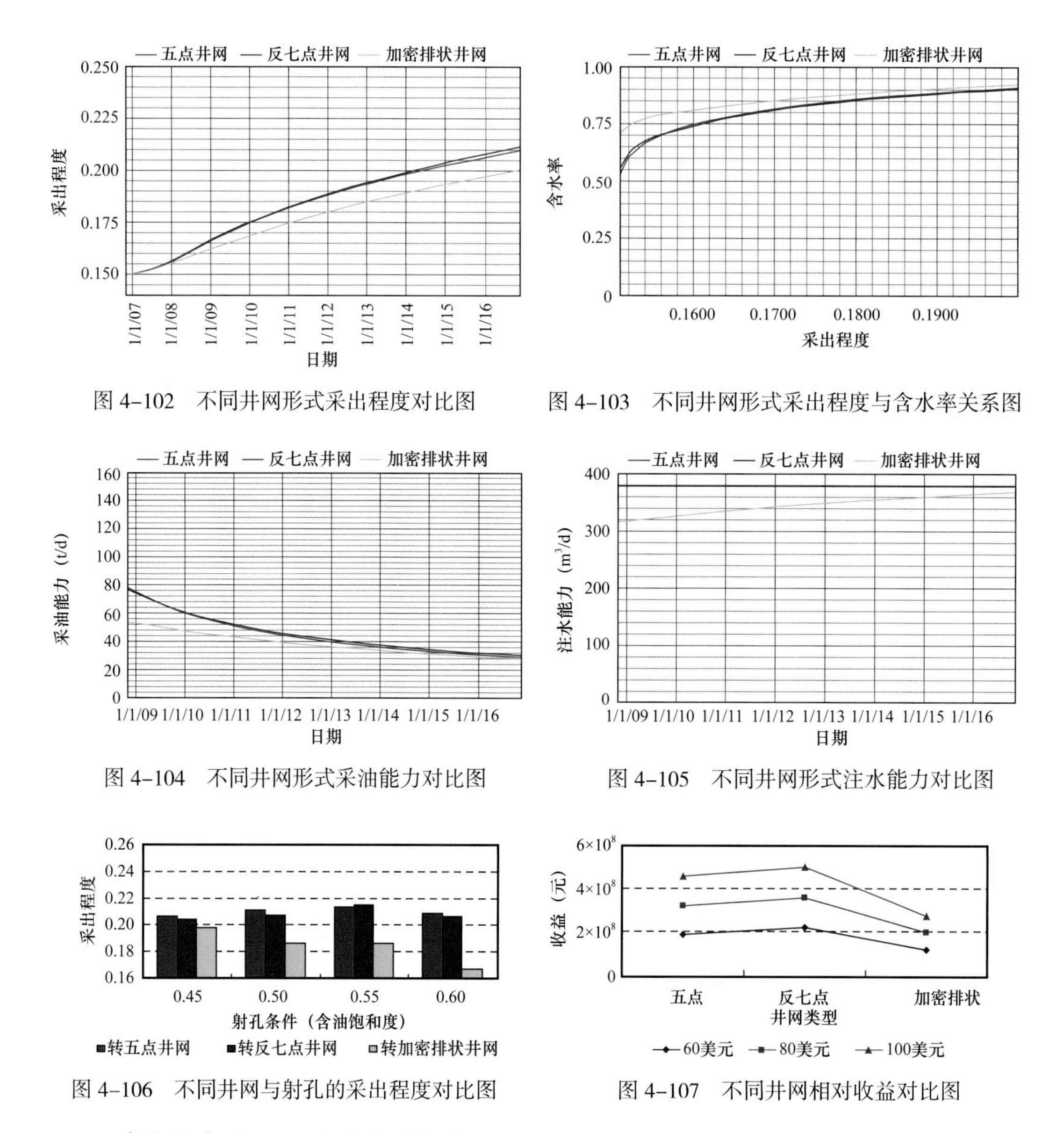

图 4-102　不同井网形式采出程度对比图

图 4-103　不同井网形式采出程度与含水率关系图

图 4-104　不同井网形式采油能力对比图

图 4-105　不同井网形式注水能力对比图

图 4-106　不同井网与射孔的采出程度对比图

图 4-107　不同井网相对收益对比图

2. 采出程度为 20% 时的井网优化

按照相同的优化思路，在采出程度为 20% 时，结合剩余油分布，分别转换成五点、反七点、加密排状三种类型井网形式。同样设计剩余油饱和度 0.45 以上、0.50 以上、0.55 以上、0.60 以上四种类型进行射孔。

1）转五点井网

对比采出程度为 20% 时转五点井网不同射孔条件下，未来 10 年的各项生产指标。从转五点井网不同射孔条件下采出程度、含水率、采油能力、注水能力等各项指标图中看出（图 4-108 至图 4-111），对剩余含油饱和度 0.55 以上油层进行射孔时，能实现采出程度高、含水率低、采油能力强，因此，采出程度为 20% 时，转五点井网最佳射孔条件为剩余油饱和度为 0.55 时。

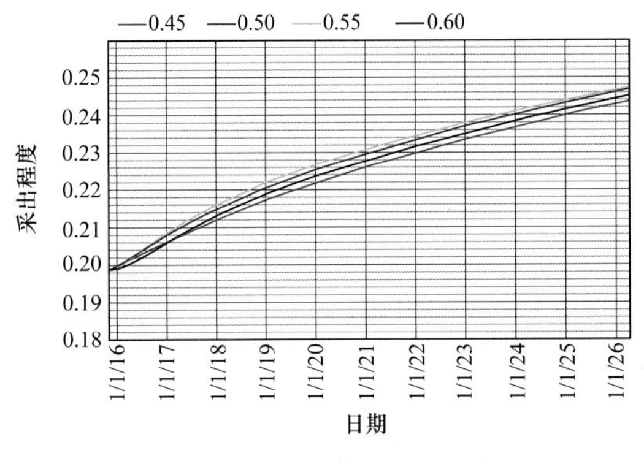

图 4-108　不同射孔条件采出程度对比图

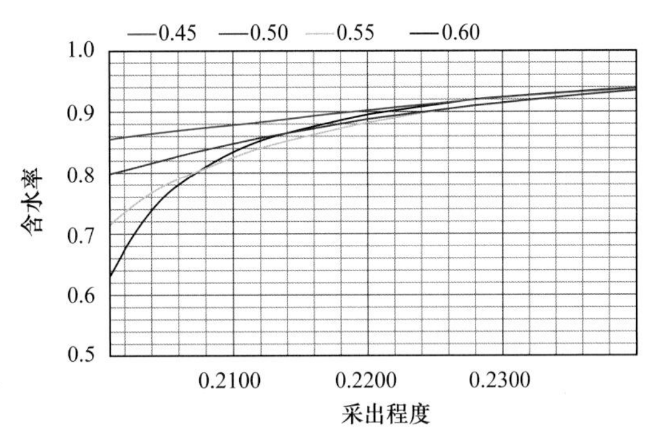

图 4-109　不同射孔条件采出程度与含水率关系图

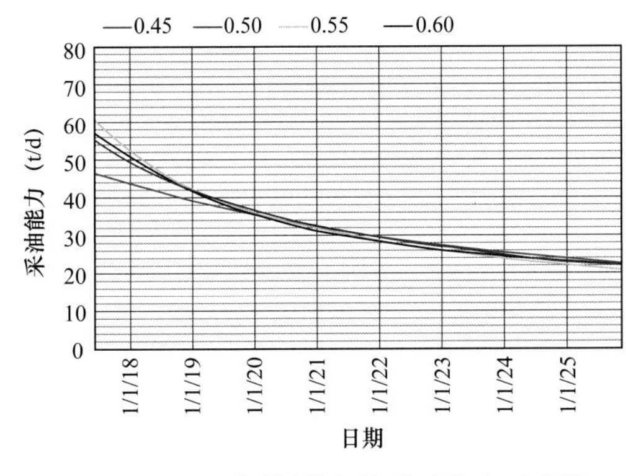

图 4-110　不同射孔条件采油能力对比图

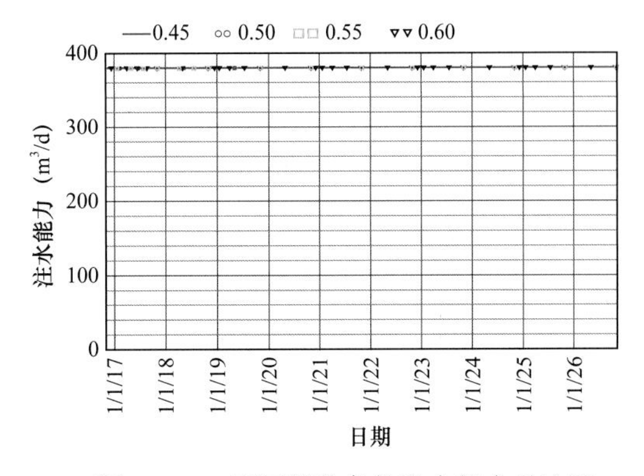

图 4-111　不同射孔条件注水能力对比图

2）转反七点井网

与转五点井网类似，首先对比采出程度为 20% 时转反七点井网不同射孔条件下，未来 10 年的各项生产指标。从转反七点井网不同射孔条件下采出程度、含水率、采油能力、注水能力等各项指标可以看出（图 4-112 至图 4-115），射孔条件为剩余油饱和度在 0.45 和 0.50 时，采出程度、采油能力相当。综合采出程度与含水率关系，在采出程度为 20% 时，转反七点井网的最佳射孔条件是剩余含油饱和度为 0.50 时。

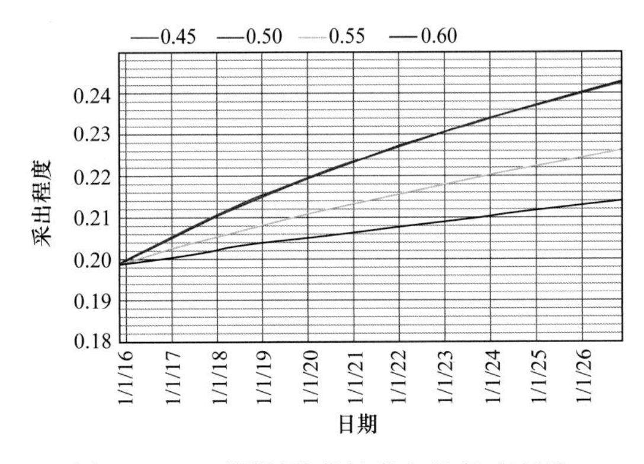

图 4-112　不同射孔条件采出程度对比图

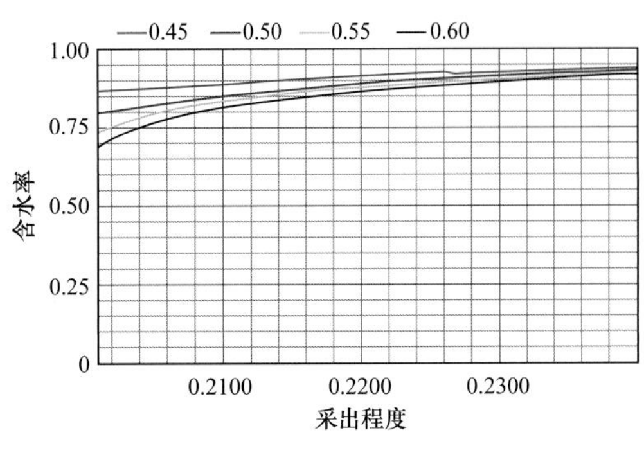

图 4-113　不同射孔条件采出程度与含水率关系图

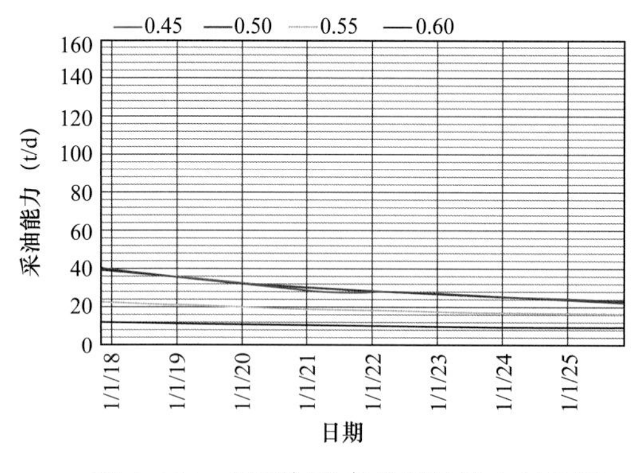

图 4–114　不同射孔条件采油能力对比图

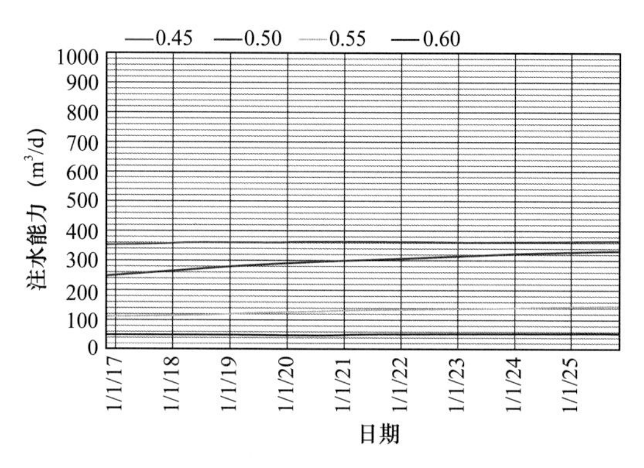

图 4–115　不同射孔条件注水能力对比图

3）转加密排状井网

在采出程度为 20% 时，转加密排状井网，对比未来 10 年各项生产指标。从转加密排状井网不同射孔条件下采出程度、含水率、采油能力、注水能力等各项指标中可以看出（图 4–116 至图 4–119），当射孔条件为剩余油饱和度为 0.45 时，采出程度、采油能力、注水能力都最高，虽然初期含水较高，但后期含水相差不大，因此，最优射孔条件为剩余含油饱和度为 0.45 时。

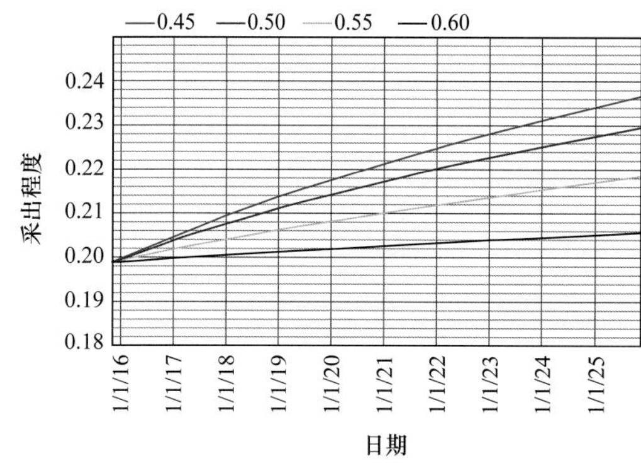

图 4–116　不同射孔条件采出程度对比图

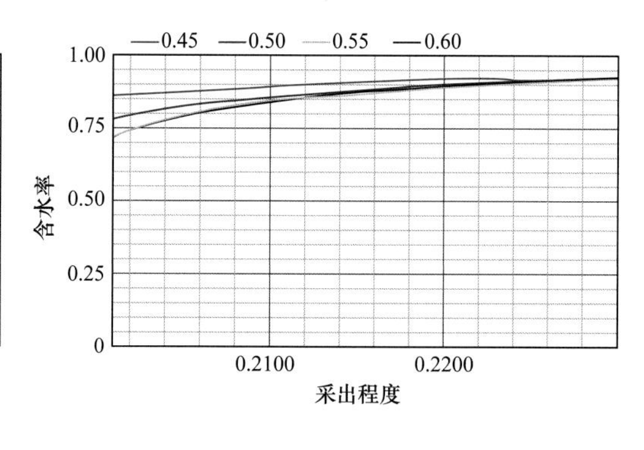

图 4–117　不同射孔条件采出程度与含水率关系图

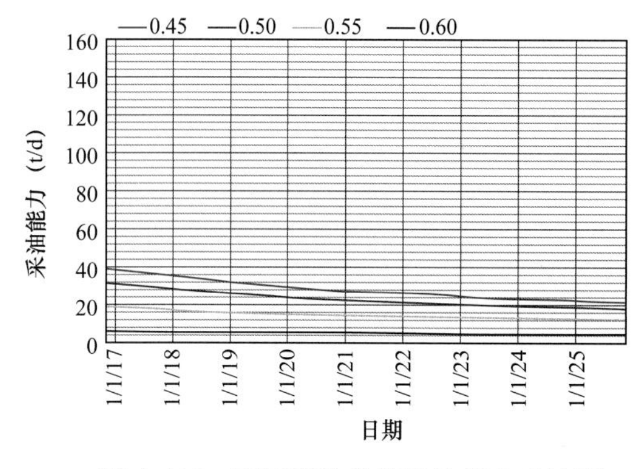

图 4–118　不同射孔条件采油能力对比图

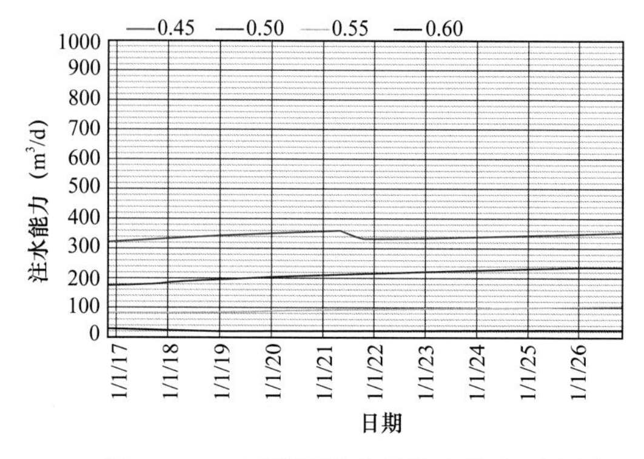

图 4–119　不同射孔条件注水能力对比图

4）井网形式优化

在采出程度为 20% 的条件下，针对前面优选的各种井网最优射孔方案，再进行对比。以未来 10 年各项生产指标为判定标准。从三种井网形式的采出程度、含水率、采油能力、注水能力等指标对比图看出（图 4–120 至图 4–123），五点井网采出程度、采油能力、注水能力最强，并且含水程度低，因此，在采出程度 20% 时候转五点井网为最佳方案。

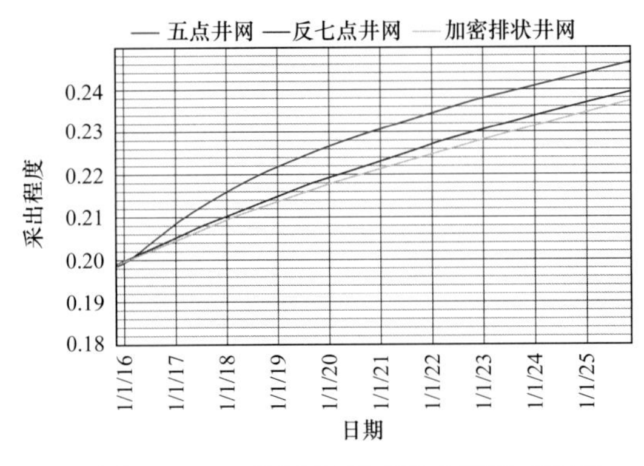

图 4–120　不同井网形式采出程度对比图

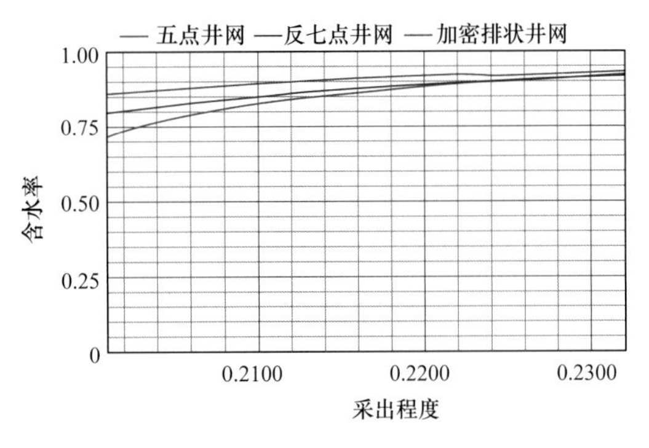

图 4–121　不同井网形式采出程度与含水率关系图

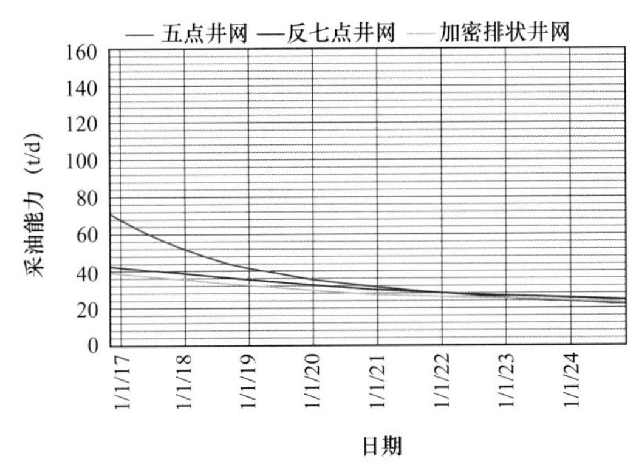

图 4–122　不同井网形式采油能力对比图

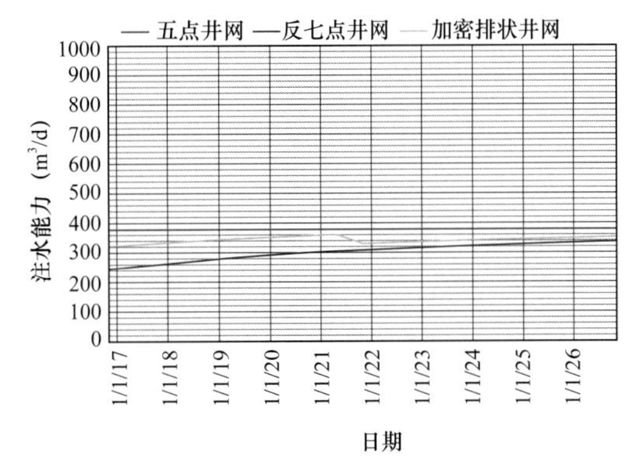

图 4–123　不同井网形式注水能力对比图

另外，根据确定的各项经济参数（表 4–9），计算得到不同井网条件下相对收益的大小。首先计算采出程度为 20% 时转三种井网，不同射孔条件下预测未来 10 年的采出程度。然后再计算转三种井网条件下，未来 10 年的相对经济收益。在油价分别为 60 美元、80 美元、100 美元条件下，五点井网最优，其次是反七点井网，最后是加密排状井网（图 4–124、图 4–125）。

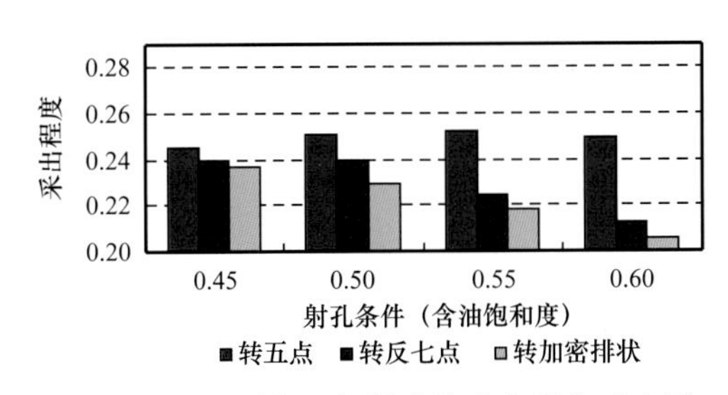

图 4–124　不同井网与射孔的采出程度对比图

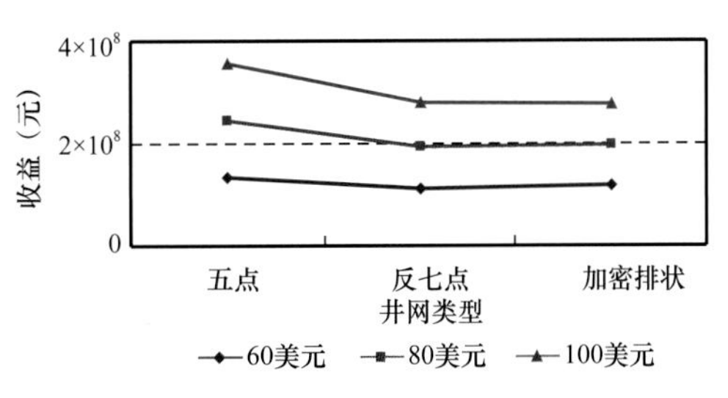

图 4–125　不同井网相对收益对比图

综上所述，在采出程度为20%时，转五点井网为最佳方案，最优射孔条件为剩余油饱和度在0.55时；转反七点井网为次佳方案，最优射孔条件为剩余油饱和度为0.50时；转加密排状井网为较差方案，最优射孔条件为剩余油饱和度为0.45时。

3. 采出程度为25%时的井网优化

按照相同的优化思路，当油田采出程度25%时，结合剩余油分布，进行三种类型的井网转换。同样设计剩余油饱和度0.45、0.50、0.55、0.60四种射孔选项。

1）转五点井网

在采出程度为25%时不同射孔条件下，预测未来10年的各项生产指标。从转五点井网不同射孔条件下采出程度、含水率、采油能力、注水能力等各项指标图中可以看出（图4-126至图4-129），射孔条件为剩余含油饱和度为0.55和0.50时，采出程度、采油能力、含水率、注水能力相当，剩余含油饱和度为0.50时的采出程度略高，因此在采出程度为25%时，转五点井网最佳射孔条件为剩余含油饱和度为0.50时。

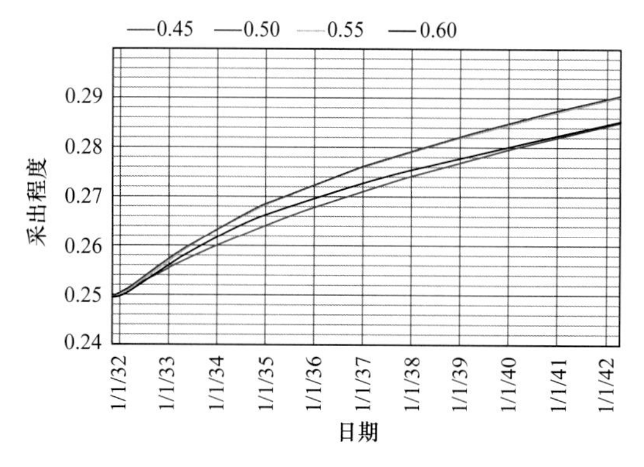

图4-126 不同射孔条件采出程度对比图

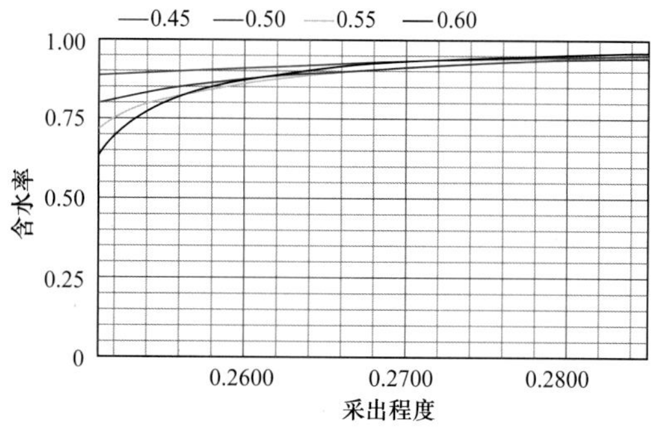

图4-127 不同射孔条件采出程度与含水率关系图

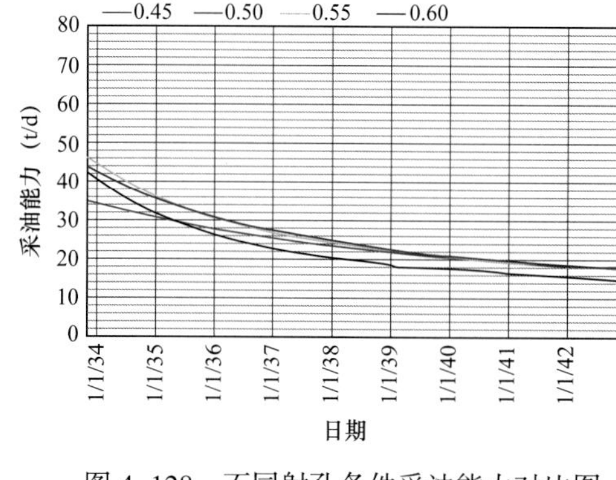

图4-128 不同射孔条件采油能力对比图

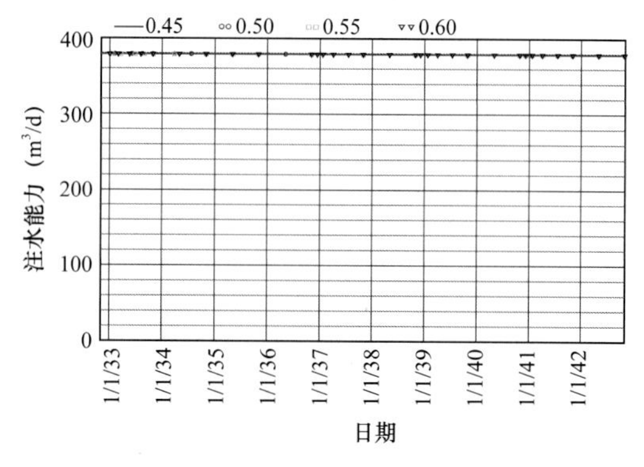

图4-129 不同射孔条件注水能力对比图

2）转反七点井网

从转反七点井网不同射孔条件下采出程度、含水率、采油能力、注水能力等各项指标图中可以看出（图4-130至图4-133），当射开剩余含油饱和度为0.45时的含水率虽然较高，但是其采出程度、注采能力明显更高，因此采出程度为25%时转反七点井网的最佳射孔条件为剩余油饱和度为0.45时。

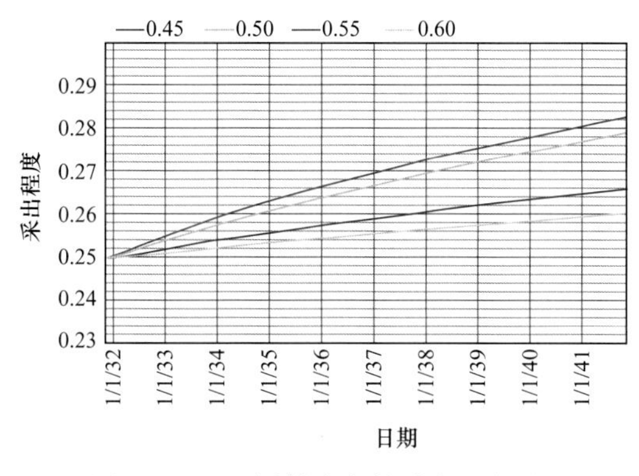

图 4–130　不同射孔条件采出程度对比图

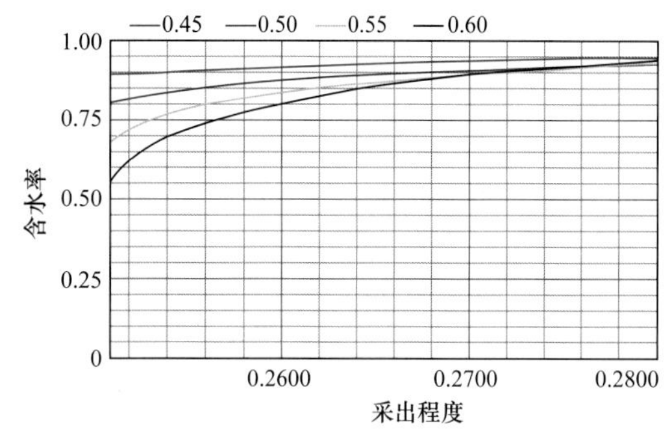

图 4–131　不同射孔条件采出程度与含水率关系图

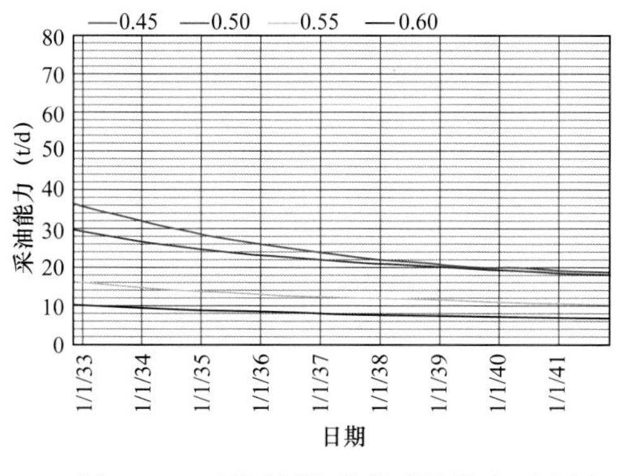

图 4–132　不同射孔条件采油能力对比图

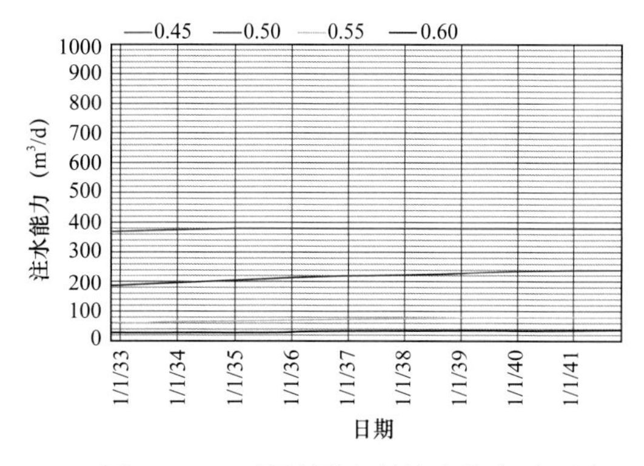

图 4–133　不同射孔条件注水能力对比图

3）转加密排状井网

在采出程度为 25% 的条件下，从转加密排状井网不同射孔条件下采出程度、含水率、采油能力、注水能力等各项指标图中可以看出（图 4–134 至图 4–135），射开剩余含油饱和度为 0.45 储层时的采出程度、注采能力明显更高，并且后期含水差距不大，因此采出程度在 25% 时转加密排状井网的最佳射孔条件为剩余油饱和度为 0.45 时。

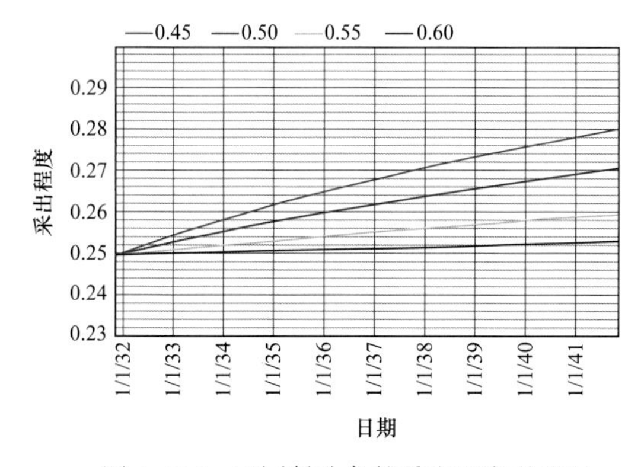

图 4–134　不同射孔条件采出程度对比图

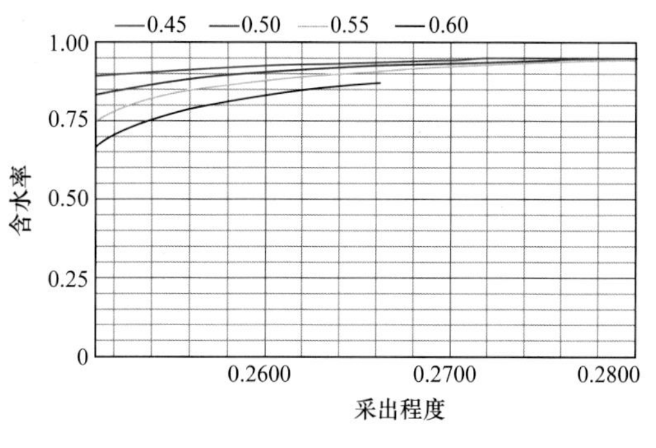

图 4–135　不同射孔条件采出程度与含水率关系图

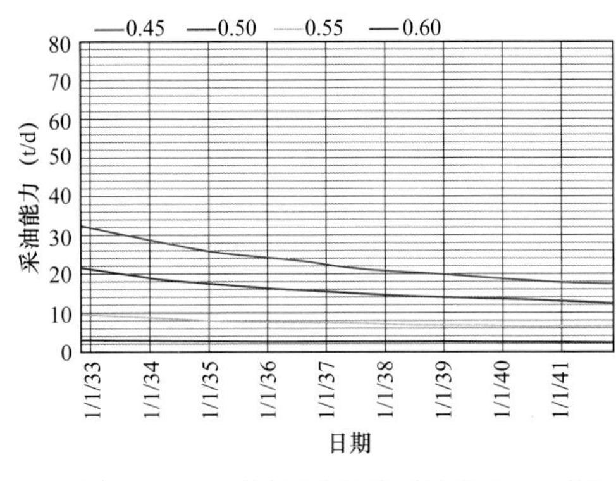

图 4-136　不同射孔条件采油能力对比图

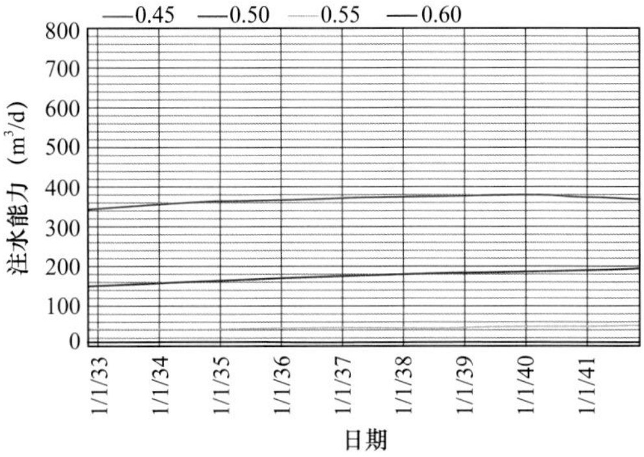

图 4-137　不同射孔条件注水能力对比图

4）井网形式优化

在采出程度为 25% 的情况下，从转三种井网形式预测未来 10 年的采出程度、含水率、采油能力、注水能力等指标对比图中可以看出（图 4-138至图 4-141），五点井网采出程度、采油能力、注水能力最强，并且含水程度低，因此在采出程度为 25% 时候转五点井网为最佳方案。

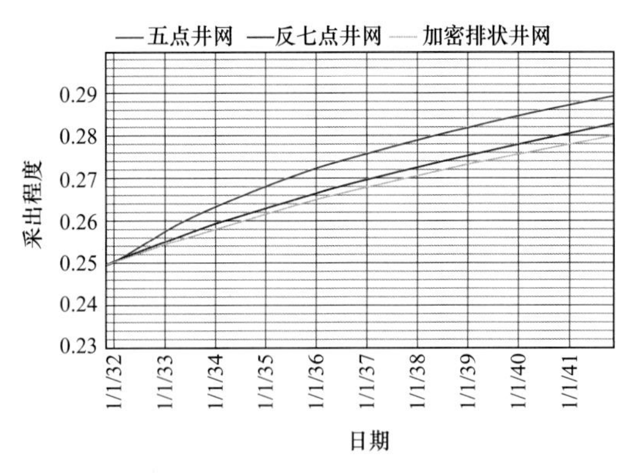

图 4-138　不同井网形式采出程度对比图

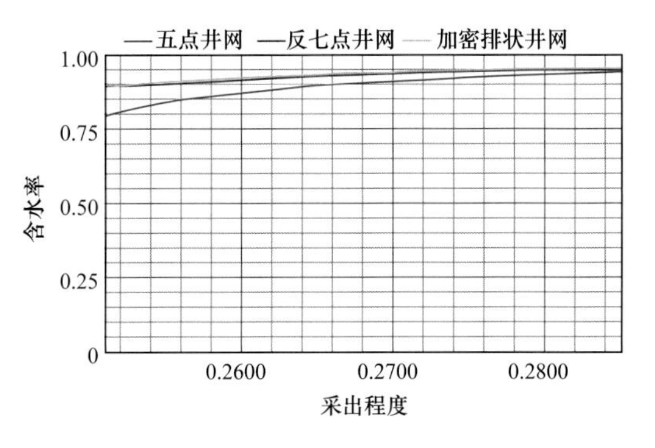

图 4-139　不同井网形式采出程度与含水率关系图

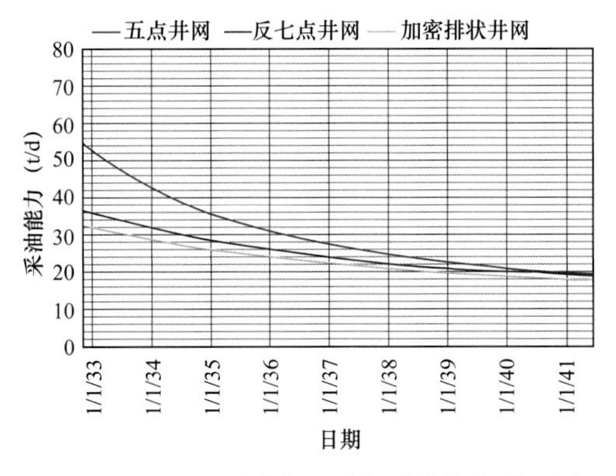

图 4-140　不同井网形式采油能力对比图

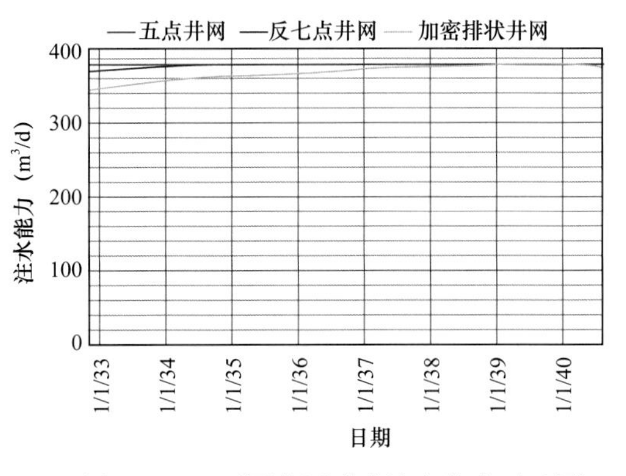

图 4-141　不同井网形式注水能力对比图

根据确定的经济参数（表 4-9），计算得到不同井网条件下相对收益的大小。首先计算采出程度为 25% 时转三种井网，不同射孔条件下预测未来 10 年的采出程度

（图 4–142）。之后计算转三种井网条件下，未来 10 年的相对经济收益。从图 4–143 中看出，60 美元、80 美元、100 美元条件下，五点井网最优，反七点井网和加密排状井网相对收益相当。

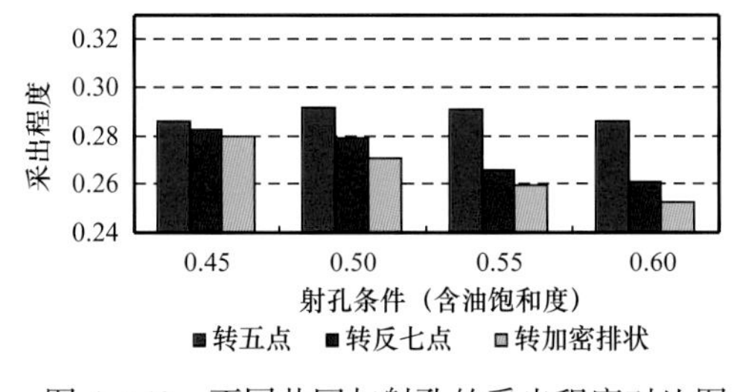

图 4–142　不同井网与射孔的采出程度对比图

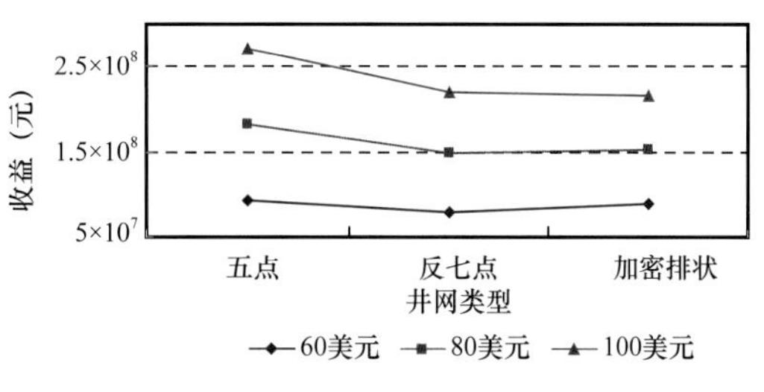

图 4–143　不同井网相对收益对比图

综上所述，在采出程度为 25% 时，转五点井网为最佳方案，最优射孔条件为剩余油饱和度为 0.50 时；转反七点井网为次佳方案，最优射孔条件为剩余油饱和度为 0.45 时；转加密排状井网为较差方案，最优射孔条件为剩余油饱和度为 0.45 时。

（二）不同采出程度最优井网选择

经过分析，得到不同采出程度，转不同井网形式、不同射孔条件下的相对最优射孔条件（表 4–11）。

表 4–11　不同采出程度转不同井网最优射孔条件对比

采出程度	15%		
转井网形式	五点	反七点	加密排状
最优射孔条件（剩余油饱和度）	0.55	0.55	0.50
采出程度	20%		
转井网形式	五点	反七点	加密排状
最优射孔条件（剩余油饱和度）	0.55	0.50	0.45
采出程度	25%		
转井网形式	五点	反七点	加密排状
最优射孔条件（剩余油饱和度）	0.50	0.45	0.45

可以看出，随着采出程度的提高，剩余油饱和度降低，转不同井网形式的射孔条件逐步降低，剩余油饱和度下限五点井网从 0.55 降到 0.50，反七点井网从 0.55 降到 0.45，加密排状井网从 0.50 降到 0.45。另外，采出程度为 15% 时转反七点井网最优，而采出程度为 20%、25% 时转五点井网最优。

随着采出程度提高，最优井网形式从反七点井网转变成五点井网。反七点井网油水井数比高，在高采出程度下再转反七点井网，剩余油饱和度相对低，为达到生产要求，采液要求高，单井注入能力要求更高，在一定注入压力限制下，反七点井网注水能力受到限制，采出程度也受到一定限制。

三、开发中后期井网井距优选

（一）二次开发调整井网井距评价

六中东区克下组二次开发调整井主要采用注采井距125m左右的五点井网。经过前面分析，在当时采出程度下转五点井网是比较合理的。以五点井网为基础，结合储层构型研究结果，统计不同油水井距对不同小层、不同构型的控制程度。以油井为中心，如果周围四口水井处于同一构型单元，认为控制程度为1，如果三口水井处于同一构型单元，认为控制程度为0.75，以此类推。

从不同油水井距对S_7^4小层槽流砾石体、槽滩砂砾体、漫洪内砂体的控制程度统计可以看出（图4-144），相同油水井距的反五点井网对槽流砾石体的控制程度大于槽滩砂砾体与漫洪内砂体。当注采井距从300m加密到250m时，控制程度显著提高，提高幅度在20%～30%。目前井距条件对槽流砾石体控制程度近80%，对槽滩砂砾体控制程度也达50%以上。并且从150m油水井距加密到目前井距，对各构型的控制程度能提高10%左右，而从目前井距加密到100m油水井距，除漫洪内砂体控制程度显著提高，槽流砾石体和槽滩砂砾体的控制程度提高幅度并不十分明显。因此目前井距对S_7^4小层的控制程度是相对较高并且合理的。而从不同油水井距对扇根外带的S_7^{3-3}、S_7^{3-2}小层构型控制程度统计可以看出（图4-145），片流砾石体分布较广，井网控制程度较高。当井距从200m加密到150m时，对漫洪外砂体控制程度提高幅度大，达10%～20%。而目前井网在150m井距基础上有一定幅度提高，但幅度不大。因此目前井距对构型规模相对较小的单元相对于150m井距而言，提高幅度并不明显。

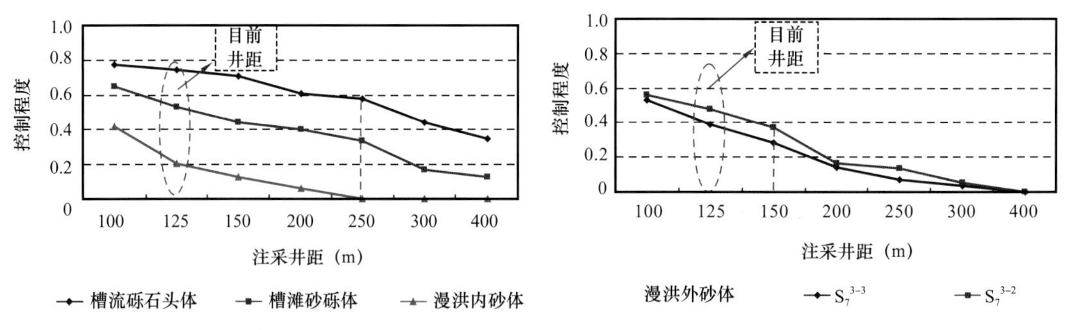

图4-144　不同井距对S_7^4层扇根内带构型的控制程度　图4-145　不同井距对扇根外带构型的控制程度

从不同油水井距的五点井网对扇中及扇缘各小层不同构型的控制程度统计可以看出（图4-146至图4-151），对扇中大部分小层及扇缘而言，注采井距从200m提高到150m时，井网对各构型控制程度显著提高，提高幅度在10%～20%。当注采井距从150m加密到目前井距，对各构型单元的控制程度有一定提高，但提高幅度相应减小。当从目前井距加密到100m注采井距时，部分层段对漫洪砂体的控制程度有较明显提高，但整体上，对辫流水道控制程度的提高幅度也不是很明显。

整体上，对构型规模相对较大的槽流砾石体、槽滩砂砾体，注采井距从300m加密到250m，控制程度提高明显。而对构型规模相对较小的辫流水道、辫流砂砾坝、径流水道等而言，注采井距从200m加密到150m时，控制程度显著提高。目前注采井距125m，相对 150m 井距，控制程度有一定幅度提高。从目前井距加密到 100m，除部分层段更小规模的漫洪砂体控制程度提高幅度明显以外，其他构型单元提高幅度也相对有限。针对主要产油的构型单元，目前井距对槽流砾石体、辫流水道的控制程度达到 50%～80%，大部分层段达到 60% 以上。总体而言，目前井距对主要构型单元控制程度高，并且相对合理。

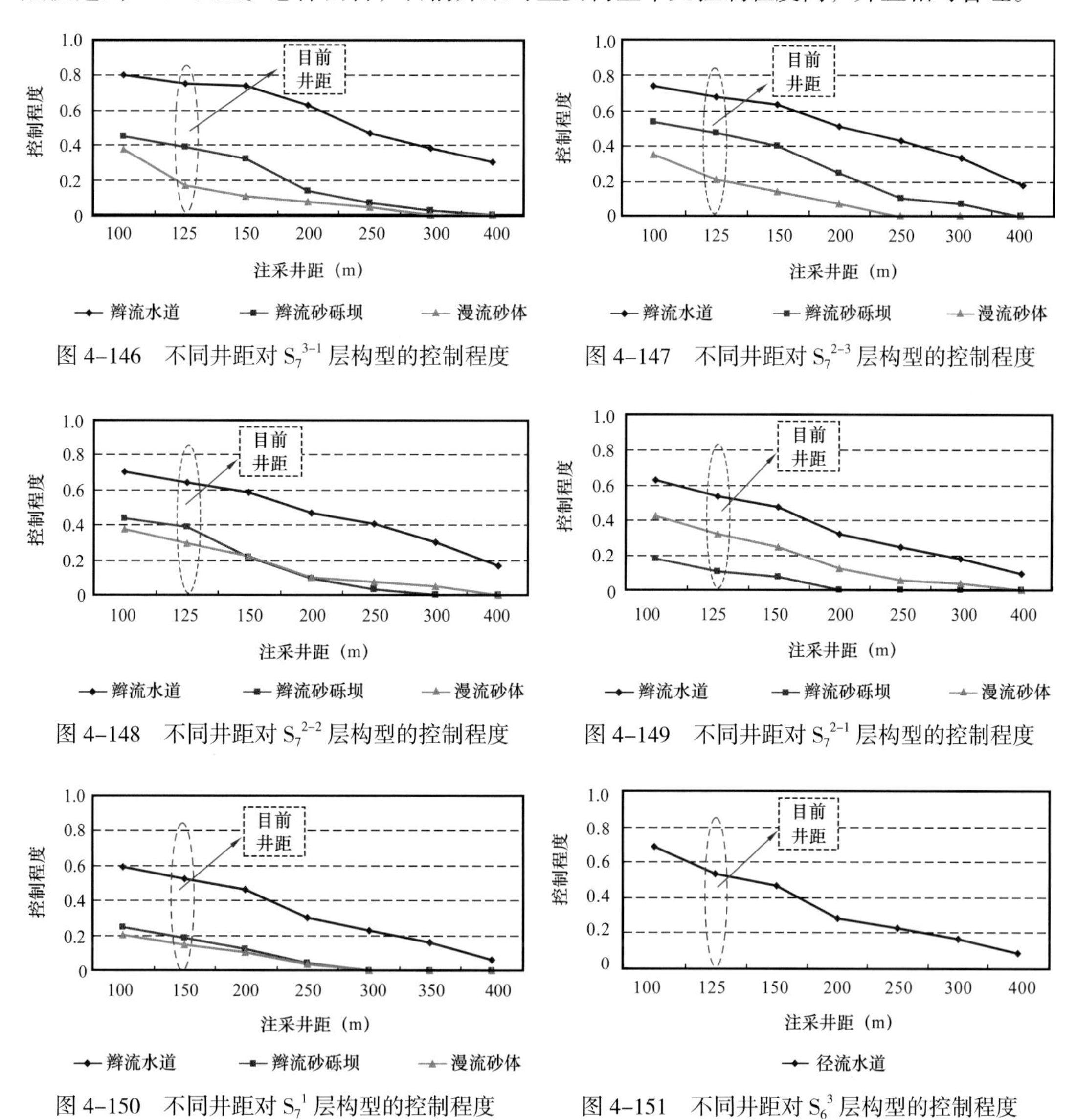

图 4-146　不同井距对 S_7^{3-1} 层构型的控制程度

图 4-147　不同井距对 S_7^{2-3} 层构型的控制程度

图 4-148　不同井距对 S_7^{2-2} 层构型的控制程度

图 4-149　不同井距对 S_7^{2-1} 层构型的控制程度

图 4-150　不同井距对 S_7^{1} 层构型的控制程度

图 4-151　不同井距对 S_6^{3} 层构型的控制程度

利用数值模拟手段，考虑到当前数模区块采出程度，在采出程度为 15% 的前提下，预测当前井网井距条件和其他不同井距条件下未来 10 年的各项指标，并根据确定的经济参数（表 4-12），计算得到不同井距条件下相对收益的大小。首先计算目前井距条件和其他井距条件的采出程度、采油能力（图 4-152、图 4-153）。之后分别计算 10 年采出程度和相对收益情况（图 4-154、图 4-155）。可以看出，随着井距减小，采出程度有所增加，而从相对收益情况看，油价 60 美元时，目前井距较好；80 美元时，目前井距相对 150m 井距（油井间距离）略差，而优于其他井距；100 美元时，优于 100m（油井间距离）、200m 井距（油井间距离），而相对 125m（油井间距离）、150m（油井间距离）略差。

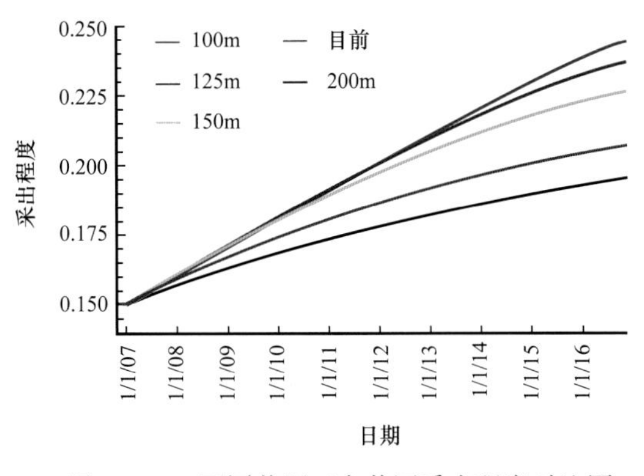

图 4–152　不同井距五点井网采出程度对比图

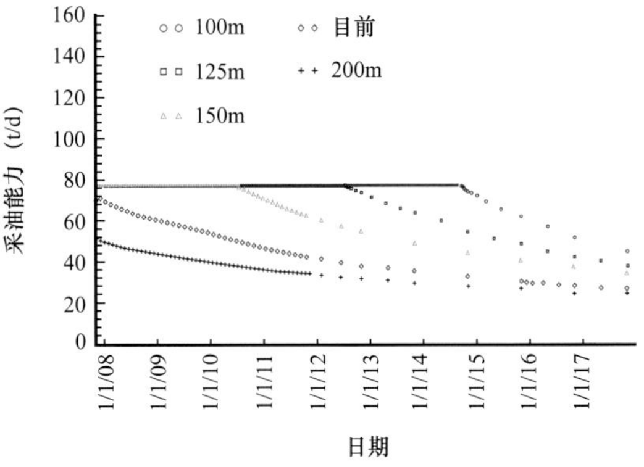

图 4–153　不同井距五点井网采油能力对比图

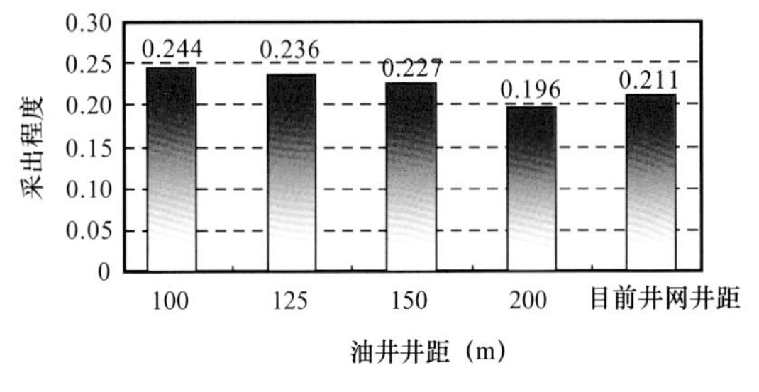

图 4–154　不同井距采出程度对比图

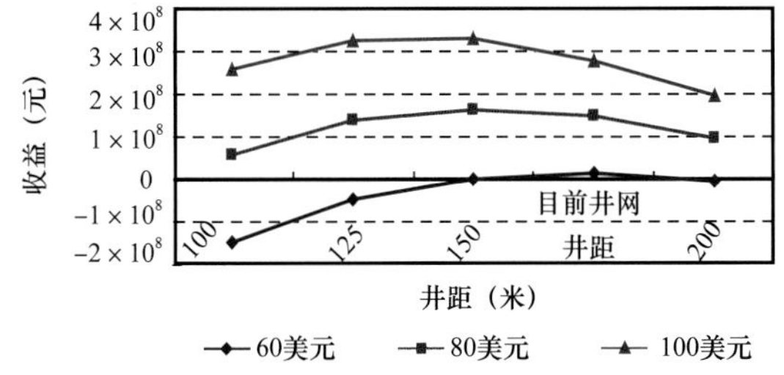

图 4–155　不同井距不同油价相对收益对比图

（二）不同采出程度井网井距优选

在不同采出程度转不同井网优选条件下，结合油藏工程计算的技术、经济合理、极限井距范围及现井距评价基础上进行井距优选数值模拟。选择的井网转换形式为采出程度在 15% 时转五点井网，采出程度为 15% 时转反七点井网，采出程度为 20% 时转五点井网，采出程度为 25% 时转五点井网。初步选择油井之间距离 100m、125m、150m、200m 四种类型进行数值模拟，模拟条件为定采油速度 1%，模拟时间为 10 年。

1. 采出程度为 15% 时转五点井距优选

从采出程度为 15% 时转五点井网不同井距的采出程度、采油能力对比图中可以看出（图 4–156、图 4–157），井距越小，采出程度越大，保持 1% 的采油速度时间越长。结合相关经济参数（表 4–9），进行不同油价下相对收益计算。通过预测 10 年后的采出程度和不同油价下各井距的相对收益情况可以看出（图 4–158、图 4–159），油价在 60 美元时，收益为负；油价在 80 美元时，经济合理油井距 150m，经济极限油井距小于 100m；油价在 100 美元时，经济合理油井距 150m，经济极限油井距小于 100m。

2. 采出程度为 15% 时转反七点井距优选

从采出程度为 15% 时转反七点井网不同井距的采出程度、采油能力对比图中可以看出（图 4–160、图 4–161），井距越小，采出程度越大，保持 1% 的采油速度时间越长。结合相关经济参数（表 4–9），进行不同油价下相对收益计算。通过预测 10 年后的采出程度和不同油价下各井距的相对收益情况可以看出（图 4–162、图 4–163），油价在 60 美元时，经济合理油井距 200m，经济极限油井距 100～125m；油价在 80 美元时，经济合理油井距

125m，经济极限油井距小于 100m；油价在 100 美元时，经济合理油井距 125m，经济极限油井距小于 100m。

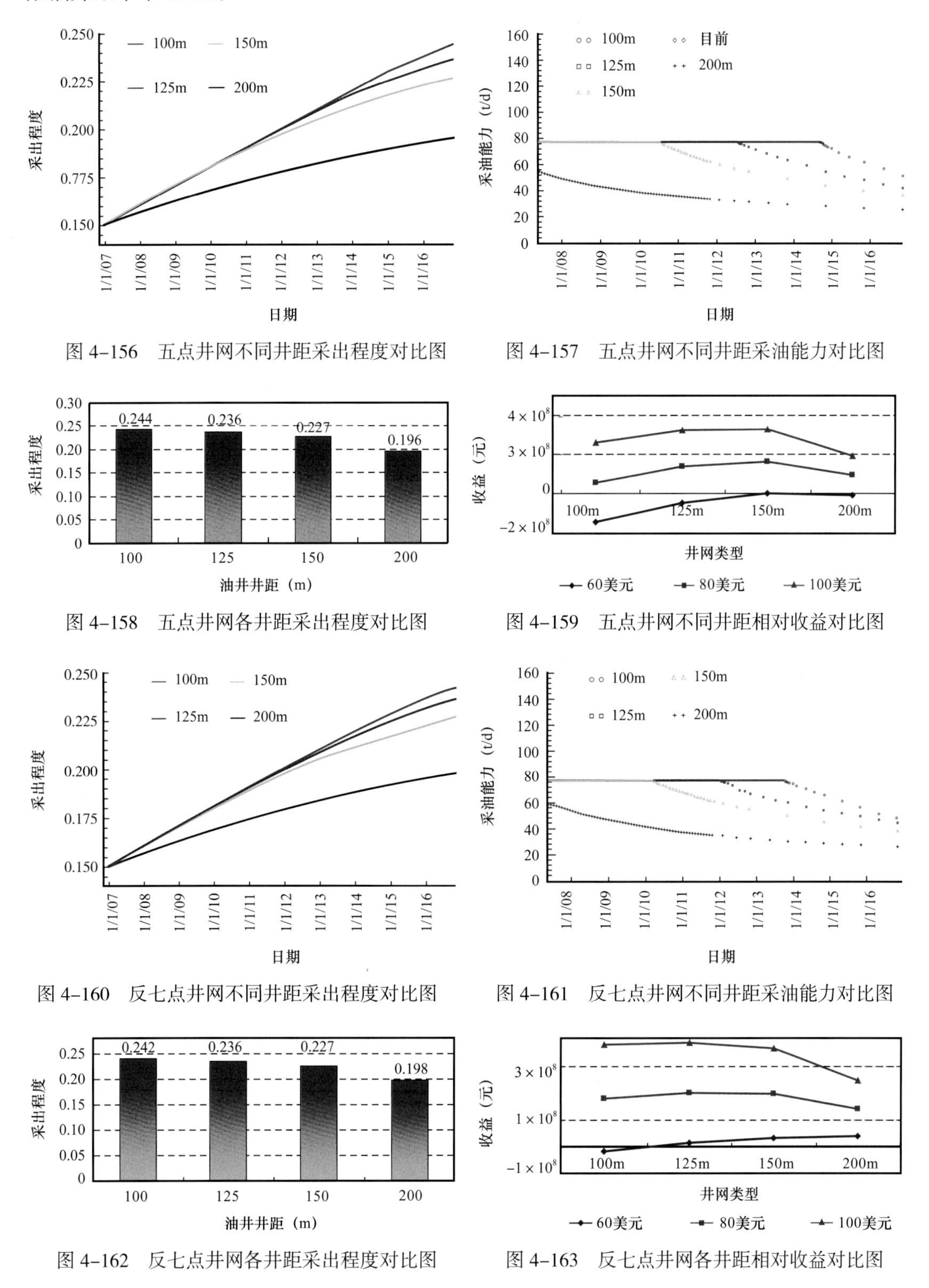

图 4-156　五点井网不同井距采出程度对比图

图 4-157　五点井网不同井距采油能力对比图

图 4-158　五点井网各井距采出程度对比图

图 4-159　五点井网不同井距相对收益对比图

图 4-160　反七点井网不同井距采出程度对比图

图 4-161　反七点井网不同井距采油能力对比图

图 4-162　反七点井网各井距采出程度对比图

图 4-163　反七点井网各井距相对收益对比图

3. 采出程度为 20% 时转五点井距优选

采用类似的分析思路，在采出程度为 20% 时转五点井网，随着油井距减小，采出程度增加（图 4-164、图 4-165）。通过预测 10 年后的采出程度和不同油价下各井距的相对收益情况可以看出（图 4-166、图 4-167），油价在 60 美元时，收益为负；油价在 80 美元时，经济合理油井距 150m，经济极限油井距 100～125m；油价在 100 美元时，经济合理油井距 150m，经济极限油井距小于 100m。

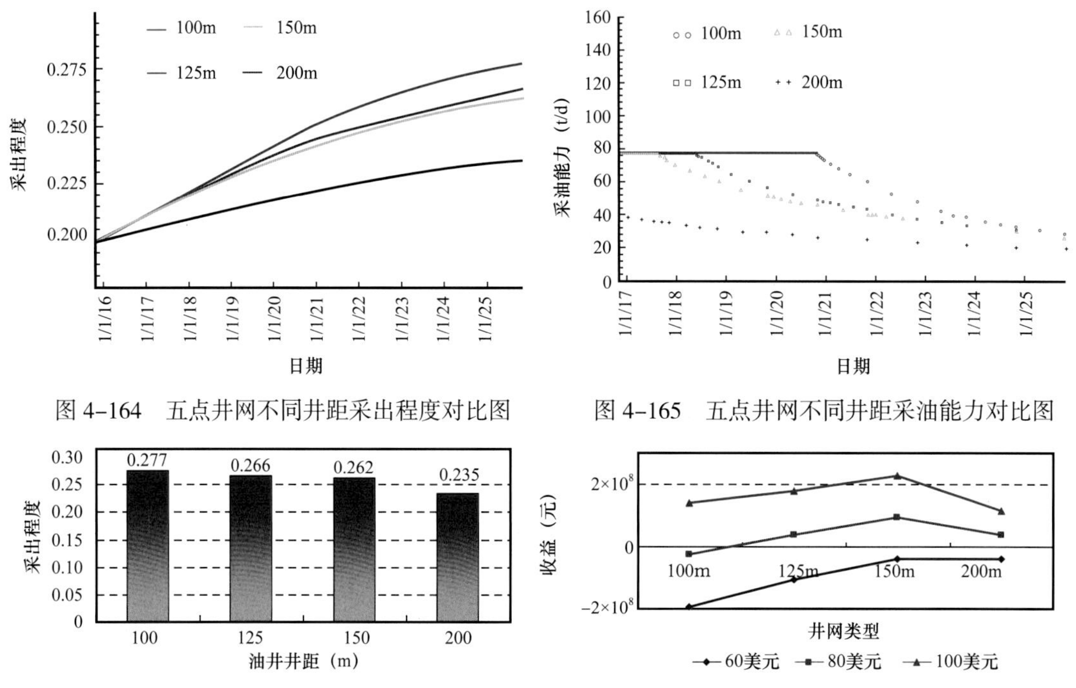

图 4-164　五点井网不同井距采出程度对比图

图 4-165　五点井网不同井距采油能力对比图

图 4-166　五点井网各井距采出程度对比图

图 4-167　五点井网各井距相对收益对比图

4. 采出程度为 25% 时转五点井距优选

在采出程度为 25% 时转五点井网，随着油井距减小，采出程度增加（图 4-168、图 4-169）。通过预测 10 年后的采出程度和不同油价下各井距的相对收益情况可以看出（图 4-170、图 4-171），油价在 60 美元时，收益为负；油价在 80 美元时，经济合理油井距 150m，经济极限油井距 100～125m；油价在 100 美元时，经济合理油井距 150m，经济极限油井距小于 100m。

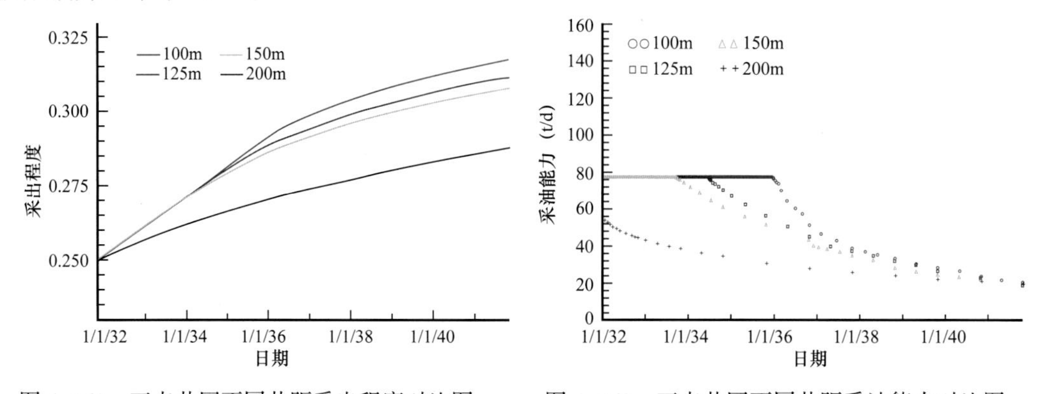

图 4-168　五点井网不同井距采出程度对比图

图 4-169　五点井网不同井距采油能力对比图

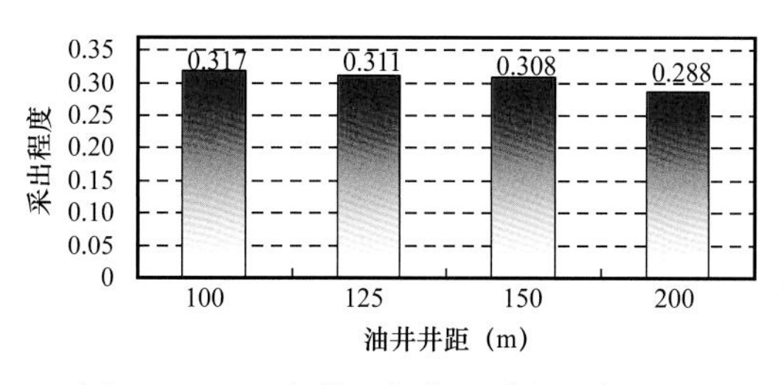

图 4-170　五点井网各井距采出程度对比图

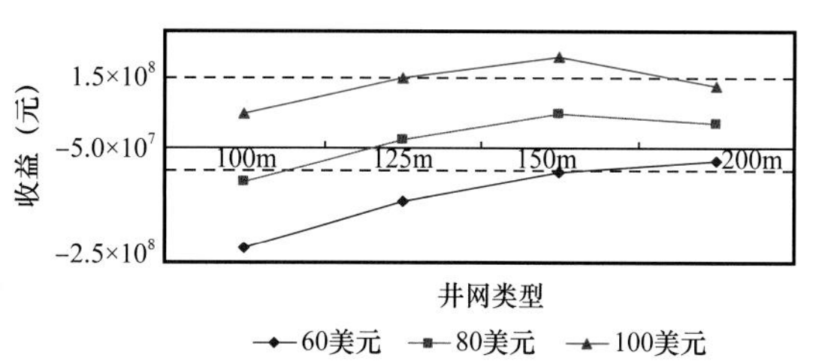

图 4-171　五点井网各井距相对收益对比图

综上所述，得到不同采出程度，最优的井网转换形式，最优的射孔条件以及各井网形式下经济合理、极限井距（表 4-12）。

表 4-12　不同采出程度井网井距优选结果

采出程度	射孔条件	井网形式	60 美元 /bbl		80 美元 /bbl		100 美元 /bbl	
			合理井距	极限井距	合理井距	极限井距	合理井距	极限井距
15%	0.55	反七点	200m	100～125m	125m	<100m	125m	<100m
	0.55	五点			150m	<100m	150m	<100m
20%	0.50 或 0.55	五点			150m	100～125m	150m	<100m
25%	0.50	五点			150m	100～125m	150m	<100m

参考文献

包兴 . 2012. 冲积扇构型建模方法研究［D］. 长江大学 .

韩学辉，支乐菲，刘荣，等 . 2013. 应用最小二乘支持向量机识别广利油田沙四段储层岩性［J］. 地球物理学进展，28（4）：1886−1892.

贾爱林，程立华 .2012. 精细油藏描述程序方法［M］. 北京：石油工业出版社 .

蒋裕强，张春，张本健，等 . 2013. 复杂砂砾岩储集体岩相特征及识别技术——以川西北地区为例［J］. 天然气工业，33（4）：31−36.

赖锦，王贵文，郑懿琼 . 2013. 川中蓬莱地区须二段储层岩性岩相类型及解释方法［J］. 断块油气田，20（1）：33−37.

兰朝利，吴峻，张为民，等 .2001. 冲积沉积构型单元分析法——原理及其适用性［J］. 地质科技情报，（2）：37−40.

卢海娇，赵红格，李文厚 . 2014. 苏里格气田盒 8 气层组厚层辫状河道砂体构型分析［J］. 东北石油大学学报，（1）：54−62.

吕希学，肖焕钦，田美荣，方大钧 . 2003. 济阳坳陷陡坡带砂砾岩体储层测井识别及描述技术［J］. 浙江大学学报（理学版），（3）：332−336.

乔雨朋，邱隆伟，邵先杰，等 . 2017. 辫状河储层构型表征研究进展［J］. 油气地质与采收率，（6）：1−9.

尚玲，谢亮，姚卫江，等 . 2013. 准噶尔盆地中拐凸起石炭系火山岩岩性测井识别及应用［J］. 岩性油气藏，25（2）：65−69.

苏亚拉图，陈程，陈余平 . 2012. 鄂尔多斯盆地召 38 区块储层建构模式及其控制作用［J］. 断块油气田，（1）：55–60.
孙乐，王志章，于兴河，等 . 2017. KLMY 油田五 2 东区克上组扇三角洲储层构型分析［J］. 油气地质与采收率，24（4）：8–15.
孙天建，穆龙新，吴向红，等 . 2014. 砂质辫状河储层构型表征方法——以苏丹穆格莱特盆地 Hegli 油田为例［J］. 石油学报，35（4）：715–724.
汪益宁，闫荣堃，罗佳洁，等 . 2016. 基于支持向量机的致密储层岩相识别——以徐家围子断陷下白垩统沙河子组为例［J］. 长江大学学报（自科版），13（29）：33–38.
王芳芳，李景叶，陈小宏 . 2014. 基于马尔科夫链先验模型的贝叶斯岩相识别［J］. 石油地球物理勘探，49（1）：183–189.
王晓光，贺陆明，吕建荣，等 . 2012. KLMY 油田冲积扇构型及剩余油控制模式［J］. 断块油气田，19（4）：493–496.
吴胜和，范峥，许长福，等 . 2012. 新疆 KLMY 油田三叠系克下组冲积扇内部构型［J］. 古地理学报，14（3）：331–340.
吴胜和，伊振林，许长福，等 . 2008. 新疆 KLMY 油田六中区三叠系克下组冲积扇高频基准面旋回与砂体分布形式研究［J］. 高校地质学报，14（2）：157–163.
吴胜和 . 2010. 储层表征与建模［M］. 北京：石油工业出版社，136–174.
谢宗奎 . 2009. 柴达木台南地区第四系细粒沉积岩相与沉积模式研究［J］. 地学前缘，16（5）：245–250.
伊振林，吴胜和，杜庆龙，等 . 2010. 冲积扇储层构型精细解剖方法——以 KLMY 油田六中区下克拉玛依组为例［J］. 吉林大学学报（地球科学版），40（4）：939–946.
于兴河，等 .2004. 辫状河储层地质模式及层次界面分析［M］. 北京：石油工业出版社 .
于兴河，瞿建华，谭程鹏，等 . 2014. 玛湖凹陷百口泉组扇三角洲砾岩岩相及成因模式［J］. 新疆石油地质，35（6）：619–627.
于兴河，王德发，孙志华 . 1995. 湖泊辫状河三角洲岩相、层序特征及储层地质模型——内蒙古贷岱海湖现代三角洲沉积考察［J］. 沉积学报，（1）：48–58.
于兴河，王德发 . 1997. 陆相断陷盆地三角洲相构形要素及其储层地质模型［J］. 地质论评，（3）：225–231.
赵澄林 . 2001. 沉积岩石学［M］. 北京：石油工业出版社 .
钟思瑛，刘金华，乔力，等 . 2014. 真武油田辫状河心滩微相储层构型研究［J］. 特种油气藏，21（2）：32–36.
周银邦，吴胜和，计秉玉，等 . 2011. 曲流河储层构型表征研究进展［J］. 地球科学进展，26（7）：695–702.
周正龙，王贵文，冉冶，等 . 2016. 致密油储集层岩性岩相测井识别方法——以鄂尔多斯盆地合水地区三叠系延长组 7 段为例［J］. 石油勘探与开发，43（1）：61–68，83.
朱怡翔，石广仁 . 2013. 火山岩岩性的支持向量机识别［J］. 石油学报，34（2）：312–322.
Eidsvik J，Avseth P，Omre H，et al.. 2004. Stochastic reservoir characterization using prestack seismic data［J］. Geophysics，69（4）：978.
Houck R T. 2002. Quantifying the uncertainty in an AVO interpretation［J］. Geophysics，67（1）：117–125.
Larsen，Ulvmoen，Buland. 2006. Bayesian lithology/fluid prediction and simulation on the basis of a Markov-chain prior model［J］. Geophysics，71（5）：69–78.
Mukerji T，Jo?Rstad A，Avseth P，et al. 2001. Mapping lithofacies and pore-fluid probabilities in a North Sea

reservoir : Seismic inversions and statistical rock physics [J] . Geophysics, 66 (4) : 988–1001.

Rimstad K, Omre H. 2010. Impact of rock–physics depth trends and Markov random fields on hierarchical Bayesian lithology/fluid prediction [J] . Geophysics, 75 (4) .

Sams M S, Saussus D. 2010. Uncertainties in the quantitative interpretation of lithology probability volumes [J] . Leading Edge, 29 (5) .

Vapnik V.2010. Statistical learning theory [M] . DBLP.

第五章 冲积扇砾岩成岩储集相

在冲积扇储层的形成过程中，包括构造作用（印森林等，2016）、沉积作用（古莉等，2004）、成岩作用（杨风祥等，2011）等在内的多种地质作用均起到了一定程度上的控制作用。构造作用从整体上可以改造储层的接触关系及储层形态（印森林等，2016）；沉积作用决定了储层的原始物性，包括沉积微相、沉积物源岩石性质，碎屑组分的矿物成分、粒级大小、分选、磨圆等方面（赵澄林，2001）；成岩作用对储层的改造作用也不容忽视，诸如压实作用、压溶作用、胶结作用等可以让储层物性变差，而溶蚀作用则主要改善储层物性（刘孟慧等，1991）。

最初从定性角度以成岩相的方式研究成岩作用对储层的影响，而随着油田开发的不断深入，大量剩余油分布在地下难以采出，需要应用储层表征方法来精细揭示地下储层非均质性。在这一背景下，能够定量表征成岩作用影响的成岩储集相研究逐渐引入。成岩储集相通过定量化研究一种或几种成岩作用的影响，得到能够反映成岩环境和储集体性质的综合表征，反映了沉积物在整体沉积成岩过程中所经历的一系列变化的结果。

本章首先详细介绍了成岩储集相的相关含义、分类以及应用，之后结合 KLMY 油田六东区的岩石类型、储集空间类型及成岩作用和成岩阶段的演化，讨论冲积扇砾岩成岩储集相的类型及展布特征。

第一节 成岩储集相

成岩储集相能够定量的反映不同成岩作用的影响，首先引入定量表征各成岩作用的参数，然后由各参数得出的成岩系数可作为划分成岩储集相的标准，最后介绍成岩储集相的分类及应用。

一、成岩储集相含义

（一）成岩作用

成岩作用是沉积物埋存于地下后，随埋深增加以及压力、温度的升高，转变为沉积岩的过程中以及沉积岩形成后在遭受风化作用或变质作用以前的一系列变化过程和相应影响的结果。成岩作用一般可分为三个不同阶段，初始沉积的早期成岩作用阶段，埋藏过程中的中期成岩作用阶段以及经历抬升后的晚期成岩作用阶段（Khidir，2010）。对储层起到改造的作用，包括杂基充填作用、压实作用、胶结作用、交代作用以及溶蚀作用等。不同的成岩作用会对储层具有或好或坏的改造效果。

1. 压实作用

压实作用（机械压实作用）是指沉积物在上覆重力及静水压力作用下，发生水分排出、碎屑颗粒紧密排列、沉积物密度加大的过程，会导致岩石孔隙度的减少，对储层的储集物性有一定的破坏作用（Jardim 等，2011）。

为了对压实作用进行定量评价，引入了“视压实率”这一概念（马鸣，2005），表达式为

$$视压实率 = (原始粒间孔隙度 - 粒间体积) / 原始粒间孔隙度 \times 100\%$$

该参数反映了机械压实作用对原始孔隙空间体积的影响程度（王旭影等，2015）。一般可根据 R.Sneider 图版，并在综合考虑岩石的沉积环境、粒级大小和分选性等，得到原始粒间孔隙度值。对于中国的陆相储层来说，一般原始粒间孔隙度取 63%。

粒间体积为岩石铸体薄片下粒间孔隙体积与胶结物体积之和。

通过对大量薄片资料的观察与统计分析，并结合岩心物性分析数据，根据视压实率的大小，将储层压实成岩作用强度分为三级（表 5–1）。

表 5–1 视压实率强度等级

视压实率	＞70%	70%～30%	＜30%
压实作用强度	强压实	中等压实	弱压实

2. 胶结作用

胶结作用是指矿物质在沉积物的孔隙中发生化学沉淀，并使沉积物固结成岩的作用。胶结作用使储层的孔隙空间进一步缩小，但若胶结作用发生较早（在压实作用发生之前），则在一定程度上可减弱压实作用的强度，并为后期胶结物的溶蚀形成大量次生孔隙创造条件，由此可见胶结作用对储层孔隙的影响作用是双方面的（朱庆忠等，2003）。

为了对胶结作用进行定量评价，引入了“视胶结率”这一概念（刘伟等，2003），表达式为

$$视胶结率 = 胶结物体积 / (胶结物体积 + 粒间孔体积) \times 100\%$$

该参数反映了胶结作用对原始孔隙空间体积的影响程度。由上式可见视胶结率既与胶结物含量有关，又与粒间孔隙体积有关，是胶结物含量与粒间孔隙体积的综合度量。随着胶结作用的增强，储层孔隙度随之降低。

通过对大量薄片资料的观察与统计分析，并结合岩心物性分析数据，根据视胶结率的大小，将储层胶结成岩作用强度分为三级（表 5–2）。

表 5–2 视胶结率强度等级

视胶结率	＞70%	30%～70%	＜30%
胶结作用强度	强胶结	中等胶结	弱胶结

3. 溶蚀作用

溶蚀作用是指矿物在成岩作用中由于成岩环境的变化发生溶蚀，从而达到新的物理化学平衡。溶蚀作用可产生大量的次生孔隙，在增大储层有效空间的同时，使孔隙间的连通性更好，是改善储层物性最主要的因素（冯旭等，2016）。

为了对溶蚀作用进行定量评价，引入了“视溶蚀率”的概念，表达式为

视溶蚀率 = 次生溶蚀面孔率 / 总面孔率 ×100%

它反映的是溶蚀作用对原始孔隙空间体积影响程度。溶蚀面孔率与总面孔率的大小由铸体薄片或图像分析资料确定。

通过地质分析，发现不同视溶蚀率值范围反映的溶蚀孔隙大小、类型及结构特征各具特点，即溶蚀作用强度不同（表 5–3）。

表 5–3　视溶蚀率强度与孔隙特征

视溶蚀率	＞60%	25%～60%	＜25%
孔隙特征	以大的粒内、粒间溶蚀孔和颗粒铸模孔为主；孔隙间连通性好，配位数基本在 4 以上	以较小孔隙直径的粒内、粒间溶蚀孔为主，基本没有颗粒铸模孔，孔隙连通性较差，配位数在 2 左右	孔隙不但规模小，且零星分布
溶蚀成岩作用强度	强	中等	弱

4. 成岩系数

在以上三类成岩作用定量化分级的基础上，为了能够综合性定量描述各类成岩作用对储集性能的影响，引入了表达成岩作用综合效应的“成岩系数”，具体表达式为

成岩系数 = 面孔率 /（视压实率 + 视胶结率 + 微孔隙率）×100%。

其中，面孔率表示为薄片观察视域内，粒间孔面积与视域面积之比。微孔隙率 =（物性孔隙度 – 面孔率）/ 物性孔隙度 ×100%。

从成岩系数的定义可以看出，表达式的分子代表了使储集性能变好的成岩作用效应，分母代表了使储集性能变差的成岩作用效应。通常，成岩系数大小在 0～2，值越大，说明使储集性能变好的成岩作用影响越大，渗透率相对较高；反之，则说明使储集性能变差的成岩作用影响大，渗透率较低。

（二）成岩储集相定义

传统方法多使用“成岩相”的概念来定性描述成岩作用对储层的影响。成岩相反映了成岩环境中岩石学特征、地球化学特征和岩石物理特征的总和，包括在成岩过程中碎屑组分、填隙物和孔隙结构的一切变化，其研究内容主要是某一时段、某一区域的地质体内现今成岩相的类型和分布特征，研究方法和流程通常是以单井成岩相为基础，结合地震、测井等资料，定性研究成岩相在纵向和横向上的分布规律及控制因素（程启贵等，2010）。

而随着研究精度的不断提高，仅从定性的角度去描述储层成岩作用已经不足以满足油气田的开发需求，近些年提出了成岩储集相的相关概念和研究方法（熊琦华等，1994；张一伟等，1997）。成岩储集相是通过定量化研究一种或几种成岩作用的影响，得到能够反映成岩环境和储集体性质的综合表征，反映沉积物在整体沉积成岩过程中所经历的一系列变化的结果。重点突出的是定量化研究，相比于以往，在进行成岩储集相表征时，可以综合岩石类型、粒度及分选性、碎屑组分特征及含量、杂基含量、胶结物类型及含量、储层物性、成岩作用强弱（成岩系数）等方面因素，能够更精细地划分不同的成岩储集相类型。

二、成岩储集相分类

（一）分类原则

成岩储集相的划分主要是依据对各项资料的分析，综合考虑储集微相类型、岩石类型、粒度和分选性、碎屑组分特征及含量、杂基含量、胶结物类型及含量、储集空间类型、压实作用、胶结作用和溶蚀作用的强弱等因素。

成岩储集相的命名，目前尚无惯例可循，但考虑到许多成岩储集相都不是由单一的成岩作用形成的，而是多种成岩作用的产物，成岩作用依一定的成岩序次相互叠加的现象极为常见，所以应结合成岩作用对岩石储集性的影响，突出储层的储集性或储集空间类型。依成岩作用的强度采用联合命名的方法加以命名，如：弱胶结强溶蚀高孔高渗成岩储集相，强胶结弱溶蚀残余粒间孔成岩储集相等。

总之，成岩储集相命名时，首先考虑成岩强度，其次考虑成岩作用对岩石储集性的影响。

（二）分类方案

针对不同地区、不同的沉积环境、不同的储层类型中的成岩储集相，众多的专家学者进行了许多卓有成效的研究。

薛永超等（2006）在松辽盆地新立油田的成岩储集相研究过程中，首先对储层岩石学特征，包括碎屑组分、填隙物及岩石结构在内进行分析，之后考虑到该油田作为典型的低渗透砂岩油藏，成岩作用强烈，将储层分为四类成岩储集相，分别有不稳定组分溶蚀次生孔隙成岩储集相、中等压实弱—中等胶结混合孔隙成岩储集相、强压实中等胶结残余粒间孔成岩储集相和碳酸盐强胶结成岩储集相，并描述了成岩演化的复杂过程。

徐樟有等（2008）针对川西坳陷新场气田须家河组致密气储层的成岩储集相进行了相应研究，通过分析储层岩性、孔隙结构以及所经历的成岩作用，认为该处的成岩储集相可划为五类，分别是强溶蚀成岩储集相、绿泥石衬边粒间孔成岩储集相、压实压溶成岩储集相、碳酸盐胶结成岩储集相和石英次生加大成岩储集相。其中，具备优质储层潜力的是强溶蚀成岩储集相和绿泥石衬边粒间孔成岩储集相，其余都是致密储层。

高尚堡油田发育一套扇三角洲沉积体，其中主要是扇三角洲前缘亚相，以此为例，分析低渗透储层成岩作用对储集物性的影响（李海燕，2012），将该区的成岩储集相划分为稳定组分溶解次生孔隙成岩储集相、中强压实强胶结残余粒间孔成岩储集相、强压实强胶结剩余粒间孔成岩储集相和极强压实强胶结致密成岩储集相四类，并分别阐述各类成岩储集相的特征。同时利用神经网络识别方法并结合沉积相，得到了成岩储集相的平面展布。

三、成岩储集相应用

目前，成岩储集相主要被用于预测或筛选储层含油气甜点区，即预测有利的成岩储集相类型的分布位置（Moraes 等，1993）。不同学者针对不同油气田情况，运用相适应的方法进行了相关研究和探索。

陕北斜坡中部特低渗透储层受到沉积环境、成岩作用以及构造等因素的影响，成岩过程的压实和胶结作用强烈，具有储层储集性能和渗流结构差异大的特点。宋子齐等

（2011）针对该储层的特点，结合了灰色理论，对储层甜点区进行预测。首先，利用成岩作用定量描述参数对储层进行了成岩储集相的定量分类，认为研究区储层可分为四类成岩储集相；然后，考虑到孔隙度、渗透率或胶结损失率等各参数在单独表征储层成岩储集相的分类时会存在一定误差，比如压实损失孔隙度大和溶蚀增加孔隙度小都有可能导致成岩储集性变差，采用灰色理论（宋子齐等，2007），根据各项参数对甜点区筛选过程中的作用大小，对其进行权重赋值；之后，进行被评价数据的综合分析处理，采用矩阵分析、标准化、标准指标绝对差的极值加权组合放大技术，计算灰色多元加权系数，在归一化处理后，作为灰色综合评价预测的结论（图 5–1）。

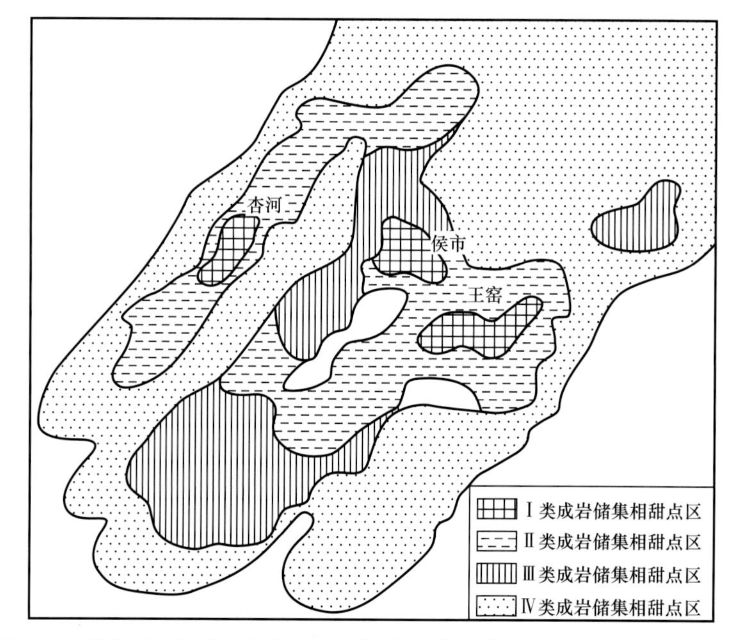

图 5–1　陕北某油田成岩储集相定量评价及甜点分布图（据宋子齐，2011）

成岩储集相定量评价后，筛选出的Ⅰ、Ⅱ类成岩储集相的甜点分布面积、发育规模和范围相对较小，但具有相对优质储层的孔渗能力，集中反映出该区特低渗透储层中相对优质储层及其含油气有利区的地质特点。利用成岩储集相甜点分布，筛选出特低渗透储层中的优质储层，进一步深化了低孔隙度、特低渗透率储层表征，提高了该区储层沉积、成岩特征及其含油有利区分布的认识，为该区特低渗油田增储上产提供有利目标和井区。

苏里格东区上古生界盒 8 段属于致密气藏，岩石颗粒分选差，主要为一套岩屑石英砂岩，以硅质、铁方解石、高岭石及水云母为主要充填物，泥质杂基含量较高。成岩作用复杂，其中压实作用和胶结作用强烈，最终形成非均质性强的致密岩性储层（景成等，2014）。通过综合分析各成岩作用的基本演化规律和演化参数变化，最终可划分出四类成岩储集相，分别为Ⅰ类硅质弱胶结粒间孔—溶孔型成岩储集相、Ⅱ类石英加大及高岭石充填溶孔型成岩储集相、Ⅲ类高岭石化弱溶蚀晶间孔型成岩储集相及Ⅳ类强压实胶结致密型成岩储集相（刘锐娥等，2002；文华国等，2007）。

由于致密气藏的微观孔隙类型组合复杂，孔隙结构非均质性强，进行储层评价的解释难度较大（Morad 等，2010）。景成等（2014）在建立成岩储集相的基础上，将其与测井资料结合起来进行优质储层的评价划分工作，优选了针对该地区识别成岩储集相最为敏感的密度测井曲线（DEN）、声波时差测井曲线（AC）、自然电位测井曲线（SP）以及伽马能谱钾测井曲线（GR）等进行综合评价指标体系的建立（图 5-2），采用矩阵分析、标准化、标准指标绝对差的极值加权组合放大及归一分析技术，计算出灰色多元加权系数（宋子齐等，2008）。最终实现对盒 8 段致密砂岩储层成岩储集相及甜点的测井多参数综合评价和定量分析，确定和划分出有效储层分布和特征。

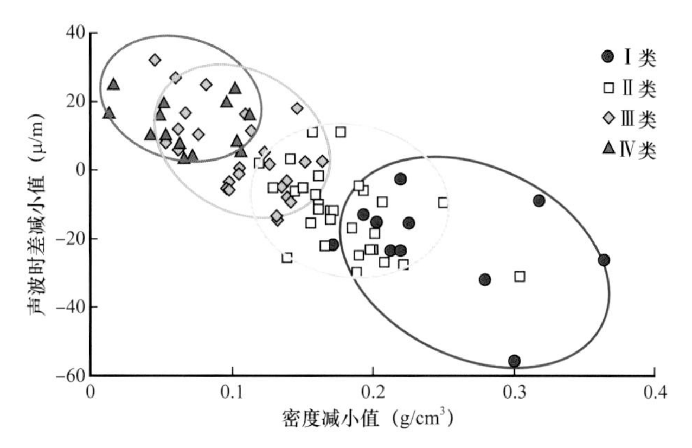

图 5-2　各类成岩储集相密度与声波时差的关系（据景成，2014）

经过综合测井评价，认为Ⅰ类和Ⅱ类成岩储集相为有利的甜点区，具有相对较好的岩性、物性和孔隙结构特征（图 5-3）。

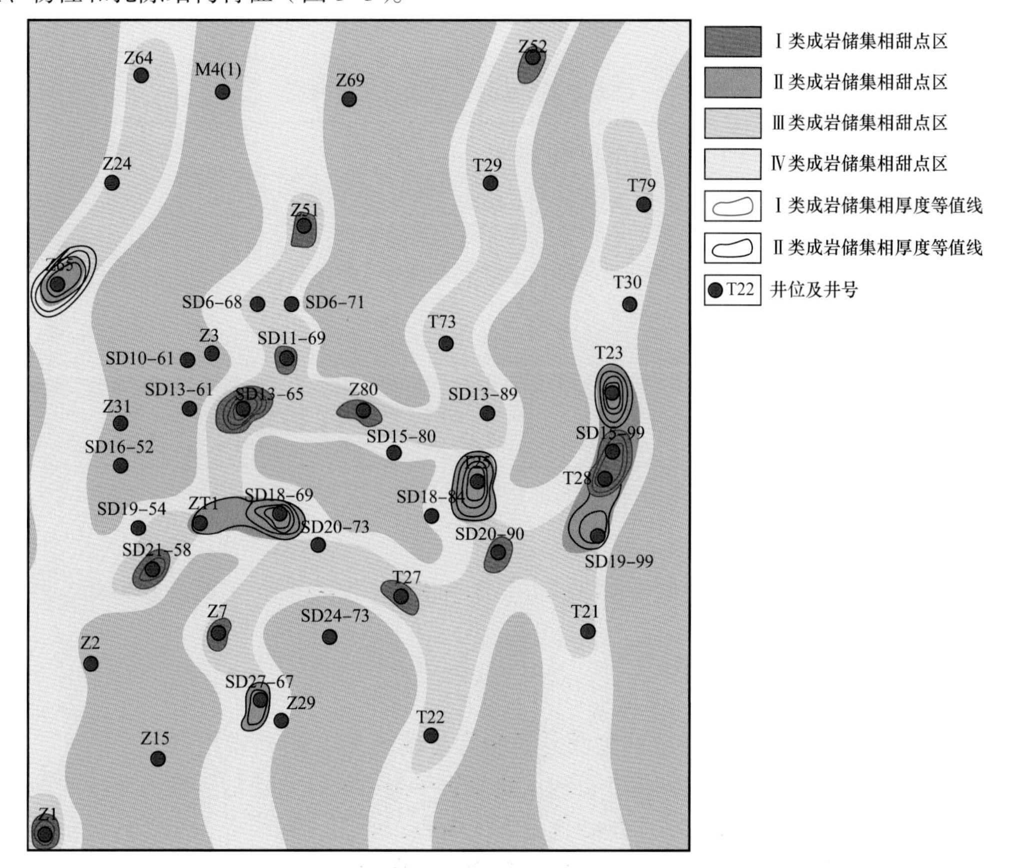

图 5-3　苏里格东区盒 8 段成岩储集相评价及其甜点分布（据景成，2014）

第二节　冲积扇岩石相类型

冲积扇储层的岩石类型复杂多变，不同的岩石成分及性质对成岩作用有不同的响应特征。因此，在六东区克下组冲积扇储层成岩储集相分类之前，需要对岩石类型进行描述。

通过对六东区克下组的岩心观察，可划分出四种主要的岩石相类型：砾岩相、砂砾岩相、砂岩相、泥岩相。不同岩石相类型，其砾石含量、物性及含油性特征有明显的差别（表 5–4）。总体上，砾石含量高，分选差，砾石直径一般为 2～8mm，最大砾径大于 100mm，中砾含量大于 25%；砾石常呈次棱角状和次圆状，主要成分为火山岩和变质岩岩屑。其中，砂岩相、砂砾岩相和砾岩相为储层。岩石薄片显示，储层碎屑成分复杂，有花岗岩、凝灰岩、长石、石英等，稳定矿物成分石英含量非常低，而不稳定的长石矿物及岩屑含量较高，反映岩石成分成熟度低。岩石颗粒分选性差、磨圆度为棱角状、次棱角状，岩石结构成熟度低。重矿物以钛铁矿、褐铁矿为主，呈现近源短距离搬运和快速堆积的沉积特征。从取心井的岩心可以观察到洪积层理、重力流沉积等沉积构造。杂基含量 2%～13%，平均为 6.37%，主要有泥质、绿泥石、水云母和高岭石；胶结物含量 1%～30%，平均为 1%～8%，胶结物含量少与碳酸盐类矿物相对长石等硅酸盐矿物难溶蚀有关。颗粒之间的胶结物主要为方解石、菱铁矿、白云石和少量的硅质、石膏。胶结方式主要为孔隙式、接触式，中等胶结为主。从泥质岩相到砾岩相、砂砾岩相、砂岩相，储层的物性、含油性逐渐变好。

表 5–4　岩石相类型物性、含油性统计特征

岩石相类型	孔隙度（%）		渗透率（mD）		含油性	主要岩性
	范围	均值	范围	均值		
砂岩相	6.2～27.2	19.0	0.106～4400	556.3	含油、油浸	粗砂岩、细砂岩、粉砂岩、不等粒砂岩和含砾砂岩
砾岩相	3.9～24.1	13.9	0.037～2352	211.1	油斑、油迹	粗砾岩、中砾岩、细砾岩
砂砾岩相	4～30.1	16.8	0.048～3490	325.4	油浸、油斑	含砂砾岩、砂质砾岩、砂砾岩
泥岩相	2.7～10.51	6.7	0.011～191	17.3		泥岩

一、砂岩相

按照岩石颗粒大小，砂岩相包括粗砂岩、中细砂岩、粉砂岩、不等粒砂岩和含砾砂岩等五种类型。

（一）粗砂岩

粗砂岩主要组分为粗砂，分选磨圆差至中等（图 5–4）。粗砂岩相常见冲刷面、交错层理及底部滞留砾石定向排列。粗砂岩相主要发育于扇中辫流水道的远端及扇根的漫洪内砂体，具有明显的冲刷充填特征。粗砂含量大于 50%，砾石含量小于 30%，含泥量低，胶结疏松，泥质杂基具弱水云母化，碳酸盐胶结物呈斑点状分布。

(a) 大铸体薄片

(b) 正交偏光下薄片，50×

图 5-4　J555 井岩心大铸体薄片及正交偏光下薄片（394.55m）

（二）中细砂岩

中细砂岩岩石颗粒主要为中砂和细砂，分选磨圆中等（图 5-2）。碎屑颗粒的长轴方向略具定向排列。泥质杂基具不均匀水云母化。中—细砂岩相常见交错层理和冲刷面，主要分布于扇缘的径流水道，为水动力较弱的水道牵引流沉积。

(a) 大铸体薄片

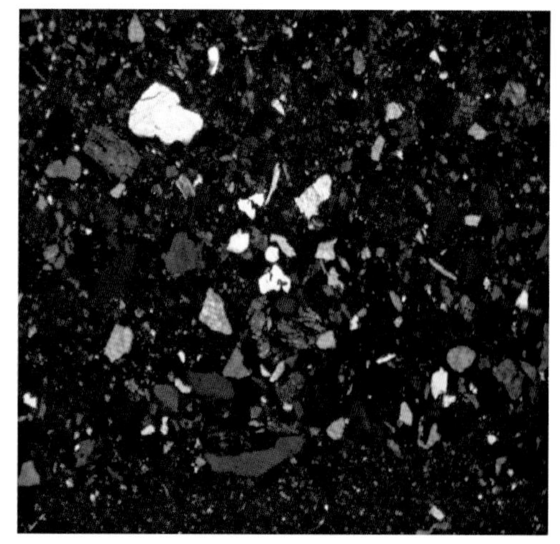

(b) 正交偏光下薄片，50×

图 5-5　J557 井岩心大铸体薄片及正交偏光下薄片（410.66m）

（三）粉砂岩

粉砂岩岩石颗粒主要为粉砂，分选磨圆好（图 5-6）。粉砂岩相的层理不明显，一般呈块状。粉砂岩相主要分布于扇中和扇缘水道的边部，反映出漫洪弱水动力的沉积环境。泥质杂基具不均匀水云母化，偶见菱铁矿胶结物。

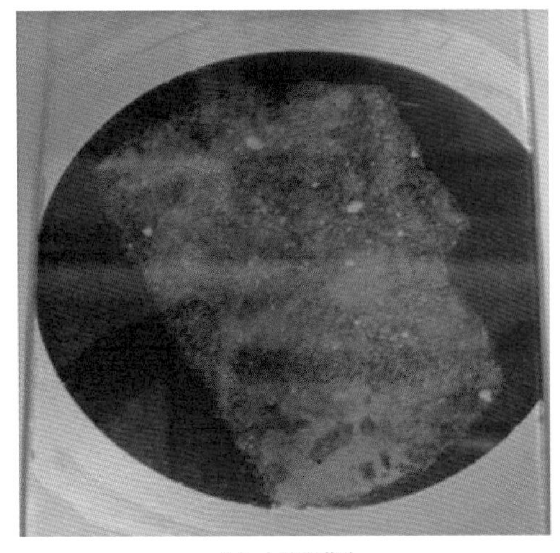

(a) 大铸体薄片

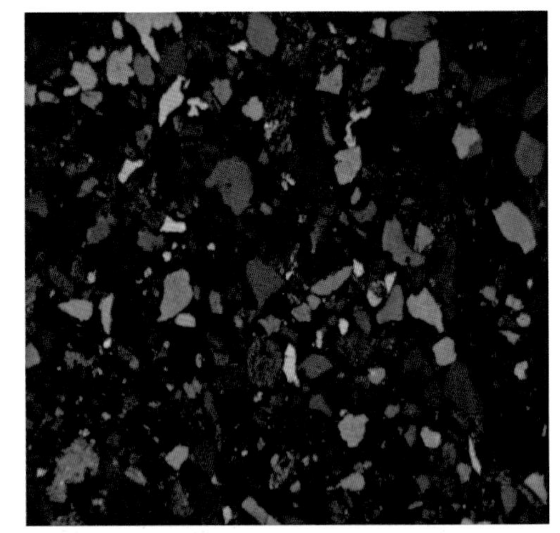

(b) 正交偏光下薄片，50×

图 5-6 J555 井岩心大铸体薄片及正交偏光下薄片（384.00m）

（四）不等粒砂岩

不等粒砂岩为粗砂、中砂、细砂混杂，泥质含量高（图 5-7）。碎屑物中常含有少量砾石（小于 10%），岩石中可见零星方解石胶结物。不等粒砂岩相的碎屑颗粒分选差，混杂堆积，呈块状或粒序层理。主要分布于扇中和扇缘水道两侧，沉积特征表明其水流能量相对较弱，水流持续时间短，碎屑物快速堆积。

(a) 大铸体薄片

(b) 正交偏光下薄片，50×

图 5-7 J555 井岩心大铸体薄片及正交偏光下薄片（402.1m）

（五）含砾砂岩

含砾砂岩砂级颗粒主要组分为不等粒砂，分选中等—差，碎屑物中含有少量砾石，含量约在 20% 左右，成层性较好，但内部一般不见层理（图 5-8）。一般为较弱的水动力条件下，由牵引流沉积形成。泥质杂基具不均匀水云母化，粒间杂基由细粉砂和泥组成，二者无明显界限。

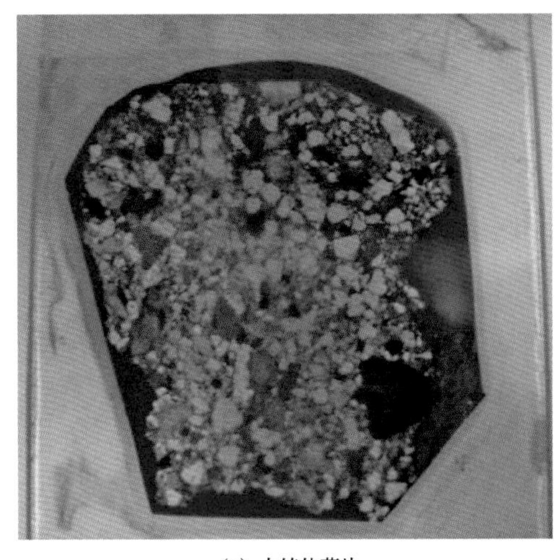

(a) 大铸体薄片　　(b) 正交偏光下薄片，50×

图 5-8　J584 井岩心大铸体薄片及正交偏光下薄片（412.86m）

二、砂砾岩相

根据砂级颗粒含量由低到高的变化，砂砾岩相可分为含砂砾岩、砂质砾岩及砂砾岩三种类型。

（一）含砂砾岩

含砂砾岩主要颗粒组分为不等粒砂和分选差的砾石，不等粒砂含量在 20% 左右，分选较差，成层性较好，见块状层理。一般为较弱的水动力条件下，由牵引流沉积形成。岩石中水云母、黑云母化泥质杂基均匀分布于粒间，菱铁矿胶结物呈斑状不均匀分布（图 5-9）。

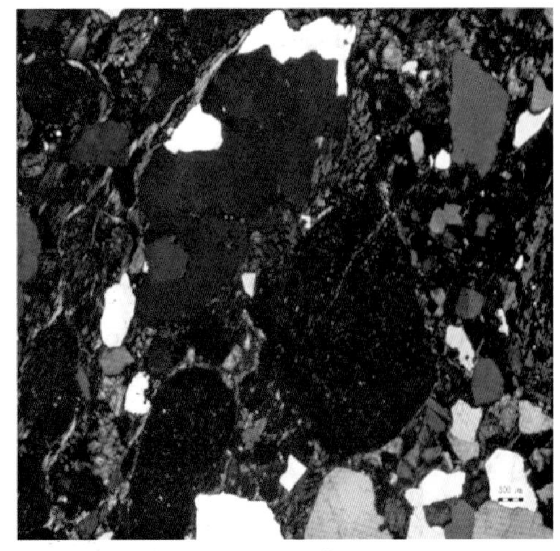

(a) 大铸体薄片　　(b) 正交偏光下薄片，50×

图 5-9　J557 井岩心大铸体薄片及正交偏光下薄片（415.57m）

（二）砂质砾岩

砂质砾岩主要组分为不等粒砂和分选差的砾石，不等粒砂含量在 30%～40%，砾石多为棱角—次棱角状，成分以花岗岩为主，这种岩性主要为重力流成因，为一种砾、砂、泥黏性密度流，整体搬运，因而分选、磨圆差（图 5-10）。岩石呈块状泥质杂基具弱水云母化，碳酸盐胶结物呈斑点状分布。

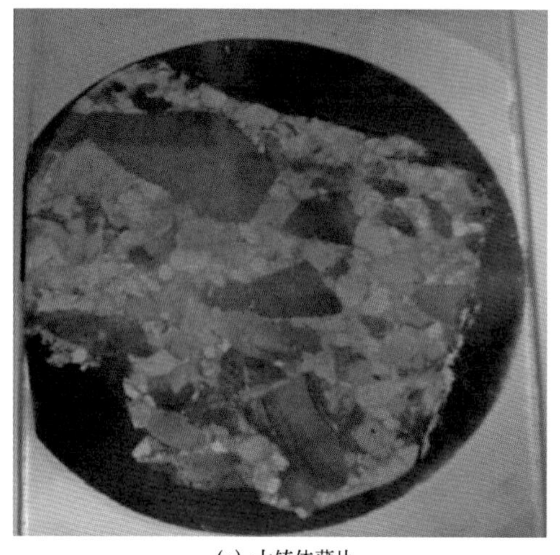

(a) 大铸体薄片

(b) 正交偏光下薄片，50×

图 5-10　J581 井岩心大铸体薄片及正交偏光下薄片（420.61m）

（三）砂砾岩

砂砾岩主要组分为不等粒砂和分选差的砾石，其含量均不超过 50%，但砂砾总含量大于 50%（图 5-11）。其中砂质成分主要为粗砂和中砂，砾石成分为细砾和中砾，中砾含量一般介于 10%～30% 之间。砂、砾混杂堆积，分选差，粒级呈多众数分布，基质支撑。砾石形态多为次棱角状，见棱角状和次圆状。砾石成分以花岗岩为主，呈块状，内部未见层理。常见大砾石呈“漂砾”状及砾石斜立和直立现象。上述特征表明，这种岩性主要为沉积物快速堆积，其搬运机制主要为碎屑流。

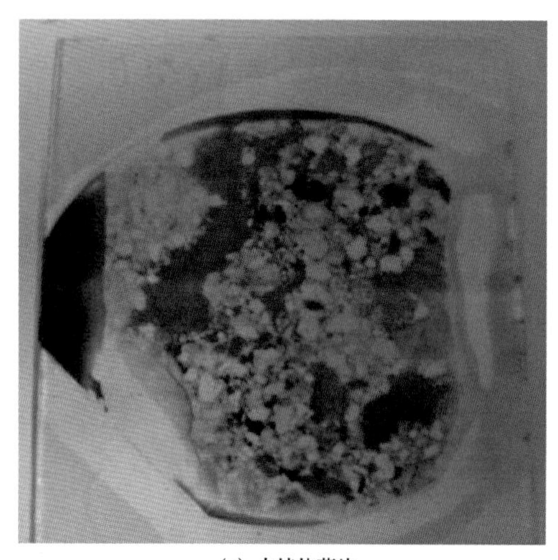

(a) 大铸体薄片

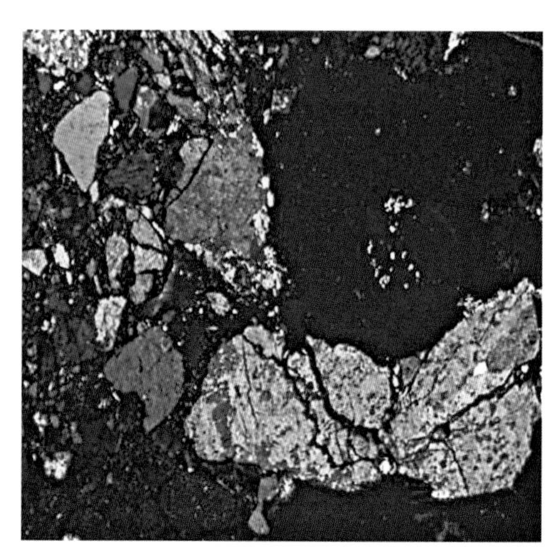

(b) 正交偏光下薄片，50×

图 5-11　J587 井岩心大铸体薄片及正交偏光下薄片（417.37m）

三、砾岩相

按照砾石颗粒大小，砾岩相由粗砾岩、中砾岩和细砾岩组成。

（一）粗砾岩

粗砾岩主要组分为较大粒径砾石，分选磨圆差，砾石含量大于50%，粗砾含量大于30%（图5-12）。砾径一般介于5～40mm之间，平均为20mm，最大直径约110mm。细粒物质以不等粒砂、粉砂和泥组成，碳酸盐胶结物分布于粒间，部分颗粒岩石破碎，可见构造裂缝。粗砾岩相主要分布于扇根的漫洪内砂体或近山口附近，为快速堆积的沉积的结果，其搬运机制主要为碎屑流。

(a) 大铸体薄片

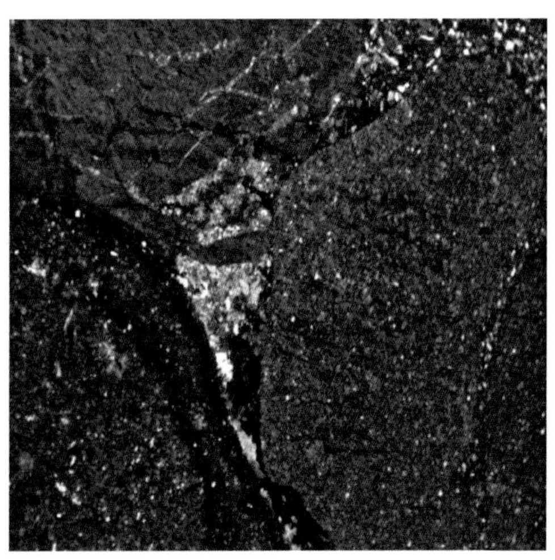
(b) 正交偏光下薄片，50×

图5-12　J584井岩心大铸体薄片及正交偏光下薄片（424.06m）

（二）中砾岩

中砾岩砾石含量大于50%，中砾含量大于30%，砾径一般介于2～30mm之间，平均为17mm，最大直径约60mm，分选磨圆极差（图5-13）。细粒物质以不等粒砂、粉砂和泥组成，其中泥质含量较高，方解石胶结物均匀分布于粒间，部分碎屑颗粒压实破裂显著。碎屑物混杂堆积，呈块状或不明显的粒序层理。中砾岩相主要分布于扇根近山口附近，其沉积特征反映了水流迅速由强变弱，碎屑物快速卸载的沉积环境。

（三）细砾岩

细砾岩主要组分为细砾，分选差至中等。细砾含量大于50%，中砾含量小于10%，含泥量低，胶结疏松（图5-14）。砾石呈次棱角—次圆状，分选较好，略显成层性，隐见一些层理，层理主要由粒度的差别而呈现，层理间距较大，可见砂砾岩体下切冲刷现象。偶见砾石定向排列的现象。砾石直径一般为2～5mm，最大直径为25mm，平均为3mm。细砾岩的搬运机制为碎屑流和牵引流。泥质杂基具较强的水云母化，均匀分布于粒间。

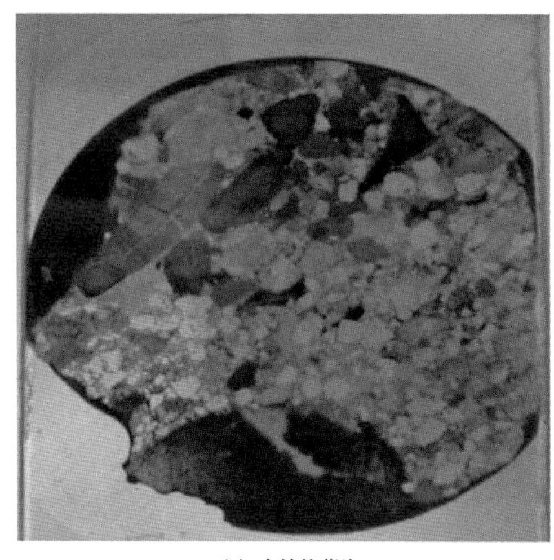

(a) 大铸体薄片

(b) 正交偏光下薄片，50×

图 5-13　J587 井岩心大铸体薄片及正交偏光下薄片（413.37m）

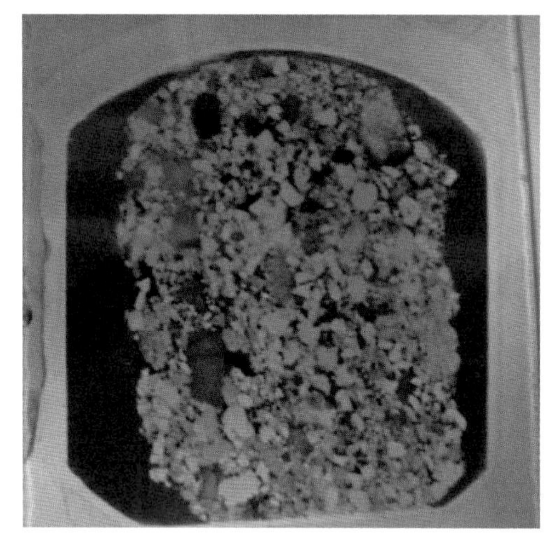

(a) 大铸体薄片

(b) 正交偏光下薄片，50×

图 5-14　J587 井岩心大铸体薄片及正交偏光下薄片（406.37m）

第三节　冲积扇储层储集空间

本节在介绍 KLMY 油田六东区克下组冲积扇储集空间类型的基础上，详细描述砾岩、砂砾岩及砂岩的储集空间特征。

一、储集空间类型

根据铸体薄片和扫描电镜分析，六东区 KLMY 组孔隙类型以原生孔隙粒间残余孔、次生孔隙粒内溶蚀孔和粒间溶孔为主，其含量多在 70% 以上，另外发育少量的晶间孔、压裂形成的微裂缝、裂隙等储集空间（表 5-5）。

表 5-5　KLMY 油田六东区克下组储集空间类型

储集空间			形成机理
孔隙	原生孔隙	残余粒间孔	颗粒之间的原始孔隙未被充填、胶结满
	次生孔隙	粒内溶蚀孔	长石、岩屑溶蚀
		粒间溶孔	杂基或方解石等胶结物溶蚀
		晶间孔	自生石英或者方解石晶体之间的孔隙
缝	微裂缝		压实导致颗粒产生裂缝
	裂隙		构造或成岩作用

（一）残余粒间孔

残余粒间孔是指受到胶结物充填但未被全部充填、胶结的孔隙。该类孔隙在区内储层中分布最多，一般呈三角形、不规则多边形；此类孔隙大小一般为 20～750μm，所占比例为 40.4%（图 5-15）。

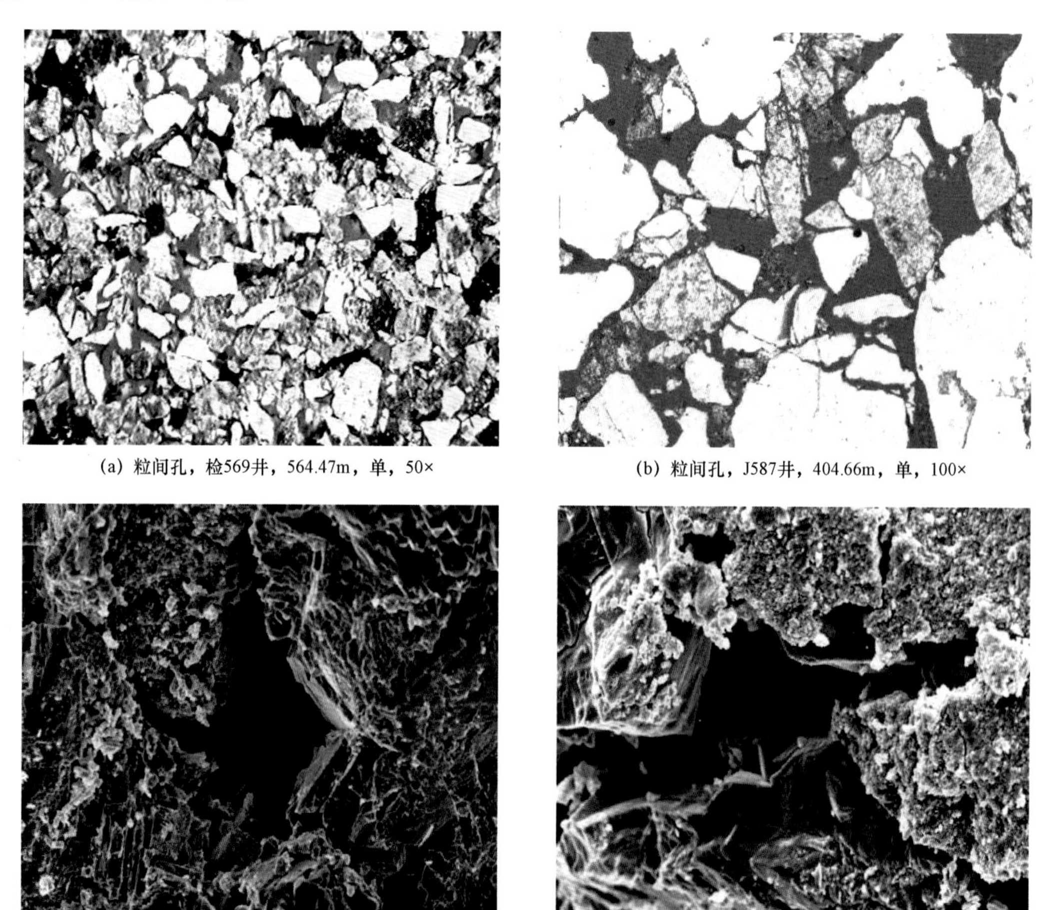

(a) 粒间孔，检569井，564.47m，单，50×

(b) 粒间孔，J587井，404.66m，单，100×

(c) 粒间孔，J583井，408.81m

(d) 粒间孔，J583井，423.38m

图 5-15　残余粒间孔微观特征

（二）粒内溶孔

该类孔隙由不稳定长石及酸性喷出岩岩屑的粒内不完全溶蚀形成，或者是颗粒先被交代，然后交代物局部或全部被溶解所形成的孔隙，其主要类型为岩屑及长石等颗粒内溶孔。该类孔隙在六东区内储层中分布较多，形状一般不规则，边缘常呈锯齿状及港湾状（图 5–16）；此类孔隙大小一般为 5～50μm，所占比例为 32.2%。

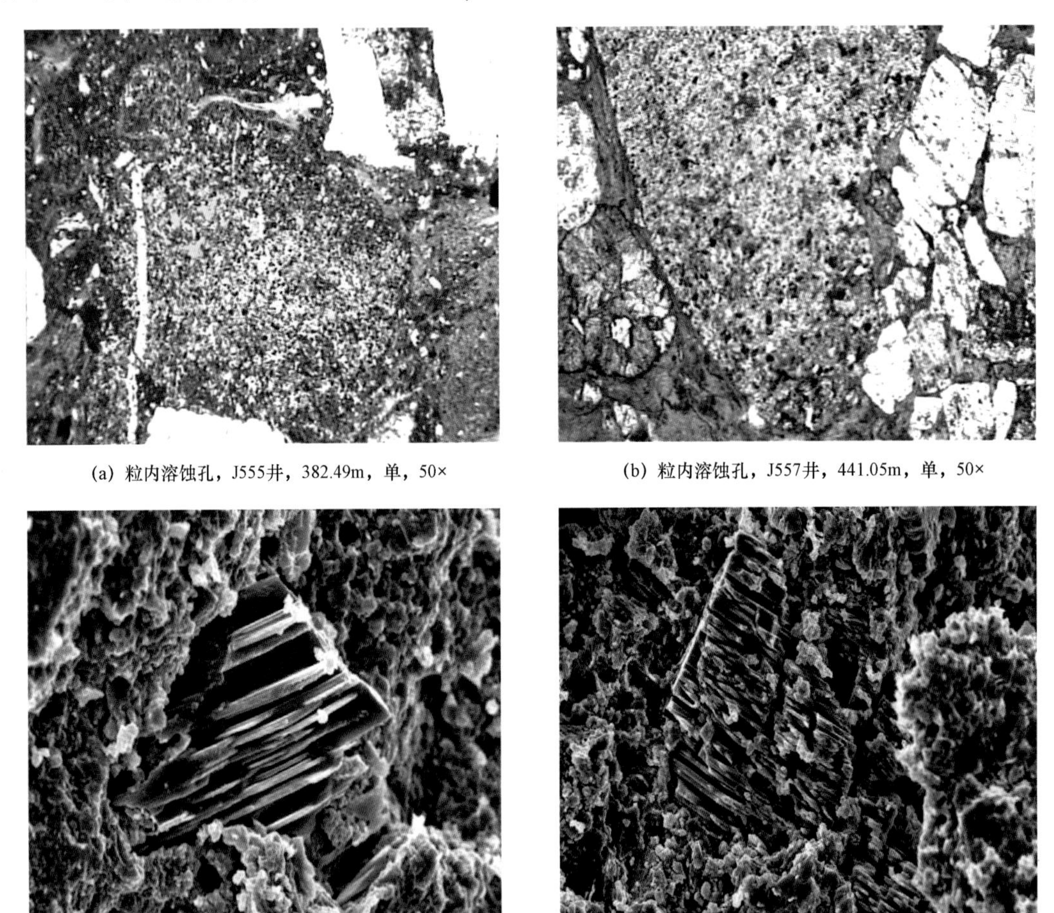

(a) 粒内溶蚀孔，J555井，382.49m，单，50×

(b) 粒内溶蚀孔，J557井，441.05m，单，50×

(c) 长石淋滤溶蚀，J584井，388.99m

(d) 长石淋滤溶蚀，J587井，398.19m

图 5–16 粒内溶孔特征

（三）粒间溶孔

粒间溶孔主要是指岩石颗粒之间杂基或方解石等胶结物溶蚀所形成的孔隙，该类孔隙在区内储层中分布仅次于粒内溶蚀孔的次生孔隙，一般呈港湾状，不规则（图 5–17）；此类孔隙大小一般为 25～600μm，所占比例为 14.1%。

（四）晶间孔

晶间孔是指自生石英或者方解石晶体之间的孔隙，一般呈不规则多边形，此类孔隙大小一般为 2～50μm，所占比例为 1.6%（图 5–18）。

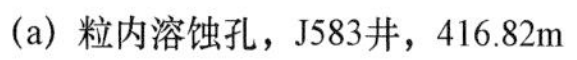

(a) 粒内溶蚀孔，J583井，416.82m

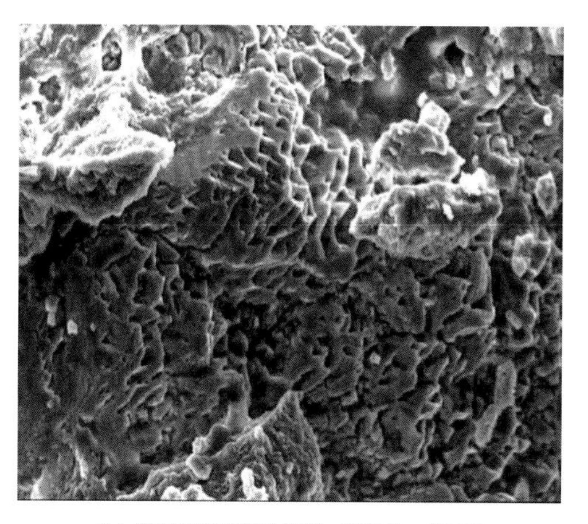

(b) 粒间硅质胶结物溶蚀，J557井，420.06m

图 5-17　粒间溶蚀孔特征

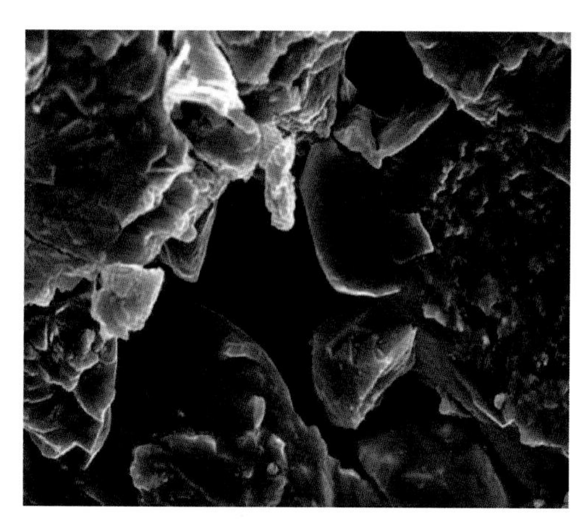

(a) 自生石英晶间孔，检568井，508.9m

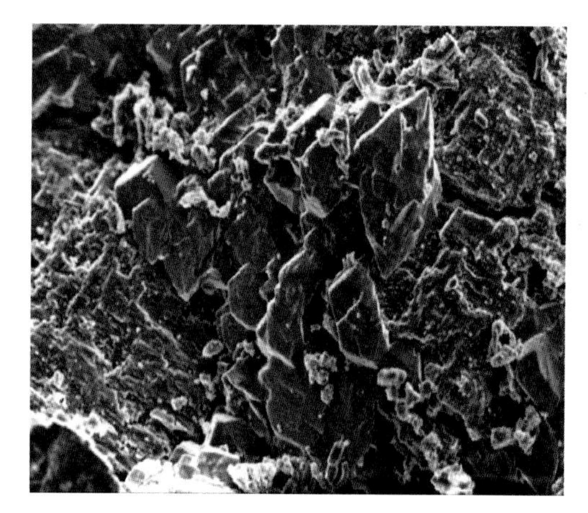

(b) 方解石晶体间的晶间孔，J583井，406.2m

图 5-18　晶间孔特征

（五）微裂缝

微裂缝主要是由于颗粒受机械压实作用破裂或沿解理缝裂开而形成的裂缝，岩石被挤压或拉长而形成的构造缝以及沉积物沉积时形成的层理缝。微裂缝在六东区的分布较少，但对改善岩石的渗透能力具有重要作用，一般宽度在 2～30μm，多发育在岩石颗粒内部，所占比例为 11.7%（图 5-19）。

（六）裂隙

裂隙主要是指由于构造或成岩作用使得岩石颗粒破碎而形成的一种储集空间类型，其规模比微裂缝大，宽度在 10～30μm，但是六东区内分布非常少，所占比例仅为 1.4%（图 5-20）。

(a) 微裂缝，J555井，399.07m，单，100×

(b) 微裂缝，J558井，430.73m，单，100×

图 5-19　微裂缝特征

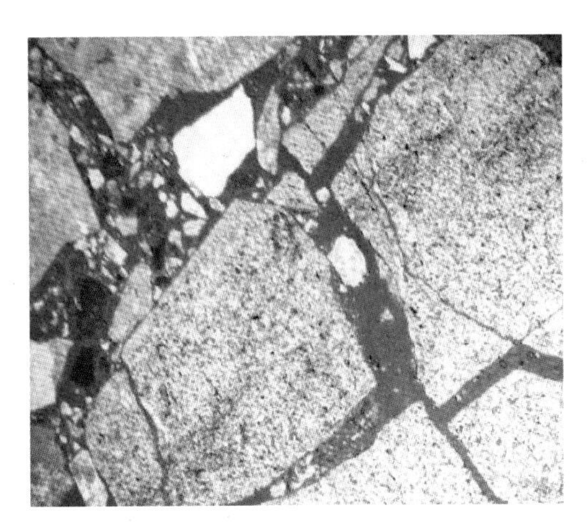

(a) 裂隙，J584井，403.6m，单，100×

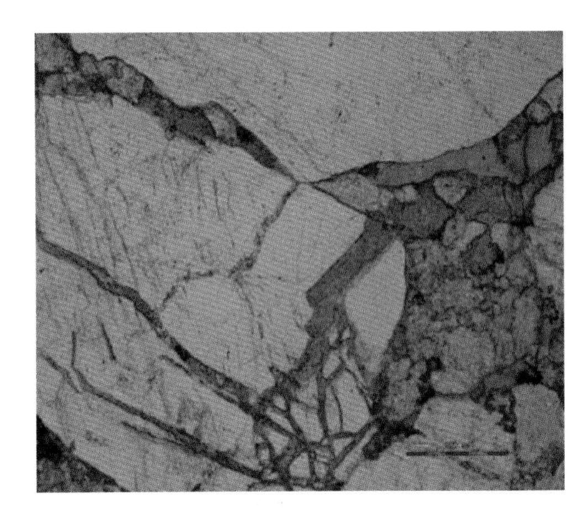

(b) 裂隙，J583井，422.36m，单，100×

图 5-20　裂隙特征

图 5-21　复模态砾岩类孔隙结构
（J569 井，564.43m）

二、砾岩储集空间

六中东克下组砾岩储层以粒间孔和粒间溶孔为主，见少量粒内溶孔、基质溶孔，孔隙发育程度中等。颗粒粗—中—细混杂的岩石，以发育复模态结构为主（图 5-21）。孔隙大小以中孔—粗孔组合为主，孔喉分布不均。

三、砂砾岩储集空间

砂质细砾岩的分选略微偏好，杂基含量低，主要发育粒间溶孔，常见岩屑和长石等粒内溶孔，孔喉分布不均匀，孔隙发育程度好—中等。孔隙结构为复模态—双模态、双模态—

单模态（图 5-22）。喉道分布呈分散双峰或单峰状，孔隙大小以粗孔—中孔、粗孔—中孔—细孔组合为主。

图 5-22　砂质细砾岩（双模态—复模态结构，J569 井，559.65m）

含中砾细砾岩的分选中等偏差，粒间孔、粒内溶孔较发育，孔隙结构多呈双模态（图 5-23）。喉道分布呈连续多峰状，孔隙大小组合类型与砂砾岩相似。

图 5-23　含中砾细砾岩（双模态为主，J568 井，515.75m）

四、砂岩储集空间

粗砂岩的分选中等偏好，杂基含量低，粒间孔及粒间溶孔较发育，常见粒内溶孔，孔喉分布均匀，孔隙结构以单模态为主（图 5-24）。

岩石薄片统计反映，六中东克下组的喉道大小分布变化大，其中 S_7^1 层以中喉为主，其次则为粗喉。S_7^{2-1}、S_7^{2-2}、S_7^{2-3}、S_7^{3-1}、S_7^{3-2}、S_7^4 层以粗喉为主，最大直径可达 100μm 以上，反映特粗—粗—中—细喉系统共存。S_7^{3-3} 层喉道偏小，以中—细喉为主。

孔隙大小以中孔为主，各层略有变化。S_7^1 和 S_7^{2-1} 层以小孔（$<25\mu m$）为主，其次为

大孔。中孔和特大孔相对较少，其他层则以中孔为主，其次为大孔，特大孔较少。

该区砾岩、砂砾岩及砂岩三大类岩石的压汞资料分析可以看出，该区砾岩、砂砾岩和砂岩主要发育粗喉细孔、中喉中孔、细喉中孔和多喉多孔等类型，反映储层同时存在单一、双重—多重孔渗系统。该区的孔喉结构特征反映了冲积扇沉积体系储层微观结构的多样性和复杂性。

图 5-24　粗砂岩（单模态为主，J557 井，422.7m）

第四节　冲积扇储层成岩作用及演化

明确冲积扇储层的成岩作用及成岩演化历程有助于更合理地划分成岩储集相。结合六中东区克下组实例，介绍冲积扇储层主要成岩作用及其在不同成岩阶段的成岩演化过程。

一、主要成岩作用

六中东克下组砂砾岩储层成岩作用类型主要有压实作用、胶结作用、溶蚀作用、压溶作用、交代作用、溶解作用和重结晶作用等，其中压实作用、胶结作用、溶蚀作用与储层物性关系密切。压实作用是储层物性最主要的破坏作用；胶结作用一方面作为骨架支撑颗粒，抵御了部分压实作用的影响，另一方面也成为堵塞储层孔隙的物质；溶蚀作用不但在一定程度上提高了储层的孔隙度，而且还连通了部分孔隙，改善了岩石的渗流能力。

（一）压实作用

砂砾岩体储层以机械压实为主，化学压实压溶作用较少。压实作用对储层孔隙度和渗透率的影响主要反映在埋藏早期。压实作用表现为颗粒之间的点接触、线—点、点—线及线接触。压实作用随着埋藏深度的加大而变强（图 5-25）。

随着埋藏深度的增加，各种胶结物随之产出，岩石抗压性逐渐增强，此时压实对储层物性的影响将逐渐减弱，取而代之的是各种胶结作用。

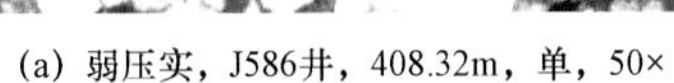

(a) 弱压实，J586井，408.32m，单，50×

(b) 中等压实，J588井，415.6m，单，50×

图 5–25　压实作用特征

（二）胶结作用

砂砾岩岩石薄片镜下观察表明，深层胶结作用较强，颗粒之间的胶结物主要为方解石、菱铁矿、白云石和少量的硅质、石膏。一般来说，胶结作用对岩石孔隙起破坏作用，产生的胶结物会堵塞孔隙，使孔隙性变差（表 5–6）。

表 5–6　KLMY 油田六东区砂砾岩胶结物类型及其含量

胶结物类型	频率（样品数）	胶结物含量（%）		
		最大值	最小值	平均值
菱铁矿	111	15	0	1.2
方解石	78	30	0	11
含铁白云石	16	8	0	6.1
白云石	11	30	0	1.5
铁方解石	13	16	2.3	9.5
黄铁矿	6	2	0	0.2
铁白云石	1	1	1	1
硬石膏	1	1	1	1
硅质	1	1	1	1

1. 菱铁矿胶结

六东区砾岩储层菱铁矿胶结物非常多见，光学显微镜下，可以看到菱铁矿泥晶集合体呈不规则块状，菱形小晶体的集合体，球粒集合体，球粒状单个晶体等（图 5–26）。

2. 碳酸盐胶结

六东区储层中的碳酸盐胶结物有方解石、白云石、铁方解石、铁白云石等。方解石晶形较好，充填于颗粒之间，偶见发育于长石的裂缝中；白云石晶形较好地分布于颗粒表面、颗粒接触处或颗粒之间，晶体较方解石小得多。其原因是早期主要为方解石、铁方解石的胶结作用，晚期主要为白云石、铁白云石的胶结作用。随着埋藏深度的增加，碳酸盐含量具有逐渐增高的趋势，碳酸盐胶结作用增强，这与晚期的多期碳酸盐胶结有关（图 5–27）。

图 5–26　菱铁矿胶结，检 569 井，559.34m，正，50×

(a) 方解石胶结，J586井，422.16m，单，100×

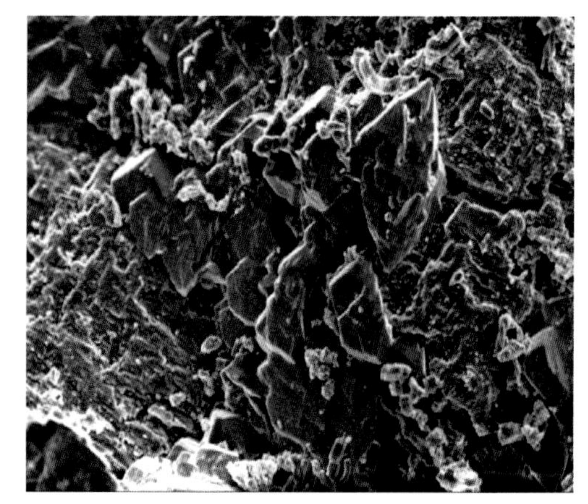

(b) 颗粒间方解石胶结，J583井，408.81m

图 5–27　碳酸盐胶结特征

3. 硅质胶结

岩石薄片观察表明，自生石英以石英碎屑为核心，向粒间孔隙空间生长。石英的次生加大可能与砂岩储层埋藏深度较大、成岩温度较高有关。石英次生加大的形成对机械压实起到阻止作用（图 5–28）。

4. 黏土矿物胶结

黏土矿物胶结主要有高岭石、伊利石、绿泥石和伊 / 蒙混层矿物胶结等，各胶结物的结晶形态、发育特征有所不同。高岭石主要呈假六方片状晶体，常叠复形成书页状或蠕虫状集合体充填于孔隙中。有机物排烃期会使成岩介质条件变为弱酸性，有利于自生高岭石的形成，主要充填洞、缝和次生孔隙。

(a) 粒间自生柱状石英，检569井，564.41m

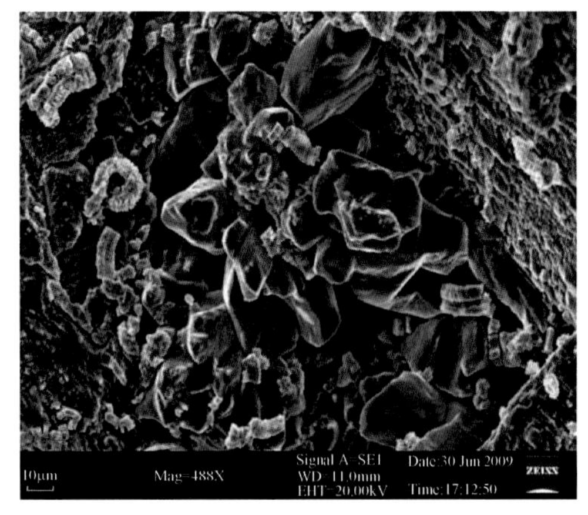

(b) 粒间自生石英，J583井，416.2m

图 5-28　硅质胶结作用特征

随着埋藏深度的增加，在碱性介质富集条件下，高岭石向伊利石转化，其含量有减少的趋势。伊利石呈毛发状，常呈颗粒薄膜或孔隙衬垫胶结，有时呈网状分布于孔隙中（图 5-29）。

(a) 蠕虫状高岭石，J555井，383.74m

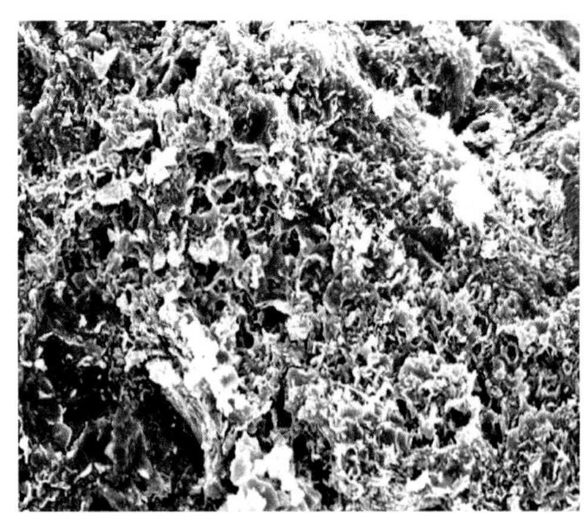

(b) 伊/蒙混层，J556井，437.42m

图 5-29　黏土矿物胶结特征

通过计算被胶结物消除的原生孔隙，可知道胶结作用对储集空间的影响程度。被胶结作用所消除的原生孔隙度百分比的计算公式为

$$消除原生孔隙度 = 现今胶结物体积 /40 \times 100$$

如果胶结作用所消除的原生孔隙度百分比小，那么胶结作用对储集空间的减小作用就微弱。六中东区克下组砾岩储层不同类型胶结物对减小原生孔隙的影响程度差异较大，其中以方解石和铁方解石对减小原生孔隙的影响最大，而黄铁矿对减小原生孔隙的影响最小（表 5-7）。

表 5-7　六东区克下组胶结物消除原生孔隙度

胶结物类型	消除原生孔隙度（%）		
	最大值	最小值	平均值
菱铁矿	0.375	0	0.030
方解石	0.750	0	0.275
含铁白云石	0.200	0	0.153
白云石	0.750	0	0.038
铁方解石	0.375	0.050	0.218
黄铁矿	0.050	0	0.005
铁白云石	0.025	0.025	0.025
硬石膏	0.025	0.025	0.025

（三）溶蚀作用

六东区克下组砂砾岩体的溶蚀作用以长石溶蚀作用为主，碳酸盐胶结物、岩屑溶蚀次之，其中碳酸盐胶结物被溶形成粒间溶孔，而长石、岩屑被溶蚀形成粒内溶孔，或沿颗粒边缘溶蚀，形成港湾状、锯齿状边缘，使储层的孔隙度增大、渗透性变好。

1. 溶蚀作用机理

1）碳酸溶蚀

碳酸是地层内最容易形成的一种酸，在矿物转化及有机质转化过程中均可产生。比如，钾长石转化为高岭石的过程中，会产生硅酸和碳酸氢根，其具体的反应方程式如下：

$$\underset{\text{钾长石}}{2KAlSi_3O_8} + 2CO_2 + 11H_2O \longrightarrow \underset{\text{高岭石}}{Al_2Si_2O_5(OH)_4} + 2K^+ + 4H_4SiO_4 + 2HCO_3^-$$

2）有机酸溶蚀

有机质在热演化过程生成油气的同时，会释放出大量的有机酸。与碳酸相比，有机酸更有利于溶蚀作用进行，且能使次生溶孔长久保存。钾长石在有机酸的溶蚀下，可形成络合物及硅酸。反应方程式如下：

$$\underset{\text{钾长石}}{KAlSi_3O_8} + H_2C_2O_4 + 8H_2O + 2H^+ \longrightarrow 3H_4SiO_4 + \underset{\text{结合物}}{AlC_2O_4 \cdot 4H_2O} + K^+$$

3）溶解度变化导致溶蚀

石英的溶蚀与 pH 及温度有关，当 pH 小于 9，石英稳定；pH 增高到 9～9.5，石英溶解度急剧增加，发生溶解溶蚀。温度升高，石英溶解度也增大。

2. 溶蚀次序

六东区克下组的长石溶蚀最普遍，这是因为铝酸盐矿物比碳酸盐矿物更容易被酸性介质溶蚀。长石、方解石溶蚀发生在酸性介质环境中，而石英溶蚀则发生在碱性介质。依照酸、碱性流体侵入的先后，溶蚀的顺序依次为石英溶蚀、长石溶蚀和方解石胶结物溶蚀（图 5-30）。

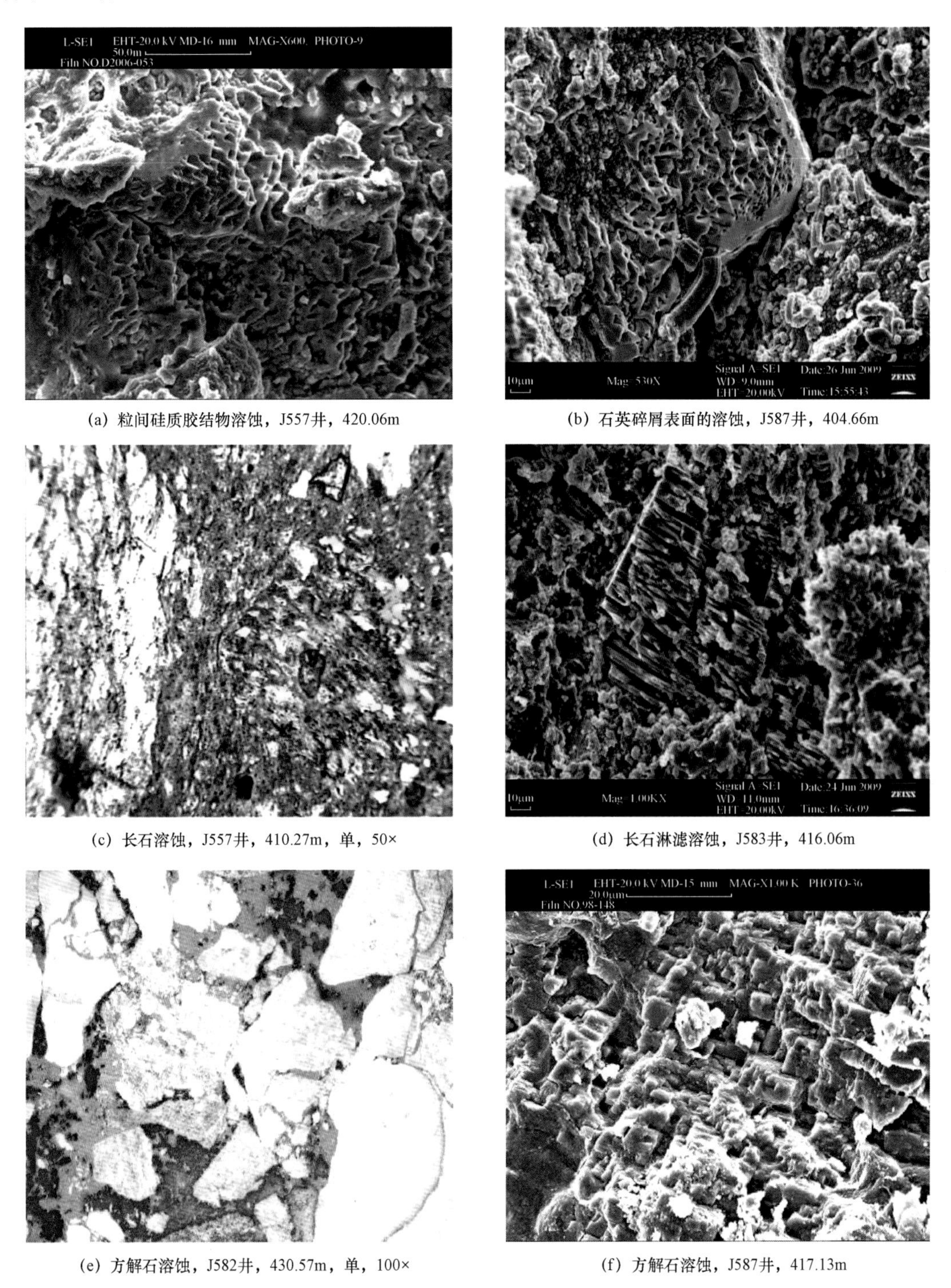

(a) 粒间硅质胶结物溶蚀，J557井，420.06m

(b) 石英碎屑表面的溶蚀，J587井，404.66m

(c) 长石溶蚀，J557井，410.27m，单，50×

(d) 长石淋滤溶蚀，J583井，416.06m

(e) 方解石溶蚀，J582井，430.57m，单，100×

(f) 方解石溶蚀，J587井，417.13m

图 5-30　硅酸盐及碳酸盐矿物溶蚀次序及特征

3. 溶蚀深度

根据六中东区克下组储层孔隙度与深度的关系，并结合储层微观特征分析，发现该区

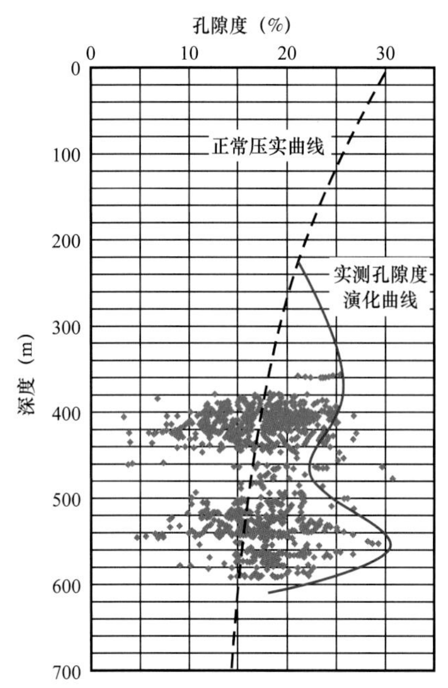

图 5-31　六东区克下组孔隙度随深度变化曲线

溶蚀现象主要集中在两个深度段，浅部溶蚀作用主要发生在 370～450m，形成第一个次生孔隙发育带。深部溶蚀作用主要发生在 500～600m，形成第二个次生孔隙发育带（图 5-31）。

（四）交代作用

交代作用是指矿物本身被溶解，同时又被另一种沉淀出来的矿物置换，并且新生成的矿物与被溶解的矿物之间没有相同的化学组分。常见的交代作用标志有矿物假象、交叉切割现象、残留的矿物包体等。发生的交代作用主要为碳酸盐矿物对碎屑颗粒的交代，包括方解石、铁方解石交代颗粒边缘，铁白云石交代碎屑颗粒等。

1. 长石转化黏土矿物的机理

有机酸与铝硅酸盐矿物反应，可发生蚀变作用，生成另一种矿物，比如长石与甲酸或乙酸反应，可生成伊利石或高岭石。其反应方程式如下：

$$\underset{\text{微斜长石}}{3KAlSi_3O_8} + \underset{\text{甲酸}}{2HCOOH} + 12H_2O \longrightarrow \underset{\text{伊利石}}{KAl_3Si_3O_{10}(OH)_2} + 2K^+ + 6H_4SiO_4 + \underset{\text{甲酸阴离子}}{2HCOO^-}$$

$$\underset{\text{钾长石}}{2KAlSi_3O_8} + \underset{\text{乙酸}}{2CH_3COOH} + 9H_2O \longrightarrow \underset{\text{高岭石}}{Al_2Si_2O_5(OH)_4} + 2K^+ + 4H_4SiO_4 + \underset{\text{乙酸阴离子}}{2CH_3COO^-}$$

$$\underset{\text{钙长石}}{2CaAl_2Si_2O_8} + \underset{\text{乙酸}}{CH_3COOH} \longrightarrow \underset{\text{高岭石}}{2Al_2Si_2O_5(OH)_4} + 2Ca^{2+} + \underset{\text{乙酸阴离子}}{CH_3COO^-}$$

2. 长石转化黏土矿物的影响

长石向黏土矿物转化，降低了岩石的孔渗质量，原因在于转化形成的黏土矿物堆积在颗粒表面，一方面黏土矿物部分堵塞了孔隙喉道；另一方面增大颗粒的比表面积（图 5-32）。

二、成岩阶段

（一）早成岩阶段 A 期

克下组早成岩阶段 A 期为浅埋环境，古温度为 65℃，镜质组反射率小于 0.35%，有机质未成熟。成岩作用以机械压实为主，沉积物处于弱固结—半固结，颗粒间呈点接触，孔隙类型主要为原生粒间孔。随着上覆载荷的增加，压实作用使孔隙度迅速降低，压实作用是该阶段孔隙度降低最为主要的因素。在一些 pH 值相对较高的环境中，发生早期的方解石胶结作用，可能形成了连生方解石胶结物，分布于一些高负胶结物孔隙度的岩石中，构成部分钙质层，这类钙质层具有较好的成层性；同时石英发生溶解，另外克下组中的菱铁矿在该阶段形成。这种早期的胶结作用在一定程度上使岩石的机械强度和抗压实能力增强。虽然胶结作用平衡了一部分孔隙，但同时也因岩石抗压实能力增强，改变了压实曲线的斜率；黏土矿物主要有蒙皂石。此阶段主要发育早期压实胶结相（图 5–33）。

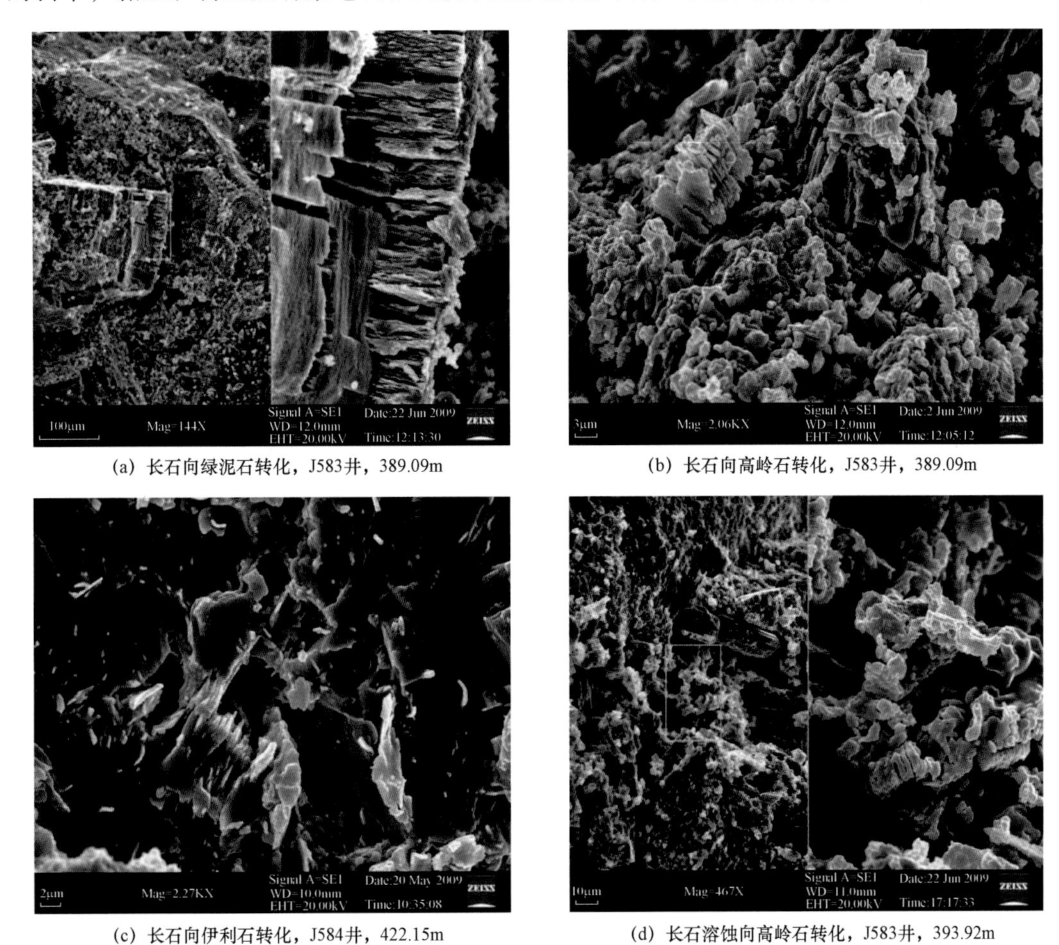

(a) 长石向绿泥石转化，J583井，389.09m

(b) 长石向高岭石转化，J583井，389.09m

(c) 长石向伊利石转化，J584井，422.15m

(d) 长石溶蚀向高岭石转化，J583井，393.92m

图 5–32　交代作用特征

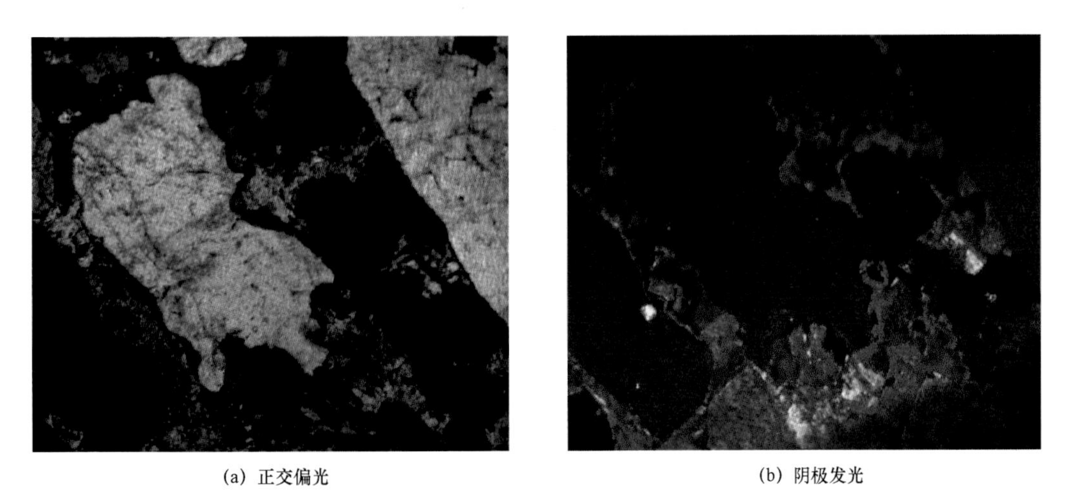

(a) 正交偏光

(b) 阴极发光

图 5–33　J556 井，445.02m，早期泥晶方解石胶结及石英溶蚀，50×

（二）早成岩阶段 B 期

克下组早成岩阶段 B 期古温度为 65～85℃，镜质组反射率为 0.35%～0.50%，有机质处于半成熟状态。成岩作用仍以机械压实作用为主，且进一步增强，胶结作用较弱，砂岩呈半固结—固结状态，颗粒间点接触为主，偶见线接触，孔隙类型为次生—原生孔。黏土矿物以高岭石和伊 / 蒙混层为主。大气淡水及生物气阶段产生 CO_2，形成弱酸性环境，使可溶铝硅酸盐矿物进一步溶蚀，形成粒内和粒间溶孔。伴随溶蚀作用发生石英次生加大，自生石英充填粒内溶孔、粒间溶孔，其沉淀温度约为 66℃。但是石英加大边较窄，且加大现象也很少见。自生矿物还有方解石、白云石和菱铁矿等。在该阶段有机质开始发生热降解，脱去含氧官能团，形成有机酸，溶蚀长石和岩屑形成次生孔隙，发育早期溶蚀相。对克下组储层孔隙演化起中性或正面的作用（图 5-34、图 5-35）。

(a) 正交偏光

(b) 阴极发光

图 5-34　J555 井，384.00m，长石溶蚀，50×

(a) 正交偏光

(b) 阴极发光

图 5-35　J557 井，409.80m，石英次生加大边，50×

（三）中成岩阶段 A 期

克下组中成岩阶段 A 期古温度为 85～130℃，镜质组反射率为 0.5%～1.3%，孢粉颜色为橘黄色，有机质处于低成熟—成熟阶段。碎屑颗粒之间的接触关系以点—线接触为主，在一些井中出现了线接触，机械压实作用明显减弱，胶结作用和溶蚀作用显著增强，砂岩完全固结成岩。以 R_o 值 0.7% 为界，中成岩阶段还可分为中成岩阶段 A_1、A_2 两个亚期。

在中成岩阶段 A_1 亚期，烃源岩已进入生烃门限，干酪根在热降解生烃的同时，生成大量有机酸和 CO_2，溶于水，形成酸性热流体，早成岩阶段晚期溶解后残余的长石等铝硅酸盐及其他易溶组分的溶解作用继续发生，溶蚀储层中的铝硅酸盐矿物、碳酸盐胶结物，产生次生孔隙。此外，在泥岩黏土矿物高岭石转化为伊利石的同时，排放 H^+，进入砂砾岩体，进一步增加了成岩流体的酸度。长石溶解的同时，还形成大量高岭石。在中成岩阶段 A 期主要发育溶蚀成岩相。在 A_1 亚期，烃源岩开始生烃，生成的油气首先被烃源岩吸附和地层水溶解（图 5-36）。

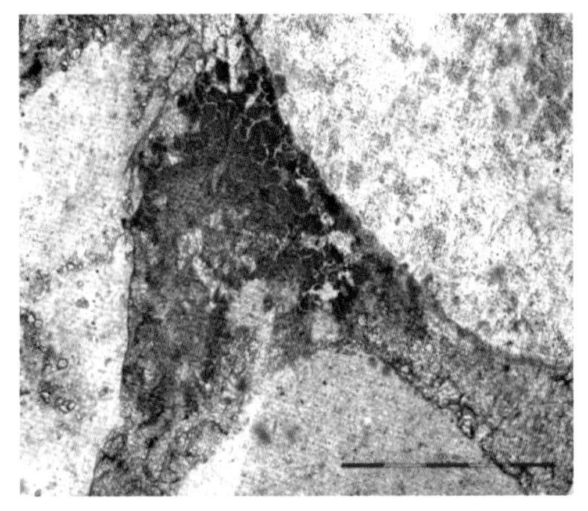
(a) 64016井，405.29m，方解石胶结物被有机酸溶蚀，单，50×

(b) 64016井，386.47m，裂缝充注有机质，单，50×

图 5-36　中成岩阶段特征

中成岩阶段 A_2 亚期，孔隙环境逐渐由酸性转变为弱碱性，伊利石、绿泥石增加，同时形成亮晶方解石胶结物，孔隙减少；烃源岩开始大量生成和排出烃类。排出的天然气进入砂岩储层之后，可以有效地抑制储层的成岩作用、保护孔隙（图 5-37、图 5-38）。

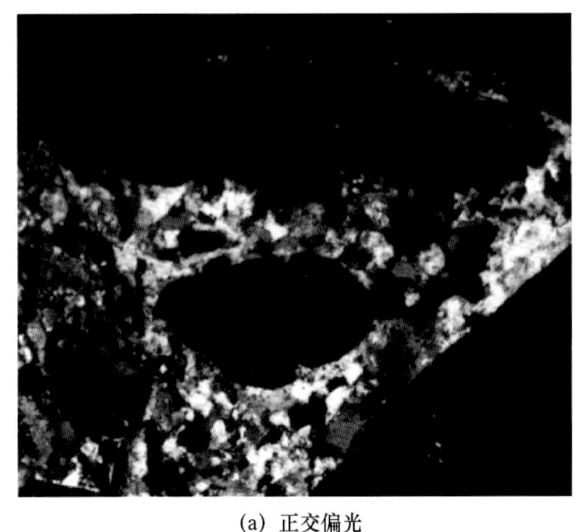
(a) 正交偏光

(b) 阴极发光

图 5-37　J581 井，414.93m，晚期亮晶方解石，50×

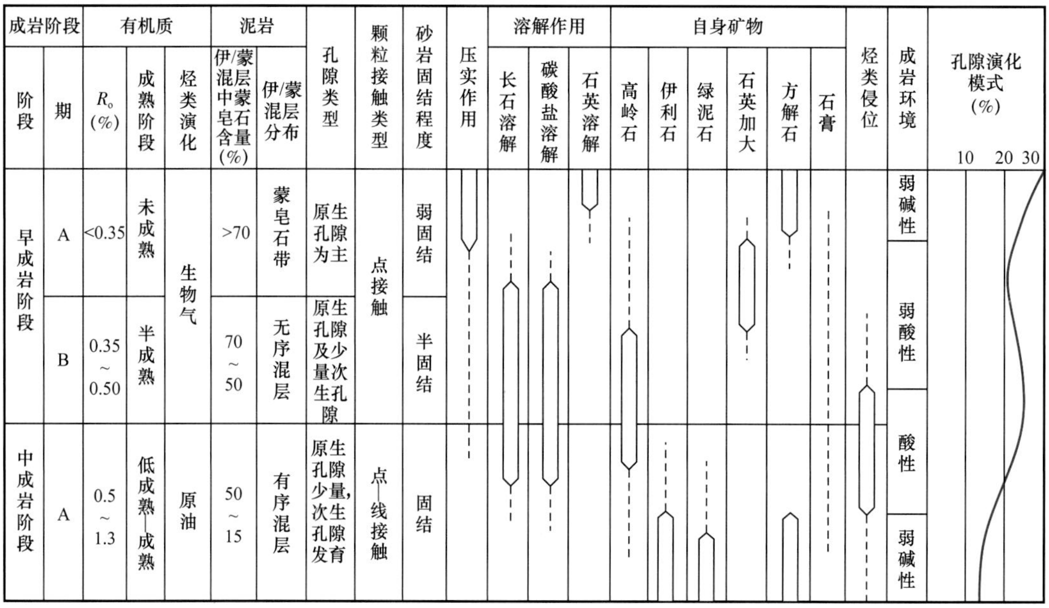

成岩阶段		有机质			泥岩		孔隙类型	颗粒接触类型	砂岩固结程度	压实作用	溶解作用			自身矿物						烃类侵位	成岩环境	孔隙演化模式(%)
阶段	期	R_o(%)	成熟阶段	烃类演化	伊/蒙混层中蒙皂石含量(%)	伊/蒙混层分布					长石溶解	碳酸盐溶解	石英溶解	高岭石	伊利石	绿泥石	石英加大	方解石	石膏			10 20 30
早成岩阶段	A	<0.35	未成熟	生物气	>70	蒙皂石带	原生孔隙为主	点接触	弱固结												弱碱性	
	B	0.35~0.50	半成熟		70~50	无序混层	原生孔隙及少量次生孔隙		半固结												弱酸性	
中成岩阶段	A	0.5~1.3	低成熟—成熟	原油	50~15	有序混层	原生孔隙少量，次生孔隙发育	点—线接触	固结												酸性 弱碱性	

图 5-38　克下组成岩作用及孔隙演化序列图

三、成岩演化

储层处于不同的成岩阶段，具有不同的成岩强度，对其物性影响结果也不一样。为了排除主观因素的干扰，依据中国石油天然气行业碎屑岩成岩阶段划分标准（淡水—半咸水水介质碎屑岩）（SY/T 5477—2003），根据岩石结构特征、黏土矿物组合及转化、自生矿物特征、成岩作用演化序列等特征进行成岩阶段划分。

（一）岩石结构特征

岩石颗粒接触关系是成岩演化的最直接反映，也是最容易观察到的成岩现象，因此它是成岩阶段划分的重要依据之一。区内克下组埋深 300～600m，压实作用中等—弱，颗粒之间主要以点接触为主，可见线接触，岩石为疏松—半固结，是早成岩阶段的特征（图 5-36）。

（二）黏土矿物组合及转化

黏土矿物组合及伊 / 蒙混层黏土矿物的转化与成岩阶段关系密切，据此可与成岩阶段相对应。

自生黏土矿物以高岭石的含量最高，其次为伊 / 蒙混层矿物、绿泥石和少量的伊利石，而蒙脱石极少发育。自生黏土矿物的转化沉淀对储集性主要起破坏作用，形成于早成岩 B 期—早成岩 A 阶段。高岭石含量 30%～60%，蠕虫和不规则状，是早成岩 B 期—中成岩 A 期的特征。伊 / 蒙混层比小于 20%，不规则状伊 / 蒙混层矿物是早成岩阶段 B 期的证据（图 5-39 至图 5-45）。

（a）点接触，半固结，J583井，392.00m，单，50×

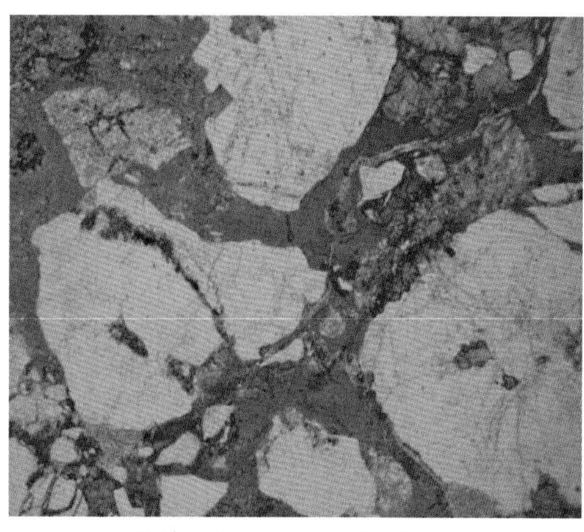

（b）点接触，疏松，J584井，393.50m，单，100×

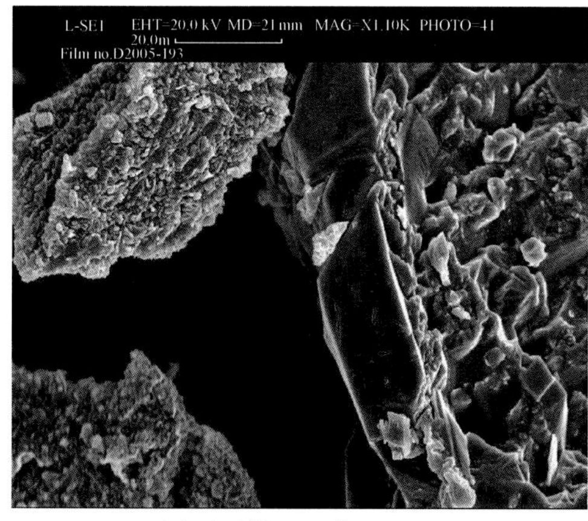

（c）半固结，J555井，394.55m

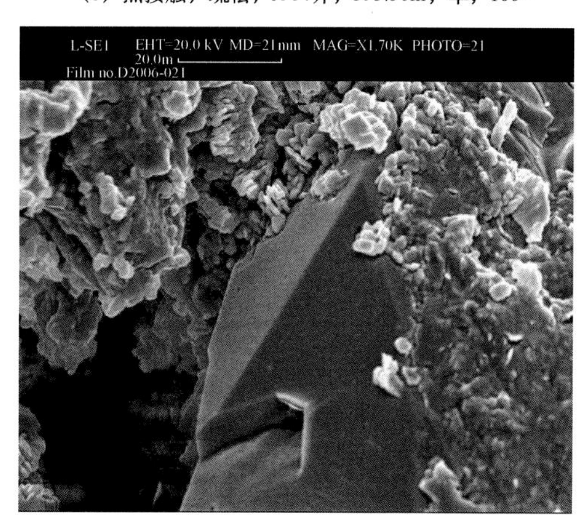

（d）半固结，J557井，408.55m

图 5-39 岩石结构特征

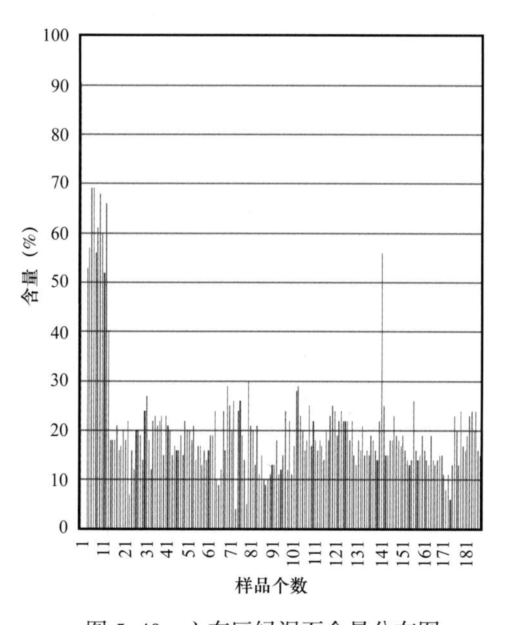

图 5-40 六东区绿泥石含量分布图

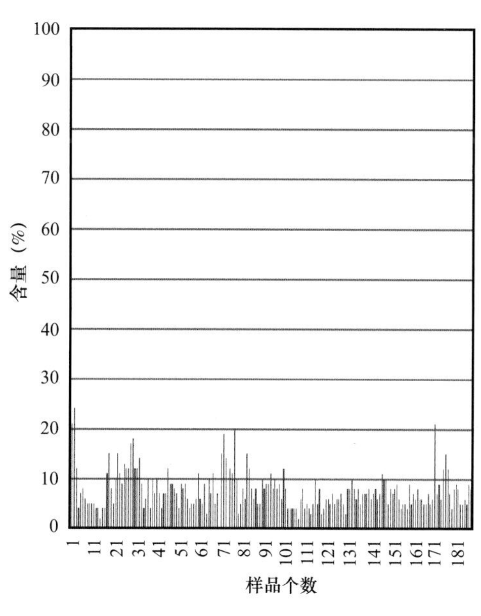

图 5-41 六东区伊利石含量分布图

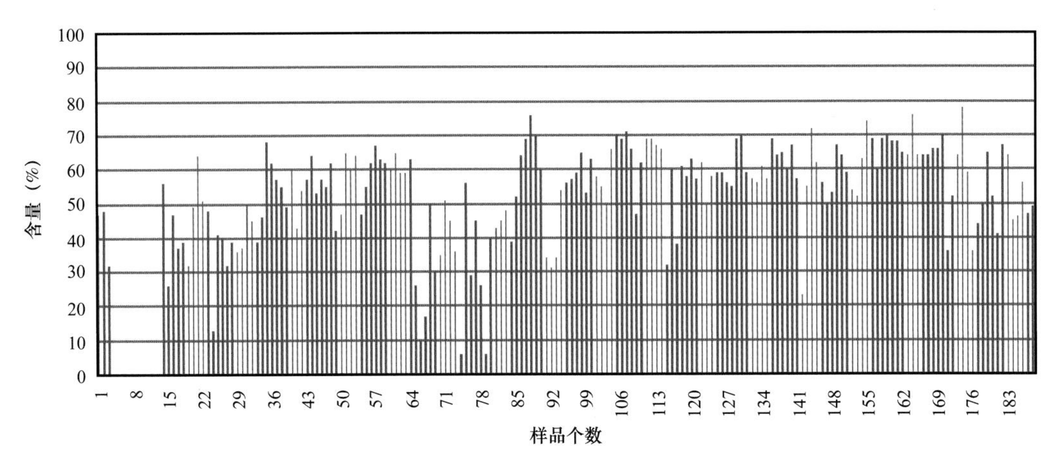

图 5-42　六东区高岭石含量分布图

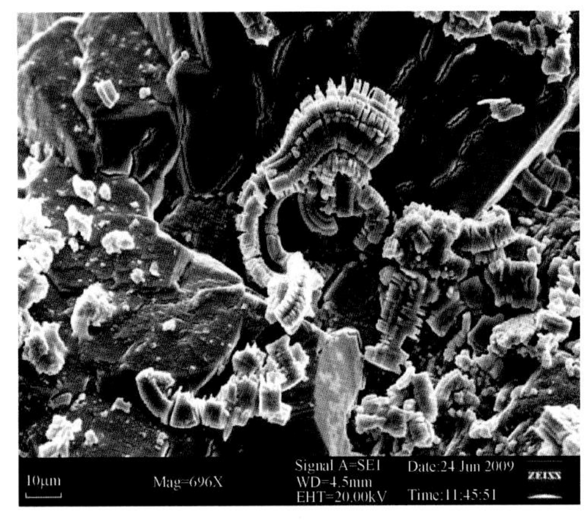

（a）粒间充填的蠕虫状高岭，J583井，408.81m

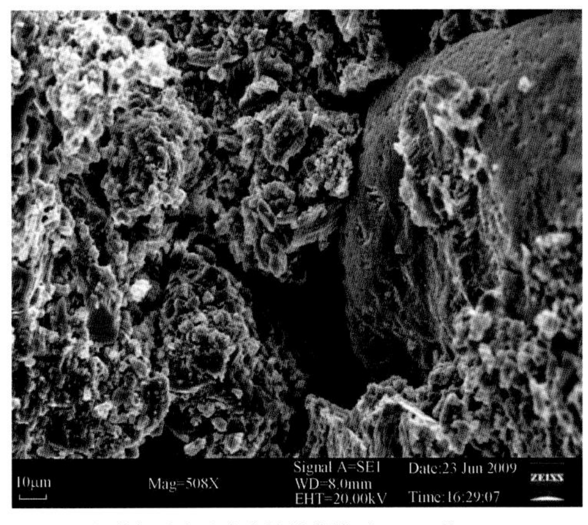

（b）粒间残留孔中充填的高岭石，J583井，400m

图 5-43　粒间孔中高岭石特征

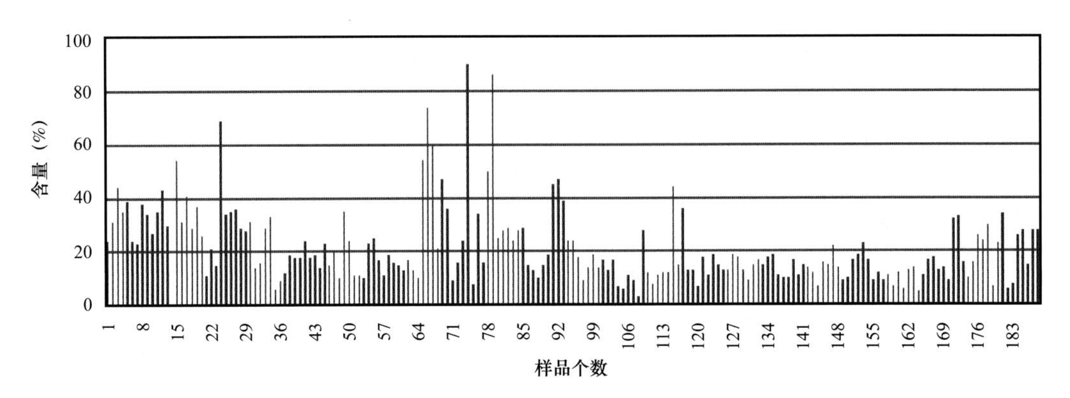

图 5-44　六东区伊 / 蒙混层含量分布图

图 5-45　粒表似蜂巢状伊 / 蒙混层矿物，J557 井，444.91m

（三）自生矿物特征

六东区克下组的自生矿物可为成岩作用期次的划分提供依据。例如：石英次生加大仅在颗粒表面局部发育，处于石英次生加大的 I 阶段，这是早成岩 B 期的特征（图 5-46）。

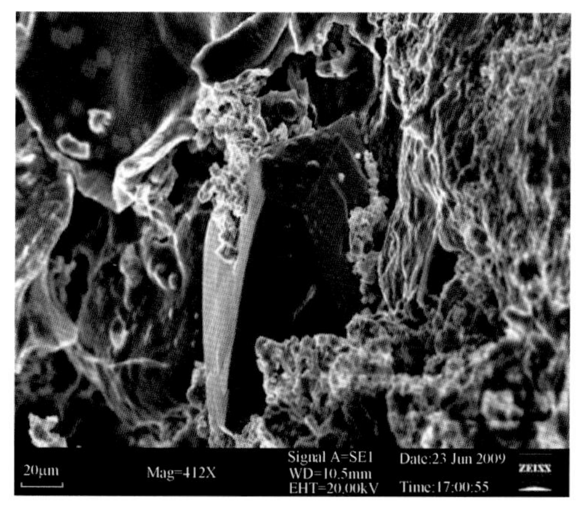

(a) 自生石英，J583井，400m

(b) 石膏集合体，64016井，412.35m

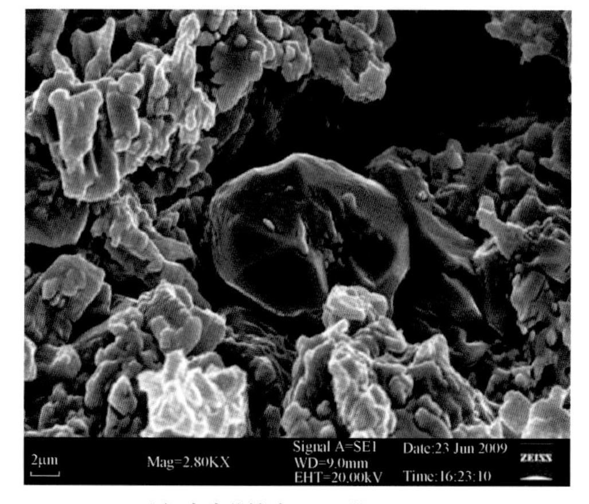

(c) 自生黄铁矿，J583井，418.91m

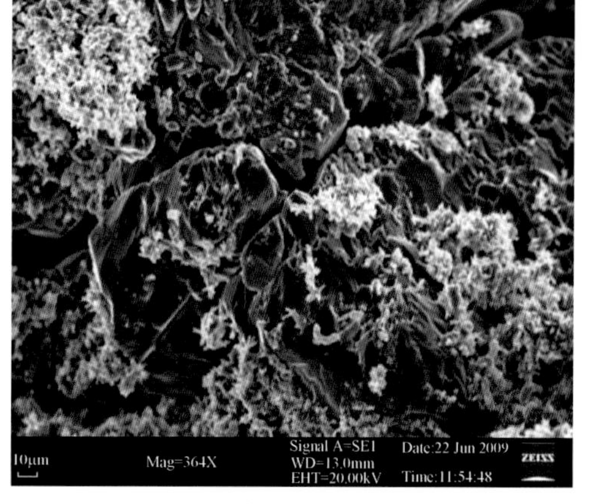

(d) 石英次生加大，J583井，388.8m

图 5-46　自生矿物特征

（四）成岩作用演化序列

通过大量分析化验资料和镜下研究所取得砂砾岩的成岩特点，以及前人的研究成果，结合六东区克下组的具体情况和与一般规律的差异性，划分了克下组成岩作用及孔隙演化序列。

六中东区克下组冲积扇砾岩在干燥、碱性环境沉积后，首先经历了早期方解石胶结和石英溶蚀。进入埋藏阶段后，压实作用使岩石颗粒接触方式变为以点接触为主，孔隙空间也进一步减小；随着埋藏深度的增加，盆地内有机质逐渐进入生烃门限，烃源岩生烃所排出的有机酸随油气运移而进入克下组，并导致克下组成岩环境变为弱酸性到酸性，进而导致长石溶蚀，部分转变形成高岭石等黏土矿物，方解石也在酸性环境下发生溶蚀。进入中成岩晚期，成岩环境转变为弱碱性，产生伊利石和绿泥石自生矿物，并且出现晚期方解石胶结（图 5–47）。

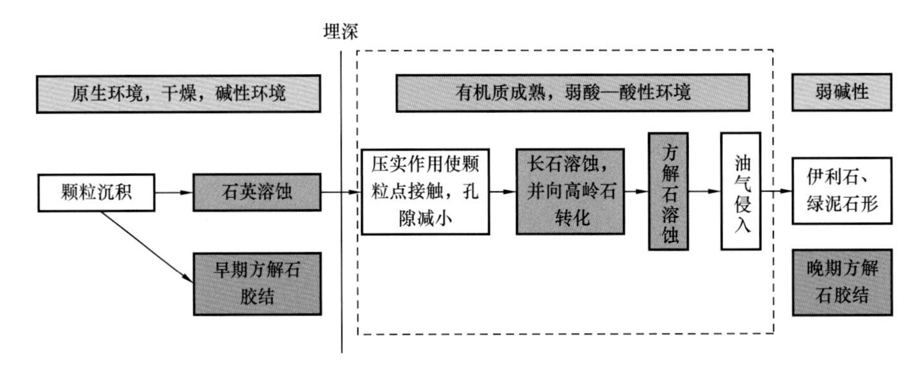

图 5–47　KLMY 油田六东区克下组成岩序列图

第五节　冲积扇成岩储集相特征

在对岩石类型、储集空间及成岩作用等方面分析后，按照成岩储集相的识别划分方法，明确 KLMY 油田克下组成岩储集相的类型及其特征，结合成岩储集相与沉积环境、岩石相及储层性质的内在关系，进而描述成岩储集相的空间分布特征及规律。

一、成岩储集相分类

成岩相是在一定沉积和成岩环境下经历了一定成岩演化阶段的产物，包括岩石颗粒、胶结物、组构和孔洞缝特征及其演化的综合面貌。成岩相的指示意义在于，它是构造、流体、温压条件对沉积物综合改造的结果，其核心是现今的矿物成分和组构面貌。成岩相是现今储层特征的直接反映，是表征储层性质、类型和优劣的成因性标志。从对储层影响的角度，存在建设性和破坏性两种成岩相类型。预测有利、建设性成岩相是储层研究的重点，对油气勘探具有重要指导作用。

国外关于成岩相的划分依据、分类命名和侧重点各有不同。目前国内外学者主要根据成岩矿物、成岩事件、成岩环境等进行成岩相的划分和命名，直接反映了成岩作用和成岩阶段的特征。将成岩相与储层储集性质相结合，划分成岩储集相，对储层进行识别和评价，但多以定性为主。

（一）成岩储集相划分方法

综合考虑不同井的埋藏史，在研究六中区克下组各成岩阶段内出现的各种成岩作用特征的基础上，结合岩石结构、构造和矿物组合关系，对孔隙的影响顺序和程度综合进行分析。对该区储层成岩作用的研究表明，克下组储层物性具有明显控制作用的成岩作用类型主要包括压实作用、胶结作用和溶蚀作用。各种成岩作用对储集物性的影响程度，可分别用压实作用、胶结作用、溶蚀作用的强度来衡量，从而进一步划分出成岩储集相。

1. 成岩作用强度定量计算

一般来说，成岩作用强度的定量计算步骤包括：碎屑岩初始孔隙度恢复、压实后粒间剩余孔隙度的恢复、视压实率计算、视胶结率计算、视溶蚀孔隙度计算等方面。

1）碎屑岩初始孔隙度恢复

恢复砂岩初始孔隙度是定量评价不同类型成岩作用对原生孔隙消亡和次生孔隙产生所起作用的基本前提（表 5–8，图 5–48），通常采用 Beard 和 Weyl 对不同分选的储集砂岩的初始孔隙度计算关系式。

初始孔隙度（%）= 20.91% + 22.9S_o%

$$S_o = \sqrt{\frac{D_3}{D_1}}, D_1 = 2^{-\phi_{75}}, D_3 = 2^{-\phi_{25}} \qquad (5\text{–}1)$$

其中，S_o 为分选系数；ϕ_{75} 与 ϕ_{25} 为筛析法粒度测得的试验数据，分别为粒度累积曲线上 75% 和 25% 处的粒径 ϕ 值。

表 5–8　六东区初始孔隙度特征表

初始孔隙度（%）	最大值	最小值	平均值
	35.1	26.4	30.4

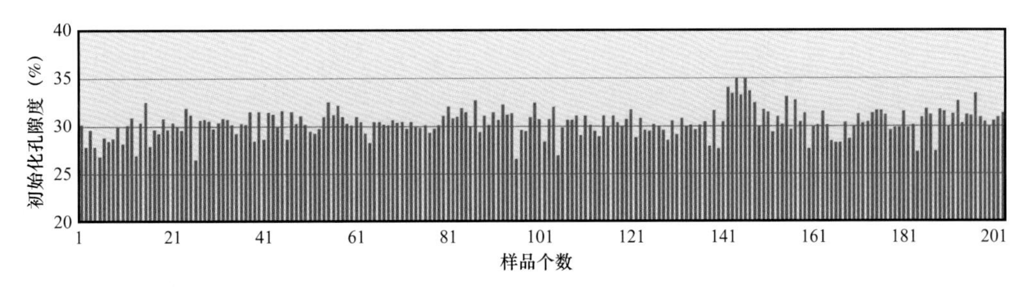

图 5–48　六东区初始孔隙度分布图

2）压实后粒间剩余孔隙度恢复

压实后恢复粒间剩余孔隙主要用于评价压实作用对原生粒间孔的破坏程度。恢复剩余粒间孔隙度也是定量评价后期胶结作用、交代作用对孔隙的破坏程度及次生孔隙的形成对孔隙改善程度的前提。压实后粒间剩余孔隙的恢复可利用以下关系式：

（1）压实后粒间剩余孔隙度（%）= 粒间胶结物总量（%）+ 胶结后的原生粒间孔（%）。

（2）胶结后的原生粒间孔（%）= 岩石现今孔隙度（%）– 溶蚀孔隙度（%）。

（3）溶蚀孔隙度（%）= 面孔率（%）× 溶孔百分含量（%）。

（4）压实后粒间剩余孔隙度（%）= 粒间胶结物总量（%）+ 现今孔隙度（%）-［面孔率（%）× 溶孔百分含量（%）］。

上式中，粒间胶结物总量、面孔率及溶孔百分含量由铸体薄片统计获得。

3）视压实率

（1）视压实率（%）= 压实损失的孔隙度（%）/ 原始孔隙度（%）。

（2）压实损失的孔隙度（%）= 原始孔隙度（%）- 压实后粒间剩余孔隙度（%）。

主要根据岩石的视压实率大小来划分压实强度的等级，综合考虑六东区的实际情况并参考相关标准，将压实强度确定为三级（表 5-2）。

4）视胶结率

视胶结率（%）= 胶结物总量（%）/ 压实后粒间剩余孔隙度（%）

根据 KLMY 油田六中区克下组储集岩体的视胶结率大小，将胶结程度定量分为三级（表 5-2）。

5）视溶蚀孔隙度

视溶蚀孔隙度（%）= 溶蚀孔隙含量（%）× 现今孔隙度（%）

根据本区溶蚀作用发育情况，将储集岩的溶蚀程度分为三个等级（表 5-9）。

表 5-9　KLMY 油田六中区克下组储层成岩强度划分标准

视压实率（%）	压实强度	视胶结率（%）	胶结程度	视溶蚀孔隙度（%）	溶蚀程度
<30	弱	<10	弱	<6	弱
30～70	中	10～20	中	6～12	中
>70	强	>20	强	>12	强

根据以上定量计算成岩作用强度的步骤，对克下组储层成岩资料进行了整理统计和分析，计算出视压实率、视胶结率和视溶蚀孔隙度并对其进行划分，得出压实强度、胶结强度及溶蚀强度标准。压实强度、胶结程度和溶蚀程度都分为弱、中、强三个标准。

2. 碎屑岩物性分级

根据中国石油天然气行业标准 SY/T 5717—1995，以孔隙度和渗透率为划分标准，将碎屑岩按储层物性划分为以下五个级别（表 5-10）。

表 5-10　碎屑岩储层物性分级

项目＼级别	特高	高	中	低	特低
渗透率（mD）	>2000	500～2000	100～500	10～100	<10
孔隙度（%）	>30	25～35	15～25	10～15	<10

（二）成岩储集相类型

岩心分析化验资料表明，KLMY 油田六东区储集性差别较大，岩性包括砂岩、砂砾岩和砾岩三类，成岩作用中的压实作用中等偏弱，胶结作用中等偏强，溶蚀作用由强至弱均有（表 5-11）。

表 5-11 六东区克下组储层物性及主要成岩作用表

储集性	岩性类别	成岩作用		
		溶蚀作用	胶结作用	压实作用
低孔低渗	砂岩	弱溶蚀	中等胶结	弱压实
中低孔中渗	砂砾岩	中等溶蚀	强胶结	中等压实
中高孔高渗	砾岩	强溶蚀	中等胶结	中等压实
高孔特高渗	砂砾岩、砂岩	弱溶蚀	弱胶结	弱压实

1. *砾岩储层孔渗关系*

对该区 7 口取心井 239 个样品的物性进行分析化验，得出砂岩、砾岩、砂砾岩三种岩性的孔渗关系，大致呈正相关、半对数线性关系，三种岩性之间的孔渗关系区分度不大，但砂岩与砂砾岩的孔渗性相对较好（图 5-49）。

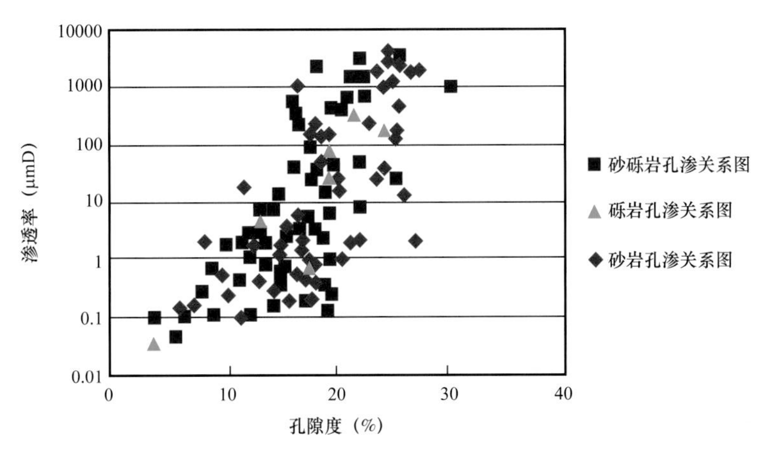

图 5-49 砂岩、砾岩、砂砾岩孔渗关系图

2. *砾岩储层成岩强度*

对六东区 7 口取心井 239 个样品进行成岩作用强度的定量分析后，发现砾岩的平均视压实率最高，为 56.67%；砂岩的平均视胶结率最低，为 16.65%；砂砾岩的平均视溶蚀孔隙度最低，为 3.39%（表 5-12）。

表 5-12 砂岩、砂砾岩、砾岩成岩作用强度量化表

成岩作用强度 / 岩性	平均视压实率（%）	平均视胶结率（%）	平均视溶蚀孔隙度（%）
砂岩	48.66	16.65	6.02
砂砾岩	41.46	35.51	3.39
砾岩	56.67	30.11	6.45

（三）成岩储集相特征

在各种成岩强度划分标准的基础上，结合普通薄片、铸体薄片、扫描电镜及物性等分析化验资料，按照储集性、岩性和成岩作用的命名原则，将克下组储层划分为9种成岩储集相（表5–13）。

表5–13 成岩储集相划分表

序号	成岩储集相	成因机制（沉积环境 + 成岩环境）
Ⅰ	低孔低渗砾岩弱溶蚀中等压实—胶结相	扇根内带亚相，槽流砾石体微相；受较强热埋藏或构造压实，胶结作用非常发育，溶蚀作用较弱
Ⅱ	中低孔中渗砂岩弱、中等溶蚀—胶结压实相	扇根外带亚相，漫洪外砂体微相；受较强热埋藏或构造压实和胶结作用，后期发育溶蚀作用
Ⅲ	中低孔中渗砂砾岩弱、中等溶蚀—胶结压实相	扇根外带亚相，片流砾石体微相；受较强热埋藏或构造压实和胶结作用，后期发育溶蚀作用
Ⅳ	中低孔中渗砾岩弱溶蚀—胶结压实相	扇根外带亚相，片流砾石体微相；初期受较弱热埋藏或构造压实和胶结作用，后期溶蚀作用发育较弱
Ⅴ	中高孔高渗砂岩中、强溶蚀中等胶结—压实相	扇中亚相，辫流水道微相；早期胶结作用较发育，中期溶蚀作用发育；埋藏深度不大
Ⅵ	中高孔高渗砾岩中、强溶蚀中等胶结—压实相	扇中亚相，槽流砾石体微相；早期胶结作用较发育，溶蚀作用发育；晚期少量碳酸盐矿物沉淀
Ⅶ	中高孔高渗砂砾岩强溶蚀中等胶结—压实相	扇中亚相，辫流砂砾坝微相岩早期胶结作用较发育，中期溶蚀作用发育；埋藏深度不大
Ⅷ	高孔特高渗砂岩弱压实胶结—溶蚀相	扇中亚相，辫流水道微相；早期胶结作用较发育；晚期胶结作用较弱，埋藏深度不大，压实作用不强
Ⅸ	高孔特高渗砂砾岩弱压实胶结—溶蚀相	扇中亚相，辫流砂砾坝微相；早期胶结作用较发育；晚期胶结作用较弱，埋藏深度不大，压实作用不强

1. 低孔低渗砾岩弱溶蚀中等压实—胶结相

该种成岩相类型岩性多为中砾岩、粗砾岩，主要发育在槽滩砂砾体、辫流砂砾坝、片流砾石体等构型单元，碎屑物混杂堆积，呈块状或不明显的粒序层理。成岩初期受较强热埋藏或构造压实，胶结作用非常发育，各种溶蚀、溶解作用较弱，晚期孔隙水为强碱性。主要发育残余粒间孔、微裂缝，孔隙度为10.3%～20.7%，平均为13.9%；渗透率为2.2～343.2mD，平均为87.7mD。经定量计算，视压实率为62.7%，属中等压实；视胶结率为15.5～43.1，属中等—强胶结；视溶蚀孔隙度为4.1%，属弱溶蚀（图5–50）。

2. 中低孔中渗砂岩弱、中等溶蚀—胶结压实相

该种成岩相类型岩性多为含砾砂岩、不等粒砂岩和中—粗砂岩，碎屑分选较差，混杂堆积，呈块状或粒序层理。主要发育在漫洪外砂体、漫流砂体构型单元。成岩初期受较弱热埋藏或构造压实和胶结作用，后期各种溶蚀、溶解作用发育较弱。主要发育残

余粒间孔、粒间溶蚀孔、微裂缝，孔隙度为15.1%～24.7%，平均为23.1%；渗透率为100.5～493.8mD，平均为353.7mD。经定量计算，视压实率为45.3%，属中等压实；视胶结率为18.14，属中等胶结；视溶蚀孔隙度为3.9%～8.1%，属中等—弱溶蚀（图5-51）。

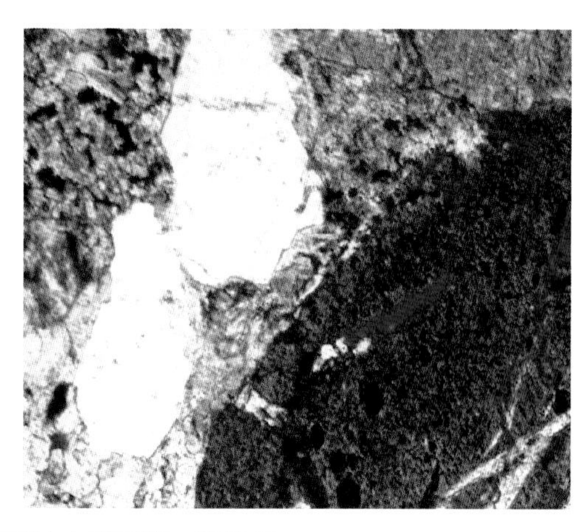

图5-50　低孔低渗砾岩弱溶蚀中等压实—胶结相

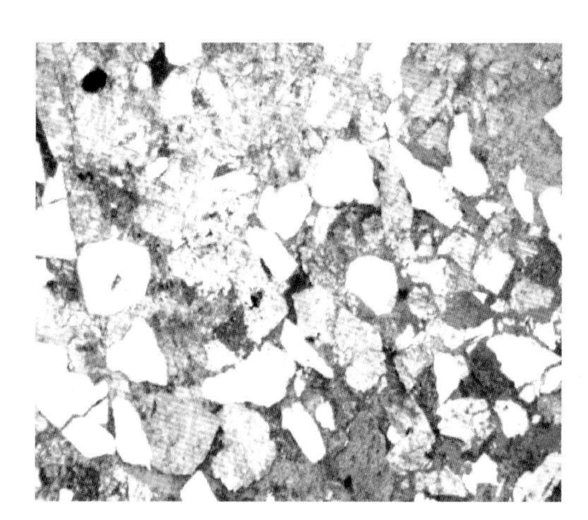

图5-51　中低孔中渗砂岩弱、中等溶蚀—胶结压实相

3. 中低孔中渗砂砾岩弱、中等溶蚀—胶结压实相

该种成岩相类型岩性多为含砂砾岩、砂砾岩，分选较差，成层性较好，一般不见层理。主要发育在片流砾石体单元。成岩初期受较弱热埋藏或构造压实、胶结作用，后期各种溶蚀、溶解作用发育中等至较弱。主要发育残余粒间孔、粒间溶蚀孔、微裂缝，孔隙度为16.6%～24.5%，平均为20.3%；渗透率为101.5～477.8mD，平均为291.7mD。经定量计算，视压实率50.3%，属中等压实；视胶结率为16.1～39.3，属中等—强胶结；视溶蚀孔隙度为2.3%～8.8%，属中等—弱溶蚀（图5-52）。

4. 中低孔中渗砾岩弱溶蚀—胶结压实相

该种成岩相类型岩性多为粗砾岩、中砾岩，磨圆分选中等—差，主要发育在扇根外带亚相片流砾石体、漫洪内砂体、槽滩砂砾体等构型单元，细粒物质由不等粒砂、粉砂和泥组成，碳酸盐胶结物分布于粒间，部分颗粒岩石破碎，可见构造裂缝。成岩初期受较弱热埋藏或构造压实和胶结作用，后期各种溶蚀、溶解作用发育较弱。主要发育残余粒间孔、粒间溶蚀孔、微裂缝，孔隙度为15.1%～22.1%，平均为18.3%；渗透率为100.4～435.8mD，平均为212.7mD。经定量计算，视压实率为55.3%，属中等压实；视胶结率为19.4～36.1，属中等—强胶结；视溶蚀孔隙度为3.6%，属弱溶蚀（图5-53）。

图5-52　中低孔中渗砂砾岩弱、中等溶蚀—胶结压实相

图5-53　中低孔中渗砾岩弱蚀—弱胶结压实相

5. 中高孔高渗砂岩中、强溶蚀中等胶结—压实相

该种成岩相类型岩性多为粗砂岩、中—细砂岩和含砾砂岩，粗砂岩相常见冲刷面、交错层理及底部滞留砾石定向排列，主要发育在扇中亚相辫流水道、漫洪外砂体、漫流砂体等构型单元。成岩早期胶结作用较发育，中期胶结物较多；有酸性流体大量侵入，溶蚀作用发育；埋藏深度不大，晚期孔隙水性质变化不大；晚期自生矿物罕见。主要发育残余粒间孔、粒间溶蚀孔、粒内溶蚀孔和微裂缝，孔隙度为25.7%～29.5%，平均为26.9%；渗透率为501.2～1976.3mD，平均为1459.7mD。经定量计算，视压实率为39.3%，属中等压实；视胶结率为11.5，属中等胶结；视溶蚀孔隙度为6.7%～13.2%，属中—强溶蚀（图5-54）。

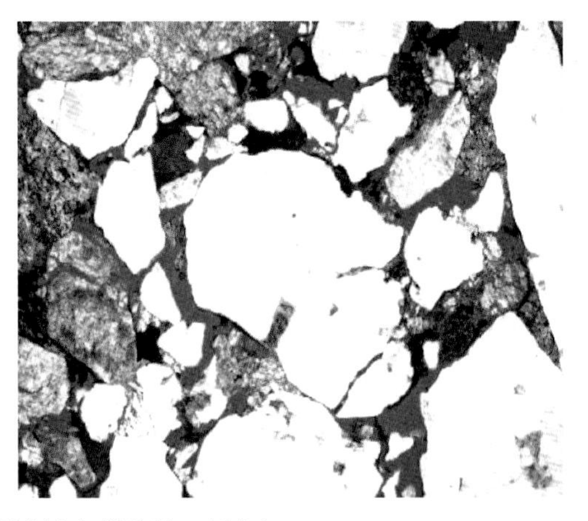

图 5-54　中高孔高渗砂岩强溶蚀中等胶结—压实相

6. 中高孔高渗砾岩中、强溶蚀中等胶结—压实相

该种成岩相类型岩性多为中砾岩、细砾岩，主要发育在槽流砾石体、辫流砂砾坝、片流砾石体构型单元。砾石呈次棱角—次圆状，分选较好，略显成层性，层理主要由粒度的差别而呈现，层理间距较大，可见砂砾岩体下切冲刷现象，偶见砾石定向排列的现象。成岩早期胶结作用较发育，中期胶结物较多；有酸性流体大量侵入，溶蚀作用发育；晚期孔隙水性质变化不大；晚期自生矿物罕见。主要发育残余粒间孔、粒间溶蚀孔、粒内溶蚀孔、裂隙和微裂缝，孔隙度为 25.1%～29.4%，平均为 25.3%；渗透率为 503.1～1911.3mD，平均为 1025.7mD。经定量计算，视压实率为 43.3%，属中等压实；视胶结率为 12.2，属中等胶结；视溶蚀孔隙度为 6.0%～12.1%，属中—强溶蚀（图 5-55）。

图 5-55　中高孔高渗砾岩中、强溶蚀弱胶结—压实相

7. 中高孔高渗砂砾岩强溶蚀中等胶结—压实相

该种成岩相类型岩性多为含砂砾岩、砂砾岩，分选中等—好，粒级呈多众数分布，基质支撑和颗粒支撑。砾石形态多为次棱角状、次圆状。砾石成分以花岗岩为主，呈块状，内部未见层理。主要发育在扇中辫流砂砾坝、辫流水道构型单元。成岩早期胶结作用较发育，中期胶结物较多；有酸性流体大量侵入，溶蚀作用发育；埋藏深度不大，晚期孔隙水

性质变化不大；晚期自生矿物罕见。主要发育残余粒间孔、晶间孔、粒间溶蚀孔、粒内溶蚀孔和微裂缝，孔隙度为 25.2%～28.9%，平均为 25.8%；渗透率为 502.2～1977.3mD，平均为 971.7mD。经定量计算，视压实率为 33.3%，属中等压实；视胶结率为 12.5，属中等胶结；视溶蚀孔隙度为 6.5%～14.5%，属中—强溶蚀（图 5-56）。

图 5-56　中高孔高渗砂砾岩强溶蚀中等胶结—压实相

8. 高孔特高渗砂岩弱压实胶结—溶蚀相

该种成岩相类型岩性多为粗砂岩、中—细砂岩，碎屑颗粒的长轴方向略具定向排列。颗粒磨圆分选较好，粗砂含量大于 50%，砾石含量小于 30%，含泥量低，胶结疏松，明显的牵引流水道冲刷充填特征。中—细砂岩常见交错层理和冲刷面。主要发育在辫流水道、辫流砂砾坝构型单元，成岩早期胶结作用较发育；酸性流体大量侵入；溶解物质大部分被带出；晚期胶结作用较弱，埋藏深度不大，压实作用不强。主要发育残余粒间孔、晶间孔、粒间溶蚀孔、粒内溶蚀孔和微裂缝，孔隙度为 30.1%～33.7%，平均为 31.5%；渗透率为 2064.1～16903.5mD，平均为 4426.7mD；经定量计算，视压实率为 27.3%，属弱等压实；视胶结率为 8.7，属弱胶结；视溶蚀孔隙度为 7.7%～13.9%，属中—强溶蚀（图 5-57）。

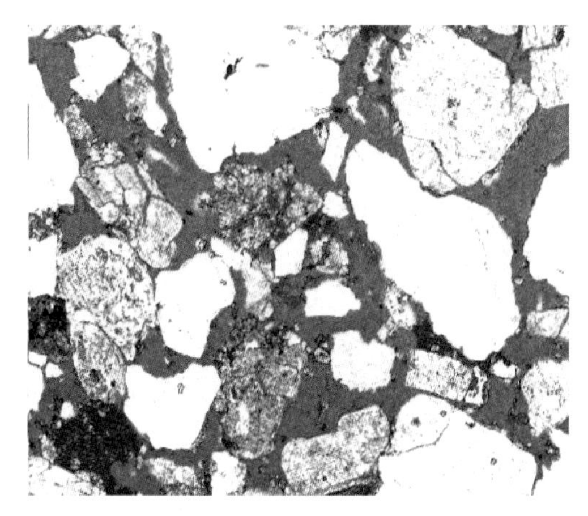

图 5-57　高孔特高渗砂岩弱压实胶结—溶蚀相

9. 高孔特高渗砂砾岩弱压实胶结—溶蚀相

该成岩相类型岩性多为砂质砾岩、砂砾岩，主要发育在扇中辫流砂砾坝构型单元；砾石成分以花岗岩为主，呈块状，内部一般不见层理，砾石形态多为次圆状，成层性较好，分选较好。细粒物质以细—粉砂、泥质为主。层理主要由粒度的差别而呈现，层理间距较大，可见砂砾岩体下切冲刷现象，偶见砾石定向排列的现象。成岩早期胶结作用较发育；酸性流体大量侵入；溶解物质大部分被带出；晚期胶结作用较弱，埋藏深度不大，压实作用不强。主要发育残余粒间孔、晶间孔、粒间溶蚀孔、粒内溶蚀孔和微裂缝，孔隙度为30.0%～35.0%，平均为32.2%；渗透率为2035.1～60243.8mD，平均为7580.7mD。经定量计算，视压实率为25.3%，属弱等压实；视胶结率为9.5，属弱胶结；视溶蚀孔隙度为6.7%～15.1%，属中—强溶蚀（图5–58）。

图5–58　高孔特高渗砂砾岩弱压实胶结—溶蚀相

二、成岩储集相空间分布

为了更直观地表征六中东区克下组储层性能，以井点数据为基础，综合沉积环境、储层构型单元、岩石类型、储层物性及其与各类成岩作用之间的内在关系，识别各井点成岩储集相类型，然后应用相应的地质建模方法，建立成岩储集相地质模型，表征各类型成岩储集相的规模及空间展布，揭示各类成岩作用对储层的影响。

主力层S_7^{2-1}、S_7^{2-2}、S_7^{2-3}三个单砂层的成岩储集相平面变化较大。S_7^{2-1}单砂层内，储渗性能好的成岩储集相在目标井区西北部和东南部较发育，东南部发育第8类（深粉色）成岩储集相，呈片状分布。储渗性能好的成岩储集相在西北部均有一定程度的发育，东部较大规模泥质隔夹层发育；而S_7^{2-2}单砂层内，储渗性能好的成岩储集相发育相对偏弱，主要分布在目标井区中部和东部，呈条带状；S_7^{2-3}单砂层内，储渗性能好的成岩储集相在目标井区的南部和东部几乎不发育，目标井区中部第9类的成岩储集相发育（图5–59）。

主力层S_7^{3-1}、S_7^{3-2}、S_7^{3-3}三个单砂层内，储渗性能好的成岩储集相也有不同程度的发育，整体向下发育减弱。S_7^{3-1}单砂层储渗性能好的成岩储集相在目标井区中部较发育，第9类成岩储集相范围（红色）相对较大，呈条带状分布；而$S7^{3-2}$、$S7^{3-3}$单砂层内，储渗性能好的成岩储集相发育依次相对偏弱，平面上中部呈孤立状分布。储渗性能相对较差的成岩储集相（1～4类）呈不同规模的片状或者条带状展布（图5–60）。

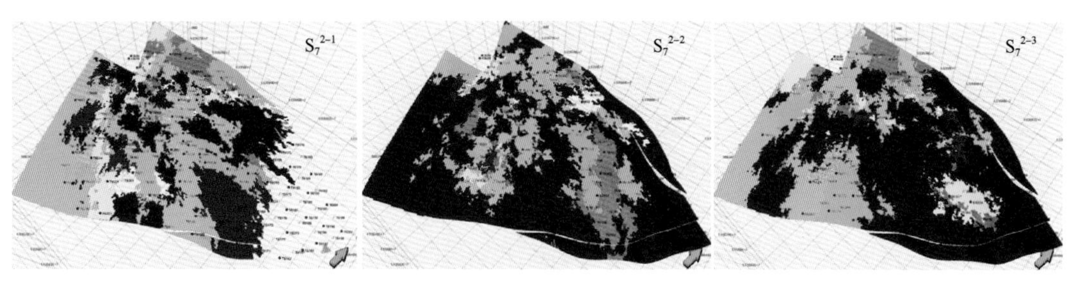

图 5-59　六中东区成岩储集相 S_7^{2-1}—S_7^{2-3} 空间展布

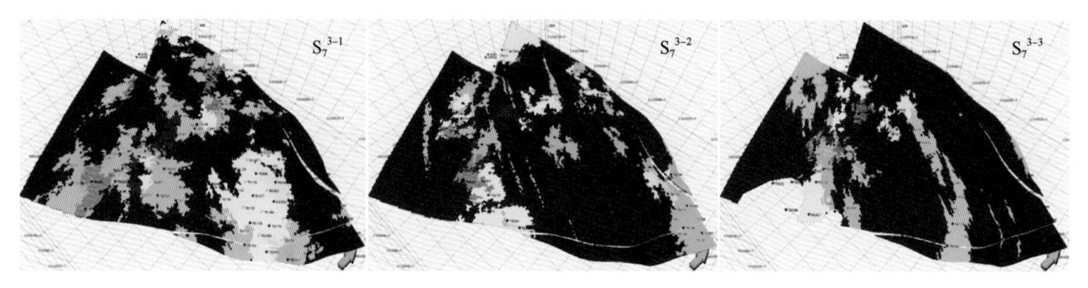

图 5-60　六中东区成岩储集相 S_7^{3-1}—S_7^{3-3} 空间展布

其他储层 S_6^3、S_7^1、S_7^4 三个单砂层的各类成岩储集相发育差异较大。S_6^3 单砂层成岩储集相发育，东部各类成岩储集相发育较好，呈大规模片状分布，中部呈孤立条带状分布，西部由于泥质隔夹层影响发育 1～4 类规模不等的成岩储集相；S_7^1 单砂层成岩储集相较 S_6^3 单砂层发育好，目标区内各类成岩储集相均发育，中部、东部和南部储渗性能好的成岩储集相当发育，平面上相变速度快；由于分别受到地层剥蚀等影响因素的综合作用，成岩储集相在目标井区的发育受到较大影响，S_7^4 单砂层基本不发育储渗性能好的成岩储集相（图 5-61）。

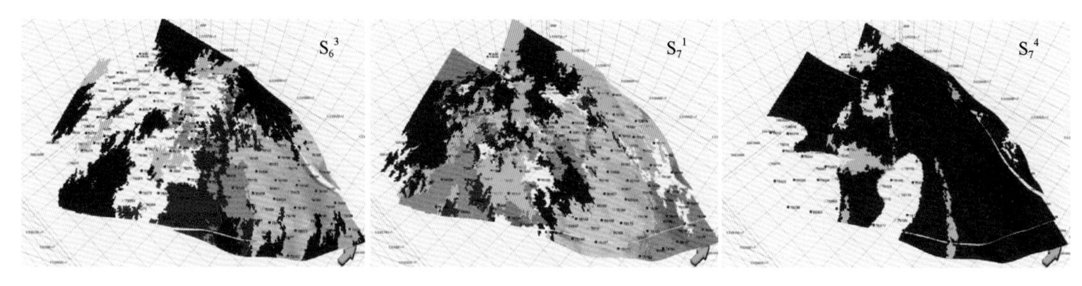

图 5-61　六中东区成岩储集相 S_6^3—S_7^{2-3} 及 S_7^4 空间展布

参考文献

程启贵，张磊，郑海妮，等 . 2010. 基于成岩作用定量表征的成岩—储集相分类及意义——以鄂尔多斯盆地王窑—杏河—侯市地区延长组长 6 油层组特低渗储层为例［J］. 石油天然气学报，32（5）：60-65.

冯旭，刘洛夫，窦文超，等 . 2016. 鄂尔多斯盆地西南部长 7 和长 6-3 致密砂岩成岩作用与成岩相［J］. 成都理工大学学报（自科版），43（4）：476-486.

古莉，于兴河，万玉金，等 . 2004. 冲积扇相储层沉积微相分析——以吐哈盆地鄯勒油气田第三系气藏为例［J］. 天然气地球科学，15（1）：82-86.

景成，蒲春生，周游，等 . 2014. 基于成岩储集相测井响应特征定量评价致密气藏相对优质储层——以 SULG 东区致密气藏盒 8 上段成岩储集相为例［J］. 天然气地球科学，25（5）：657–664.

李海燕，吴胜和，岳大力 . 2012. 高尚堡油田深层沙三 2 亚段沉积微相及成岩储集相特征［J］. 科技导报，30（9）：53–61.

刘孟慧，赵澄林 . 1991. 碎屑岩储层成岩作用模式［M］. 东营：石油大学出版社 .

刘锐娥，李文厚，拜文华，等 . 2002. 苏里格庙地区盒 8 段高渗储层成岩相研究［J］. 西北大学学报：自然科学版，32（6）：667–671.

刘伟，窦齐丰 . 2003. 成岩作用与成岩储集相研究——科尔沁油田交 2 断块区九佛堂组下段［J］. 西安石油大学学报（自然科学版），18（3）：4–8.

马鸣 . 2005. 浅议成岩储集相研究［J］. 内蒙古石油化工，31（2）：89–91.

宋子齐，唐长久，刘晓娟，等 . 2008. 利用岩石物理相”甜点”筛选特低渗透储层含油有利区［J］. 石油学报，29（5）：711–716.

宋子齐，王瑞飞，孙颖，等 . 2011. 基于成岩储集相定量分类模式确定特低渗透相对优质储层——以 AS 油田长 61 特低渗透储层成岩储集相定量评价为例［J］. 沉积学报，29（1）：88–96.

宋子齐，于小龙，丁健，等 . 2007. 利用灰色理论综合评价成岩储集相的方法［J］. 特种油气藏，14（1）：26–29.

王旭影，吴胜和，岳大力，等 . 2015. 基于定量成岩作用分析的成岩储集相研究——以老君庙油田古近系 M 油组为例［J］. 西安石油大学学报（自然科学版），（6）：10–16.

文华国，郑荣才，高红灿，等 . 2007，苏里格气田苏 6 井区下石盒子组盒 8 段沉积相特征［J］. 沉积学报，25（1）：90–98.

熊琦华，彭仕宓，黄述旺，等 . 1994. 岩石物理相研究方法初探——以辽河凹陷冷东—雷家地区为例［J］. 石油学报，15（s1）：68–75.

徐樟有，吴胜和，张小青，等 . 2008. 川西坳陷新场气田上三叠统须家河组须四段和须二段储集层成岩—储集相及其成岩演化序列［J］. 古地理学报，10（5）：447–458.

薛永超，程林松，彭仕宓，等 . 2006. 新立油田泉三、四段储层成岩储集相研究［J］. 特种油气藏，13（2）：19–22.

杨凤祥，吴月凤，高祥录，等 . 2011. 克拉玛依油田四 2 区齐古组储层特征与评价［J］. 西南石油大学学报（自然科学版），33（6）：38–42.

印森林，唐勇，胡张明，等 . 2016. 构造活动对冲积扇及其油气成藏的控制作用——以准噶尔盆地西北缘二叠系—三叠系冲积扇为例［J］. 新疆石油地质，37（4）：391–400.

印森林，吴胜和，胡张明，等 . 2016. 正牵引构造对冲积扇储层内部构型的控制作用［J］. 石油实验地质，38（6）：811–820.

张一伟，熊琦华，王志章，等 . 1997. 陆相油藏描述［M］. 北京：石油工业出版社 .

赵澄林 . 2001. 沉积岩石学［M］. 北京：石油工业出版社 .

朱庆忠，李春华，杨合义 . 2003. 廊固凹陷沙三段深层砾岩体油藏成岩作用与储层孔隙关系研究［J］. 特种油气藏，10（3）：15–17.

Jardim C M，Ros L F D，Ketzer J M. 2011. Reservoir Quality Assessment And Petrofacies Of The Lower Cretaceous Siliciclastic，Carbonate And Hybrid Arenites From The Jequitinhonha Basin，Eastern Brazil［J］. Journal of Petroleum Geology，34（3）：305–335.

Khidir A, Catuneanu O. 2010. Diagenesis of the Cretaceous–Tertiary Willow Creek sandstones, southwestern region of Alberta [J]. Bulletin of Canadian Petroleum Geology, 58 (4): 342–360.

Moraes M A S, Surdam R C. 1993. Diagenetic heterogeneity and reservoir quality: Fluvial, deltaic, and turbiditic sandstone reservoirs, Potiguar and Reconcavo rift basins, Brazil [J]. AAPG Bulletin, 77 (7): 1142–1158.

S. Morad, Khalid Al–Ramadan, J. M. Ketzer, et al. 2010. The impact of diagenesis on the heterogeneity of sandstone reservoirs: A review of the role of depositional fades and sequence stratigraphy [J]. AAPG Bulletin, 94 (8): 1267–1309.

第六章　冲积扇砾岩优势渗流通道

注水开发油气田随着开发的深入，含水率逐渐升高。特别是进入开发中后期，油田整体处于中高含水阶段，出现高水油比和注入水低效、无效循环，影响油田的开发效果。导致高含水现象的本质往往不是油层整体水淹，而是受储层本身非均质性及不同开发方式的影响，导致个别高渗透带或优势渗流通道的出现。一旦优势渗流通道形成，将在油层层内及层间产生严重干扰，影响油藏的开发效果。冲积扇砾岩油藏具有较强的储层非均质性，在开发阶段比其他类型油藏更容易出现优势渗流通道，导致更突出的水窜现象及注入水低效、无效循环。因此，加强对优势渗流通道形成机理、成因类型及识别方法的系统研究，不仅可以指导砾岩油藏中高含水期的调剖堵水和挖潜调整，而且对于尚未进入中高含水期的油藏及时进行相关预警具有重要意义（宋新民，2014）。

本章首先对涉及优势渗流通道的相关概念进行介绍，包括高渗透带、大孔道、贼层等；结合开发中后期砾岩油藏实例，详细阐述优势渗流通道的成因及类型；最后介绍砾岩油藏优势渗流通道的识别方法。

第一节　优势渗流通道含义

众多专家学者针对优势渗流通道，提出了高渗透带、大孔道、贼层等相关术语，开展了大量深入研究，涵盖其定义、成因、对开发生产的影响等（姜瑞忠等，2014；王鸣川等，2016）。但目前对各个概念的说法没有明确的区分，相互之间既有联系，又有一定的区别。

一、优势渗流通道

对于优势渗流通道，许多专家学者给出了相似的定义。姜汉桥（2013）认为油田进入特高含水期，储层原有的非均质性随着水驱冲刷被进一步恶化，储层孔隙结构加剧变化，在储层中形成次生高渗透条带，即优势渗流通道，也被称为大孔道或窜流通道；陈明淑等（2007）将优势渗流通道等同于高渗透条带；杜君（2012）认为优势渗流通道是油田注水开发过程中，大量的注入水在驱替压力梯度的作用下，沿相对高渗透条带或裂缝定向流动的路径。

以上各种定义说法，均提到了储层“高渗透性”，这也是大部分油气田开发时所遇到的优势渗流通道的情况，因此这种定义具有十分重要的现实意义。但对于冲积扇砾岩储层来说，由于强烈的非均质性，存在有低渗透层但是孔渗非均质性较弱的窜流通道，并已在生产实践中证实（冯文杰等，2015）。所以，近些年，油田开发人员在认识及判别优势渗流通道的思路上有了一些新的扩展，指出储层优势渗流通道是一个总体的相对概念，即油层水淹后，导致注入水“更容易通过或进入”的通道，而不是局限于孔喉或渗透率必须达到某一定量数值才称为优势渗流通道。在这样的前提下，优势渗流通道强调的是在非均质性储层中，受储层自身先天条件所控制，在生产开发过程中受到注采对应关系、注采强度等一系列开发因素的影响而形成的水流优先选择流经的路径，是先天和后天非均质性共同作用和体现的结果表征。这就表明，优势渗流通道本身具有“相对性”，虽然与储层渗透率的绝对值大小有关，但更主要反映储层平均渗流能力背景下的相对高渗透能力。

龚晶晶等（2014）在研究冀东油田南堡曲流河储层的优势渗流通道时，综合运用注采见效分析、吸水剖面分析、示踪剂分析等多种方法，总结出优势渗流通道分布模式，为该沉积类型储层的剩余油挖潜提供技术支撑。禹影（2017）对大庆油田萨南工区的注聚合物驱后优势渗流通道的特征进行识别，明确了油田注聚后的调整方向，认为可采用黏度优化、分层、堵水、调剖等方法进行治理，取得了较好的效果。姚翔（2013）结合塔河凝析气田断块多、边底水活跃、采用衰竭式开采的特点，综合运用气藏动态分析方法及专家系统模糊判别方法，对优势渗流通道进行定性定量识别，为气田下一步开发调整指导方向。

高渗透带、大孔道及贼层的概念是从不同角度对优势渗流通道的定义，具有各自的适应性。

二、高渗透带

高渗透带是储层受注入水长期冲刷的影响，形成的渗透率相对较高的优势渗流通道，从渗透率高的角度进行了定义。高渗透带虽然只是在局部形成，但由于注入水沿此方向大量流动，同层位其他方向很难受效，层内相对低渗透部位也无法受到注入水驱动，注入水形成低效或无效循环，波及系数难以提高，对油气田的稳产造成严重影响（胡晓辉，2007）。

针对不同油田的地质特征及开发情况，采用相适应的技术手段进行了高渗透带识别。东濮凹陷胡七南断块属于中高渗透储层，非均质性较强，存在的高渗透带显著影响油田的开发效果，应用沉积学、统计学理论，结合测井曲线识别高渗透带存在的位置及厚度，逐渐摸清该区域高渗透带的发育情况（闫育英等，2008）。在对胡庆油田高渗透带形成机理认识清楚的基础上，综合利用沉积微相方法、示踪剂方法、测井评价方法及动态分析方法进行了高渗透带识别，并据此进行注水方案调整，减少注入水低效或无效循环，保证了油田后期的稳产（邹伟等，2008）。通过分析高渗透带的测井特征及测井变化规律，选择响应较好的几种测井曲线参数，构建模糊评价矩阵，识别孤东油田七区西馆陶组高渗透带，在18口新钻井中定量识别并划分出三类高渗透带，验证了测井综合指数法识别高渗透带的可靠性（郭长春，2014）。

三、大孔道

大孔道的概念最早是20世纪80年代由胜利油田公司提出的（宁廷伟等，1993）。在长期注水开发的油藏中，储层骨架结构不断发生改变，岩石颗粒接触关系发生变化，胶结物发生运移。镜下岩石薄片鉴定表明：在初、中含水阶段，注入水对储层冲刷作用有限，骨架颗粒接触关系变化不大。但到了高含水阶段，粒间原有的点线接触关系及骨架颗粒支撑方式均发生明显改变，原始孔隙及颗粒接触处的胶结物被水冲走或被搬运至其他部位。储层连通孔隙增多，部分颗粒处于流体包围状态或游离状态，连通孔隙细小部位有地层微粒及杂基充填。

注入水长期冲刷作用不但使得岩石骨架遭到破坏，也引起了储层孔喉结构变化，使孔喉半径变大，形成大孔道，从孔喉半径大的角度进行了定义。开发中表现为低效、无效水循环。大孔道不利于纵向上、平面上水洗厚度的提高和水洗波及体积的扩大，水驱油效率降低，油井含水急剧上升，开发效果明显变差，对油田可持续开发构成了极大的威胁（刘红岐等，2014）。

目前，大孔道这一概念主要应用于砂岩油藏中，特别是疏松砂岩油藏，不少学者对疏松砂岩油藏中大孔道的形成机理、定性定量识别方法、流体渗流规律及封堵工艺措施进行了详尽研究，并取得丰硕成果（曾流芳等，2012a，2012b；付民等，2012）。通过理论结合实际，对乌南油田乌 4 区块（赵健，2014）、东濮凹陷胡状集油田胡 12 断块（钟大康等，2007）及吉林红岗油田高台子油藏（牛世忠等，2012）等地区的大孔道发育特征、控制因素、定量描述进行了总结，进一步加深认识，为后续工作奠定了基础。

四、贼层

贼层是英文 thief zone 的直译名称。贼层在国内的研究较少，基本没有针对这一概念在国内油田应用的相关研究文章。而国外对于贼层的研究文献相对较多，结合对众多国外相关文献的调研（张琪等，2016），认为贼层代表的含义等同于高渗透条带，但贼层具有一定的先天性特征，是油田开发之前，储层固有的能够让井筒中流体发生漏失现象的高渗透带，在碳酸盐岩储层中较为常见。注入水沿贼层突进到生产井，采出大量水的同时，很少能够采油。国外学者主要通过地质静态资料及产量、产液指数、层产量贡献率、单层产液指数和无因次压力系数等生产动态指标来识别并定量表征贼层。但这些动、静态识别方法均具有一定的局限性。以产量数据为主识别贼层时，未考虑生产压差的概念；以产能指数等指标划分贼层时，未考虑储层厚度和渗透率级差等限制条件。此外，国外多采用数值模拟方法研究针对贼层的合理开发技术对策。

这里可以看出，无论是高渗透带、大孔道抑或是国内不常用的贼层的概念，都属于广义上的优势渗流通道，只是分别根据不同油田的实际地质特点从不同角度进行的定义，大孔道主要强调优势渗流通道储层微观孔隙结构的孔喉半径较大；高渗透带主要强调流动带具有的渗透率较高的特征，一些学者认为高渗透带在持续注水的影响下，进一步变化会形成大孔道；贼层强调的是高渗透带所具有的先天特征，以碳酸盐岩储层中多见。

第二节　砾岩储层优势渗流通道分类

不同优势渗流通道的成因会影响对其分类的判定。因此，在介绍优势渗流通道成因机理的基础上，结合 KLMY 油田砾岩油藏实例，提出砾岩储层优势渗流通道的分类，并描述不同类型优势渗流通道的主要特征。

一、优势渗流通道控制因素

造成砾岩储层形成优势渗流通道的原因复杂多样。一方面，长期受到注入水的冲刷，导致储层岩石微观性质产生变化，从而逐渐形成优势渗流通道；另一方面，储层非均质性、油水黏度差异性及生产过程中人工调整的注采强度也会导致优势渗流通道的出现；还有可能是储层固有的，除人为因素影响以外形成的优势渗流条带。

分析认为，优势渗流通道的控制因素主要包括储层岩石微观性质、退胶结作用、储层非均质、油水黏度差异、注采强度变化五种。

（一）储层岩石微观性质

1. 岩石骨架结构

在低含水阶段和中含水阶段，注入水对储层岩石的冲刷时间较短，注入体积倍数还不是很高，储层岩石骨架颗粒的接触关系变化不大（孙明等，2009）。到高含水阶段后，经过大量注入水的长期驱替冲刷后，储层原有的岩石骨架结构变化明显，颗粒之间的水敏、速敏胶结物或泥质杂基被水冲走或被搬运至其他部位，连通孔隙增多，原有的点、线接触处变为连通孔喉。骨架颗粒支撑形态的改变必然引起储层参数变化，原来高渗透部位长期注水的冲刷作用强烈，渗透率的增加幅度大，非均质性加强，逐步形成优势渗流通道。位于冲积扇扇根细密沟槽中的支撑砾岩结构可以很好地说明岩石骨架结构对优势渗流通道的控制，该沉积物结构中的泥沙被后期洪水冲刷携带走，只剩砾岩骨架，成为支撑砾岩，砾石间少有泥质沉积物，容易形成优势渗流通道（图6–1）。

图6–1　冲积扇露头处的支撑砾岩结构（据徐春华等，2009）

2. 岩石孔喉网络

注入水的长期冲刷作用使岩石骨架遭到破坏的同时，也会引起储层孔喉结构的变化。中高含水阶段孔喉变化对比表明，同一部位的岩石孔隙空间，在高含水阶段，岩石骨架中颗粒的支撑关系大部分被破坏，多数颗粒呈游离状（图6–2），与中含水期相比，分选变差。孔与喉在某些部位成为管道式，没有孔喉之分，容易形成优势渗流通道（图6–2b）。

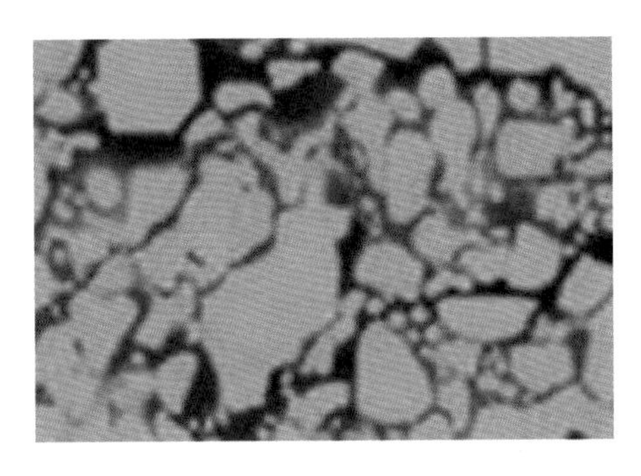

(a) 中含水期岩石孔喉薄片图像

(b) 高含水期岩石孔喉薄片图像

图6–2　中含水、高含水阶段岩石孔喉变化薄片图像

（二）退胶结作用

退胶结作用属于人为影响的作用，是在油藏注水开发过程，注入水性质与地层水性质的差异而引起的化学作用及开发过程流体的渗流过程中对岩石组成产生的机械破坏、改

造等物理作用。由于地层中流体与岩石的化学、物理的综合作用对岩石胶结物破坏作用明显，从而改变岩石的组成、结构和孔隙系统，致使油藏静态非均质发生动态变化，而影响剩余油的分布变化。这种在油藏开发过程中产生的破坏岩石胶结物的作用，称之为退胶结作用（万宠文等，2006）。

选择注水开发前、后相同层位砂层进行对比，分析注水开发对储层沉积物粒度分布、岩石孔隙分布、主要物性参数及储层物性变化规律等方面的影响，注水导致沉积物砂级颗粒的流失，储层喉道增大，岩石渗透率提高，渗透率升高幅度与岩石原始渗透率呈正比，同时，渗透率升高与生产压差有关，压差越大，渗透率增加也越大（表6–1）。

表6–1　注水开发阶段退胶结作用对储层的影响

序号	影响方面	具体影响
1	储层沉积物粒度分布参数	注水开发过程造成了储层沉积物中某些粒级沉积物的流失，主要是位于砂岩粒级的最细端的微粒
2	储层岩石孔隙分布特征	（1）储层喉道的增大或（和）大喉道在数量的增加，喉道的分选程度降低。 （2）储层砂岩退出效率降低，最小可流动孔喉直径增大，流动主孔喉控制的孔隙体积略有增加。 （3）岩石渗透率进一步提高，低渗透储层内储量水驱动用难度大
3	储层岩石主要物性参数	储层岩石除渗透率发生了较大变化外，孔隙度和岩石密度没有发生显著变化，因而主要体现在渗透率上，而且渗透率变化率与原始渗透率值大小成正相关
4	储层物性变化规律	高渗透层如果没有足够压差，储层将不产生增渗作用，只有当压差达到一定水平后才产生增渗作用，而且压差越大，增渗作用越强，储层原始渗透率越大，注水开发后渗透率增加倍数越大

（三）储层非均质性

储层非均质性包括层间非均质性、层内非均质性及平面非均质性。由于储层本身的非均质性，导致在注水开发过程中注入水优先沿高渗透层流动，这种长期的不均衡流动导致高渗透层水洗程度明显比低渗透层水洗程度高。而且，这种差异随着注入体积倍数的增加逐步扩大，注入水也就沿着低阻、强水洗程度的部位逐步形成优势流动。当非均质性和注入体积倍数达到一定程度后，在这种优势流动的部位就形成了优势渗流通道。

1. 层间非均质性

层间非均质性的影响可运用理想化数值模拟模型进行表征。在一个双层数值模型中（王延忠，2006），上层渗透率设为50mD，下层渗透率设为500mD，中间以泥岩隔开（纵向渗透率为0，无窜流），两层的厚度一致（均为5m），原油黏度设为35mPa·s，注采速率恒定，得到两个层的模拟开发指标变化图（图6–3、图6–4）。

在注水初期，高低渗透层的吸水差异主要取决于其渗透率的差异，随着注入体积倍数的增加，高渗透层的含水饱和度增加比低渗透层快（图6–3）。含水饱和度增加时，混合液的平均黏度下降，同时水相渗透率大大增加，使得高渗透层的流动阻力下降也比低渗透层快得多。这样导致高渗透层与低渗透层的流动阻力差异变大，高渗透层吸水量进一步增加，低渗透层吸水量进一步减小。当注入体积倍数达到一定值时，高渗透层的吸水达到99%，形成一种“定势”流动，注入水就沿着高渗透层形成优势流动。根据采出程度变化来看，高渗透层水洗程度明显比低渗透层高，而且低渗透层的采出程度增加速度也明显较慢（图6–4）。

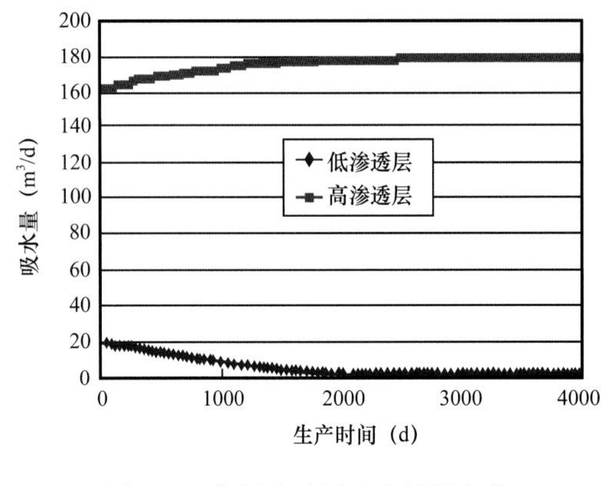

图6–3　高低渗透层吸水差异变化
（据王延忠，2006）

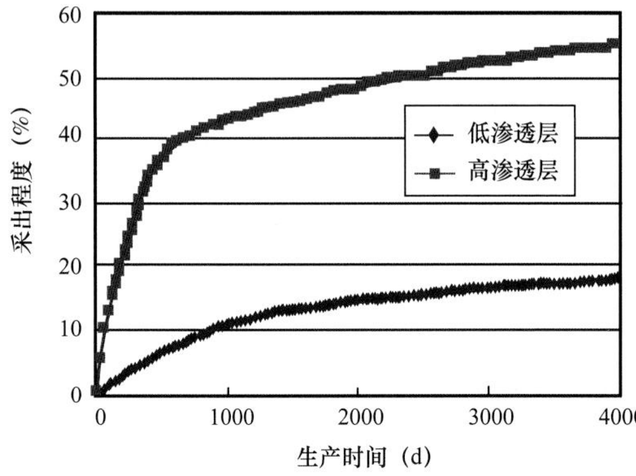

图6–4　高低渗透层采出程度变化
（据王延忠，2006）

2. 层内纵向非均质性

砾岩储层层内的纵向非均质性主要受沉积构型单元的控制，以冲积扇储层为例，不同相带中的构型单元具有各异的岩性和沉积韵律，这就造成了有的构型单元非均质性较强，有的构型单元非均质性较弱。

KLMY油田六中东区克下组岩心分析表明，砾岩储层层内渗透率级差大，单砂层内渗透率级差在15.5～92.8，整个克下组级差可达97.7，非均质性较强，存在发育优势渗流通道的必要条件。各构型单元储层物性分析统计结果表明，片流砾石体、辫流水道和辫流砂砾坝构型单元内渗透率级差大，容易发育优势渗流通道（表6–2）。

表6–2　六中东区克下组构型单元渗透率和孔隙度

亚相	构型单元	渗透率（mD）			孔隙度（%）			高渗透段	
		平均	最大值	最小值	平均	最大值	最小值	平均渗透率	平均孔隙度
扇根内带	槽流砾石体	220	871	51.9	19.3	22.8	17.6	无高渗透段	无高渗透段
扇根外带	片流砾石体	749	2940	51.2	20.3	28.0	15.8	2175	21.5
	漫洪外砂体	229	421	114.0	21.9	25.0	18.6	无高渗透段	无高渗透段
扇中	辫流水道	1096	3800	54.2	21.4	27.1	15.4	1911	22.9
	辫流砂砾坝	1188	3300	64.5	22.8	30.1	17.1	2114	24.2
	漫流砂体	1275	4400	54.4	22.0	25.9	15.6	无高渗透段	无高渗透段

3. 平面非均质性

砾岩优势渗流通道的形成与储层平面非均质性密切相关，而砾岩储层平面非均质性差异体现在不同沉积微相横向展布上，各沉积微相形成时的沉积环境使其在粒度、分选性、杂基含量等方面各不相同。如在冲积扇沉积体系中，扇根的主槽微相与扇中的辫流带微相砂体内的高渗透层厚度比例大于槽滩与砂岛成因砂体的比例，不同井点中相同沉积微相类型砂体的高渗透层连通性比例最高（徐春华等，2007）；在扇三角洲沉积体系中，大孔道等优势渗流通道主要分布于水下分流河道及河口坝两类微相中，且河口坝相对更易形成优势渗流通道，在远沙坝、前缘席状砂及水下分流河道间微相中基本没有明显的大孔道（钟大康等，2007）。

（四）油水黏度差异

整体来看，油水黏度差异越大，随着注入水体积倍数的增加，高低渗透层的差异变化越明显，越容易形成优势渗流通道（图 6–5、图 6–6）。这是因为油水黏度差异越大，受毛细管阻力的影响，使得注入水所能驱替的孔喉范围越小，导致注入水的波及系数越低，容易形成黏性指进，最终突进到井底见水后，初步形成优势渗流通道。

当原油黏度较高时，低渗透层的吸水量比原油黏度较低条件下低渗透层的吸水量有明显下降（图 6–5）。从采出程度对比曲线来看，原油黏度较低时，低渗透层的采出程度明显较高，而且，采出程度随注入时间增加也较明显（图 6–6）。因此，原油黏度越高，在开发阶段越容易形成优势渗流通道，导致注入水无效循环，影响采收率。

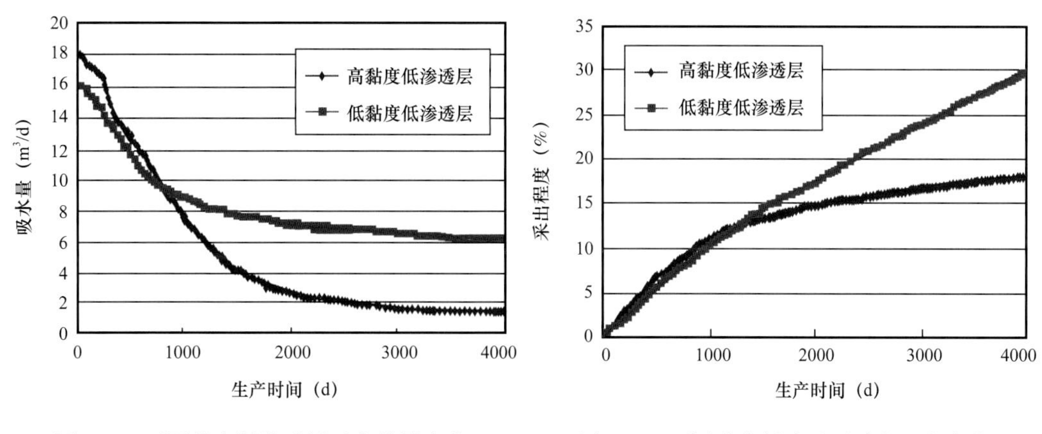

图 6–5　不同黏度低渗透层吸水差异变化（据王延忠，2006）

图 6–6　不同黏度低渗透层采出程度变化（据王延忠，2006）

（五）注采强度变化

注采强度越大，作用在岩石颗粒上的压力梯度越大，砂粒越容易脱落，出砂量越大，促进高渗透带的形成和发展，导致注水压力下降越快。如果疏松油层长期在高强度的注采速率下开采，很容易形成优势渗流通道。总之，注采强度越大，越容易形成优势渗流通道。

二、优势渗流通道类型

（一）优势渗流通道类型划分

从不同的角度，都可以对储层优势渗流通道进行不同方式的划分。总体而言，优势渗流通道可按照分布位置或储层构型模式和储层质量差异的分布特征分别进行划分。

1. 按分布位置划分

储层的不同位置处都有可能存在优势渗流通道，按照分布位置不同，优势渗流通道可分为以下三类：

（1）厚油层内部形成的优势渗流通道。在注水开发过程中，由于层内渗透率差异及重力作用，注入水容易沿油层下部突进，尤其是具有高渗透的正韵律厚油层最为典型。进入高含水期，在油层下部形成优势渗流通道，导致注入水低效和无效循环。

（2）层间优势渗流通道。在多层采用一套开发层系进行合采合注的条件下，不同油层之间，储层条件和渗透率存在一定的差异性，导致中高渗透层存在低效或无效循环，成为优势渗流通道。

（3）主流线优势渗流通道。在平面上，在沉积相带及沉积结构差异的影响下，注入水沿主流线的推进速度往往比沿分流线推进速度快。即使在一个相对均质油层中，靠近主流线注入水倍数要更大，因而容易形成低效或无效循环。如果主流线恰处于油层高渗透部位，这种无效或低效循环问题更突出。

2. 按储层构型模式和质量差异划分

针对冲积扇砾岩储层，按照此类划分标准，将优势渗流通道分为以下两种（冯文杰等，2015）：

1）大孔高渗透型优势渗流通道

大孔高渗透型优势渗流通道一般具有高孔隙度、高渗透率、分选好、非均质程度低的特征，在各类油藏中较为普遍。该类储层形成于冲积扇洪水事件中期，碎屑沉积物由山谷冲出山口并沿扇体辐射方向撒开，并造成水动力骤降。水动力骤降导致较粗粒的碎屑物质（细砾、粗砂、中砂）迅速沉积在出山口附近的扇根外带和扇中部位，形成较粗粒、分选好、初始孔隙度高的牵引流砂体。这类砂体在成岩过程中抗压能力强，在胶结作用弱的储层中可形成大孔高渗透通道。在注水开发过程中，该类储层最易形成优势渗流通道。

2）相对低渗透型优势渗流通道

这类优势渗流通道是冲积扇砾岩储层内发育的一类特殊的优势渗流通道，主要发育于冲积扇扇根内带。这类优势渗流通道本身是相对于同一相带内其他类型的储集体而言，一般并不具有渗透率绝对值大的优势，但往往分选较好、连通性强、非均质程度低。这类砂体粒度较细、原始孔隙度不高、抗压能力较弱，在成岩作用中孔隙度进一步减小，取样分析化验的渗透率也明显低于周围其他成因砂体。但该类砂体内部非均质程度较低，侧向上稳定夹层较少，平面上在顺古水流方向具有良好的连通性。因此，注水开发过程中，该类砂体经历一定时间的水洗作用后，能够形成稳定的优势渗流通道。这类优势渗流通道规模往往较小，但能够控制大量的剩余油。

（二）砾岩冲积扇优势渗流通道类型

1. 优势渗流通道响应

对 KLMY 油田六中东区克下组储层进行井下示踪剂监测，示踪剂采出曲线按形态可分为单峰偏态型、双峰型、多峰型和单峰正态型四类（图 6–7）。单峰偏态型反映注入水推进快，高渗透层薄，等效渗透率大，渗透率级差大。这类曲线有 15 井层，占产出井总数的 45.5%。双峰型反映注采井之间纵向上存在两个或两个以上的窜流通道，这类曲线有 3 井层，占产出井总数的 9.1%。复合多峰型是由两个或两个以上的次级峰组成，反映注采井之间示踪剂窜流通道存在多个渗透性相近的通道，这类曲线有 4 井层，占产出井总数的 12.1%。单峰正态型反映示踪剂窜流通道渗透率相对较低，油水井间水淹层厚度越大，示踪剂峰值浓度越大，产出时间越长，注采井之间水窜不严重，这类曲线有 11 井层，占产出井总数的 33.3%。

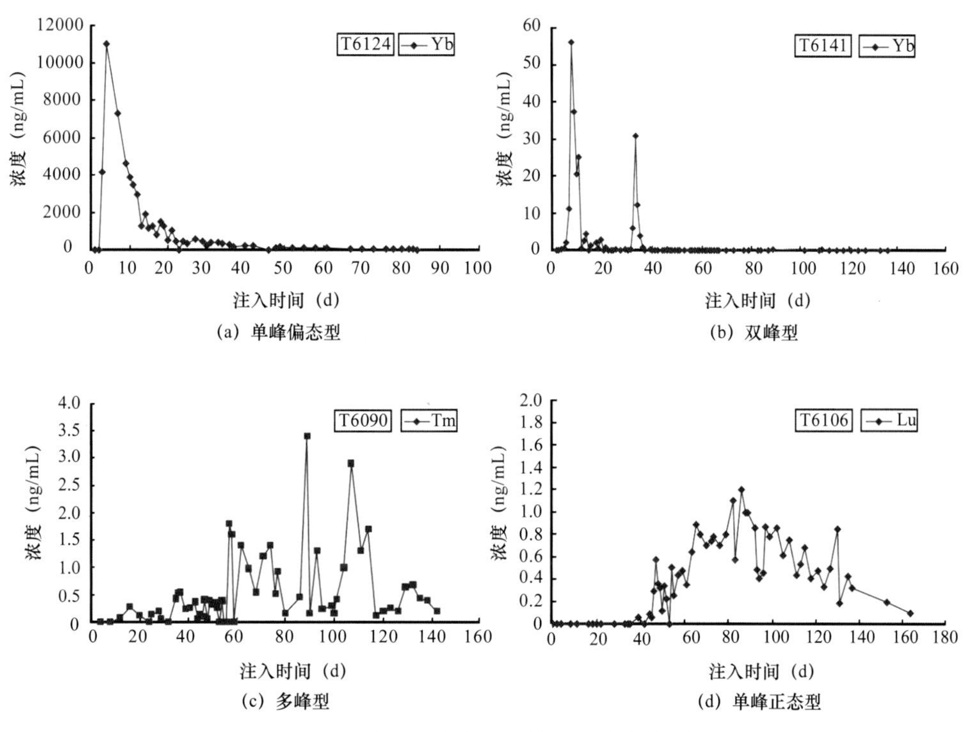

图 6–7 六中东区克下组示踪剂采出曲线类型

2. 优势渗流通道类型

根据六中东区储层类型、渗流能力及非均质特点，结合油水井的生产动态及监测结果，其优势渗流通道应属渗流型。参照该区克下组示踪剂监测分析资料，本区优势渗流通道可细分为四类。

1）Ⅰ类优势通道

该类优势渗流通道以分布于辫流水道中为主，辫流水道从下到上规模逐渐减小，岩石颗粒相对较细，由砂质砾岩、含砾砂岩、中粗砂岩、细砂岩等组成。最高渗透率大于 2000mD，渗透率级差大于 17。

2）Ⅱ类优势通道

该类优势渗流通道以分布在辫流砂砾坝中为主，辫流砂砾坝范围相对较小，岩石颗粒相对较细，由砂砾岩、含砾砂岩、细砂岩等组成。最高渗透率小于2000mD，渗透率级差大于17。

3）Ⅲ类优势通道

该类优势渗流通道主要分布在辫流水道与片流砂砾体中，岩石相则以中砾岩、含中砾细砾岩、含泥砂砾岩、中细砂岩为主。片流砂砾体的最高渗透率小于2000mD，渗透率级差为8～17。

4）Ⅳ类优势通道

该类优势渗流通道以分布在辫流砂砾坝中为主，岩相由含砾砂岩、砂砾岩、中粗砂岩、细砂岩等组成。最高渗透率小于500mD，渗透率级差大于17。

第三节　优势渗流通道识别方法

识别描述优势渗流通道是油田高含水期开发调整的重点任务之一，特别是对于储层非均质性强的砾岩油藏来说更是如此。通过对砾岩油藏岩石类型、储层参数测井解释，结合砾岩储层构型、生产数据和动态监测资料分析，可以识别和划分砾岩油藏优势渗流通道的类型，根据储层微观孔隙结构参数的定量关系，进一步预测优势渗流通道的孔喉半径，为堵水调剖或深部调驱方案提供坚实基础。

一、砾岩储层测井评价

砾岩储层复杂的沉积环境和条件导致了其严重的储层非均质性，主要表现在岩矿组分差异，颗粒大小不一，纵横向相带变化显著；层内、层间渗透率非均质性强；储层孔隙类型复杂，原生孔隙、次生孔隙并存，孔隙和裂缝并存，粗细微孔隙并存，孔喉严重非均质性，分选性差，孔喉配位数低；地质因素与油层水淹关系复杂等。这些因素为开发带来一系列不利影响（杨科夫，2015）。

砾岩储层的测井评价在国内外油气勘探领域都是重点技术攻关的难题（袁静等，1999；邹才能等，2011）。通常情况下各油田会总结适用于自身情况的经验公式来解决某些实际的生产问题（颜泽江等，2008；申本科等，2009），但精度不是很理想。对于砾岩储层的测井评价，一般是从岩性评价和储层参数评价两方面入手，除了常规测井手段进行评价以外，核磁共振测井等新技术的应用，也对砂砾岩储层的评价研究起到了非常大的促进作用（卜凌梅等，2004；牛虎林等，2008）。

（一）砾岩储层“四性”关系

储层的“四性”关系是指岩性、物性、含油性及电性四者之间的关系。不同岩性、物性、电性及含油性的储层，其测井特征亦不相同，测井信息反映了储层的岩性、物性、电性及含油性（刘延梅，2007）。通过测井资料的综合分析，以及与取心资料的对比，分析砂砾岩储层的岩性、物性、电性及含油性之间的相互关系，探讨相互制约因素及其在测井信息上不同的响应特征，为提高测井资料评价精度打下坚实的基础。

砂砾岩储层的岩性不同于砂岩储层，由于一般是在高能环境下沉积，岩相变化大，岩石成分、颗粒大小、结构等非常复杂。因而导致砂砾岩体的岩石成分成熟度及结构成熟度都较低，岩石较多地继承了母岩的性质及特点。砂砾岩储层的岩性变化快，也导致其测井响应的变化也比较复杂，识别难度大。准确判断岩性是砂砾岩储层测井评价的关键之一。

砂砾岩储层物性主要包括储层孔隙性及渗透性。对砂砾岩储层来讲，岩石成分结构的复杂性导致储层非均质严重，孔隙结构复杂，孔喉半径值大小不均，物性非均质严重。这就使该类储层的流体分布及渗流能力差别较大，需要在岩性识别的基础上，分析砂砾岩储层物性的内在联系，进而建立其相关关系。

砂砾岩储层的电性受储层岩性、物性、含油性制约。砂砾岩储层的岩性、物性及含油性的大幅度变化导致其电性差别很大，有些水层的电阻率测井数值高于岩性细且均匀的油层，有些厚度薄的含油层受上下岩性本身骨架的影响，电性响应较差，给岩性、含油性的判断造成困难。研究其含油性，应最大限度排除其他因素影响，保留储层含油性对测井信息的贡献。

对砂砾岩储层来说，细粒岩性储层的出油电阻率下限明显低于粗粒岩性。岩石的粒径越大，出油电阻率数值越高。

（二）砾岩储层岩性识别

1. 电阻率成像测井法

根据常规测井响应识别岩性的方法在砂岩油藏中应用范围广，效果好并且技术成熟。相比于砂岩油藏来说，砾岩油藏通常来源于冲积扇、扇三角洲等近源沉积体系，具有相变快、岩石类型众多、岩性变化范围大、储层垂向上砂体组合复杂的特征，这就导致常规测井的曲线识别精度难以适应砾岩储层垂向岩性变化的特点，直接影响测井解释结果的真实性和精度，为后续工作带来不利影响。相对来说，电阻率成像测井（FMI）可以直观地呈现岩石粒度、分选特征、充填物特征等，在识别精度上具有突出优势（王贵文等，2015）。

1）不同岩性的成像测井响应

砾石因成分差异而呈不同的电阻率值，对应的成像效果也不同，高阻在成像上呈亮色，低阻呈暗色斑状。砾石的形状轮廓能够在成像图像上具有很好的响应，亮色斑点的形状大体反映砾石的大小及磨圆程度，斑状大小的分异程度反映出砾岩的分选程度。图6-8a所示的FMI图像表明该岩层含有一低阻泥砾，形状为棱角状，磨圆差；图6-8b所示的FMI图像表明，从下往上，斑点差异逐渐减小，表明砂砾岩的分选程度逐渐变好，代表沉积时期水动力渐弱。

不同类型的岩石填充在FMI图像上会形成电阻率背景差异，泥质充填在FMI图像上多为暗色背景（图6-9a），砂砾质充填在FMI图像上多为亮色背景（图6-9b）。泥质充填的减少，表示沉积时期水动力作用的增强或者沉积后期逐渐受到湖浪等的冲刷作用。成岩期杂基含量少的砂砾岩或者中粗砂岩，多发生钙质胶结现象，使得岩石电阻率急剧增大，在FMI图像上表现为高亮背景或高亮块状模式（图6-9c）。

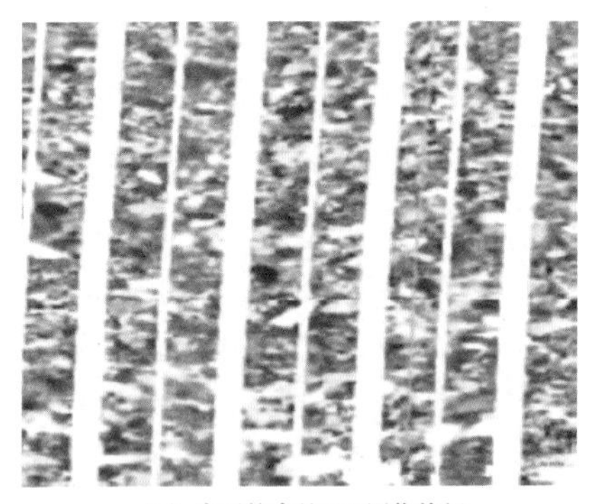

(a) 岩石粒度的FMI图像特征

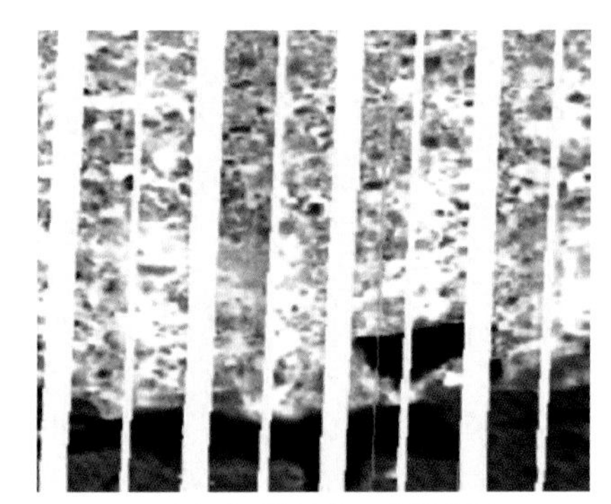

(b) 岩石分选的FMI图像特征

图 6-8 不同岩性粒度及分选特征的 FMI 识别（据王贵文等，2015）

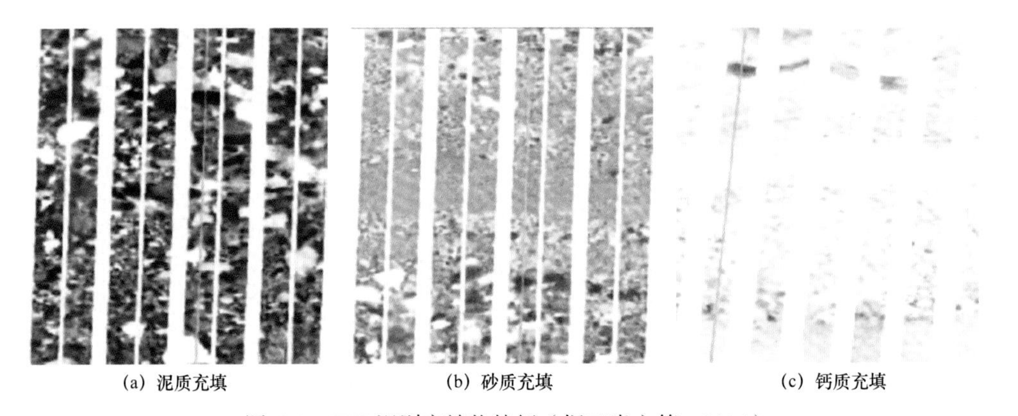

(a) 泥质充填　(b) 砂质充填　(c) 钙质充填

图 6-9 FMI 识别充填物特征（据王贵文等，2015）

2）岩石沉积构造的成像测井响应

沉积构造是沉积相识别的又一重要标志，通过判别不同的电阻率成像测井图像的特征模式，可以识别不同的沉积构造。

冲刷面是确定沉积界面的一类标志，能够反映岩层沉积时的古环境。通过岩心观察，发现砂砾岩体的底部多发育冲刷面，这一典型的岩性突变界面在 FMI 图像上也反映出亮暗交界的变化（图 6-10a）。层理是另一类重要的沉积构造，在砂砾岩中反映水动力大小。中粗砂岩的水平层理、交错层理和粉细砂岩的波状层理、泥岩的水平层理等水成或浪成沉积构造在成像上为组合线状模式、组合条带状模式（图 6-10b）等。砂砾岩体中的砾石可呈叠瓦状排列，在 FMI 图像上表现为砾石的规则组合斑状模式；砂砾岩在垂向上发育块状构造、韵律层理等，在 FMI 图像上为块状模式或递变模式。通过 FMI 资料，可以建立相应的 FMI 识别图版，为识别相应的沉积构造提供依据。

2. Fisher 判别法

Fisher 判别法是判别样品所属类型的一种多变量统计方法。根据样品的多种性质，应用统计学方法在求得已知样品分类规律的基础上，选取适当的综合指标来对未分类样品的归类进行判别。其基本思想是投影，首先通过寻找一个最佳的投影矩阵，将原来在高维空间的数据点映射到低维空间上去，使得同一类这样的数据点在低维空间上的投影点偏离程度（方差）尽量小，而不同类的数据点在低维空间上的投影点偏离程度尽量大，即类间距离尽可能大，类内距离尽可能小；然后在低维空间上进行分类（杨科夫，2015）。

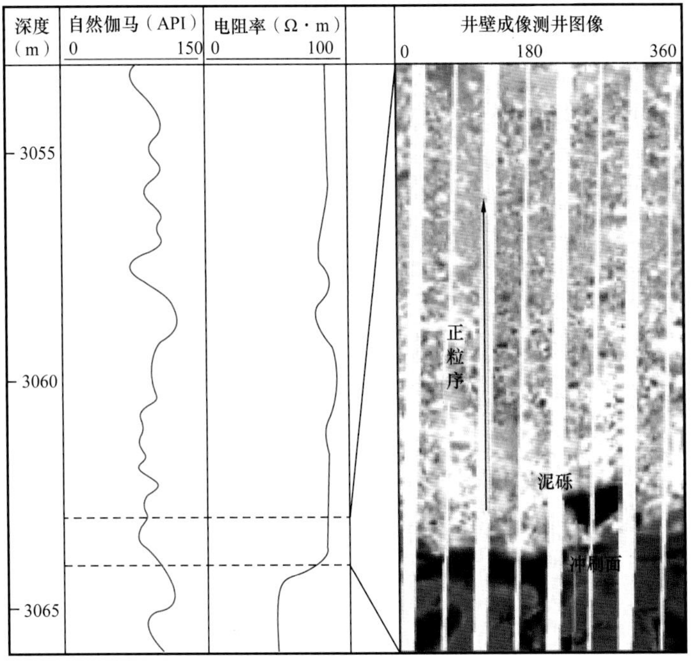

(a) 正粒序、冲刷面

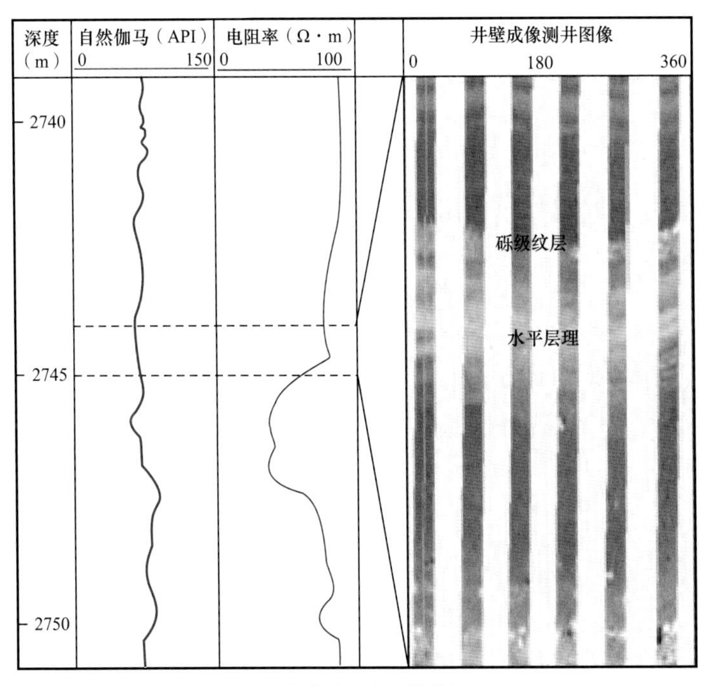

(b) 水平层理、砾级纹层

图 6-10　扇三角洲沉积构造 FMI 图版（据王贵文等，2015）

以两类变量为例来说明 Fisher 判别原理（图 6-11）。Ⅰ类和Ⅱ类样品在原二维坐标轴上均有很大程度的重叠，不能直接进行有效分类；设法找到一个新的 Y 轴（直线 L），使得Ⅰ、Ⅱ类散点投影在 Y 轴上，且二者重叠程度尽量小，即两类的组间距离大，组间距离小，那么就能将这两类数据点有效的分类，提高样品的分类识别率。

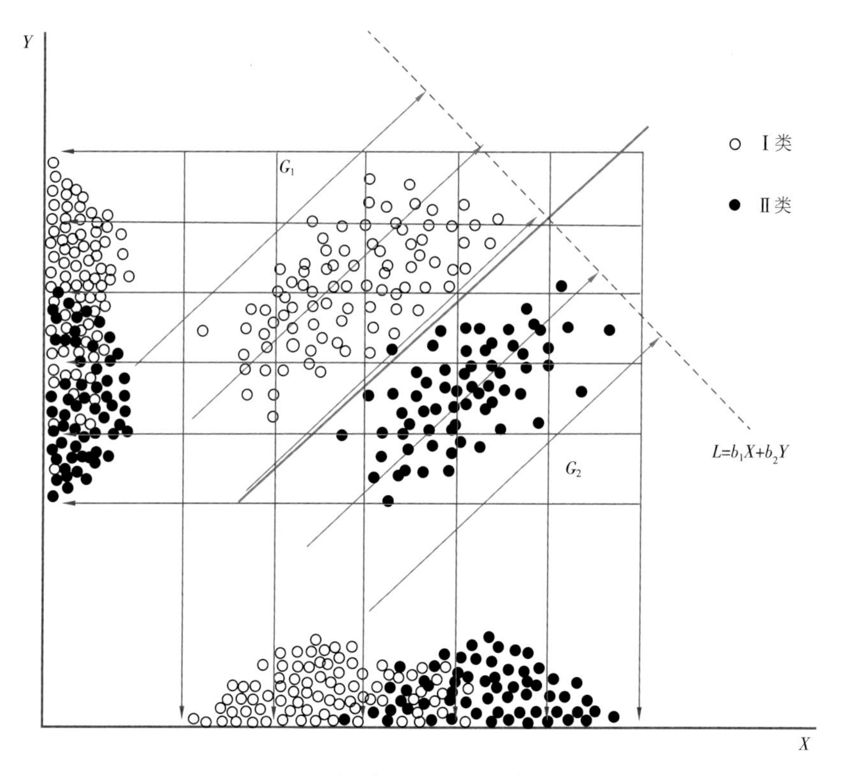

图 6-11　Fisher 判别法原理图（据杨科夫，2015）

使用 Fisher 判别法进行砂砾岩的岩性识别，首先要选择能反映其特点的测井曲线，建立样品点的观测向量，然后通过对样品变量作变换建立判别函数 F_1、F_2。对于一个待判别的层段，首先用判别函数计算出 F_1、F_2 的值，然后将其点在判别图版上，根据数据点落在的区域，判别其所属类别。

以某气田砂砾岩储层两口井的岩心分析资料为依据，选择无铀伽马、深侧向电阻率、声波、中子四种对岩性较敏感的测井曲线，与观测的岩性样品点建立对应关系（杨科夫，2015）。统计出 80 组数据，利用 Fisher 判别法得到判别函数 F_1，F_2：

$$F_1 = 0.057 \times CGR - 0.018 \times RT - 0.001 \times AC - 0.021 \times CNL - 1.570 \tag{6-1}$$

$$F_2 = 0.054 \times CGR - 0.043 \times RT - 0.021 \times AC - 0.015 \times CNL - 4.024 \tag{6-2}$$

利用所得的判别函数对样品点进行回判检验，最终符合率达到 87.5%。之后取另一口井的 30 个样品进行预测，最终结果有三个岩性预测结果与实际不符，符合率为 90%，其中砾岩符合率为 93.8%，含砾砂岩、粗砂岩符合率为 100%，中、细砂岩符合率为 81.8%。总体来看，根据已有资料，应用 Fisher 方法对砂砾岩储层进行测井判别岩性是可靠的。

（三）砾岩储层参数解释

对同一油田或区块来说，不同时间、不同测井系列及测井环境的差异，都会导致相同地层的测井响应有一定幅度的差异。因此，储层参数测井解释之前，应对各井点的测井数据进行标准化处理，消除测井响应的随机。在此基础上，根据储层参数与测井响应之间的相关关系，计算各类储层参数值。

1. 测井曲线标准化

对测井数据进行标准化常用的方法有直方图、频率交会图、曲线重叠及数理统计法、趋势面法等。实现测井资料标准化的前提是在区域范围内选出良好的标准层。一般来说，标准层应具备下列条件：

（1）在所研究的区域内分布广泛且稳定；

（2）测井响应特征明显，区域内无明显变化或变化有规律；

（3）储层的岩性和物性特征明显，且在区域内分布稳定；

（4）地层厚度较大，一般应在 2m 以上。

1）频率交会图与直方图法

利用区域内所有井的测井资料选取标准层，并在标准层井段内做单井测井数据的直方图、频率交会图，与关键井进行对比分析，确定单井测井数据的校正量。通过校正使其他井测井特征与关键井一致。

该方法的依据是在相同沉积环境下、同一工区的不同井中，用同类测井曲线所做的直方图和频率交会图，其测井数据应显示出相似的频率分布和均值。并与关键井的相应图形作细致比对，如两者有明显差异、且岩性又无明显变化，则说明该井的测井曲线有误差，此时可用求相关系数最大值方法求出测井校正值。

2）统计法

对已测三孔隙度测井资料的井，在对单声波曲线进行标定时，应选择区域分布广、厚度较大，沉积稳定的砂岩储层，应用统计法建立声波时差与深度的关系，从而确定不同深度的声波时差值，完成单声波孔隙度测井资料的标定。

应用上述方法，可完成测井数据的标准化预处理，为准确合理计算储层参数打下基础。

2. 储层参数解释

以 KLMY 油田六中区为例，在岩石物理响应变化机理研究和测井响应特征分析的基础上，对孔隙度、渗透率、含油饱和度等参数进行识别。

1）储层孔隙度

对六中区三口密闭取心井（J555 井、J556 井、J557 井）孔隙度与渗透率、孔隙度与饱和度资料的分析发现（王延杰等，2013），KLMY 油田砾岩油藏的地层密度与孔隙度呈线性负相关关系（图 6–12）。六中区砾岩油藏孔隙度解释模型如下：

$$\begin{cases}\phi = -50.883\rho_b + 136.89 \\ R^2 = 0.8056\end{cases} \tag{6–3}$$

其中，ϕ 表示地层有效孔隙度，%；ρ_b 表示密度测井得到的地层密度，g/cm^3。

2）储层渗透率

根据六中区密闭取心井岩心样品分析的孔隙度与渗透率，分析发现储层渗透率与孔隙度呈半对数线性相关关系，相关系数在 0.9 以上（图 6–13）。

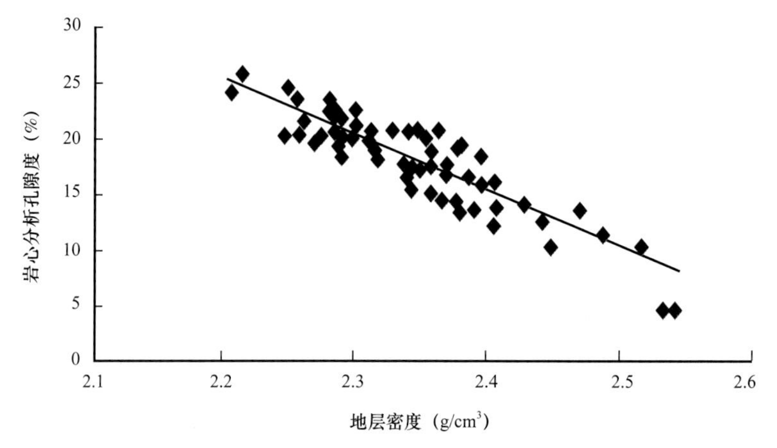

图 6-12　六中东区砾岩储层地层密度与孔隙度交会图（据王延杰等，2013）

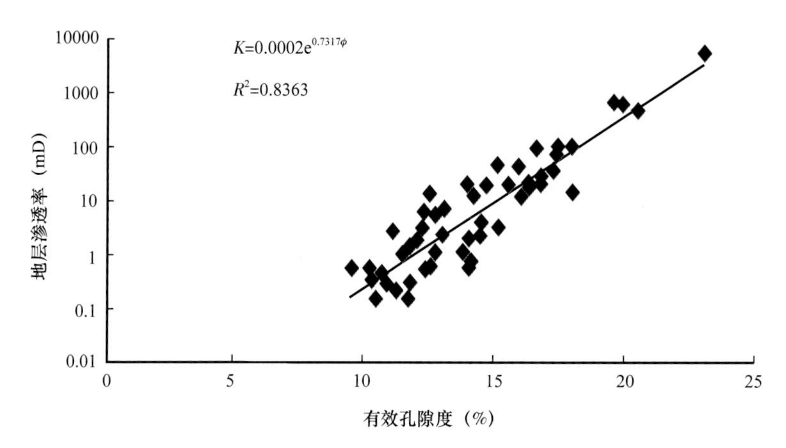

图 6-13　六中东区砾岩储层渗透率与有效孔隙度交会图（据王延杰等，2013）

六中东区砾岩油藏渗透率测井解释模型如下：

$$\begin{cases} K=0.0002\mathrm{e}^{0.7317\phi} \\ R^2=0.8363 \end{cases} \tag{6-4}$$

其中，K 表示渗透率，mD；ϕ 表示有效孔隙度，%。

为验证渗透率解释公式的准确性与相关性，用孔隙度模型计算地层的有效孔隙度，然后用渗透率模型计算岩心的渗透率，把计算的渗透率和岩心分析的渗透率做成交会图（图 6-14）。

从渗透率岩心分析值与计算值交会图可看出，模型计算的渗透率和岩心分析的渗透率相关性较好，相关系数在 0.9 以上，达到了实际生产解释的要求和精度。

3. 含油饱和度

可利用 Archie 公式和多元线性回归公式计算砾岩油藏的含油饱和度。

1）Archie 公式计算含油饱和度

将六中区三口密闭取心井 33 块岩心样品的地层因素（F）和孔隙度（ϕ）进行回归，孔隙度与地层因素呈半对数负相关关系，相关系数在 0.9 以上（图 6-15）。根据这一关系式，可得到阿尔奇公式的 a 和 m 值。

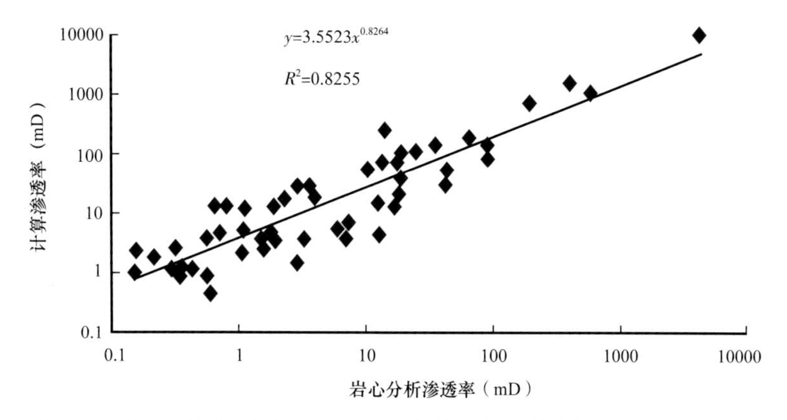

图 6-14　模型计算渗透率与岩心分析渗透率交会图（据王延杰等，2013）

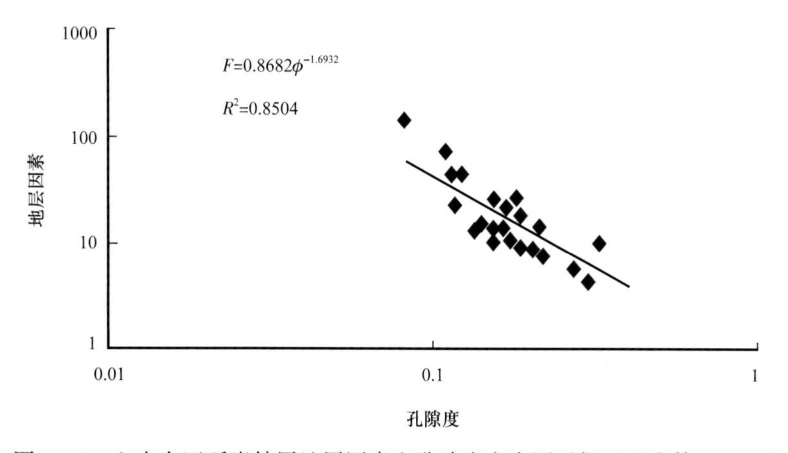

图 6-15　六中东区砾岩储层地层因素和孔隙度交会图（据王延杰等，2013）

从交会图中可以得到下面关系式：

$$\begin{cases} F = 0.8682\phi^{-1.6932} \\ R^2 = 0.8504 \end{cases} \tag{6-5}$$

其中，a=0.8682，m=1.6932。

将六中区三口密闭取心井岩心样品的电阻率增大指数（I）和含水饱和度（S_w）进行回归，二者呈半对数线性负相关关系，相关系数高达 0.99（图 6-16）。根据这一相关关系，可得到阿尔奇公式的 b 和 n 参数值。

从交会图中可以得到以下关系式：

$$\begin{cases} I=0.9682{S_w}^{-1.8577} \\ R^2=0.9885 \end{cases} \tag{6-6}$$

其中，b=0.9682，n=1.8577。

地层水电阻率 R_w 是 Archie 公式计算地层含水饱和度的重要参数，也是难点之一。可采用适用于工区的水分析矿化度转化为地层水电阻率图版的方法，求取地层水电阻率。

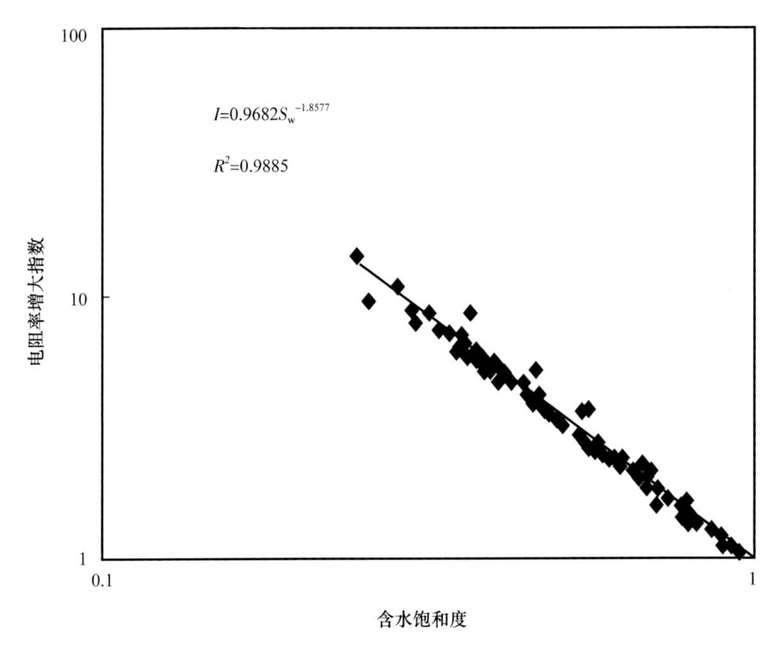

图 6-16　中东区砾岩储层电阻率增大指数和含水饱和度交会图（据王延杰等，2013）

a、b、m、n 四个岩性参数来自上述岩电实验解释，地层水电阻率可以用自然电位图版求出，因此用 Archie 公式计算储层含水饱和度：

$$S_w = \left(\frac{abR_w}{\phi^{mn}R_t}\right)^{\frac{1}{n}} \tag{6-7}$$

其中，a，b，m，n 的值由前面的公式计算。

含油饱和度为：S_o=1−S_w。

普通的 Archie 公式计算饱和度对地层模型的假设比较简单，认为地层导电只是由地层水导电贡献的，所以模型适用的条件就比较苛刻。对于岩性单一并且杂基含量少、储层物性和孔隙连通性好、非均质不严重的地层适用性好；黏土含量越低，计算的饱和度越接近地层的含水饱和度。

因为普通 Archie 公式模型没有考虑黏土附加导电的影响，所以在泥质含量比较高的地层适用性不好。如果钻井液滤液电阻率和地层水电阻率差别较大，自然电位基线偏移比较明显，或者单井矿化度资料比较准确，阿尔奇公式的适用性比较好。

2）多元线性回归公式计算含油饱和度

含水饱和度多元回归模型是基于 Archie 公式的变形，用地层电阻率、孔隙度和自然电位的相对值三个变量参数，回归拟合含水饱和度的计算公式。所有的饱和度模型都涉及求取地层水电阻率的问题，而地层水电阻率的影响因素比较多，也比较复杂，求取的难度较大。多元回归模型避开了这个问题，用连续的自然电位曲线相对值代替地层水电阻率，可以提高饱和度的计算精度。

比如，可用多元回归法建立砾岩油藏含砾粗砂岩含水饱和度计算公式，具体的回归公式如下：

$$\begin{cases}\lg S_w = -0.1975\lg R_t - 0.7674\lg\phi + 0.0283\Delta SP + 2.9836 \\ R^2 = 0.847\end{cases} \quad (6\text{-}8)$$

其中，S_w 表示地层含水饱和度，%；R_t 表示原状地层电阻率，Ω·m；ϕ 表示有效孔隙度，%；ΔSP 表示自然电位归一值。

从拟合的公式中可以看出，地层真电阻率在计算含水饱和度中贡献最大，自然电位相对值系数比较小，因此，在随水淹程度增强、电阻率变化比较敏感的地层适用性较好；在岩性均匀、孔隙度、渗透率和连通性好的地层适用性较好。

和普通的 Archie 公式一样，由于没有考虑黏土附加导电的影响，因此在泥质含量比较高的地层适用性差。

二、优势渗流通道判识方法

当油田进入中高含水期产生优势渗流通道后，将严重降低注入水的驱替效率和波及体积，从而影响开发效果，这就要求尽可能准确地对优势渗流通道进行判断和识别，从而对寻找剩余油富集区、开展有针对性的调剖堵水都具有重要意义。根据应用资料的侧重点不同，优势渗流通道的识别方法可分为储层构型法、产吸剖面法、井间示踪剂法、油藏工程法等几种。

（一）储层构型法

冲积扇沉积体作为近源快速堆积的产物，相比于河流、三角洲等其他沉积类型，具有更复杂的岩石接触关系及更强的非均质性，在水驱采油进入高含水阶段后，面临剩余油高度分散、分布规律复杂、综合含水率高、水驱效率低、采收率较低、挖潜难度大等问题。而且不同于其他类型储层，在冲积扇储层中会观测到非大孔道性质的优势渗流通道，这表明存在着相对低渗透、但孔渗非均质性较低的储层孔道，也有利于注入水优先选择进入。

针对这些问题，采用储层构型研究方法，从地质成因的角度对冲积扇储层中优势渗流通道的分布进行判断就变得十分重要。关于冲积扇储层构型的相关内容在第四章已进行论述，在此对各构型单元的优势渗流通道识别特征进行讨论。

1. 扇根内带优势渗流通道

扇根内带储层以槽流砾石体为主，由于碎屑流沉积物堆积速度快、分选差、泥质含量高等原因，槽流砾石体内部非均质性极强。通过岩心分析化验，槽流砾石体孔隙度和渗透率的平均值都较高，但槽流砾石体内孔、渗分布非均质性极强。这主要是由分选极差的碎屑流沉积物快速堆积造成的。注水开发过程中槽流砾石体（砾石坝）内注入水波及范围通常较小。

流沟是发育于槽流砾石体内部的3级构型要素，也是扇根内带的主要优势渗流通道砂体，其岩性以中—细砂岩为主。牵引流成因的流沟沉积物具有良好的磨圆性、分选性，泥质含量较低。因此，流沟沉积虽然孔隙度较低，但平面上顺古水流方向连续性强，孔、渗非均质程度低。

在砾岩油藏水驱开发过程中，流沟砂体一直受到注入水的稳定冲刷，一定时间的驱替后，容易形成优势渗流通道（图6-17）。此外，单期次槽流砾石体往往存在正粒序组合的特征，底部粒度最粗、分选磨圆性最差，孔渗非均质性最强，向上粒度逐渐变细、分选磨圆性逐渐变好，孔渗非均质性有所降低，导致垂向上储层吸水能力自下至上逐渐增强，进一步提高了流沟砂体的注入水驱替程度。流沟水道的规模通常较小，厚度在1～3m，宽4～10m，一般位于各期槽流沉积的顶部。剖面上呈透镜状；平面上则呈“树枝状”，在主槽中呈窄带状交织，并向外逐渐发散，在出山口处形成逐级分支的交织水道系统（冯文杰等，2015）。

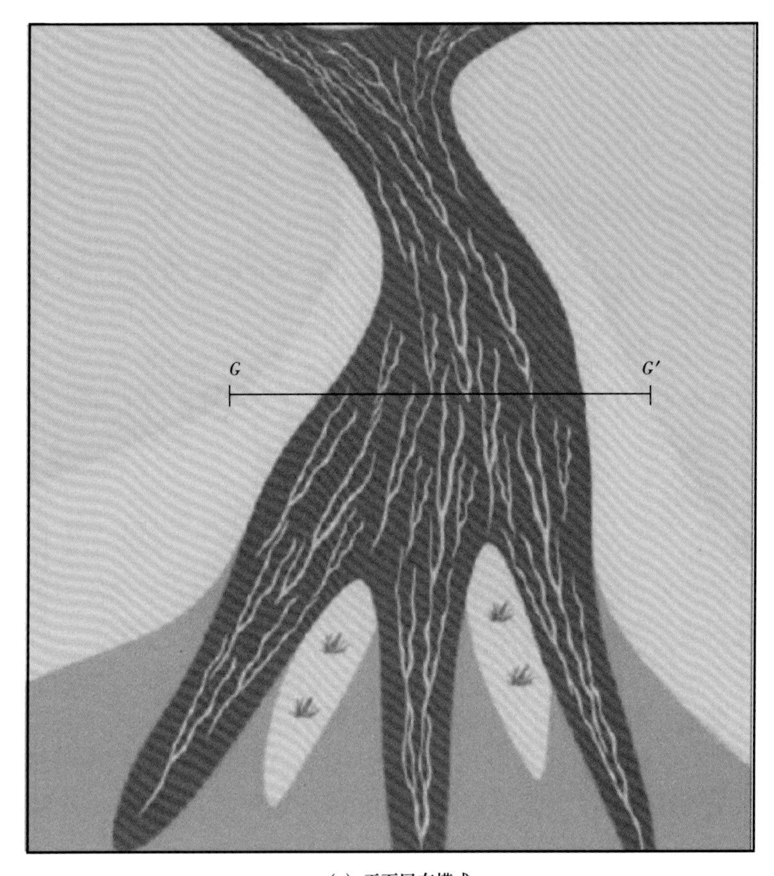

(a) 平面展布模式

(b) 剖面展布模式

图6-17　冲积扇流沟分布模式图（据冯文杰等，2015）

2. 扇根外带优势渗流通道

扇根外带的优势渗流通道是3级构型单元的片流朵叶体。该类构型单元沉积的砂砾岩体由于碎屑颗粒粒度粗、分选、磨圆较好等原因，具有非常高的渗透性，砂砾岩体规模大，且具有较低的孔、渗非均质性，属于高孔、高渗的连片状储层（图6-18）。

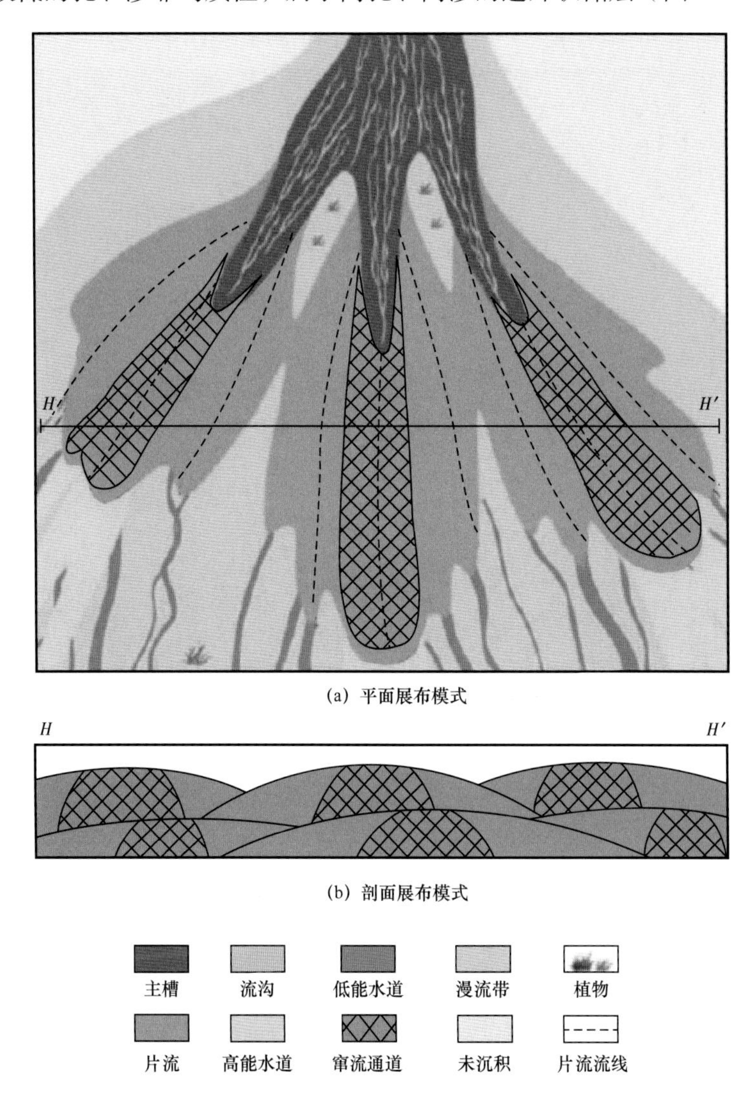

图6-18　片流砂砾岩体内部优势渗流通道分布模式图（据冯文杰等，2015）

在开发中后期井距较小的开发条件下，注入水优先沿着片流朵叶体骨架突进，并快速形成优势渗流通道，而片流朵叶体边部往往由于朵叶体间夹层隔挡和自身物性较低影响，导致注入水难以波及，加剧了朵叶体骨架的窜通程度。片流朵叶体骨架的发育受朵叶体的堆积过程控制。随着片流朵叶体的侧向迁移和垂向堆积，片流朵叶体骨架在平面上由各期槽流砾石体末端沿古水流方向呈辐射状撒开，在三维空间中，片流朵叶体骨架一般呈“发束状”顺源散开（图6-18）。

3. 扇中优势渗流通道

扇中亚相内多期辫流水道（高能水道和低能水道）在平面上分叉汇合、垂向上切割叠置。由于高能水道具有高孔隙度、高渗透性，且规模较大、钻遇率高，在水驱开发过程中，这类砂体将优先被水淹并形成稳定的窜流，造成注入水的驱替范围减小，水驱采油效率降低。油田生产实践证实，钻遇高能水道的井普遍存在注水井吸水量高或采油井产液量大、含水率高的现象。平面上，高能水道呈“指状”发散，垂向上，高能水道切割叠置（图 6-19）。

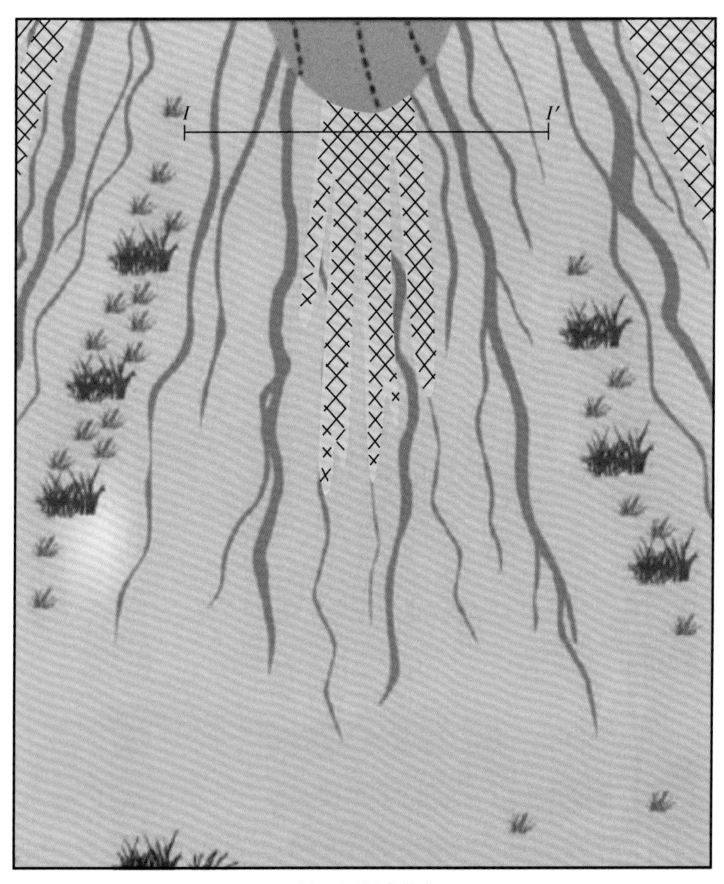

(a) 平面展布模式

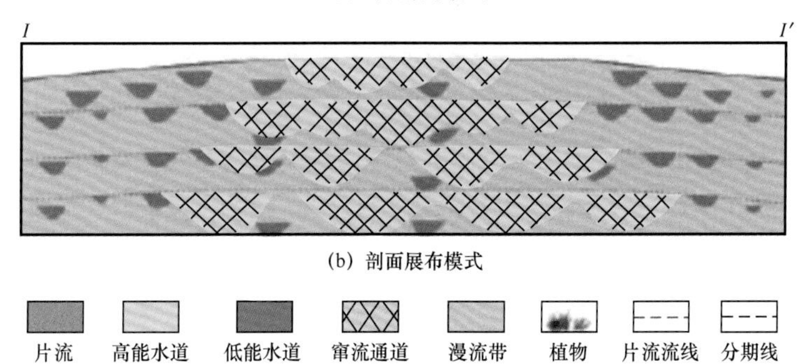

(b) 剖面展布模式

片流　高能水道　低能水道　窜流通道　漫流带　植物　片流流线　分期线

图 6-19　冲积扇扇中优势渗流通道分布模式（据冯文杰等，2015）

（二）产吸剖面法

在油田开发生产过程中，产液剖面和吸水剖面的对比分析是油藏动态监测工作中一项必不可少的内容，可以了解到各层位注水井的吸水量和生产井的产液量变化情况。通过分析这两种剖面，也能够对优势渗流通道进行判断识别，目前主要应用洛伦兹曲线来完成相关研究工作。

1. 洛伦兹曲线

洛伦兹曲线是以美国著名统计学家洛伦兹命名的，主要适用于经济学领域，王增林（2007）将其引入到油藏非均质性评价。该方法的优势在于能够对油藏的产液、吸水剖面不均匀程度进行刻画。

在识别优势渗流通道中，使用洛伦兹曲线方法的技术流程是：把各层位的产液或吸水强度按从大到小依次排列，厚度累积百分比作为横坐标，产液量或吸水量累积百分比作为纵坐标，这样就得到了产液剖面或吸水剖面的洛伦兹曲线（图 6–20）。分析时，如果产液或吸水剖面均匀，无明显优势渗流通道，曲线呈斜率为 45° 的直线（对角线 AC），称为“完全均匀线”；当储层中所有的产液量或吸水量集中在一处，曲线为沿坐标轴的折线（折线 ADC），是“完全不均匀线”；实际中一般不会存在上述两种情况，可作为边界条件。一般会介于二者之间，呈“上凸”曲线（曲线 AEC），每一个绘制点的含义是该累积厚度处产液量或吸水量占总产液量或吸水量的百分比（王庆等，2010）。

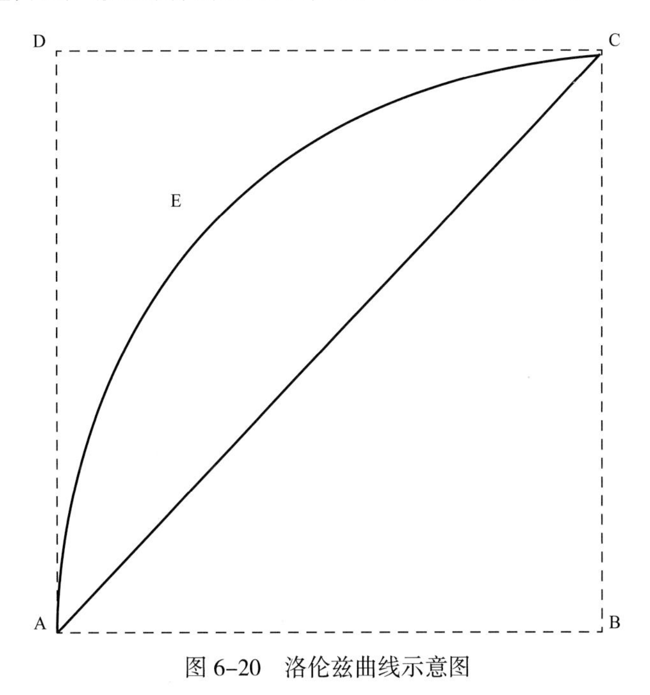

图 6–20　洛伦兹曲线示意图

扇面 AEC 的面积代表了产液剖面或吸水剖面的不均匀程度，扇面 AEC 与三角形 ADC 的面积之比定义为不均匀系数，取值范围 0～1，越接近于 0，产液剖面或吸水剖面越均匀，反之则越不均匀。

洛伦兹曲线可以定性分析优势渗流通道的发育情况，以某油田两口井的实际例子分析（图 6–21），千 12–66–450 井的洛伦兹曲线更接近于 45° 角直线，产液剖面和吸水剖面更均匀，因此优势渗流通道的发育较千 12–67–451 井弱。

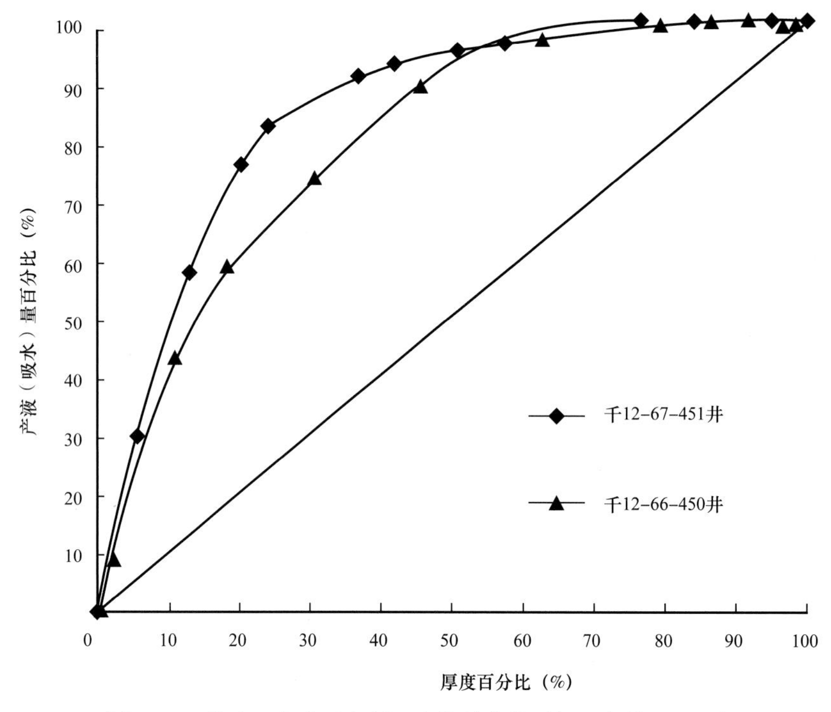

图 6-21　某油田产液吸水剖面洛伦兹曲线（据王庆等，2010）

2. 变形洛伦兹曲线

从常规洛伦兹曲线分析中可看出，该方法仅能够定性的对储层优势渗流通道进行识别，这已不能满足开发后期定量精确识别优势渗流通道的要求，因此，变形洛伦兹曲线识别方法得到了应用发展（王公昌等，2016）。

变形洛伦兹曲线能够克服常规洛伦兹曲线仅能从整体上定性地判别优势渗流通道发育情况的劣势，可以准确分析油藏各小层的吸水能力变化情况，从而判断出优势渗流通道的发育位置，为后期调剖堵水工作提供强有力的支持。

绘制变形洛伦兹曲线时，将注水井各小层按渗透率值的大小进行排序，之后绘制吸水量累计百分比和厚度累计百分比的关系曲线。与常规曲线绘制的区别在于，对各小层的排列顺序标准进行优化，改为按渗透率大小进行排序，使得在能够体现各小层物性差异的同时，不至于在不同测试时期各小层排序不断变化。

变形洛伦兹曲线可以清晰地反映出同一口井不同年份各层位的吸水量变化情况（图 6-22）。对变形吸水剖面洛伦兹曲线进行分析发现，曲线上“任一曲线段（折线段）”的斜率有着明确的物理意义。曲线段斜率值的增加与减少，表征其对应层段在不同时期相对吸水量的增多与减小，即该层段相对渗流能力的增强与减弱。通过分析某曲线段斜率值的变化，便可直观地了解相应层段相对渗流能力的改变，从而定量分析优势渗流通道的分布。因此，进一步分析曲线段斜率值就显得非常必要。为此引入一个新参数：优势渗流系数 α，大小等于曲线段的斜率值，可定量表述单层相对吸水能力，无因次。以 1 为界，大于 1 时，意味着所在层位的吸水强度高于全井段平均吸水强度，处于吸水优势地位，反之则处在劣势地位。根据优势渗流系数大小，建立了水窜级别划分标准（表 6-3）。

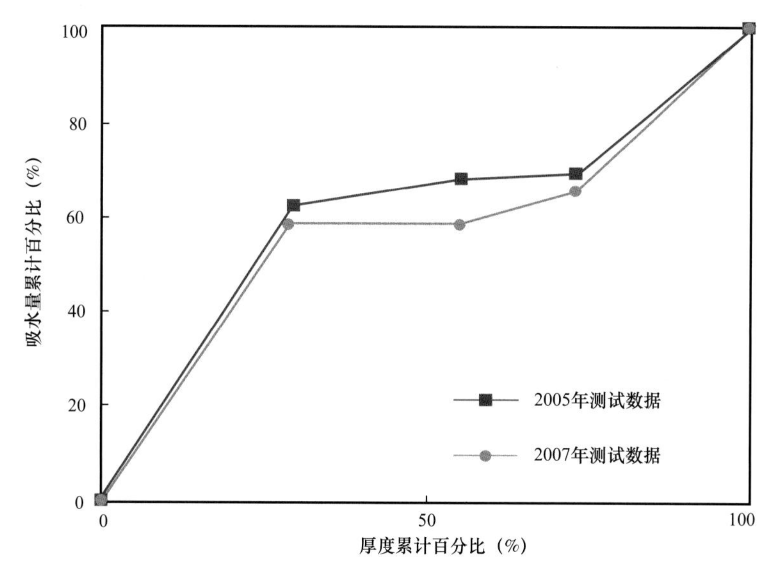

图 6-22　某井吸水剖面变形洛伦兹曲线（据王公昌等，2016）

表 6-3　优势渗流系数与水窜级别的划分标准（据王公昌等，2016）

优势渗流系数 α，无因次	水窜级别
＜1	未水窜
1～2	弱水窜
2～6	中等水窜
＞6	强水窜

（三）井间示踪剂法

示踪剂是指那些易溶、具有相对稳定的生物和化学性质、在极低浓度下可被检测出的物质。用以指示溶解它的流体在多孔介质中的存在、流动方向以及渗流速度（吴诗勇等，2006）。将示踪剂注入注水井中，随后在周围生产井中进行检测，确定示踪剂的产出情况，绘制产出曲线。由于优势渗流通道的存在，注入水沿优势渗流通道或大孔道的突进速度快，表现为示踪剂产出时间早、峰值浓度高的特点。因此可用于判断油层中是否存在优势渗流通道以及其存在方位，并可通过解析方法来求取优势渗流通道的孔喉半径。

井间示踪剂技术是一种非常有效的方法，其关键在于示踪剂种类的选取及监测方法。通常一个合适的示踪剂应具有以下的特点：

（1）在地层中背景浓度低；

（2）在地层中吸附滞留量少；

（3）化学或生物稳定性强，与流体配伍性好；

（4）分析、操作简便，且灵敏度高；

（5）来源广、成本低、安全无毒。

以染料示踪剂为例，探讨根据示踪剂监测资料识别优势渗流通道的方法。

阴离子型染料示踪剂容易吸附在地层表面或分配于油中而被消耗掉，但大孔道的存在使它易于通过地层并从连通的油井中产出，因此可通过染料示踪剂监测判断油井与注水井之间存在的优势渗流通道（李淑霞等，2002；孙建华等，2003）。

染料示踪剂用量按照 Brigham-Smith 公式计算：

$$G = 1.44 \times 10^{-2} h\phi S_{w} C_{p} \alpha^{0.265} L^{1.735} \tag{6-9}$$

其中，G 表示染料示踪剂用量，t；h 表示存在优势渗流通道地层的厚度，m，设为地层厚度的 20%；ϕ 表示地层孔隙度，小数；S_w 表示含水饱和度，小数；C_p 表示从油井采出示踪剂的峰值浓度，mg · L^{-1}；α 表示分散常数，m，常为 0.0153m；L 表示井距，m。

若地层存在优势渗流通道，则染料示踪剂应在 20 天内检出。因此引入染料度的概念对优势渗流通道进行定量化表征：

$$DD = \frac{20}{t_{b}} \times \frac{C_{p}2}{C_{p}} \tag{6-10}$$

其中，DD 表示染料度，dye degree；T_b 表示染料从油井中产出的时间，d；C_p' 表示油井产出染料的峰值浓度，mg · L^{-1}；C_p 表示按 Brigham-Smith 公式计算得到从油井产出染料的峰值浓度，mg · L^{-1}。根据定义式可看出，染料度越大，地层大孔道孔径越大，反之，则越小。

（四）油藏工程法

1. 动态数据识别优势渗流通道

识别优势渗流通道的油藏工程方法包括根据试井资料来识别（孟凡顺等，2007）；运用与现代数学结合的油藏工程方法，推导优势渗流通道的判断标准（冯其红等，2005）。但这些方法都未与油田现场的生产动态数据相结合，而且需要专门进行现场测试，影响生产。目前运用现代数学数据发掘技术或是模糊数学技术的油藏工程方法虽然较为简便，但存在诸如方法计算复杂、主观性较强、模型过于理想化等问题。

井组内注水井的注入水大部分沿着存在优势渗流通道的方向窜流到生产井流出，该过程在生产动态数据上有直接反映。如果以注入水数据作为研究对象，会发现在一个井组之中，存在优势渗流通道的井之间的注入水见效快，且注入水在生产井中产出量高。在数据上表现为注入水数据与存在优势渗流通道的生产井产水的数据相关性延迟低，相关性高。这个过程类似于信号通信学科中波信号的传播规律。因此，可以用通信学的相关数学原理来进行井间连通性的判断（张航等，2014）。

把所研究的油藏当作一个系统，则注水井注入液是信号的输入（即激励），生产井的产出水是信号的输出（即响应），输入信号和输出信号的相关性则直接反映出井间的关联性。通过油田现有的动态生产数据，可以直接得到井组内注水井注入量和生产井产水量。开发动态数据中注水量和产水量表现为两组等间距随时间变化的数据点组，而在统计学中，对于这种两组等间距点数据的相关性判断最常用的方法就是利用皮尔逊矩阵相关系数（Pearson’s product-moment correlation coefficient）（Unegbu 等，2013）。

1）生产数据标准化处理

首先对实际生产数据进行标准化处理，根据实际生产数据的特点，采用 z-score（standard score）标准化方法。标准化公式如下（Nahid-Al-Masood 等，2013）：

$$I_i^*(t)=\frac{I_i(t)-\bar{I}_i}{\sqrt{\frac{1}{n}\sum_{t=1}^{n}\left[I_i(t)-\bar{I}_i\right]^2}} \tag{6-11}$$

$$P_j^*\left(t+\tau\right)=\frac{P_j\left(t+\tau\right)-\bar{P}_j}{\sqrt{\frac{1}{n}\sum_{t=1}^{n}\left[P_j\left(t+\tau\right)-\bar{P}_j\right]^2}} \tag{6-12}$$

其中，$I_i(t)$ 为在 t 时刻注水井 i 的注水量，m^3；$\bar{I}_i$ 为注水井 i 的平均注水量，m^3；$P_j(t+\tau)$ 为在 $(t+\tau)$ 时刻生产井 j 的产水量，m^3；$\bar{P}_j$ 为生产井 j 的平均产水量，m^3；n 为选取数据的时间范围；$I_i^*(t)$ 为在 t 时刻注水井 i 的注水量标准化数据；$P_j^*(t+\tau)$ 为在 $(t+\tau)$ 时刻生产井 j 的产水量标准化数据；τ 为注水见效时间延迟因子，月。

从式（6–11）、公式（6–12）可以看出，z–score 方法是将每一变量值与其平均值之差再除以该变量的标准差。经过数学处理后实际生产数据变量转化成平均值为 0、标准差为 1 的标准波动幅度数据。该方法是目前多变量综合分析中使用最多的一种方法。利用该方法处理可以使有量纲的生产数据转变成无量纲的数学数据，并且消除了不同组数据大小与数量级的影响，同时也可以最大限度地消除个别错误数据对相关性判断的干扰。

2）基本相关性模型的建立

对数据进行标准化后，基于 Pearson 相关系数建立了理想化理论井间相关性模型：

$$\rho_{ij\tau}=\frac{1}{n}\sum_{t=1}^{n}I_i^*\left(t\right)\times P_j^*\left(t+\tau\right) \tag{6-13}$$

其中，$\rho_{ij\tau}$ 为油水井间相关系数。

将式（6–11）、式（6–12）代入式（6–13）并整理得

$$\left(\rho_{ij\tau}\right)_{\max}=\max\left\{\frac{1}{n}\sum_{t=1}^{n}\left\{\frac{I_i\left(t\right)-\bar{I}_i}{\sqrt{\frac{1}{n}\sum_{t=1}^{n}\left[I_i\left(t\right)-\bar{I}_i\right]^2}}\frac{P_j\left(t+\tau\right)-\bar{P}_j}{\sqrt{\frac{1}{n}\sum_{t=1}^{n}\left[P_j\left(t+\tau\right)-\bar{P}_j\right]^2}}\right\}\right\} \tag{6-14}$$

由式（6–14）可以发现，井间相关性模型所表达的几何意义是：两组波形数据对应数据点向量夹角的余弦值。因此，相关系数越大，对应点向量夹角越小，代表这两组波形数据变化程度和变化时机具有更好的近似性，说明这两口井之间的连通性好，存在优势渗流通道的概率越大；反之亦然。

3）注水见效延迟分析

实际生产中，注水井的井底压力变化经过一段时间传到采油井井底时，注水才开始见效，这一过程在井距较大的低渗透高黏度油藏更为明显。这段传播延迟时间成为注水见效延迟，即对应式中的注水见效延迟因子 τ。不同注采井距其延迟时间不尽相同，在式（6–14）中可以改变延迟因子 τ 大小来求取不同井之间的最大相关系数，即通过平移一个波形数据来寻求这两列数据最相似处的相关系数。虽然通过延迟因子 τ 可以消除注

水见效对相似性判断的影响，但是延迟因子 τ 同时也是井间相关性判断的一个重要指标。根据不同时期延迟因子 τ 大小的变化来反映地层中井间关联性的变化，据此可以判断出优势渗流通道的发育过程及封堵调剖后的变化情况。

4）模型计算流程

在实际应用时，可按如下操作步骤进行：首先，将所需测试井组的动态生产数据进行标准化处理，然后将井组内每一口油井和水井的标准化数据代入所建立的井间相关性模型中进行计算。而在计算每口注水井和生产井之间的相关系数时，通过在允许范围内改变延迟因子 τ 的数值求出最大的相关系数 $(\rho_{ij\tau})_{\max}$ 作为这两口井之间的井间相关系数。另外，在实际分析时不可能都是一注一采或者一注多采的简单情况，若某口油井周围有多口水井时，则用该油井分别与这几口水井进行关联，分别计算它与这几口水井水量数据间的相关系数，再以所有相关系数之和作为分母，用其单个相关系数作为分子，这样计算的比值分别作为多口水井对该生产井贡献的劈分系数。劈分后的井间关联性相关系数为

$$\left(\rho_{ij\tau}\right)_{\max}^{*}=\frac{\left(\rho_{ij\tau}\right)_{\max}}{\sum_{k=1}^{M}\left(\rho_{ij\tau}\right)_{\max}} \tag{6-15}$$

其中，$\left(\rho_{ij\tau}\right)_{\max}^{*}$ 表示劈分后的最优相关系数；M 为井组内的注水井数。

2. 水驱特征曲线识别优势渗流通道

1959 年马克西莫夫首次提出一种水驱特征曲线，从而发展形成了水驱特征曲线判断油藏开发状况的方法。1978 年著名学者童宪章将其介绍到国内，经过几代学者的研究，目前水驱特征曲线法已经成为广义的水驱可采储量计算方法，在中国得到广泛的应用（汪庐山等，2013）。

其中甲型水驱特征曲线公式可表示为

$$\lg W_{\mathrm{p}}=A+BN_{\mathrm{p}} \tag{6-16}$$

式（6-16）中 W_p 为累计产水，10^4t；N_p 为累计产油，10^4t；A、B 为系数，由直线段求得（图 6-23）。

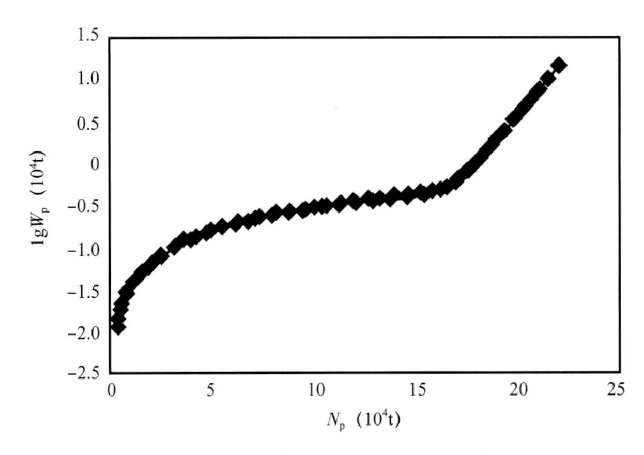

图 6-23　甲型水驱特征曲线示意图（据汪庐山等，2013）

通过大量的生产实践发现，水驱特征曲线不仅能够预测水驱可采储量，同时可以判断水驱开发效果和同一区块不同井组水驱窜流程度。通过做区块单井水驱特征曲线，可以得到三个与注水窜流明显关联的物理量：

（1）见水时间。曲线呈直线段，最初始的横坐标表示为见水时累计产油量，间接表示为见水时间。

（2）水驱后含水上升快慢程度。这里引用 B 值这一概念，B 值即为水驱特征曲线直线段的斜率，其计算公式为

$$B=\frac{\Delta \lg W_{\mathrm{p}}}{\Delta \lg N_{\mathrm{p}}} \tag{6-17}$$

它反映的是累计产水的对数与累计产油的对数之比，直观反映水驱后含水上升快慢程度，B 值越大，斜率越大，含水上升速度越快；B 值越小，斜率越小，含水上升速度越慢。

（3）水驱后可采储量。通过水驱特征曲线可计算水驱后可采储量，进而计算出水驱可采储量控制程度，其计算公式为水驱后预测的可采储量与井组地质储量之比，该值间接表示了水驱所控制储量占井组实际地质储量的百分数，如果其值较小，表明水驱窜流较严重；如果其值较大，表明水驱较均衡。

综合分析，区块内明显存在优势渗流通道的油井水驱开发初期见水时间较短、见水后含水上升速度快、水驱控制储量较低，表现在驱替特征曲线上为油井较早出现直线段，直线段斜率较陡，水驱控制储量低。通过对比同一单元不同油井的驱替特征曲线，基本满足上述三个条件者可以判断该井存在明显的优势渗流通道。

利用水驱特征曲线识别优势渗流通道的步骤是：首先确定正常生产的油井井组，如油井更新，更新油井和老井同算一个井组，加密油井和老油井同算一个井组，绘出各井组的水驱特征曲线；其次，通过水驱特征曲线得出各井组的见水时间、直线段斜率并计算出剩余可采储量水驱控制程度；最后，通过模糊聚类分析判断各类优势渗流通道的强、中、弱。

三、优势渗流通道孔喉半径

在油田注水开发后期，长期经受注入水冲刷的地层不同位置处的物性差异会进一步扩大，某些原本物性较好的区域受水波及程度更高，岩石表面或孔隙间的细小微粒被水冲刷带走，孔隙半径增加，从而使孔隙度、渗透率进一步增大；而某些区域在成岩作用或沉积压实作用影响下，原本物性就较差，若存在水敏矿物，如蒙皂石等，遇水膨胀，逐渐侵占孔隙空间，导致孔隙度、渗透率进一步缩小。在这样的双重反向作用下，层间渗透率差异逐渐增大，进而优势渗流通道渐渐成形，层间矛盾日益突出，这是每个高含水油田在开发时通常都会遇到的难点问题。

在这种情况下，封堵大孔道强吸水层，启动弱动用或未动用层，这就成为开发后期提高注水波及体积，实现层间产量接替的必然选择。因此，有必要定量研究优势渗流通道的孔喉半径大小，从而为封堵剂的选择、聚合物驱的注入时机等作业提供参考。根据孔喉半径定量计算方法，定量计算 KLMY 油田六中东区克下组储层的孔喉半径。

（一）孔喉半径计算方法

目前对优势渗流通道孔喉半径进行定量计算的方法主要有两种。

1. 根据渗透率与孔喉半径的关系计算

该种方法首先对不同岩样进行压汞实验，之后利用不同渗透率储层压汞资料统计分析结果，回归出渗透率与主要流动喉道半径及渗透率与平均喉道半径的对应关系。通常孔喉半径与渗透率之间呈对数关系（图 6–24）。

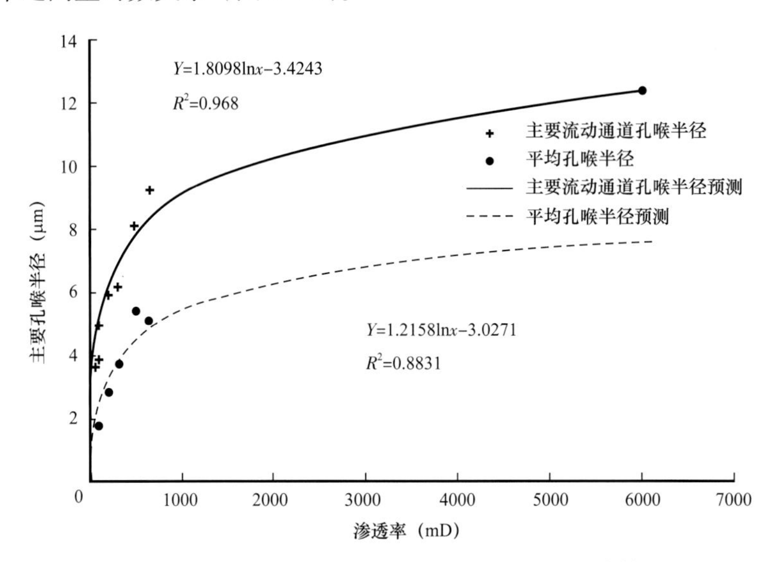

图 6–24　渗透率与孔喉半径预测曲线示意图（据李晓南等，2014）

根据回归出的函数关系，即可以根据渗透率数据，预测优势渗流通道的孔喉半径（李晓南等，2014）。

2. 根据注入水运移时间计算

根据平面径向流公式，利用达西定律，计算单一流体沿某一均质储层从供给边缘运移到另一口井所需的时间为

$$t=\frac{\phi\mu\ln\frac{R_e}{R_w}}{2K\left(P_e-P_w\right)}\left(R_e^2-R_w^2\right) \tag{6-18}$$

其中，ϕ 表示孔隙度；R_e 表示井距；R_w 表示井筒半径；K 表示渗透率；P_e 表示注水井压力；P_w 表示采油井压力。

对特高含水层（强水淹），可近似认为只有水相单相流体流动，根据式 6–18，可计算该阶段的 K/ϕ 值。即

$$\frac{K}{\phi}=\frac{\mu\ln\frac{R_e}{R_w}\left(R_e^2-R_w^2\right)}{2t\left(P_e-P_w\right)} \tag{6-19}$$

对于理想均质岩石（单位面积内有 n 根半径为 r 的毛细管），若其渗流阻力与实际岩石的渗流阻力相等，其孔喉半径为

$$r=\sqrt{8K/\phi} \tag{6-20}$$

从上面的理论计算方法可以发现，若能明确注入水从水井运移到油井的时间，就可以计算出目前强水淹储层的孔喉半径。

注水从水井到油井运移时间的确定，可以利用同位素示踪剂进行监测，但对每口注水井在调剖前开展井间监测也存在投入大的问题。为此提出利用对注水井进行调配，观察油井的见效时间来确定注水井储层结构的变化情况。如井距为200m，井筒半径为0.07m，生产压差为8.0MPa，地层条件下注入水的黏度为0.3mPa·s，注水调配油井见效时间为14天，由公式计算出目前的强吸水层的孔喉半径（理论上）为4.2μm。当生产条件不变，孔喉半径与油井的注水见效时间倒数的平方根成正比。明确注水改造后储层的孔喉半径，这对调堵剂的选择会有明显的指导性。

（二）砾岩储层孔喉半径表征

1. 储层矿物成分

不同类型的矿物成分对储层孔喉半径会产生不同的影响，如注水过程中蒙皂石遇水膨胀，减小孔喉半径，伊利石易随水流松散流走，堵塞细小喉道等。因此，对矿物成分进行研究是十分必要的。

根据X衍射分析，KLMY油田六中东区克下组储层砾石颗粒含砾高，平均为55.3%。砂质颗粒的石英、长石、花岗岩等含量相近，杂基含量偏高，平均为8.5%。黏土矿物主要为高岭石，含量50.7%（表6-4）。黏土矿物组成与储层的弱—中等速敏有一定关系。

表6-4 六中东区克下组储层X衍射分析

层位	砾石颗粒（%）	砂质颗粒成分（%）				杂基（%）	胶结物（%）	黏土矿物相对含量（%）				伊/蒙混层比（%）
		石英	长石	花岗岩	凝灰岩			伊/蒙混层	绿泥石	高岭石	伊利石	
S_7^1	51.0	10.0	4.0	5.2	9.1	20.0	0.7	11.8	20.5	58.5	9.3	28.8
S_7^{2-1}	51.4	12.3	9.8	8.9	10.0	5.4	2.2	20.6	22.4	50.0	7.0	30.0
S_7^{2-2}	23.0	8.7	14.9	20.5	14.9	14.7	0.3	22.7	19.3	49.3	8.7	28.6
S_7^{2-3}	40.3	12.1	15.9	9.6	13.5	6.3	2.1	23.3	17.5	51.3	7.9	27.5
S_7^{3-1}	61.0	9.0	5.5	8.4	8.7	6.0	0.7	21.9	18.3	51.3	18.3	31.1
S_7^{3-2}	77.6	4.1	2.1	4.3	3.8	4.8	2.6	25.4	16.8	48.9	8.9	32.8
S_7^{3-3}	69.5	10.3	4.1	5.2	2.0	6.5		17.2	16.8	55.9	10.1	38.0
S_7^4	68.5	4.3	2.8	6.0	5.5	4.3	8.5	34.6	15.2	42.0	8.2	46.0
平均	55.3	8.9	7.4	8.5	8.4	8.5	2.4	22.6	17.9	50.7	8.8	32.7

2. 储层孔隙类型

常规薄片和铸体鉴定结果表明，各类储层的微观结构有一定差异。

六中东区克下组砾岩储层以粒间孔和粒间溶孔为主，见少量粒内溶孔、基质溶孔，孔隙发育程度中等。颗粒粗—中—细混杂的岩石，以发育复模态结构为主（图 6–25）。孔隙大小以中孔—粗孔组合为主，孔喉分布不均。

图 6–25　复模态砾岩类孔隙结构（J569 井，564.43m）

砂质细砾岩的分选略微偏好，杂基含量低，主要发育粒间溶孔，岩屑和长石等粒内溶孔常见，孔喉分布不均匀，孔隙发育程度好—中等。孔隙结构为复模态—双模态、双模态—单模态（图 6–26）。喉道分布呈分散双峰或单峰状，孔隙大小以粗孔—中孔、粗孔—中孔—细孔组合为主。

图 6–26　砂质细砾岩（双模态—复模态结构，J569 井，559.65m）

含中砾细砾岩的分选中等偏差，粒间孔、粒内溶孔较发育，孔隙结构多呈双模态（图 6–27）。喉道分布呈连续多峰状，孔隙大小组合类型与砂砾岩相似。

图 6–27　含中砾细砾岩（双模态为主，J568 井，515.75m）

粗砂岩的分选中等偏好，杂基含量低，粒间孔及粒间溶孔较发育，粒内溶孔也常见，孔喉分布均匀，孔隙结构以单模态为主（图 6–28）。

图 6–28　粗砂岩（单模态为主，J557 井，422.7m）

岩石薄片统计结果反映，六中东区克下组的喉道大小分布变化大，其中 S_7^1 层以中喉为主，其次则为粗喉。S_7^{2-1}、S_7^{2-2}、S_7^{2-3}、S_7^{3-1}、S_7^{3-2}、S_7^4 层以粗喉为主，最大直径可见 100μm 以上，反映特粗—粗—中—细喉系统共存。S_7^{3-3} 层喉道偏小，以中—细喉为主。

孔隙大小以中孔为主，各层略有一定变化。S_7^1 和 S_7^{2-1} 层以小孔（$<25\mu m$）为主，其次为大孔。中孔和特大孔相对较少，其他层则以中孔为主，其次为大孔，特大孔较少。

综合该区砾岩、砂砾岩以及砂岩三大类岩石的压汞资料分析可以看出，该区砾岩、砂砾岩和砂岩主要发育粗喉细孔、中喉中孔、细喉中孔和多喉多孔等类型，反映储层同时存在单一、双重—多重孔渗系统。该区的孔喉结构特征反映了冲积扇沉积体系储层微观结构的多样性和复杂性。

3. 储层孔喉大小统计

压汞资料反映该区克下组岩心的最大孔喉半径在 0.86～94.0μm 之间变化，砂砾岩储层的最大孔喉半径平均值为 51.5μm，比砂岩、含砾砂岩和砾岩的平均最大孔喉半径都大，克下组最大孔喉半径平均值为 37.5μm。孔喉半径均值反映孔喉大小的总体分布，各类岩石的平均孔喉半径均值在 1.19～3.53μm，平均为 2.72μm（表 6–5）。

表 6–5　六中东区克下组不同类型储层压汞特征参数表

岩石类型	物性参数		孔喉半径（μm）			孔喉分选参数		质量参数
	孔隙度（%）	渗透率（mD）	均值半径	中值半径	最大孔喉半径	分选系数	均质系数	RQI
砂岩	22.3	874	2.50	1.83	32.35	2.93	0.14	1.40
砂砾岩	21.7	1360	3.53	3.21	51.46	3.26	0.14	6.83
砾岩	19.3	178	1.19	0.41	22.25	2.66	0.13	2.25
合计	21.9	970	2.72	2.15	37.50	3.01	0.14	5.02

根据不同岩石类型储层孔喉半径均值、最大孔喉半径与储层质量参数之间的关系，就可以计算各井层的孔喉半径。

4. 储层孔喉定量表征

砾岩油藏深部调驱是通过封堵储层的最大孔喉，提高油层的驱替压力，进而在中低渗孔喉系统、中低渗储层建立有效驱替压力梯度，注入剂从平面和纵向上改变液流方向，有效驱替剩余油。因此，需要分析储层最大孔喉半径，特别是储层高渗透段最大孔喉半径平均值的大小，可以直接指导堵剂颗粒直径的优选。

克下组各层高渗透段最大孔喉半径的最大值在 S_7^{2-3} 层。调驱目的层 S_7^{3-1}—S_7^{3-3} 层各层高渗透段最大孔喉半径在 104.7～177.3μm，平均值在 16.7～25.9μm（表 6–6）。调驱体系封堵段塞颗粒直径的优选应以此作参考。

表 6–6　KLMY 油田六中东区克下组主力层孔喉半径预测表

单砂层	高渗段最大孔喉（μm）			平均最大孔喉半径（μm）			孔喉半径均值（μm）		
	最大值	最小值	平均值	最大值	最小值	平均值	最大值	最小值	平均值
S_6^3	108.1	3.1	30.8	108.1	1.8	26.3	6.7	0.3	1.9
S_7^1	151.8	2.6	34.8	151.8	1.1	22.2	8.9	0.3	1.8
S_7^{2-1}	125.0	2.1	28.2	125.0	1.0	21.5	7.6	0.2	1.7
S_7^{2-2}	173.9	3.6	24.4	173.9	1.0	17.1	9.9	0.3	1.5
S_7^{2-3}	195.4	1.3	27.7	195.4	1.0	17.7	10.9	0.2	1.5
S_7^{3-1}	104.7	2.1	25.9	104.7	1.0	13.8	6.6	0.2	1.2
S_7^{3-2}	104.9	1.2	16.7	104.9	1.0	11.2	6.6	0.2	1.0

续表

单砂层	高渗段最大孔喉（μm）			平均最大孔喉半径（μm）			孔喉半径均值（μm）		
	最大值	最小值	平均值	最大值	最小值	平均值	最大值	最小值	平均值
S_7^{3-3}	177.3	1.4	18.9	177.3	1.0	10.7	10.1	0.2	1.0
S_7^{4}	51.9	1.7	13.4	51.9	1.0	7.3	3.3	0.2	0.8
平均	132.5	2.1	24.5	132.6	1.1	16.4	7.8	0.2	1.4

最大孔喉半径的空间分布图和剖面图显示，最大孔喉半径在六中东区北部较大，向东南变小，孔喉半径横向变化快，整体呈现东部小而西部大的特点（图 6–29）。

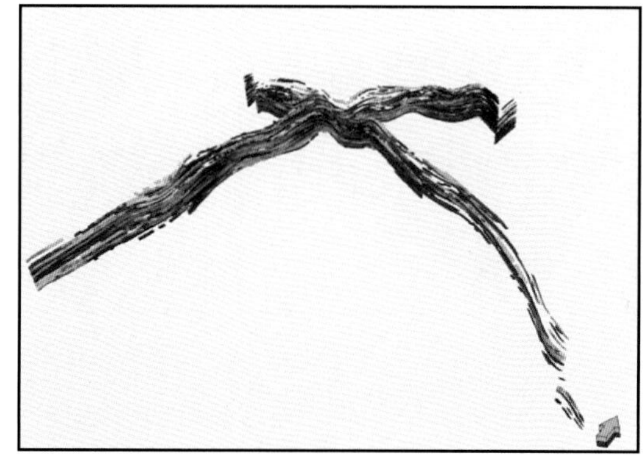

图 6–29　六中东区克下组最大孔喉半径立体图和剖面图

主力层 S_7^{2-1}、S_7^{2-2}、S_7^{2-3} 三个单砂层的最大孔喉半径变化大。S_7^{2-1} 单砂层最大孔喉半径值在目标井区北部较大，最大可达 100μm；S_7^{2-2} 单砂层的最大孔喉半径相对较大，平面变化大；S_7^{2-3} 单砂层最大孔喉半径在目标井区的中部和南部较大，其余地方较小（图 6–30）。

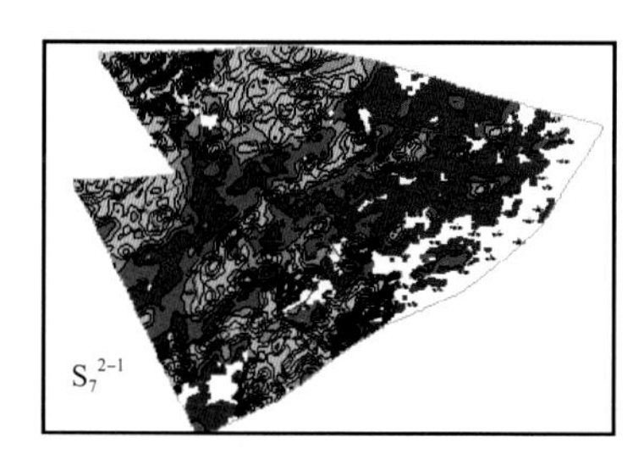

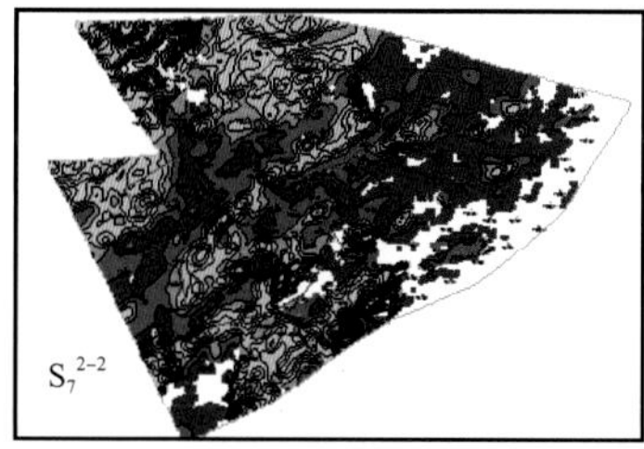

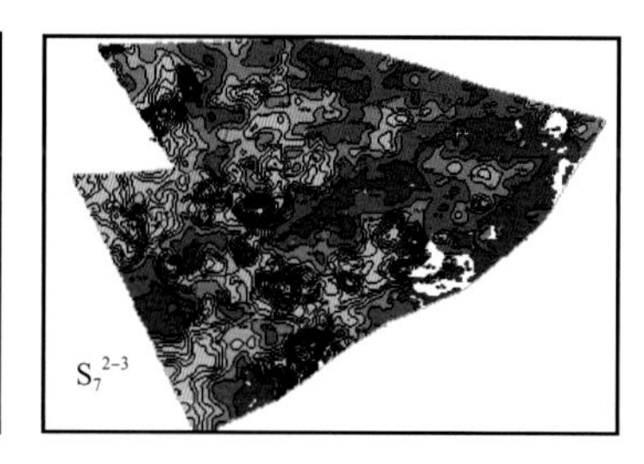

图 6–30　六中东区克下组 S_7^2 层最大孔喉半径平面图

主力层 S_7^{3-1}、S_7^{3-2}、S_7^{3-3} 三个单砂层的最大孔喉半径分布特点也有一定差异。S_7^{3-1} 单砂层最大孔喉半径在目标井区东南部较大，平面有一定变化；S_7^{3-2} 单砂层的最大孔喉半径在井区西南部和中部较大，井区东北部偏小，平面变化大；S_7^{3-3} 单砂层最大孔喉半径较大，分布特点与 $S7^{3-2}$ 层相似，目标井区西南部偏大，东北部较小（图 6–31）。

与最大孔喉半径模拟预测的研究思路相同，建立了孔喉半径均值的地质模型。

主力层 S_7^{2-1}、S_7^{2-2}、S_7^{2-3} 三个单砂层的孔喉半径均值逐渐减小。S_7^{2-1} 单砂层孔喉半径均值在目标井区北部和西南部较大，多数孔喉半径均值在 4μm（绿色），个别井区最大可达 6μm 以上；S_7^{2-2} 单砂层孔喉半径均值较 S_7^{2-1} 单砂层大，目标区东北部和南部最大，个别井区最大可达 7μm；S_7^{2-3} 单砂层孔喉半径均值在中部和南部较大，数值大于 7μm 的范围（黄色）在目标井区零星分布，其他井区整体偏小（图 6-32）。

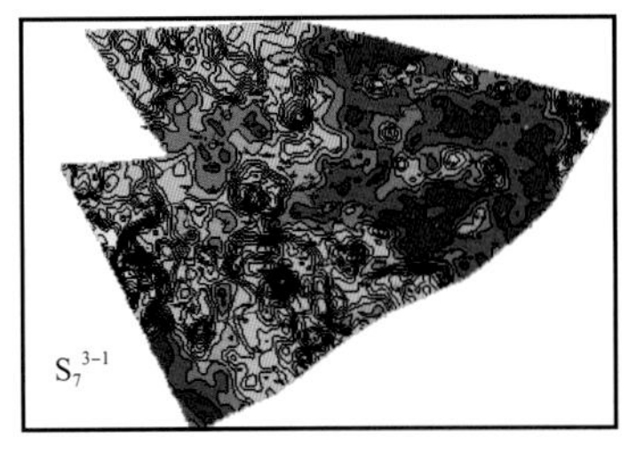

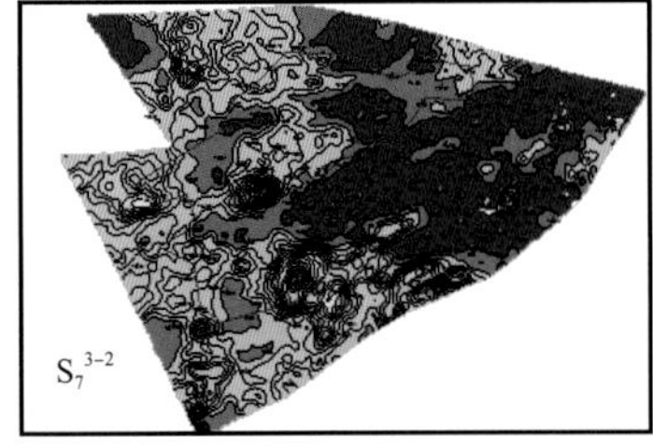

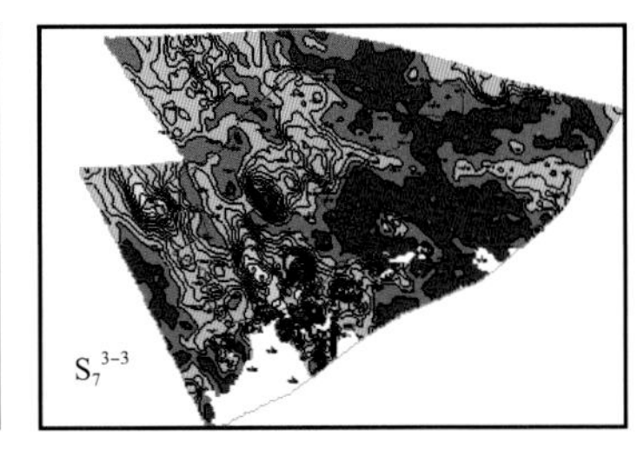

图 6-31　六中东区克下组 S_7^3 层最大孔喉半径平面图

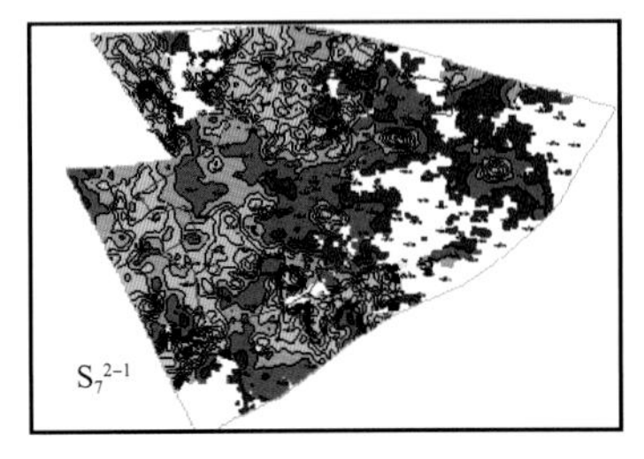

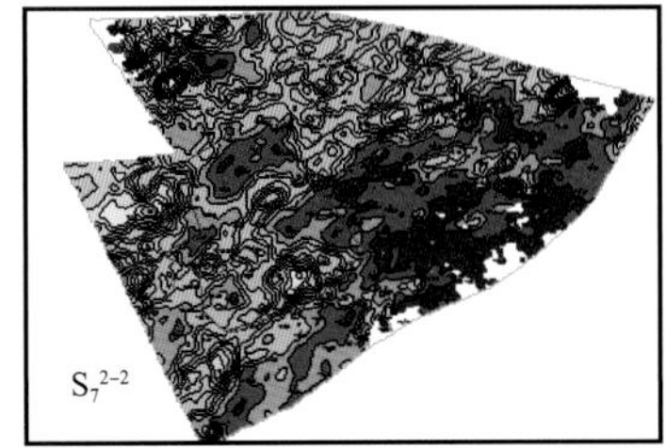

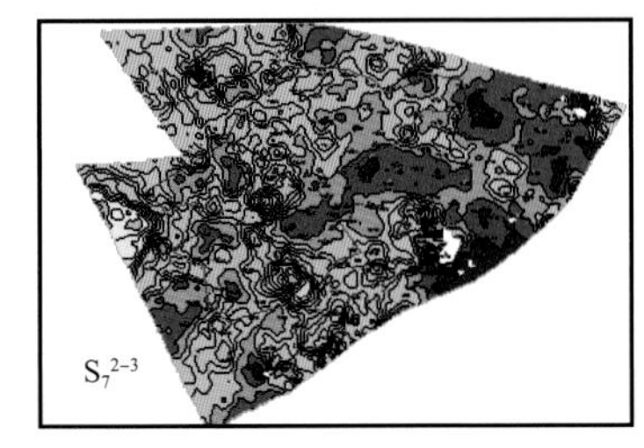

图 6-32　六中东区克下组 S_7^2 层孔喉半径均值平面图

主力层 S_7^{3-1}、S_7^{3-2}、S_7^{3-3} 三个单砂层的孔喉半径均值也基本相近。S_7^{3-1} 单砂层孔喉半径均值在目标区中部和南部较大，最大可达 7μm（黄色），在目标井区呈北东—南西向窄条带状延伸，东部和西北部孔喉半径均值较小；S_7^{3-2} 单砂层孔喉半径均值同样在目标区中部和南部较大，数值大于 7μm 的范围（黄色）零星分布，范围较小，整体以均值大于 3μm 的范围（浅蓝绿色）居多；S_7^{3-3} 单砂层孔喉半径均值数值大于 7μm 的范围（黄色）同样出现在目标井区的南部和中部，均值大于 3μm 的范围（浅蓝绿色）较大（图 6-33）。

图 6-33　六中东区克下组 S_7^3 层孔喉半径均值平面图

参考文献

卜凌梅，赵文杰 .2004. 核磁共振测井在砂砾岩稠油油藏评价中的应用［J］. 测井技术，28（6）：531-534.

陈明淑，田世清，彭毅斌，等 .2007. 储层优势渗流通道对安 28 断块开发的影响分析［J］. 内蒙古石油化工，33（12）：144-146.

杜君 .2012. 扶余油田西 17-19 区块储层水流优势通道精细描述［D］. 中国地质大学（北京）.

冯其红，李淑霞 .2005. 井间示踪剂产出曲线自动拟合方法［J］. 石油勘探与开发，32（5）：121-124.

冯文杰，吴胜和，许长福，等 .2015. 冲积扇储层窜流通道及其控制的剩余油分布模式——以 KLMY 油田一中区下克拉玛依组为例［J］. 石油学报，36（7）：858–870.
付民，方立新，张松明，等 . 2012. 疏松砂岩、细粉砂岩油藏防砂堵水及大孔道封堵工艺技术［J］. 油气井测试，21（2）：51–53.
龚晶晶，唐小云，曹华，等 .2014. 曲流河储层优势渗流通道特征及剩余油分布研究［J］. 石油天然气学报，36（07）：117–121.
郭长春 . 2014. 测井综合指数法识别新井高渗条带［J］. 测井技术，38（6）：755–759.
胡晓辉 . 2007. 严重非均质油藏高渗条带的识别方法［J］. 内蒙古石油化工，(8)：198–200.
姜汉桥 .2013. 特高含水期油田的优势渗流通道预警及差异化调整策略［J］. 中国石油大学学报：自然科学版，37（5）：114–119.
姜瑞忠，于成超，孔垂显，等 .2014. 低渗透油藏优势渗流通道模型的建立及应用［J］. 特种油气藏，21（5）：85–88.
李淑霞，陈月明 .2002. 示踪剂产出曲线的形态特征［J］. 油气地质与采收率，9（2）：66–67.
李晓南，程诗胜，王康月，等 .2014.CH2 断块 E1f1 油藏优势通道识别技术研究［J］. 石油地质与工程，28（5）：146–149.
刘红岐，李宝莹，王万福，等 . 2014. 锦 16 区块储层及优势通道特征分析［J］. 西南石油大学学报（自然科学版），36（6）：60–68.
刘延梅 . 2007. 砂砾岩储层测井评价方法探讨［J］. 内蒙古石油化工，33（4）：137–138.
孟凡顺，孙铁军，朱炎，等 .2007. 利用常规测井资料识别砂岩储层大孔道方法研究［J］. 中国海洋大学学报（自然科学版），37（3）：463–468.
宁廷伟，王成龙 .1993. 封堵大孔道技术的发展［J］. 钻采工艺，16（4）：34–37.
牛虎林，田作基，胡欣，等 .2008. 成像测井解释模式在基岩油气藏裂缝性储层的应用研究［J］. 地球物理学进展，23（5）：1544–1549.
牛世忠，胡望水，熊平，等 .2012. 红岗油田高台子油藏储层大孔道定量描述［J］. 石油实验地质，34（2）：202–206.
申本科，王贺林，宋相辉，等 .2009. 低电阻率油气层的测井系列研究［J］. 地球物理学进展，24（4）：1437–1445.
宋新民 .2014. 油气开发储层研究新进展［M］. 北京：石油工业出版社 .
孙建华，柳红春，刘鹏程，等 .2003. 井间示踪监测技术在高含水油田提高采收率技术中的应用［J］. 新疆石油天然气，15（2）：56–59.
孙明，李治平 .2009. 注水开发砂岩油藏优势渗流通道识别与描述技术［J］. 新疆石油天然气，16（1）：51–56.
万宠文，张英华，刘书权 .2006. 严重非均质油藏优势渗流通道成因机制研究［J］. 西部探矿工程，18（11）：67–68.
汪庐山，关悦，刘承杰，等 .2013. 利用油藏工程原理描述优势渗流通道的新方法［J］. 科学技术与工程，13（5）：1155–1159.
王公昌，刘英宪，贾晓飞，等 .2016. 变形洛伦兹曲线在识别优势渗流通道方面的应用［J］. 复杂油气藏，9（3）：50–54.
王贵文，孙中春，付建伟，等 .2015. 玛北地区砂砾岩储集层控制因素及测井评价方法［J］. 新疆石油地质，36（1）：8–13.

王鸣川，石成方，朱维耀，等 .2016. 优势渗流通道识别与精确描述［J］. 油气地质与采收率，23（1）：79-84.

王庆，刘慧卿，殷方好 . 洛伦兹曲线在油藏产液、吸水剖面研究中的应用［J］. 特种油气藏，2010，17（1）：71-74.

王延杰，许长福，谭锋奇 . 2013. 新疆砾岩油藏水淹层评价技术［M］. 北京：石油工业出版社 .

王延忠 .2006. 河流相正韵律厚油层剩余油富集规律研究［D］. 中国地质大学（北京）.

王增林 . 2007. 强化泡沫驱提高原油采收率技术［M］. 北京：中国科学技术出版社，93-96.

吴诗勇，李自安，姚峰 .2006. 储集层大孔道的识别及调剖技术研究［J］. 东华理工大学学报（自然科学版），29（3）：245-248.

徐春华，侯加根，唐衔，等 .2009. 砾岩储层注水开发后期高渗流通道成因特征及其识别［J］. 科技导报，27（23）：19-27.

闫育英，赵希军，蔡军星，胡列侠 . 2008. 胡七南沙三下储层高渗条带研究［J］. 内蒙古石油化工，（8）：86-87.

颜泽江，唐伏平，姚颖，等 .2008. 洪积扇砂砾岩储集层测井精细解释研究——以 KLMY 油田为例［J］. 新疆石油地质，29（5）：557-560.

杨科夫 . 2015. 砂砾岩储层测井评价研究［D］. 西南石油大学 .

姚翔 . 2013. 边底水凝析气藏优势渗流通道判别方法研究［D］. 长江大学 .

禹影 .2017. 聚合物驱后油层优势渗流通道识别与治理［J］. 大庆石油地质与开发，36（04）：101-105.

袁静，袁炳存 .1999. 永安镇地区永 1 砾岩体储层微观特征［J］. 中国石油大学学报：自然科学版，23（1）：13-16.

曾流芳，陈柏平，王学忠 . 2002. 疏松砂岩油藏大孔道定量描述初步研究［J］. 油气地质与采收率，（4）：53-54.

曾流芳，赵国景，张子海，王学忠 . 2002. 疏松砂岩油藏大孔道形成机理及判别方法［J］. 应用基础与工程科学学报，（3）：268-276.

张航，李治平，郝振宪 .2014. 利用动态数据判断优势渗流通道［J］. 石油天然气学报，（12）：158-161.

张琪，李勇，李保柱，等 .2016. 礁滩相碳酸盐岩油藏贼层识别方法及开发技术对策——以鲁迈拉油田 Mishrif 油藏为例［J］. 油气地质与采收率，23（2）：29-34.

赵健 . 2014. 乌南油田乌 4 区块大孔道识别及量化研究［D］. 长江大学 .

钟大康，朱筱敏，吴胜和，等 . 2007. 注水开发油藏高含水期大孔道发育特征及控制因素——以胡状集油田胡 12 断块油藏为例［J］. 石油勘探与开发，34（2）：207-245.

钟大康，朱筱敏，吴胜和，等 .2007. 注水开发油藏高含水期大孔道发育特征及控制因素——以胡状集油田胡 12 断块油藏为例［J］. 石油勘探与开发，（2）：207-211.

邹才能，侯连华，王京红，等 .2011. 火山岩风化壳地层型油气藏评价预测方法研究——以新疆北部石炭系为例［J］. 地球物理学报，54（2）：388-400.

邹伟，吴秀全 . 2008. 非均质油藏高渗条带识别方法初探［J］. 新疆地质，（3）：317-320.

Nahid-Al-Masood，Ahsan Q.2013.A methodology for identification of weather sensitive component of electrical load using empirical mode decomposition technique.［J］. Energy and Power Engineering，5（4）：293-300.

Unegbu A，Adefila J.2013.Efficacy assessments of Z-score and operating cash flow insolvency predictive models.［J］. Open Journal of Accounting，2（3）：53-78.

第七章　精细地质建模

精细地质建模是储层定量表征的重要手段，能够在三维空间定量地反映储层结构和相关属性参数的空间分布及变化特征，是油藏数值模拟研究的基础。地质建模的精度直接影响到油藏数值模拟结果能否与实际开发情况相吻合。

砾岩储层非均质性是高含水期剩余油分布的关键因素之一。对砾岩储层的结构进行精细地质建模，有助于通过油藏数值模拟方法预测剩余油分布，为剩余油挖潜及开发调整方案的部署提供基础。这对深化砾岩油藏地下储层的认识、把握油藏开发规律、改善开发效果、降低开发风险、提高采收率都具有重要意义（张团峰等，1995）。

本章首先介绍地质建模的理论和方法，包括地质统计学的基本理论、地质建模的技术进展及精细地质建模的策略与过程，从而对有关地质建模的相关理论、技术和方法有一个全面认识。之后，针对砾岩储层精细结构表征的三个层次，结合实例，分别讨论储层构型建模、成岩储集相建模及优势渗流通道建模的技术思路、方法及成果。

第一节　地质建模方法

地质建模方法可以从不同角度进行不同的分类，按原理来说，可分为基于数理统计原理的建模方法和基于地质统计学原理的建模方法，且目前行业内应用的建模方法都基于地质统计学原理。按照建模类型，可分为确定性建模和随机建模两类，且各有其适用性与不足之处，但目前以随机建模为主要方法。对地质建模方法进行原理阐述与流程梳理，有助于从整体上把握地质建模的基本原理、技术思路，提高地质建模精度。

一、地质统计学基本理论

地质统计学是马特隆教授在南非矿业工程师克里格总结的经验基础上创立的，是以在空间上既有随机性又有相关性的区域化变量为基础，借助变差函数，研究地质现象的一门科学（孙洪泉，1990）。其与经典统计学的相同之处在于：它们都是在大量样本的基础上，通过对样本值的频率分布，均值、方差关系及其相应规律的分析，确定其空间分布的结构性与空间变化关系。但地质统计学与经典统计学的区别在于：地质统计学既考虑样本的数学值，又考虑样本的空间位置及样本间的距离，弥补了经典统计学忽略样本空间方位的缺陷，这对于自然矿床研究及油气藏勘探具有极其重要而深远的影响（王海虹，2013）。

在地质统计学中，地质变量空间相关性分析的基本工具是变差函数，其理论基础为平稳随机函数。

（一）随机变量与随机函数

随机变量是指按照一定概率分布、能够取得不同数值的变量（吴胜和，2010）。油气地质研究中需要进行预测的随机地质变量包括构造深度、储层厚度、储层物性参数、沉积相类型等。地质变量的空间分布通常依赖于所处的位置，每一个空间位置对应一个地质变量。由于地下情况未知，可认为各位置处的地质变量是随机变量，同时也随已有信息的变化而变化。

随机变量按变量的性质，可分为离散变量和连续变量。储层中的沉积相类型、构型单元、砂体单元、流动单元、隔夹层、成岩储集相、优势水流通道等都属于离散变量；孔隙度、渗透率、含油饱和度、储层深度、砂体厚度等都是连续变量。

累积分布函数（Cumulative Distribution Function，CDF）可以表述随机变量的概率分布。在有 n 个条件数据的前提下，可得到其条件累积分布函数（Conditional Cumulative Distribution Function，CCDF）。

连续随机变量的累积分布函数及条件累积分布函数可用以下公式表示：

$$F(u;z)=P\{Z(u)\leqslant z\} \tag{7-1}$$

$$F\left[u;z\middle|(n)\right]=P\{Z(u)\leqslant z|(n)\} \tag{7-2}$$

其中，$F(u;z)$ 表示累积分布概率函数；u 表示空间位置；z 表示任何未知数；$Z(u)$ 表示任一位置处的随机变量；$Z|(n)$ 表示与 CDF 有关的 n 个已知的数据值的条件。

离散随机变量的累积分布函数及条件累积分布函数可用以下公式表示：

$$F(u;k)=P\{Z(u)=k\} \tag{7-3}$$

$$F\left[u;k\middle|(n)\right]=P\{Z(u)=k|(n)\} \tag{7-4}$$

其中，k 表示未知的离散值；$k|(n)$ 表示 k 值取值的 n 个已知数值的条件。

无论是离散变量还是连续变量，二者的随机变量累积概率值均介于 0～1 之间，且随机变量累积概率函数是递增的。连续性随机变量累积分布函数中，累积曲线连续且无间断（图 7-1a）；而对于离散型随机变量累积分布函数，其累积曲线为折线（图 7-1b）。

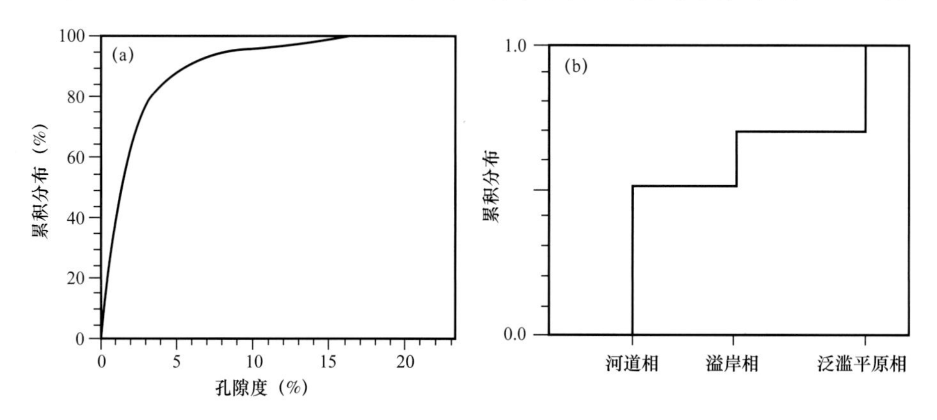

图 7-1　随机变量累积概率分布图（据吴胜和，2010）

随机函数是多个随机变量的集合（Matheron，1971），其主要的特征值为协方差。随机函数与经典的随机过程存在区别，主要在于经典随机过程的变量集合是一维的，而随机函数的变量集合是二维或三维的，这是地质统计学的特色。

两个随机变量ξ、η的协方差为二维随机变量（ξ、η）的二阶混合中心矩μ_{11}，记为Cov（ξ、η）或σ（ξ、η）：

$$\mathrm{Cov}(\xi,\eta)=E\left[\xi-E(\xi)\right]\left[\eta-E(\eta)\right] \quad (7\text{–}5)$$

可将式（7–5）简化为

$$\mathrm{Cov}(\xi,\eta)=E(\xi,\eta)-E(\xi)\cdot E(\eta) \quad (7\text{–}6)$$

（二）区域化变量基本特征

克里金插值的实质是“根据邻近点，推断待估点”。马特隆教授认为，地质变量可视为区域化变量，即能用其空间分布来表征一个地质现象的变量。一些常规取样手段的结果可作为区域化变量的观测值。这些观测值及其所显示的各个局部异常的特点，在一定程度上可以表示出区域化变量的区域变化特征和趋势，再加上所表征的自然现象所具有的某种连续性，因此，区域化变量具有空间结构特征。另外，由于观测数据本身的特性各异及观测过程中的误差和随机因素，区域化变量又具有随机性的特点。因此，区域化变量能够反映变量的结构性和随机性。

根据这一理论，空间某一点处的观测值可解释为一个随机变量在该点处的一个随机实现；空间各点处随机变量的集合构成一个随机函数，空间位置则作为随机函数的自变量。

从地质学的观点来看，区域化变量可以反映地质变量的以下特征（谭成仟，2008）：

（1）空间局限性区域化变量的变化只限于一定的空间范围，如油藏渗透率的变化只限于储层空间内部或只限于某一沉积区域如储层砂体不同成因单元，这一空间称为区域化的几何域。

（2）不同程度的连续性。不同的区域变量具有不同程度的连续性，地质体的某些几何特征（如地质体的厚度等变量）具有较严格的数学连续性。

（3）不同类型的各向异性区域化变量在各个方向上如果性质相同时，则称为各向同性；反之，称为各向异性。地质变量往往是各向异性的，比如储层渗透率沿着沉积（河流）方向的变化小，而在垂直于沉积方向变化大。各向异性类型可以分为几何各向异性和带状各向异性。

由于区域化变量具有以上特征，因此，经典概率统计方法无法描述区域化变量，于是，在地质统计学中，引入了一个基本工具—变差函数来反映区域化变量的结构性和随机性，从而能较好地反映区域化变量特征。

（三）变差函数理论模型

1. 变差函数

变差函数，也可称之为变异函数（王家华等，2001），能够表示区域化变量的空间变异程度随距离不同而产生变化的特征。变差函数能构建各区域化变量的三维空间相关性，即地质规律所造成的储层参数在空间上的相关性。在随机模拟过程中，变差函数起到了重要作用。

设$Z(u)$是一个随机函数，如果差函数$Z(u+h)-Z(u)$的一阶矩和二阶矩不依赖

于空间的绝对位置 $u+h$ 和 u，仅依赖于二者的相对距离 h（滞后距），则认为 $Z(u)$ 满足内蕴假设，那么定义该差函数的方差之半为变差函数 $\gamma(h)$：

$$\gamma(h)=\frac{1}{2}\mathrm{Var}\left[Z(u+h)-Z(u)\right] \tag{7-7}$$

假设 $E[Z(u)-E(u+h)]=0$，即模型为各向同性，则变差函数可写成

$$\gamma(h)=\frac{1}{2}E\left\{\left[Z(u+h)-Z(u)\right]^2\right\} \tag{7-8}$$

式（7–8）为地质统计学中最常用的变差函数表达式。变差函数 $\gamma(h)$ 随滞后距 h 变化的各项特征，表达了区域化变量的各种空间变异性质，这些特征包括影响区域的大小、空间各向异性的程度及变量在空间的连续性。

变差函数 $\gamma(h)$ 随 h 的变化图即为变差函数图（图 7–2）。图中的实心点为根据空间观测值的实测数据点，曲线为根据理论变差函数模型拟合实测数据的结果。从变差函数图中可以获得几个关键参数，包括变程（Range）、块金值（Nugget）和基台值（Sill）等。

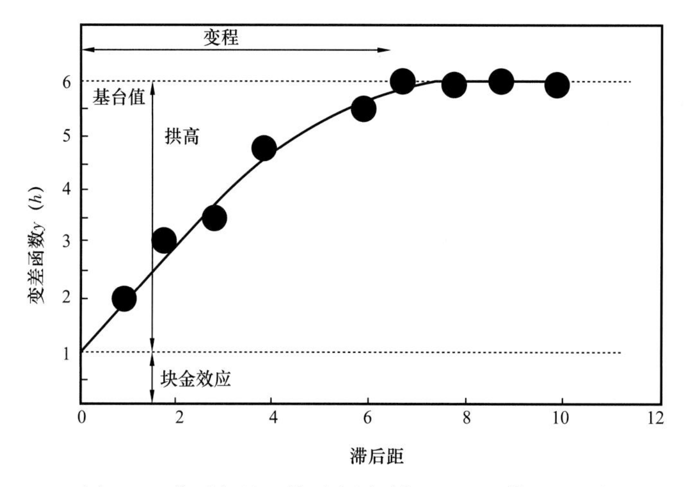

图 7–2　典型变差函数示意图（据 Journel 等，1978）

1）变程

变程是指区域化变量在空间上具有相关性的范围。在变程范围内，数据具有相关性；而在变程之外，数据之间互不相关，即变程外的观测值不影响估计结果。具体来说，假设某种属性在空间上是各向同性的，也就是说在各个方向上变化一致，那么，以某一观测点为球心，以变程 a 为半径作球体，该观测点和球体内的所有其他数据相关，超出球体半径这个范围的数据与该点无关。因此，变程反映了空间数据相关性的范围，如果变程相对较大，那么该方向的观测数据在较大范围内相关；反之，则数据相关性的范围较小。由此可见，变程是地质统计学中一个十分重要的参数。

应用克里金插值方法，设定不同的变程，可得到空间相关性变化较大的图像（图 7–3）。在变程最小的情况下，图像的空间相关性也最小（图 7–3a）；同理，如果变程最大，图像空间相关性也最大（图 7–3c）。

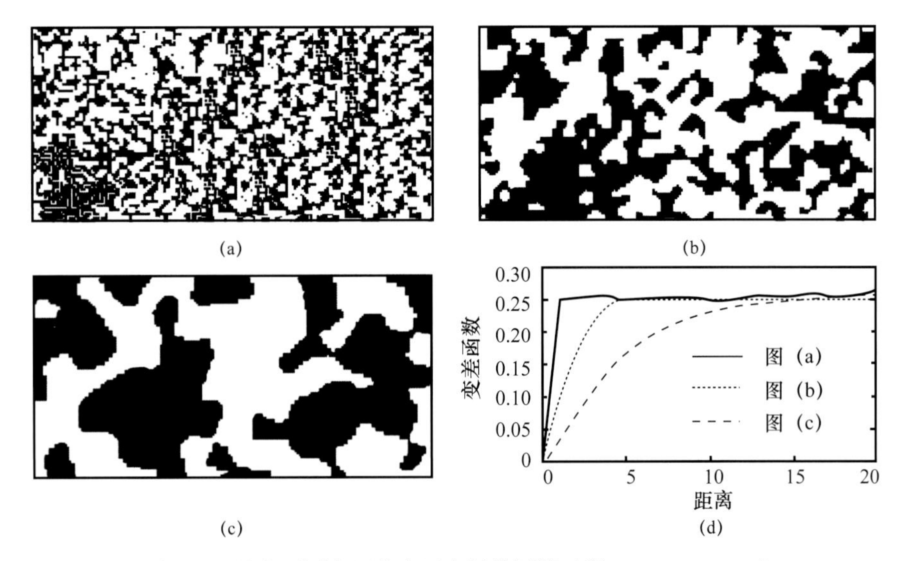

图 7–3　具有不同变程的克里金插值图像（据 Deutsch，1992）

2）块金值

变差函数有时会在原点间断，不具备均方意义下的连续性，这在地质统计学中被称为“块金效应”（图 7–2），表明区域化变量在很短的距离内有较大的空间变异性。它可以由测量误差和随机函数的微观变异性引起。在取得有效数据的尺度上，这种微观变异性是不可得的。在数学上，块金值相当于变量纯随机性的部分。如果不论 h 多么小，两个随机变量都不相关，这种情况称为纯块金效应。

3）基台值

基台值反映了变量在空间上变异程度的大小，即方差等于基台值。基台值越大，则数据的波动范围越大，参数的变化幅度越大。当变差函数在距离 h 大于变程时，基台值为块金值和拱高之和。拱高是在取得有效数据的尺度上，可观测得到的变异性幅度大小。当块金值等于 0 时，基台值即为拱高。

2. 主要理论模型

油气勘探领域常用的变差函数理论模型有以下三种。

1）球状模型

$$\gamma(h)=\begin{cases}0 & h=0\\ C_0+C\left(\dfrac{3h}{2a}-\dfrac{h^3}{2a^3}\right) & 0<h\leqslant a\\ C_0+C & h>a\end{cases} \tag{7-9}$$

其中，C_0 表示块金常数；C 表示拱高；$C=C_0+C$ 为基台值。

靠近坐标原点处，变差函数呈线性形状，在变程处达到基台值（图 7–4）。这表明该模型是可迁的。储层渗透率、孔隙度、含油饱和度等大部分岩石物性参数的空间分布结构特征都可以用此模型描述，在实际建模过程中，球状模型是最为常用的变差函数模型（王家华等，2011），对二维空间也适用。

2）指数模型

$$\gamma(h)=C_0+C\left(1-\mathrm{e}^{-h/a}\right) \tag{7-10}$$

公式中的 a 不代表变程。因为假设当 $h=3a$ 时，有 $1-\mathrm{e}^{-h/a}=1-\mathrm{e}^{-3}\approx0.95\approx1$，所以得到当 $h=3a$ 时，$\gamma(h)=C_0+C$，故其变程为 $3a$。当 $C_0=0$，$C=1$ 时称为标准指数函数模型（图 7–4）。

3）高斯模型

$$\gamma(h)=C_0+C\left(1-\mathrm{e}^{\left(\frac{3h}{a}\right)^2}\right) \tag{7-11}$$

变差函数渐进地逼近基台值。在实际变程 a 处，变差函数为 $0.95c$。模型在原点处类似于抛物线（图 7–4），这是其与球状模型和指数模型的主要区别。该模型连续性好但稳定性较差。

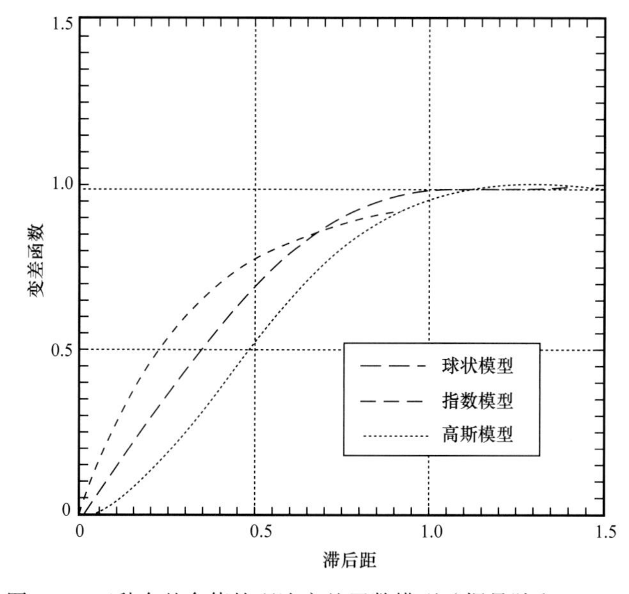

图 7–4　三种有基台值的理论变差函数模型（据吴胜和，2010）

实际工作中所用到的区域化变量的变差函数可从已有的理论模型中进行选择及套用。总之，以上几种模型能够满足研究及生产需要。

二、地质建模技术进展

目前，建立定量的储层地质模型可以通过确定性建模与随机建模两种方法实现。作为储层表征的最终体现，储层地质建模相关的理论与技术研究一直都是石油领域的热点问题之一。回顾地质建模的发展历程，该技术经历了从确定性建模到随机建模的发展。

在 20 世纪 50 年代初期，南非矿业工程师克里格首先观察到金属的空间分布不是纯随机的，而在空间上具有相互联系，据此提出了“根据样品空间位置、样品间相关程度的不同，对各个样品品位赋予不同权值，之后进行滑动加权平均，用于估算中心段的平均品位”（Krige，1951）。之后，法国巴黎的马特隆教授在克里格提出的观点上总结提炼，于

1962 年首次提出了区域化变量的概念，并出版了专著《应用地质统计学论》，为地质统计学奠定了坚实的理论基础，他们二人为地质统计学的建立做出了重要贡献，推动了地质建模技术的兴起。20 世纪 70 年代末，Journel 等（1978）在其所著的 *Mining Geostatistics* 一书中，介绍了随机建模的基本思想；20 世纪 80 年代初，壳牌石油公司的 Wbeer 注意到沉积构造对储层流体流动会产生影响，详细论述了不同非均质性特征，之后又提出建立碎屑岩储层模拟模型骨架。1984 年，Haldorson 等在 SPE 上发表了第一篇介绍油气储层随机建模相关的文章，不过直到 20 世纪 90 年代才进入真正的研究阶段，克里金方法不但被用作插值方法，而且越来越多的被用来建立数据的条件累积概率分布函数（CCDF），随机建模得到了飞速的发展。该技术逐渐被用来解决储层表征中的一些问题，如建立储层物性非均质模型、储层内部非渗透性隔夹层模型及储层空间连续性模型等。Journel 等（1984，1989，1990）随后相继讨论了截断高斯模拟方法与序贯指示模拟方法，并将两种方法进行了应用验证，取得较好的效果；1990 年，Haldorson 等（1990）讨论了确定性建模与随机建模之间的区别与联系，对建模过程中常用的术语进行了定义；1992 年，Damsleth 等区分了离散模型和连续模型所描述的对象。2000 年以来，Seifert 等以辫状河沉积储层为对象，对基于目标和基于象元方法进行了比较；Dean S.Olive（2002）介绍了河道分布模拟；Jef Caers（2001）介绍了如何依据地震数据用神经网络法进行岩相模拟；帝国理工大学的 Romero（2001）详细介绍了遗传算法，他利用六个独立的染色体代表不同类型的储层参数，进行储层表征研究；Strebelle 等提出了改进的多点地质统计学随机模拟算法 Snesim；Guillaume Pirot 等（2014）利用多点地质统计学原理，结合航空摄影技术和激光雷达技术，建立了较为真实的地貌模型。

相比较于国外学者重点关注的是储层建模算法及原理等方面内容，中国的储层地质研究者在改进及拓展已有算法原理的基础上，主要结合测井、地震、神经网络等其他相关学科方法，对储层地质建模方法在实际中的应用进行研究。

20 世纪 90 年代，最早由裘怿楠教授等（1991）对中国河流砂体储层非均质性模式进行了相关研究工作，首次研究了中国陆相盆地中六种河流砂体的三维网格化储层概念模型，并应用在多个油田进行验证；张昌民（1992）利用层次分析法，综合野外露头调查、现代沉积、室内试验、层序地层解释、测井解释等手段，探索了储层层次建模的效果；在对埕岛油田曲流河相储层进行建模中，文健等（1994）针对油田资料少的实际困难，利用相邻成熟油田作原型模型，采用布尔方法和顺序指示模拟，分别建立不同类型的储层模型，并进行了井网井距与各类小层水驱控制面积比率、井控砂体面积比率关系等研究。张团峰、王家华（1997）从理论上深刻剖析了克里金估计与随机模拟的区别，分别阐述了克里金模拟与序贯高斯的模拟思想，对如何正确使用克里金估计与随机模拟方法做了一些建议性的总结。伍涛等（1999）以张家口地区的露头砂体为例，在密集取样的基础上，建立了砂体的地质模型，分析了砂体的非均质性特征，探讨了辫状河储层的建模方法。

在进入 21 世纪以来，国内储层建模相关研究飞速发展，特别是利用随机建模方法对各种类型储层表征均进行了广泛深入的研究。赖泽武等（2001）提出了一种综合考虑先验地质信息的基于目标的储层结构模拟方法，可用于河流相、辫状河三角洲和扇三角洲的砂体分布建模，并结合实例，验证了所开发的建模程序 MOD-OBJ 的效果，认为基于目标的模拟比基于象元的模拟更能逼真地反映储层的结构特征。李少华等（2006）在井资料较少的情况下，利用露头剖面建立地质知识库，结合基于目标的建模方法，得到了较合理的储层模型；李玉君等（2006）通过利用井区内波阻抗数据与自然伽马、自然电位场之间相关性较强的特点，先建立自然伽马与自然电位场，然后以此为约束，利用基于目标体方法，建立储层岩相模型，取得了较好的效果；徐阳东（2010）在大庆葡萄花油田某区块的储层地质建模研究中，考虑到目标油层的储层物性差、非均质性严重、油水关系较复杂等特点，利用序贯指示模拟方法得到不同岩相的岩相模型，并以岩相模型作为储层属性模型的约束条件，提高了所建模型的精确度，更加逼近了地下储层的实际，为下一步油田开发提供地质依据；郭红（2010）在对准噶尔盆地沙北油田侏罗系西山窑组储层进行沉积微相、物性特征、非均质性等研究的基础上，采用基于目标模拟方法建立随机性沉积微相模型，并与确定性建模结果进行对比验证，表明基于目标模拟方法建立的随机模型更贴合实际地质体展布情况；李君等（2013）在研究冲积扇储层构型建模中，详细分析了不同亚相带沉积特征的区别，针对扇根、扇中、扇缘各自包含的构型单元特点，各自选用基于目标的建模方法、截断高斯建模方法及序贯指示建模方法，分区进行建模并进行耦合，最终得到能较好体现各级构型单元在平面上和垂向上的展布范围和接触关系的模型结果；李鹏宇等（2013）在基于目标模拟方法的基础上，提出了一种基于空间矢量的曲流河点坝砂体构型建模方法，相比于传统的基于目标建模方法在初期定义网格，新的方法不需要定义网格，直接投放空间矢量定义的构型要素，更易满足井的条件约束，模拟收敛速度更快；侯壮（2015）在研究奥里诺科重油带 M 区 Morichal 段储层中，利用水平井测井资料、地震数据等手段对储层沉积相进行描述，在此基础上利用基于目标的模拟方法建立沉积相模式，作为多点地质统计学的训练图像，并最终建立沉积相模型，模型具有不确定性小、精度较高的特点。

三、精细地质建模策略与过程

储层建模的原则是要满足当前开发生产的需求，因此在不同开发阶段，对应不同的建模精度要求。在目前国内大部分油田进入高含水、特高含水阶段的情况下，需要进行更精细的地质建模。

（一）精细地质建模策略

1. 不同开发阶段建模任务

1）油藏评价及开发设计阶段

该阶段以建立概念模型为主。在这个阶段，由于井数少、井距大，充分利用探井、评价井的相关资料（岩心、测井、地层测试资料等）及地震资料，针对目标储层的沉积类型或成因类型，抽象出具代表性的特征，加以典型化和概念化，建立一个对这类储层在研究区内具有普遍代表意义的储层地质模型，即所谓的概念模型。概念模型可满足油藏评价和开发设计的要求，对评价井设计、储量计算、开发可行性评价及优化油田开发方案具有较大的意义。

2）开发方案实施及油藏管理阶段

该阶段以建立静态模型为主。油田进入这一阶段，注采井网逐渐完善，全面利用开发井网、评价井及地震资料，针对一个（或）一套储层，将其储层结构、特征属性参数在三维空间上的变化和分布进行详细表征，建立精度较高的储层静态模型。该阶段模型主要是为优化开发实施方案及调整方案服务，如确定射孔方案、注采井别、配产配注、作业施工及油田开发动态分析等，以提高油田开发效益及油田采收率。

3）高含水期油藏挖潜及提高采收率阶段

在以上两个阶段已有资料的基础上，结合加密井、检查井、生产动态资料（如多井试井、示踪剂地层测试、动态监测及油水井生产资料）等，建立刻画小断层、储层及层内夹层的高精度三维地质模型。要求在开发密井网条件下，将井间数十米甚至数米级规模的储层参数的变化定量的预测出来，为剩余油分布预测、优化注水开发调整挖潜及三次采油方案奠定基础。

2. 确定性建模

确定性建模是对井间未知区给出确定性的预测结果。即从已知确定性资料的控制点（如井点）出发，推测出点间（如井间）确定的、唯一的和真实的储层参数。确定性建模方法认为，所得出的内插、外推估计值是唯一解，具有确定性，传统的加权平均法、差分法、样条函数法、趋势面法及目前很流行的克里格法等都属于这一类建模方法。

目前，确定性建模所应用的储层预测方法主要有三种，即储层地震学方法、储层沉积学方法和克里格方法。其中储层地震学方法主要是应用地震资料研究储层的几何形态、岩性及参数的分布，该方法从已知井点出发，应用地震横向预测技术进行井间参数预测，并建立储层的三维地质模型。储层沉积学方法主要是在高分辨率等时地层对比及沉积模式基础上，通过井间砂体对比，建立储层结构模型，这是一种定性—半定量描述方法。克里金法是以“区域化变量理论”为理论基础，以变差函数为工具的一种井间插值方法。

克里金方法可包括简单克里金（SK）、普通克里金（OK）、具有外部漂移的克里金、泛克里金（UK）、因子克里金、协同克里金、贝叶斯克里金（BK）、指示克里金等。与传统的其他插值方法相比，克里金方法具有以下特点：

（1）克里金法不仅考虑已知点与待估点的影响，而且也考虑已知点之间的相互影响，即强调数据构形的作用。不同位置相互影响大小是用协方差（或变异函数）来定量描述的；

（2）克里金法是严格内插方法；

（3）克里金法是一种无偏（估计值的均值与观测值的均值相同）、最优（估计方差最小）的估值方法。

目前，确定性建模并不是业界主流的建模方法。因为在获取的资料有限、认知有限、描述方法有限、地下地质体复杂多变的背景条件下，对地下地质体的表征结果不可能是唯一确定的，存在某种程度上的不确定性。这就需要利用随机建模方法的等概率性进行预测。不过，对储层的认识是需要不断加深、不断精确的。广义上来说，最终需要得到的是一个对地下情况的确定性认识，所以，随着技术的发展进步，确定性建模是最终的目标。

3. 随机建模方法

地下储层本身是确定的，在每个位置处都有确定的性质和特征，但地下储层又十分复杂，是由许多复杂地质过程综合作用的结果，具有多变的储层内部构型及储层参数的空间变化。在储层表征中，由于用于描述储层的资料总是不完备，人们难以掌握任意尺度下储层确定且真实的特征或性质，特别对于砾岩储层这类连续性差、非均质性强的陆相储层来说，更难于精确表征储层的特征。这样，由于认识程度的不足，储层描述便具有不确定性，这些需要猜测来确定的储层性质，称为储层的随机性质。

由于储层的随机性，储层预测结果便有多解性。因此，应用确定性建模方法做出的唯一的预测结果便具有一定的不确定性，以此作为决策基础具有风险性。因此，目前常用随机模拟方法来进行储层建模及预测。

随机建模是指以已知的信息为基础，以随机函数为理论，应用随机模拟方法，产生可选的、等概率的储层模型方法。随机建模承认控制点之外的储层参数具有一定的不确定性。由此建立的储层模型不是一个，而是多个，即一定范围内的几种等概率的可能实现，用来满足油田开发决策在一定风险范围内的正确性需要，这是与确定性建模方法的重要差别。每一个等概率模型所模拟参数的统计学理论分布特征与控制点参数值统计分布是一致的。各个实现之间的差别则是储层不确定性的直接反映。如果所有实现都相同或相差很小，说明模型中的不确定性因素少；如果各实现之间相差较大，则说明不确定性因素多。

随机模型是具有一定概率分布理论、能表征研究现象随机特征的统计模型。具体可分为两大类，即基于目标的随机模型和基于像元的随机模型（表 7–1）。下面对主要随机模型进行概述。

表 7–1　主要随机模型、算法及方法（据吴胜和，2010）

<table>
<tr><th colspan="2">算法及模型
随机模型及性质</th><th>序贯模拟</th><th>误差模拟</th><th>概率场模拟</th><th>优化算法（模拟退火及迭代算法）</th><th>模型性质</th></tr>
<tr><td rowspan="2">基于目标的随机模型</td><td>示性点过程（布尔模型）</td><td></td><td></td><td></td><td>示性点过程模拟（布尔模拟）</td><td>离散</td></tr>
<tr><td>随机成因模型</td><td></td><td></td><td></td><td>沉积过程模拟</td><td>离散</td></tr>
<tr><td rowspan="7">基于像元的随机模型</td><td>高斯域</td><td>序贯高斯模拟</td><td>转向带模拟</td><td>概率场高斯模拟</td><td>（模拟退火可用作后处理）</td><td>连续</td></tr>
<tr><td>截断高斯域</td><td></td><td>截断高斯模拟</td><td></td><td>（模拟退火可用作后处理）</td><td>离散</td></tr>
<tr><td>指示随机域</td><td>序贯指示模拟</td><td></td><td>概率场指示模拟</td><td>（模拟退火可用作后处理）</td><td>离散 / 连续</td></tr>
<tr><td>分形随机域</td><td></td><td>分型模拟</td><td></td><td>（可应用模拟退火）</td><td>离散 / 连续</td></tr>
<tr><td>马尔柯夫随机域</td><td></td><td></td><td></td><td>马尔柯夫模拟</td><td>离散 / 连续</td></tr>
<tr><td>随机游走</td><td></td><td></td><td></td><td>随机游走模拟</td><td>离散</td></tr>
<tr><td>多点统计</td><td>多点统计模拟</td><td></td><td></td><td>多点统计模拟</td><td>离散</td></tr>
</table>

1）基于目标随机建模

该方法主要为示性点过程和优化算法的结合。点过程是指一个空间区域内离散点的随机集合，属于随机几何学的范畴，可看成是一个空间区域中所有离散点的随机集合，或是该随机集合落在该空间区域内的点数目的随机测度（王家华等，2001）。需要注意的是，这里的“过程”不是常意理解的过程，而可以理解为“分布”或“模式”。对于点过程，在其上的每一个点赋予一个特征时，就称为示性点过程，基本思路是根据点过程的概率定律按照空间中几何物体的分布规律，产生这些物体的中心点的空间分布，然后将物体性质（即 Marks，如物体形状、大小、方向等）标注于各点之上，最早应用于排队论方面的研究（Daley 等，2008）。从地质统计学角度来讲，示性点过程即是要研究物体点及其性质在三维空间的联合分布。该方法主要包括一般示性点过程及线过程方法。示性点过程主要用来建立沉积相随机模型，也可广泛用于各种形态目标对象的模拟；线过程方法通过模拟流线特性，预测目标对象几何中心线的分布，用于河流、冲积扇、三角洲深水浊积等沉积环境中水道沉积的随机模拟。

根据不同的点过程理论，物体中心点在空间上的分布不同。常用以下两种点过程模型：

（1）布尔模型：可看成示性点过程的简单情形，其种子点过程为泊松过程，种子的位置是相互独立的，均匀分布在研究区域中。以此为基础的模拟方法适合模拟砂岩背景上存在小尺度泥岩隔层的现象，或者在泥岩背景上存在小尺度孤立砂岩的现象。当目标位置相互独立、但目标密度具有一定分布趋势时，可以认为目标中心点位置符合广义泊松点过程。

（2）一般示性点过程：这是比布尔模型更为复杂的示性点过程，其种子点过程多由吉布斯点过程产生，而且种子的位置具有相互关联（如流沟与沟间滩即具有关联性）和排斥性。

该方法的优点是可以极大地综合先验的地质知识，如河道的方向、摆动幅度，砂体与天然堤的宽度、厚度值等都可以在模型中约束模拟结果，使之符合地质认识；数据不要求服从正态分布。

该方法的缺点是很难用一套定量参数去描述具有复杂形态特征的目标体，不容易参数化；当井数较多，进行迭代运算时，井数据的条件化会使运算速度变慢。

本方法的适用条件：因往往将复杂形态几何体简化，所以难以表征其真实形态，适用于构型简单的目标体刻画；由于条件化井数据的问题约束，井网不宜过密，井数不能太多。

2）序贯高斯模拟

序贯高斯模拟是高斯模型常用的一种模拟方法。它是应用高斯概率理论和序贯模拟算法产生连续变量空间分布的随机模拟方法。模拟过程是从一个像元到另一个像元序贯地进行，而且用于计算某像元 CCDF 的条件数据除原始数据外，还考虑已模拟过的所有数据。从 CCDF 中随机地提取分位数便可得到模拟实现。

连续变量 $Z(u)$ 的条件模拟步骤如下：

（1）确定代表全区（含 Z 样品数据）的单变量 CDF（Z）。如果 Z 数据分布不均匀，则应先对其解串，也可能需要外推平滑。

（2）应用 CDF（Z），将 Z 数据进行正态得分变换，转换成符合标准正态分布的累积分布函数数据。

（3）检验正态得分变换后 y 数据是否符合双元正态性。如果符合则可使用该方法，否则应考虑其他随机模型。

（4）如果多变量高斯模型适用于 y 变量，则进行序贯模拟：

① 确定随机路径。

② 应用简单克里金和正态得分的变差函数模型来确定某一节点处随机函数 y（u）的 CCDF 函数参数（均值和方差），并求取 CCDF。

③ 从 CCDF 中随机地提取一个分位数，即为该节点的模拟值 y_1（u）。

④ 将模拟值 y_1（u）加载到已有的数据组中。

⑤ 沿随机路径进行下一节点的模拟，直到每一个节点都走完为止。

（5）整个序贯模拟过程可以按一条新的随机路径重复以上步骤，以获得一个新的实现。最终得到整体的模型结果。

模拟结果产生高斯分布变量的实现，必须进行反转换。它的优点是：该算法稳健，用于产生连续变量的实现；当用于模拟比较稳定分布的数据时，序贯高斯模拟能快速建立模拟结点的条件累积概率分布曲线（CCDF）。然而当模拟级差较大的变量数据时，高斯矩阵不稳定，且不能用于类型变量的模拟。

3）截断高斯模拟

截断高斯模拟方法建立的类型变量三维分布是由一系列的门槛值对指示方法建立起来的高斯场中的高斯值截断形成。此方法主要模拟沉积微相等离散型变量的分布。

优点是数据的条件化比较容易，涉及的地质参数较少，速度比其他方法要快；可以同时考虑相与相之间、相内部的相关性；在模拟中可以考虑有限的地质影响；适用于条件模拟，即使模拟结果严格忠实于井数据。

缺点是由于截断高斯模拟之前，仍然需要进行变差函数分析，而变差函数只能把握空间上两点之间的相关性，因此，对于复杂几何形态的地质体刻画困难而且相边界往往粗糙。

该方法的适用条件：对于相与相之间有明显排序关系的模拟，效果是比较好的；由于需要进行变差函数分析，须保持变量正态分布特征。

4）序贯指示模拟

序贯指示模拟方法有两个基本的过程：指示变换与指示克里金。无论是离散型变量还是连续型变量皆可模拟。指示变换过程是首先设定某一门槛值，然后以门槛值为界，将区域化变量转化为 1 或者 0 数据。指示克里金主要指利用变差函数对指示变量进行克里格金估计，以得到待估点处的局部条件概率分布（LCPD）。

该方法的优点是既可以对所有沉积微相设定一个变差函数，也可以对每一个沉积微相设定不同的变差函数。因此该方法可以模拟各向异性的现象，尤其对于裂缝、断层、隔夹层等的模拟，模拟效果较好；可以在条件模拟过程中利用条件数据约束模拟结果。

方法的缺点是指示变差函数很难精确求取，降低了模拟的精度；由于仍以变差函数为工具，因此对于复杂的几何形态的地质体刻画困难而且相边界不能很好得以恢复；运算速度较截断高斯模拟要慢，如果有较多的条件数据需要条件化时，计算载荷会进一步增加。

本方法的适用条件：对信息的吸收能力强，可综合各种不同来源的信息，该方法可以模拟各向异性的现象，尤其善于模拟裂缝、断层、隔夹层，但对于流向特征比较显著的沉积相，模拟效果不好。

（二）精细地质建模过程

精细地质建模一般按数据准备、精细构造建模、精细相建模、精细储层物性参数建模等流程进行。

1. 数据准备

数据准备是建立储层模型的基础与前提，包括数据收集与数据整理两部分。只有完善的数据准备工作，才能进行后续的一系列建模工作。

需要收集的建模数据包括井数据、地震数据、动态数据、平面和剖面成果与数据及数据整理。

1）井数据

井数据包括井点基本信息、岩心、测井及其解释、分层、断点等数据。

井点基本信息主要是指钻井信息，包括井名、井别、井口坐标、补心高、海拔、完井深度、完井时间及井眼轨迹等，目前大部分油田均已将此类信息完善成数据库。

岩心数据包括岩心照片、岩心描述及岩心钻孔分析数据等，是岩心解释、沉积相划分、含油气性解释、储层质量评价及隔夹层识别等的第一手资料。在建模过程中可用于测井数据的标定。

测井是解释井筒周围地层、岩石及流体特征的重要技术手段。建模过程中常用的测井数据文件格式是 Las 格式。测井解释的结果数据一般包括沉积相、储层物性参数等。

分层数据是指地层分层及砂体分层。地层分层数据指各井的油组、砂组、小层及单砂层的等时划分对比数据，为建立等时地层格架的基础。砂体分层数据指各小层段砂体的顶底深度，为绘制油砂体分布图及储层微构造图的基础。

断点数据是井轨迹与断层面的交点。

2）地震数据

地震数据包括地震解释的断层数据、层面数据及从地震数据体中提取或特殊处理得到的地震属性数据等。

3）动态数据

动态数据主要为单井测试及井间动态监测数据。动态数据反映的储层信息包括两方面，一个是储层连通性信息，可以作为储层建模的硬数据；另一个是储层参数数据，因其为井筒周围一定范围内的渗透率平均值，精度相对较低，故一般作为储层建模的软数据。

4）剖面和平面成果与数据

在三维地质建模前，需要对研究区进行二维剖面解释和平面研究，包括沉积相、砂体厚度、孔隙度、渗透率、油气水分布等。这些成果在建模过程中可作为参考。

5）数据整理

对不同来源的数据进行整理和质量检查也是数据准备中十分重要的环节。为提高储层建模精度，必须尽量保证用于建模的原始数据，特别是井点硬数据的准确可靠性，应用错误的原始数据进行建模不可能得到符合地质实际的储层模型。因此，必须对各类数据进行全面的质量检查。如井位坐标及井深轨迹是否正确；测井解释大的储层物性参数是否准确；地层分层方案是否合理；岩心—测井—地震—试井解释结果是否吻合等。

2. 精细构造建模

构造建模是三维储层地质建模的重要基础，是后续沉积相建模及物性参数建模的平台，构造建模的结果越准确，对后续模型的搭建及油藏数值模拟工作的进行越有帮助。主要包括三个方面，首先通过地震解释及钻井解释的断层数据建立断层模型；其次在断层模型的约束下，建立各个地层及细分小层的顶底面模型；最后在前两步结果的控制下，以一定网格分辨率，建立各小层的等时三维地层模型。目前主流建模软件大多采用三位一体的构造建模流程，即将断层模型、层面模型和地层模型作为一个技术整体，在操作过程中有机整合（图 7–5）。

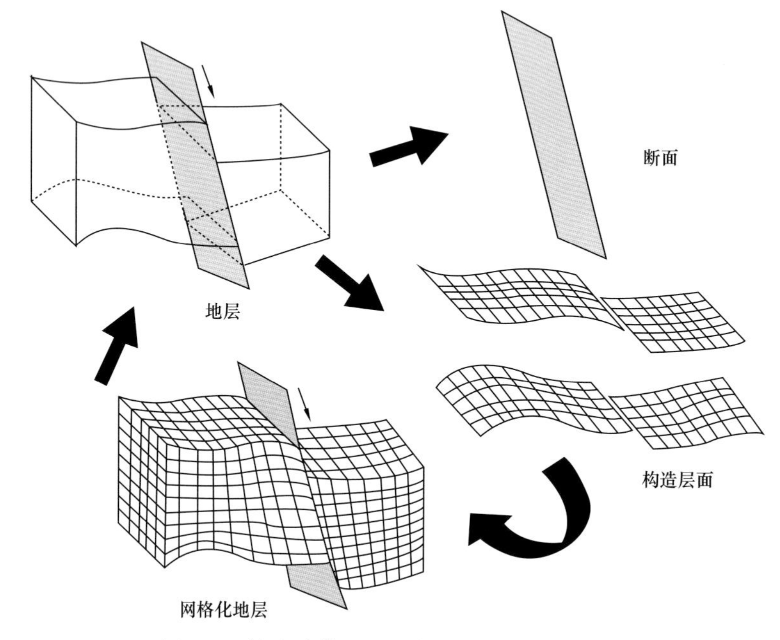

图 7–5　构造建模流程示意（据吴胜和，2010）

断层模型是一组能够表示断层空间位置、形态走向及发育模式的三维断层面，主要根据地震断层解释数据，包括断层三角形、断棍以及井上断点数据，通过数学差值，并根据断层间的截切关系对断面进行编辑处理而建立。

层面模型是地层界面的三维分布，叠合的层面模型即地层格架模型。一般包括骨架网格的创建、关键层面的插值建模、层面内插等三个步骤。首先创建骨架网格；其次根据地震解释层面数据，建立关键层面的模型；最后在关键层面控制下，依据井上分层数据内插小层或单层层面模型。

在断层模型和层面模型的基础上，针对各层面间的地层格架进行三维网格化，将构造模型用网格单元进行表示。常见的网格类型包括正交网格和角点网格，目前，角点网格在断层处理、复杂地层接触关系等方面的处理已较为完善，已成为地质建模和数模软件的主要应用网格。

3. 精细相建模

此处所指的相是广义概念，可以是包括亚相、微相在内的沉积相，也可以是不同级次的构型单元，还可以是其他的离散变量，如成岩相、流动单元、裂缝等。

精细相建模需遵循以下三个原则：等时建模、层次建模及成因建模。

1）等时建模

沉积地质体是在不同时间段形成的。通常，一个油藏常包括多个等时体，在各时间段的砂体沉积规律有所差别（由于物源供应及沉积作用差别导致）。在建模过程中，对每一个模拟单元一般只输入一套统计特征参数，若将不同时间段的沉积体作为一个层单元来模拟，则有可能混淆不同等时单元的实际地质规律，导致所建模型不能客观地反映地下地质实际。

因此，为提高建模精度，在建模过程中应进行等时地质约束，即按等时层面建模。每一个等时层应该具有相似的沉积规律。在建模时，分别按各等时层建模，然后再将其组合为统一的三维相模型。这样，针对不同等时层输入不同的反映各自地质特征的建模参数，可使所建模型更客观地反映地质实际。

2）层次建模

同一等时建模层可具有多层次结构，因此，在相建模时，应分层次建模。首先建立大级次目标体的分布模型，然后分级控制，依次建立更小级次目标体的分布模型。

Deutsch 等（2002）应用基于目标的随机建模方法进行河道分级模拟（图 7-6）。从图中可看出，层次建模分为 13 步：将每一细分层从储层中提取出来；对提取的层进行层拉平坐标变换；模拟单层的河流系统；单层中河道坐标转换；模拟并提取单层中单一河道；将单河道进行层拉平坐标转换；在单河道中进行储层物性模拟；将单河道坐标还原；将单河道重新归位到河道系统中；河道系统坐标还原；将河道系统归位到地层中；单层坐标还原；将单层归位到储层中。

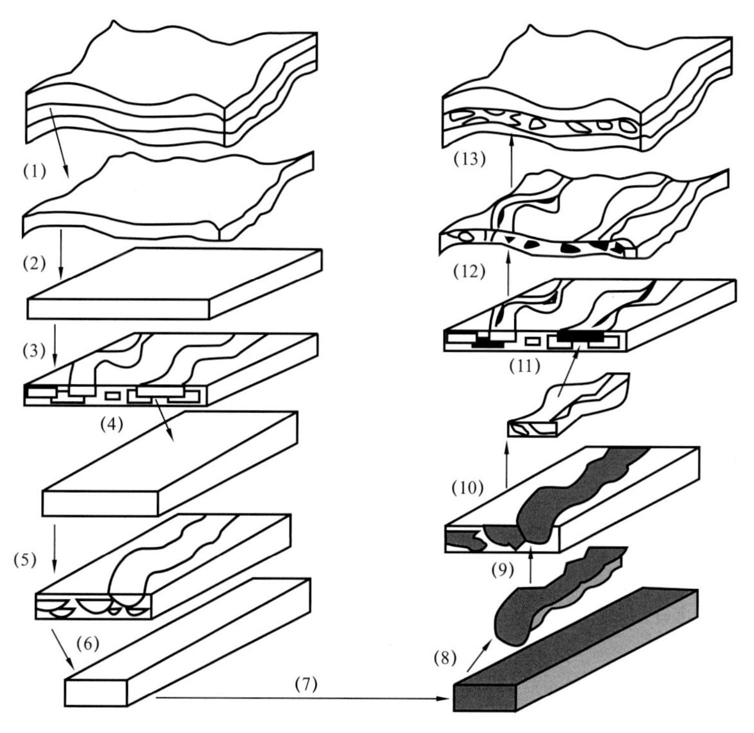

图 7-6　河道分级模拟图解（据 Deutsch，2002）

3）成因建模

在储层沉积相建模过程中，如何充分应用沉积原理来约束建模是一个不容忽视的问题。沉积相的分布有其内在规律。相的空间分布与层序地层之间、相与相之间、相内部的沉积层之间均有一定的成因关系，因此，在相建模时，为了建立尽量符合地质实际的相模型，应充分利用这些成因关系，将地质认识糅合进所建立的相模型中去，而不仅仅是井点数据的数学统计关系。

相的成因关系主要体现于层序地层学原理及沉积模式方面。沉积层序与海平面、构造、气候等因素有着密切的关系，可容空间和沉积物供给之间的关系控制了纵横向相序。相模式则体现了相带之间及相带内部的成因关系。各种相均有其基本相模式，各亚相类型、微相空间分布关系和特征均有理论性的综合与描述。

因此，在相建模时，应充分应用层序地层学原理及沉积相模式来约束建模过程，依据层序演化模式及相模式选取建模参数，以使相模型尽量符合地质实际。

4. 精细储层参数建模

储层物性参数建模主要是建立孔隙度模型、渗透率模型、含油饱和度模型、净毛比模型等，用于后期的油藏数值模拟。

储层参数建模应遵循相控原则和趋势控制原则。

1）相控原则

就储层参数（孔渗饱）建模而言，传统的建模途径主要为“一步建模”，即直接根据各井储层参数进行井间插值，建立各参数的三维分布模型。这种方法比较简便，但主要适合于具有单一微相分布或具有千层饼状结构的储层参数建模。因为在这种情况下，目标区的储层参数具有基本相同的统计学分布规律。但对于具有多相分布或复杂储层构型的储层来说，应用一步建模的途径将影响、甚至严重影响所建模型的精度。因为一方面，不同岩性具有不同的储层物性参数范围，有效储层参数主要分布于储层砂体，而泥岩中不存在有效储层参数；另一方面因为不同相具有不同的储层参数统计特征，地质统计规律也有一定的变化，如河道砂体的参数分布与决口扇有较大的差别，所以不宜笼统地采用一步建模思路。

在这种情况下，应采用“相控建模”或“二步建模”方法。即首先建立沉积相、储层构型或流动单元模型，然后根据不同沉积相（砂体类型或流动单元等）的储层参数定量分布规律，分相约束井间插值或随机模拟，建立储层参数分布模型。这种多步随机模拟方法不仅与所研究的地质现象吻合，而且能避免大多数连续变量模型对于平稳性的严格要求。实践证明，这是符合地质规律且行之有效的储层参数建模思路。

2）趋势控制原则

不同的沉积相，其储层参数除了统计特征有差异外，还表现出相内部垂向或侧向的变化规律性，如储层参数垂向韵律性、河道中心部位与河道边部物性差异规律性等。同时，成岩和后期构造等因素对储层的形成与改造也会导致储层参数分布的宏观规律性。在建模过程中，应充分应用这些规律或趋势，约束储层参数的建模过程，使建模结果更符合地质实际。

另外，不同信息之间的相关关系也可作为趋势进行约束建模。比如孔隙度的变化区间较为稳定，而渗透率参数变化范围较大，对其直接建模难以保证精度。因此，在孔隙度与渗透率相关性较好的前提下，可利用建立的孔隙度模型约束建立渗透率模型。又如在井分布比较稀疏，地震属性品质较好的情况下，可将地震属性作为趋势，约束孔隙度模型的建立。

第二节　砾岩储层构型建模

砾岩储层岩性分布、储层构型分布较为复杂，在砾岩油藏进入开发中后期，常规的沉积微相建模不能满足反映剩余油分布预测的精度需求。因此，砾岩储层构型建模具有一定的必要性。以 KLMY 油田六中东区砾岩油藏为例，介绍储层构型建模技术方法。

在深入剖析六中东区砾岩油藏沉积机理和成岩特点的基础上，以井点资料为基础，分级划分储层构型类型；应用地质建模软件，模拟预测各类储层构型单元的空间展布，进而建立储层孔隙度和渗透率的地质参数模型。

一、储层构型地质统计规律

分析砾岩储层的地质统计规律，确定变差函数参数，是建立可靠地质模型的基础。

（一）储层构型变差函数

六中东区砾岩油藏主物源方向是北西—南东方向，在顺物源方向和垂直物源方向均呈现出较好的地质统计规律。储层构型模型是建立在离散变量基础上，采用球型模型作为变差函数分析方法，该方法能够快速计算出台基值。当变差函数到达台基后，再增大距离，变差函数值不再变化，即交点以外的采样点贡献为零，根据交点确定变程内的自变量能够完整地反映变量变化。

储层构型模型的变差函数在主方向、次方向和垂直方向的变程分别为 119.7m、107.3m 和 3.7m，主方向和次方向的角度分别为 321° 和 231°。带宽和搜索半径在主方向、次方向和垂向上分别为 611.9m、1121m，778.5m、1030.8m 和 26.4m、200m（图 7–7）。

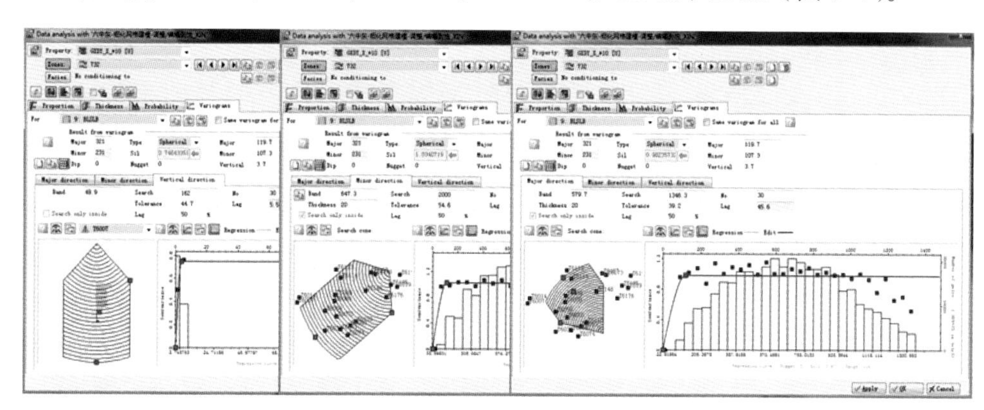

图 7–7　六中东区构型变差函数分析图

（二）储层参数变差函数

储层参数模型主要包括孔隙度模型和渗透率模型，数据类型属于连续性变量类型。在设置变程、带宽、搜索半径和容差后，通过输入截断、输出截断、对数变换和奇异值消除等处理方法，提高了数据分析的精确度，增强了处理结果的可靠性。

对于孔隙度模型的变差函数分析，其主方向、次方向和垂直方向的变程分别为135.3m、108.3m和2.8m，主方向和次方向的角度分别为341°和251°，搜索半径和变程在主方向、次方向和垂向分别为678.8m、2000m，200m、2000m和11.6m、63.1m（图7–8）。

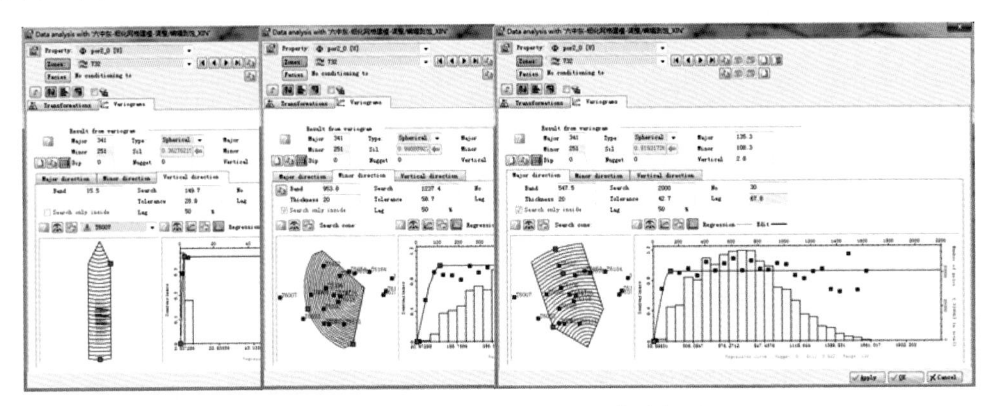

图7–8　六中东区孔隙度变差函数分析图

渗透率的变差函数分析表明，其主方向、次方向和垂直方向的变程分别为138.4m、123.3m和4.0m，主方向和次方向的角度分别为310°和220°，搜索半径和变程在主方向、次方向和垂向分别为590.5m、2000m，200m、2000m和16.7m、114.3m（图7–9）。

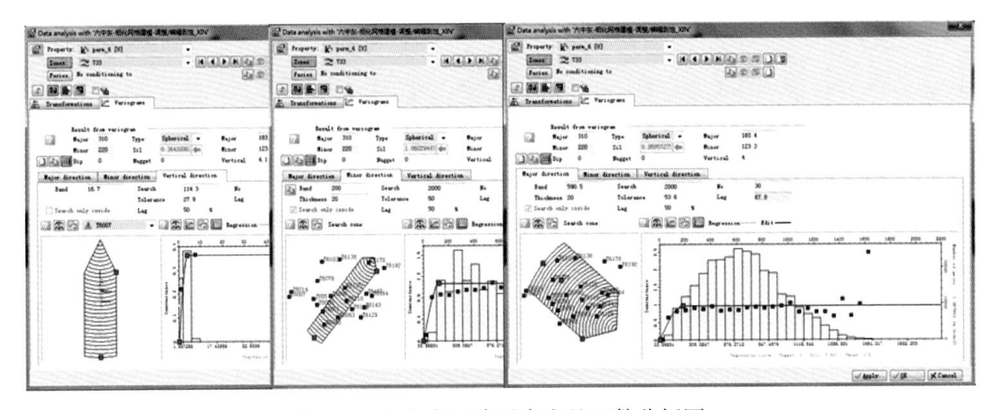

图7–9　六中东区渗透率变差函数分析图

二、储层构型知识库及模式约束

储层构型知识库是指经大量研究、分析和统计，高度概括和总结出的能定性或定量表征不同成因类型储层构型特征，且具有普遍意义的储层构型单元相关参数及其之间的相关关系。

砾岩储层常形成于盆地边缘处的山麓冲积扇、扇三角洲、近岸水下扇等沉积类型体系中，多旋回、近物源沉积造成了复杂的沉积条件，从而决定了砾岩储层严重的非均质性，不同级次构型单元相互间接触变化频繁。

通过对KLMY油田六中区砾岩储层不同级次储层构型单元的分析，可以总结出各构型单元的岩性组成、沉积构造、分布规模、几何形态、测井响应等信息，作为六中区砾岩储层构型知识库，对储层构型建模进行模式约束。砾岩储层构型单元特征在第四章第三节已进行详尽表述。在储层构型知识库的约束下，可以建立更加符合前期地质分析认识的构型模型。

三、冲积扇储层构型模型

（一）建模方法优选

在研究砾岩油藏沉积机制的基础上，将六中东区克下组4类沉积亚相划分为13种储层构型单元。针对离散数据变量，在完成对井点的变差函数分析后，进而在平面相控条带约束条件下，使用序贯指示模拟方法，针对不同的沉积单元，建立储层构型模型，预测储层构型模型中13种构型单元空间展布。储层构型模型三维模型及其剖面图揭示了储层构型单元的纵横向展布及配置（图7-10）。

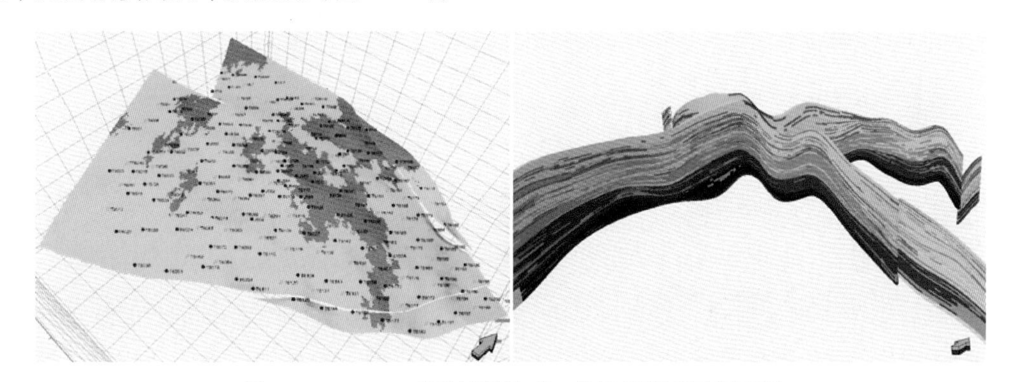

图7-10　KLMY砾岩储层构型三维地质模型及剖面图

（二）储层构型模型特征

对主力层S_7^{3-1}、S_7^{3-2}、S_7^{3-3}三个单砂层来说，S_7^{3-1}位于扇中亚相，而S_7^{3-2}、S_7^{3-3}却位于扇根外带亚相，进一步细分为片流砾石体、漫洪外砂体和漫洪外细粒三种四级构型单元。平面上，S_7^{3-1}单砂层辫流水道（黄色）在目标井区呈片状分布，局部成细条带状。辫流砂砾坝（绿色）发育较好，呈连片状。漫流砂体（粉色）呈孤立状零星分布；S_7^{3-2}单砂层片流砾石体（橙色）仍较发育，大规模连片状分布于目标井区，漫洪外砂体呈条带状展布，漫洪外细粒（深蓝色）被片流砾石体和漫洪外砂体包裹，呈孤立状分布；S_7^{3-3}单砂层仍发育大规模片流砾石体，漫洪外砂体呈连片状或者条带状展布，而漫洪外细粒却呈孤立状或者狭长条状分布于目标井区边缘部位（图7-11）。

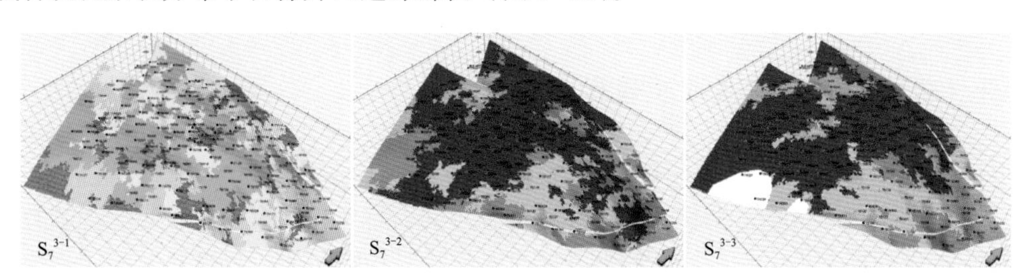

图7-11　六中东区克下组S_7^{3-1}—S_7^{3-3}构型模型空间展布

纵向上，S_7^{3-2}—S_7^{3-3}沉积时期水体流量相对较大，物源供给丰富，片流砾石体大规模发育，在片流砾石体附近漫洪外砂体和漫洪外细粒也非常发育，直到S_7^{3-1}沉积时期水体流量相对减弱，又从扇根外带亚相过渡为扇中亚相。

主力层S_7^{2-1}、S_7^{2-2}、S_7^{2-3}三个单砂层均位于扇中亚相，细分为辫流水道、辫流砂砾坝、漫流砂体和漫流细粒四种四级构型单元。平面上，S_7^{2-1}单砂层辫流水道（黄色）条带分布在目标井区。辫流砂砾坝（绿色）主要发育在辫流水道附近，坝体被水道和漫流砂体包围。漫洪细粒（淡蓝色）呈连片状展布；S_7^{2-2}单砂层辫流水道发育较S_7^{2-1}单砂层辫流水道好，辫流砂砾坝发育，漫流砂体（粉色）呈散状分布；S_7^{2-3}单砂层辫流水道和辫流砂砾坝相对发育，漫流细粒和漫流砂体被辫流水道和砂砾坝隔开，局部发育（图 7–12）。

纵向上，S_7^2层由于随水体减弱，物源供给减少，辫流水道和辫流砂砾坝发育逐渐变差，表现为水道宽度逐渐变窄和延展性逐渐减弱，而漫流砂体和漫流细粒片状发育逐渐相对变好。

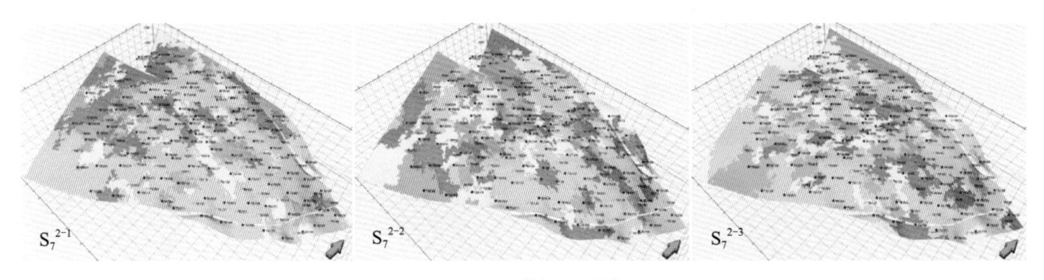

图 7–12　六中东区克下组S_7^{2-1}— S_7^{2-3}构型模型空间展布

S_6^3单砂层位于扇缘亚相，发育径流水道和水道间细粒两种构型单元，水道间细粒沉积区相对较广，而径流水道呈北西—南东向条带状展布；S_7^1单砂层以扇中亚相辫流带微相沉积为主，较S_7^2发育减弱，呈孤立状或者条带状分布。辫流水道间见薄层漫洪砂体，漫洪细粒沉积范围相当大；S_7^4单砂层位于扇根内带，扇根内带进一步细分为槽流砾石体、槽滩砂砾体、漫洪内砂体和漫洪内细粒四种四级构型单元。槽流砾石体和漫洪内砂体非常发育，展布范围较大，槽滩砂砾体在北东部及中部呈条带状分布（图 7–13）。

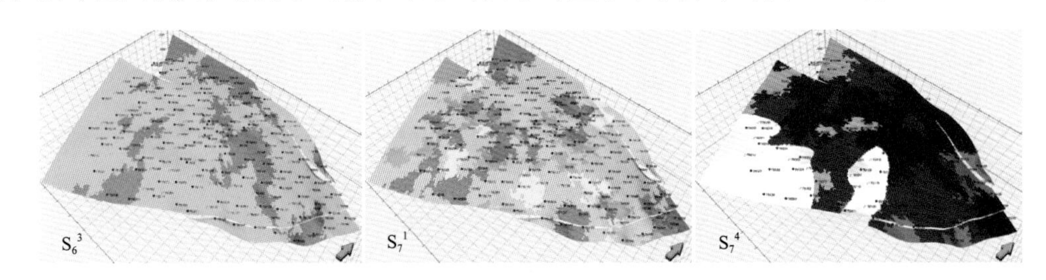

图 7–13　六中东区克下组S_6^3、S_7^1、S_7^4构型模型空间展布

四、冲积扇储层参数地质模型

（一）储层参数建模方法优选

应用地质统计学方法，分析孔隙度地质统计规律，针对六中东区克下组孔隙度数据分布特征。在岩相控制下，对不同岩相的孔隙度分层进行模拟试验，反复比对不同建模方法的效果，优选序贯高斯模拟建模方法并结合赋值法，建立六中东区孔隙度地质模型。序贯

高斯模拟不仅可以再现储层属性空间分布的相关结构，还可以条件化到已知井位数据，同时可以得到多个实现结果，以满足对储层不确定性的描述和分析。

渗透率地质模型建模思路与孔隙度模型建模思路相似，对于渗透率连续变量参数。在岩相约束作为第一控制条件，并采用协同克里金法，将孔隙度参数作为第二控制条件，通过赋值法及序贯高斯模拟建模方法建立储层渗透率参数模型。

（二）储层孔隙度模型

孔隙度模型的空间分布图和剖面图显示，孔隙度模型在六中东区北部较大，向东南变小，孔喉半径横向变化快，整体呈现东部小而西部大的特点（图 7–14）。

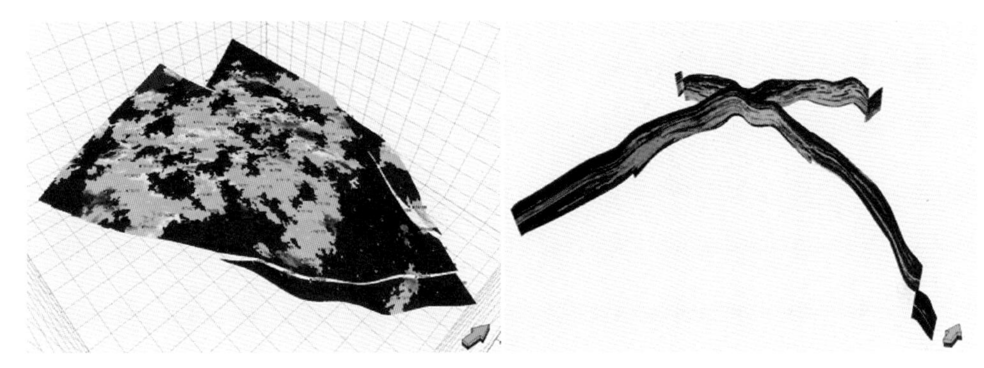

图 7–14　六中东区孔隙度三维地质模型及纵向剖面

主力层 S_7^{2-1}、S_7^{2-2}、S_7^{2-3} 三个单砂层的孔隙度变化大。S_7^{2-1} 单砂层孔隙度在目标井区西部及中部较大，高于 0.25（红色）范围相对较大；而 S_7^{2-2} 单砂层的孔隙度北东部相对较高，平面变化大；S_7^{2-3} 单砂层孔隙度在目标井区的北部和西南部较大，孔隙度整体较 S_7^{2-1}、S_7^{2-2} 偏大（图 7–15）。

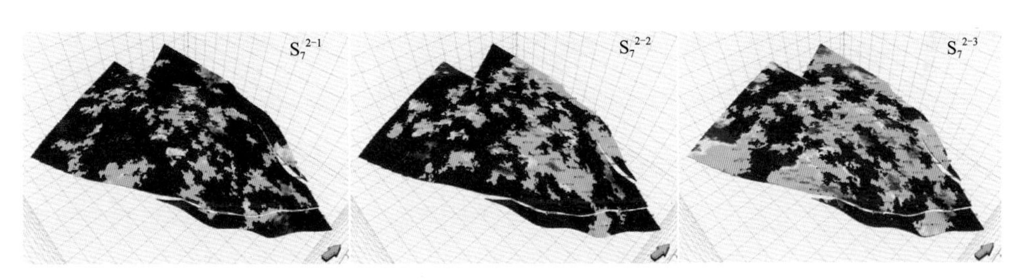

图 7–15　六中东区克下组 S_7^{2-1}—S_7^{2-3} 孔隙度模型

主力层 S_7^{3-1}、S_7^{3-2}、S_7^{3-3} 三个单砂层的孔隙度分布特点也有一定差异。S_7^{3-1} 单砂层孔隙度在目标井区东南部较大，平面有一定变化；S_7^{3-2} 单砂层的孔隙度在井区西南部和中部较高，井区东部偏小，平面变化大；S_7^{3-3} 单砂层孔隙度整体较高，分布特点与 S_7^{3-2} 层相似，目标井区西部偏大，东北部较小。S_7^{3-1}—S_7^{3-3} 孔隙度发育逐层变好，孔隙度大于 0.20（黄色）范围逐层增大，平面差异逐渐变小（图 7–16）。

（三）储层渗透率模型

与储层孔隙度模拟预测的研究思路相同，在孔隙度模型的协调约束下，建立了储层渗透率地质模型（图 7–17）。

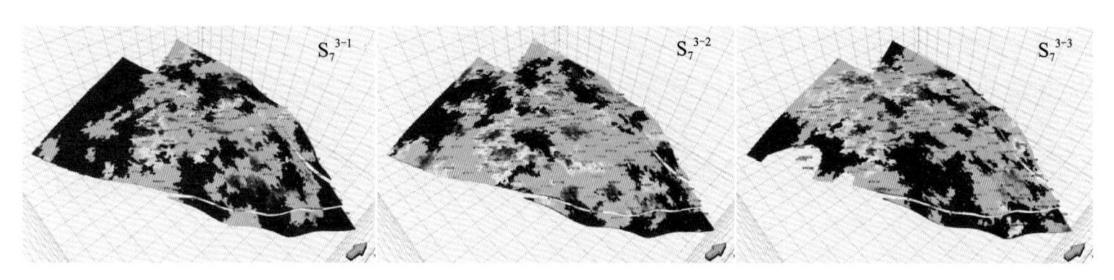

图 7-16 六中东区克下组 S_7^{3-1}—S_7^{3-3} 孔隙度模型

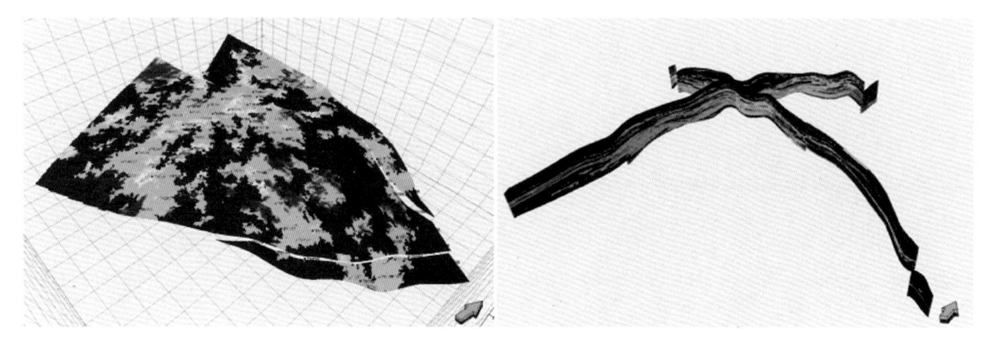

图 7-17 六中东区渗透率三维地质模型及纵向剖面

主力层 S_7^{2-1}、S_7^{2-2}、S_7^{2-3} 三个单砂层的渗透率整体逐层变大。S_7^{2-1} 单砂层渗透率在目标井区北东部较大，平面变化剧烈；S_7^{2-2} 单砂层孔隙度较 S_7^{2-1} 单砂层高，目标井区东北部和北部最大；S_7^{2-3} 单砂层孔隙度在中部和西部较大，数值大于 3000mD 的范围（红色）在目标井区东部零星分布，较其他井区整体偏大（图 7-18）。

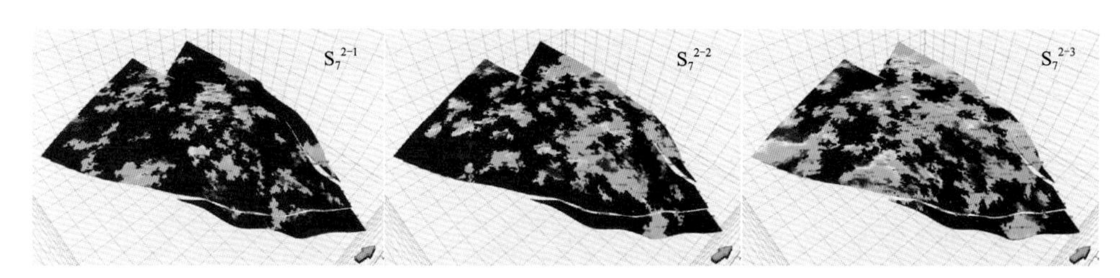

图 7-18 六中东区克下组 S_7^{2-1}—S_7^{2-3} 渗透率模型空间展布

主力层 S_7^{3-1}、S_7^{3-2}、S_7^{3-3} 三个单砂层的渗透率也基本相近。S_7^{3-1} 单砂层渗透率在目标区中部和北东部较大，最大可达 3000mD（红色）以上，数值大于 500mD（黄色）呈片状分布，范围较小；S_7^{3-2} 单砂层渗透率同样在目标区中部和南部较大，数值大于 500mD 的范围（黄色），在目标井区呈北东—南西向窄条带状延伸，整体渗透率较 S_7^{3-1} 偏高；S_7^{3-3} 单砂层渗透率数值大于 10mD 的范围（绿色）呈大规模片状出现在目标井区的西部和中部，数值大于 500mD 的范围（黄色）局部呈片状分布（图 7-19）。

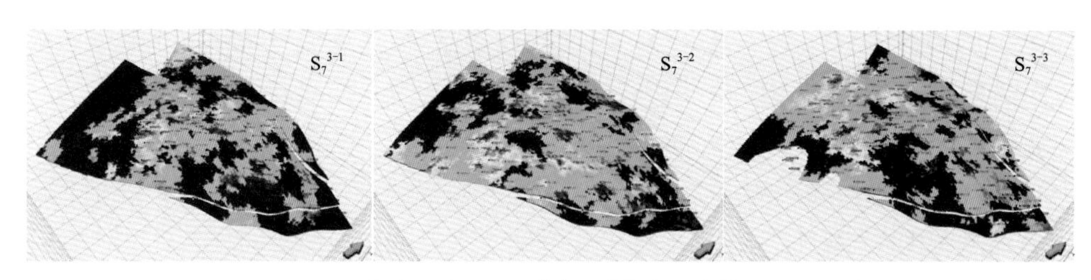

图 7-19 六中东区克下组 S_7^{3-1}—S_7^{3-3} 渗透率模型空间展布

通过比对，孔隙度参数模型和渗透率参数模型空间展布相似，各层数值变化速率相近。孔隙度参数模型和渗透率参数模型表现为较好的相关性。

第三节　砾岩储层成岩储集相建模

为了更直观、定量地表征各类成岩作用对砾岩储层改造程度强弱，在划分并描述成岩储集相类型的基础上，应用地质建模软件，模拟预测各类型成岩储集相的空间展布。以KLMY油田六中东区克下组储层为例，介绍成岩储集相建模的相关技术方法。

一、成岩储集相地质统计规律

从变量性质来划分，成岩储集相属于离散变量。根据成岩储集相在各井点的分布，参考储层构型的地质统计规律，首先设置成岩储集相主方向的分析参数，包括带宽、搜索半径、步长、容差等，之后调整次方向和垂向上的参数，从而获得成岩储集相各方面变差函数参数。

变差函数在主方向和次方向反映出较好的地质统计规律。其主方向、次方向和垂直方向的变程分别为178.5m、102.2m和4.0m，主方向和次方向的角度分别为331°和241°。带宽、搜索半径在主方向、次方向和垂直方向分别为480.5m、1472m，677.6m、1360m和26.4m、200m（图7–20）。

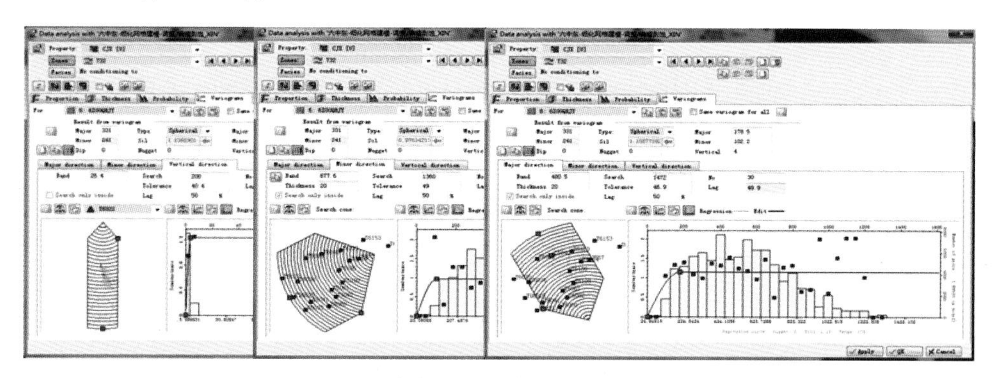

图7–20　六中东区成岩储集相变差函数分析图

二、成岩储集相模型

（一）建模方法优选

在完成对成岩储集相变差函数分析的基础上，综合考虑了成岩储集相的分布特点和地质建模方法的适应性之后，优选基于象元的序贯指示模拟作为成岩储集相模型的建模方法。

该方法是随机模拟方法的一种，通过人为给定一系列门槛值，估算某一类变量低于门槛值的概率。确定随机变量的分布后，针对每种成岩储集相，分别设置变差函数和所占比例值，在平面沉积相控条带约束和岩相控制约束条件下，建立三维成岩储集相地质模型。

（二）成岩储集相空间展布

根据KLMY油田冲积扇成岩储集相划分标准，该区成岩储集相共分9类，其中第5

类到第 9 类的储集能力和渗流能力较好，为有利成岩储集相类型。详细内容参见第五章。

KLMY 油田六中东区成岩储集相三维地质模型和剖面图显示，纵向上，成岩储集相变化快。受沉积作用和成岩作用的综合影响，储层内有利成岩储集相自 S_7^4 到 S_6^3 单砂层，从北西向东南逆物源方向迁移；横向上，有利成岩储集相在六中东区中部和南部整体较发育，局部构造低部位发育较好，其他方向也有不同程度的发育。成岩储集相整体呈现出有利成岩储集相在南东—北西（顺物源）方向发育的特点（图 7–21）。

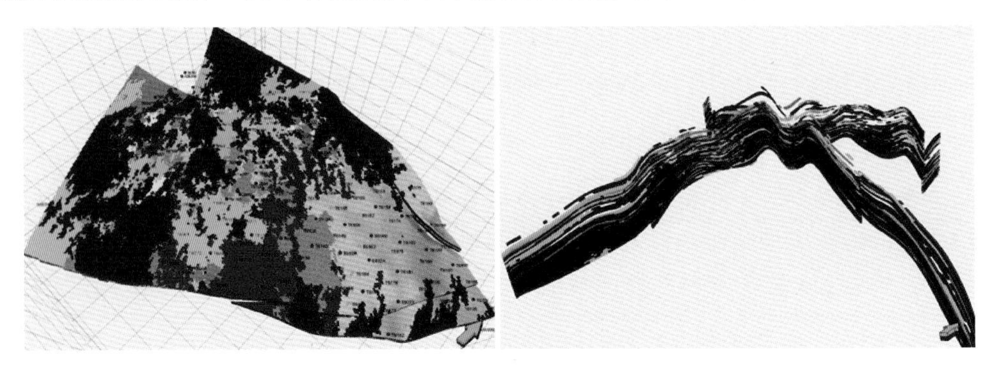

图 7–21　六中东区成岩储集相三维地质模型及纵向剖面图

主力层 S_7^{2-1}、S_7^{2-2}、S_7^{2-3} 三个单砂层的成岩储集相平面变化较大。S_7^{2-1} 单砂层有利成岩储集相在目标井区西北部和东南部较发育，东南部发育第 8 类（深粉色）成岩储集相，呈片状分布。西北部发育各次有利成岩储集相均有一定程度的发育，东部较大规模泥质隔夹层发育；而 S_7^{2-2} 单砂层有利成岩储集相发育相对偏弱，主要分布在目标区的中部和东部，呈条带状；S_7^{2-3} 单砂层有利成岩储集相在目标井区的南部和东部几乎不发育，中部发育有第 9 类、最优质的成岩储集相（图 7–22）。

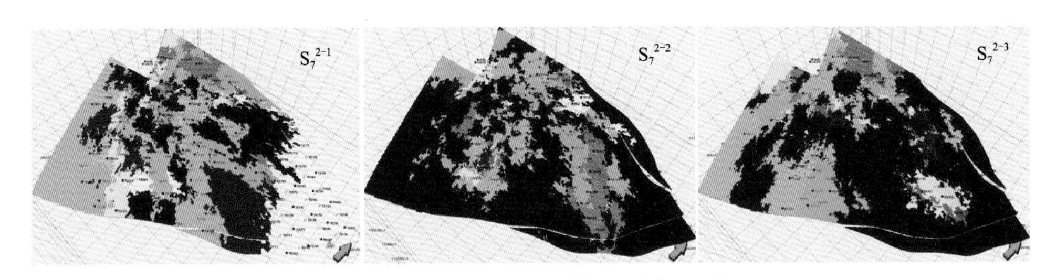

图 7–22　六中东区成岩储集相 S_7^{2-1}、S_7^{2-2}、S_7^{2-3} 空间展布

主力层 S_7^{3-1}、S_7^{3-2}、S_7^{3-3} 三个单砂层的有利成岩储集相也有不同程度的发育，整体向下发育程度减弱。S_7^{3-1} 单砂层有利成岩储集相在目标井区中部较发育，第 9 类成岩储集相范围（红色）相对较大，呈条带状分布；而 S_7^{3-2}、S_7^{3-3} 单砂层的有利成岩储集相发育依次相对偏弱，平面上中部呈孤立状分布。其他非有利成岩储集相（1～4 类）呈不同规模的片状或者条带状展布（图 7–23）。

其他储层 S_6^3、S_7^1、S_7^4 三个单砂层的各类成岩储集相发育差异较大。S_6^3 单砂层成岩储集相发育，东部各类成岩储集相发育较好，呈大规模片状分布，中部呈孤立条带状分布，西部受泥质隔夹层影响，发育 1～4 类规模不等的成岩储集相；S_7^1 单砂层成岩储集相较 S_6^3 单砂层发育好，目标区内各类成岩储集相均发育，中部、东部和南部有利成岩储集相当发育，平面上相变快；由于分别受到地层剥蚀、沉积环境及成岩作用等因素的综合影响，成岩储集相在目标井区的发育受到较大影响，S_7^4 单砂层基本不发育有利成岩储集相（图 7–24）。

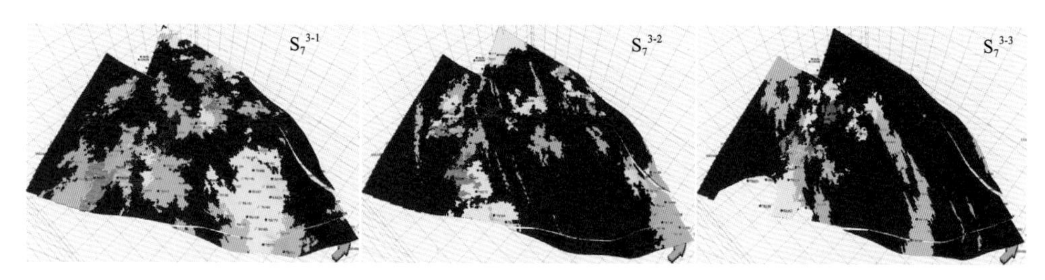

图 7-23　六中东区成岩储集相 S_7^{3-1}、S_7^{3-2}、S_7^{3-3} 空间展布

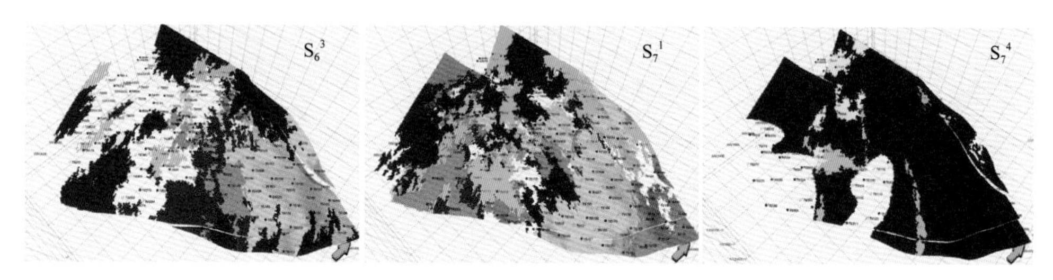

图 7-24　六中东区成岩储集相 S_6^3、S_7^1、S_7^4 空间展布

（三）成岩储集相分布特点

为更直观、更确切地表现各类成岩储集相模型数值特征，统计了各层各类成岩储集相所占百分比，定量比较了不同类型的成岩储集相发育程度。

主力层 S_7^{2-1}、S_7^{2-2} 和 S_7^{2-3} 成岩储集相模型各类所占比例均不相同。S_7^2 第 1 类型的成岩储集相最为发育，其中 S_7^{2-1}、S_7^{2-2} 和 S_7^{2-3} 分别占该层总体积的 26.99%、51.17% 和 50.94%，非常发育。次之，发育第 2 类成岩储集相，分别为 24.88%、20.08%、12.51%，前二者发育程度接近。S_7^{2-1} 发育最差的成岩储集相类型为第 6 类成岩储集相，仅占 1.7%。第 5 类有利成岩储集相较发育；而 S_7^{2-2} 第 1 类成岩储集相发育程度远大于其他类型的成岩储集相，第 5、7 类有利成岩储集相发育相对较好，第 8 类成岩储集相最少，占总体积 0.23%；S_7^{2-3} 第 2、3、4 类成岩储集相所占体积较接近，均为 11% 左右。第 9 类型高孔特高渗砂砾岩弱压实胶结—溶蚀相较第 5～8 类有利成岩储集相发育，其中第 8 类成岩储集相几乎不发育，仅为 0.05%（图 7-25）。

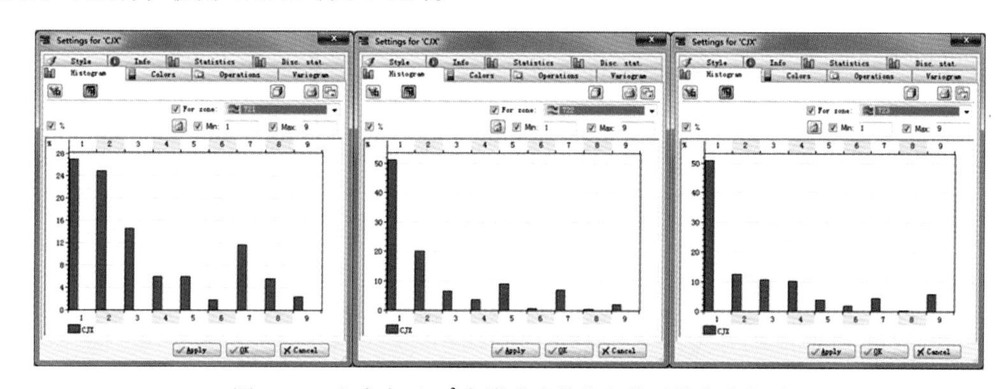

图 7-25　六中东区 S_7^2 各类成岩储集相模型分布直方图

主力层 S_7^{3-1} 与 S_7^{3-2}、S_7^{3-3} 成岩储集相模型各类所占比例也有不同。而 S_7^{3-2} 和 S_7^{3-3} 二者发育程度比较接近，但略有不同。S_7^3 第 1 类成岩储集相极为发育，分别所占比例为

55.63%、76.44% 和 76.11%，S_7^{3-1} 发育规模小于 S_7^{3-2}、S_7^{3-3}，后二者极为接近。第 2～9 类成岩储集相中，发育规模仅次于第 1 类成岩储集相，S_7^{3-2}、S_7^{3-3} 为第 4 类成岩储集相，发育规模分别占 11.21% 和 12.86%，但 S_7^{3-2} 较 S_7^{3-3} 第 3 类型成岩储集相发育好。相对比于 S_7^{3-2}、S_7^{3-3}，S_7^{3-1} 第 2 类型成岩储集相发育规模仅次于第 1 类成岩储集相，为 20.22%，大于该层第 4 类成岩储集相所占体积比例；S_7^3 第 5～9 类成岩储集相发育差，所占比例低。S_7^{3-3} 第 5 类成岩储集相发育最差，占 0.15%，略小于 S_7^{3-2} 第 5 类成岩储集相的 0.24%，也小于 S_7^{3-1} 第 8 类成岩储集相的 0.29%（图 7–26）。

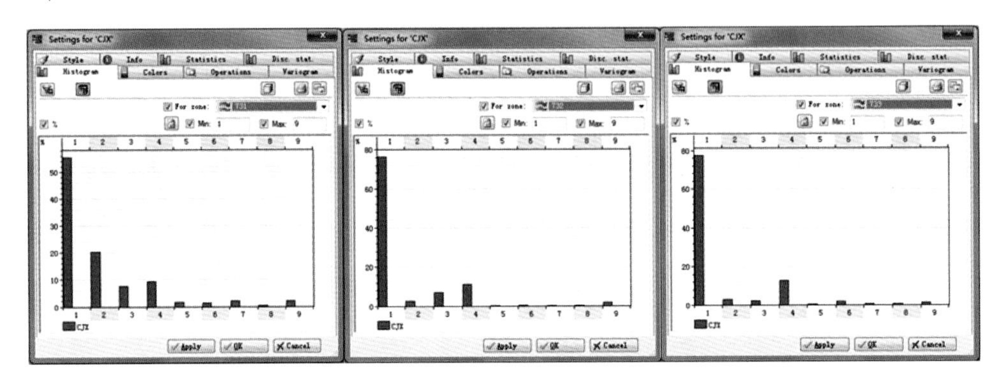

图 7–26　六中东区 S_7^3 层各类成岩储集相模型分布直方图

其他储层，S_6^3、S_7^1、S_7^4 各类成岩储集相所占比例差别较大。这三层所占比例最大的储集相类型仍为第 1 类成岩储集相，分别为 36.13%、32.18%、93.67%。S_7^4 第 1 类成岩储集相极为发育，远高于其他二者所占比例，但几乎不发育第 7、8、9 类有利成岩储集相，第 5 类有利成岩储集相也只占该层总体积 0.32%；S_6^3、S_7^1 均仅次于第 1 类成岩储集相发育规模，分别为第 5 类有利成岩储集相的 18.99% 和第 7 类成岩储集相的 14.13%。S_6^3、S_7^1 的不同类成岩储集相较 S_7^4 发育（图 7–27）。

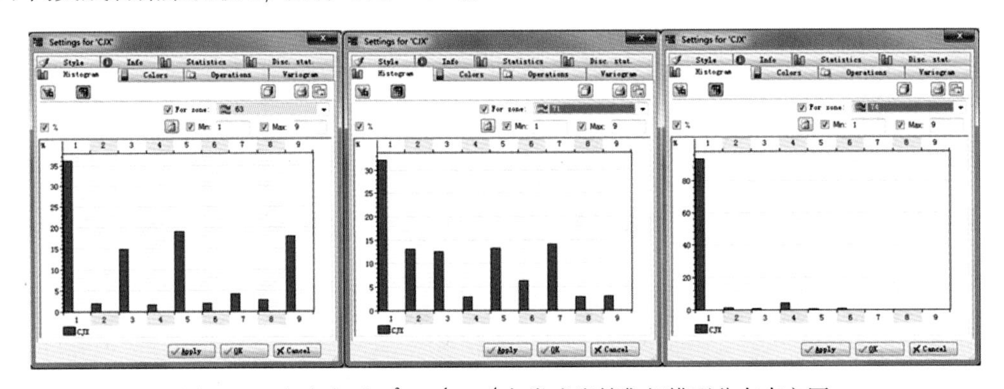

图 7–27　六中东区 S_6^3、S_7^1、S_7^4 各类成岩储集相模型分布直方图

第四节　砾岩储层优势渗流通道建模

通过对优势渗流通道的成因类型、识别方法及井点识别划分的研究，为优势渗流通道定量表征提供了基础。通过对 KLMY 油田六中东区克下组砾岩储层的优势渗流通道的地质统计规律分析，选用合适的地质建模方法，建立起优势渗流通道三维模型，定量表征各

类优势渗流通道的空间展布。

一、优势渗流通道分级

根据 KLMY 油田六中东区储层构型单元类型、渗流能力及非均质特点，结合油水井的生产动态及监测结果，认为该区优势渗流通道应属于渗流型。参照该区克下组示踪剂监测分析资料，将优势渗流通道细分为四类（表 7–2）。

表 7–2　六中东区克下组优势渗流通道分类

最大渗透率（mD）	平均渗透率（mD）	渗透率级差	优势通道类型	构型单元
＞2000	50～2000 ＞2000	＞17	Ⅰ	辫流水道
500～2000	50～2000	＞17	Ⅱ	辫流砂砾坝
＞2000	50～2000 ＞2000	8～17	Ⅲ	辫流水道
500～2000	50～2000			片流砂砾体
50～500	50～500	＞17	Ⅳ	辫流砂砾坝

根据 KLMY 油田六中东区克下组储层构型划分、岩石类型及储层参数测井解释成果，识别划分了各井点的优势渗流通道类型，为优势通道地质建模提供原始数据。

二、优势渗流通道地质模型

应用地质统计学方法，分析各级优势通道的地质统计规律。在此基础上，选用序贯指示地质建模方法，建立六中东优势通道地质模型（图 7–28）。地质模型及其剖面图揭示了Ⅰ～Ⅳ级优势通道的纵横向展布及配置。

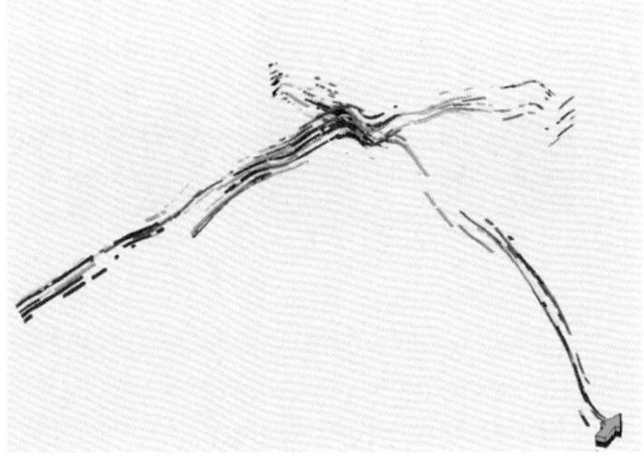

图 7–28　六中东区克下组优势渗流通道空间分布

单砂层内优势渗流通道的平面分布范围差异较大。S_7^{3-1} 与 S_7^{3-2}、S_7^{3-3} 相比，Ⅰ～Ⅳ类优势渗流通道的分布范围相对较大，S_7^{4} Ⅰ类、Ⅱ类优势渗流通道的分布范围较小，而Ⅲ、Ⅳ类优势渗流通道的分布相对较大。S_7^{2-3} 各类优势渗流通道的分布范围都比较大，从该层向上，优势渗流通道在各层的分布范围都逐渐减小（图 7–29）。

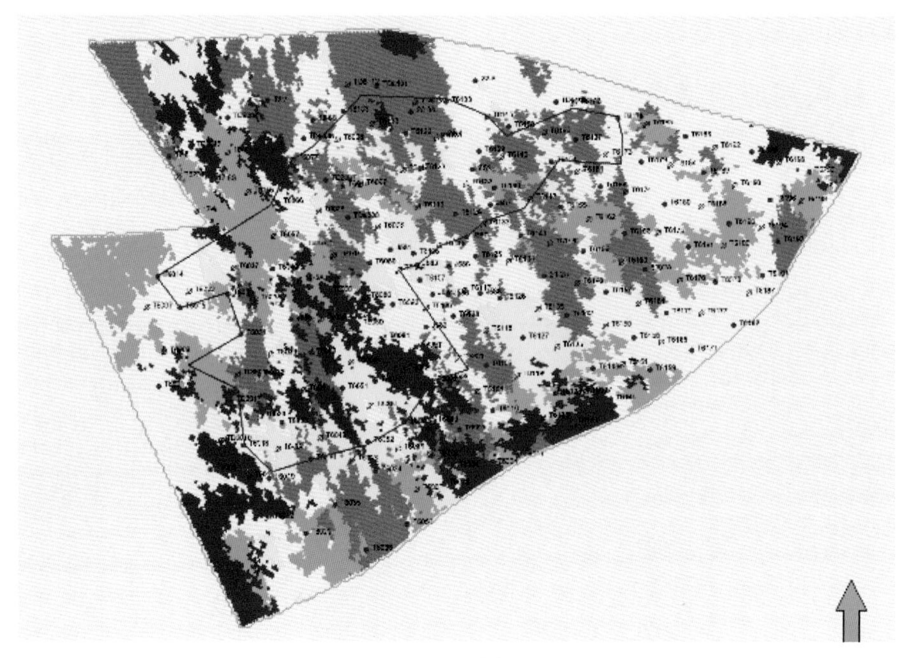

图 7–29　六中东区克下组 S_7^{3-1} 层优势渗流通道分布

目的层段Ⅰ类、Ⅱ类优势渗流通道的厚度比例分别在 1%～16.3% 和 8.8%～15.7%，占的比例相对较小。Ⅰ类、Ⅱ类优势渗流通道的展布面积占总面积的比例分别为 2.2%～14.4% 和 13.2%～33.2%（图 7–30）。

总的来看，Ⅰ类优势渗流通道的厚度小，展布范围小，但对注入水的流量及方向起比较明显的控制作用。

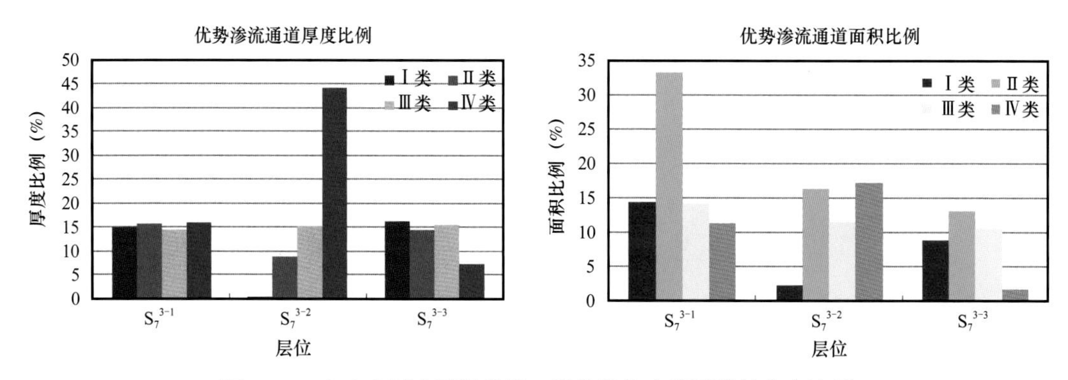

图 7–30　六中东区克下组Ⅰ类、Ⅱ类优势水流通道的分布比例

三、优势渗流通道体积

在相控模拟建立的孔隙度模型的基础上，以各级优势渗流通道的展布范围为控制，计算了各级优势渗流通道所占的孔隙体积（表 7–3）。计算结果表明，在调驱井组范围内，从 S_6^3 到 S_7^4 单砂层，各级优势通道总体积为 $58.87 \times 10^4 m^3$，占储层总孔隙体积的 11.98%。

目的层 S_7^{3-1} 优势渗流通道分布的范围最广，在调驱井组内，Ⅰ～Ⅳ类优势渗流通道的孔隙体积为 $17.14 \times 10^4 m^3$，占该层总体积的 15.77%。S_7^{3-1} 与 S_7^{3-2}、S_7^{3-3} Ⅰ～Ⅳ类优势渗流通道的孔隙体积合计为 $27.76 \times 10^4 m^3$，占这三个层总孔隙体积的 11.3%。

根据各级优势渗流通道的孔隙体积，为调驱剂用量优化提供了技术指导。

表 7-3 调驱井组优势渗流通道孔隙体积计算表

层位	优势渗流通道孔隙体积（10^4m^3）					总孔隙体积（10^4m^3）	占总体积百分比（%）
	Ⅰ类	Ⅱ类	Ⅲ类	Ⅳ类	小计		
S_6^3	0.63	1.89	0.08	0	2.60	14.94	17.40
S_7^1	0.5	1.46	1.05	0.21	3.22	26.19	12.29
S_7^{2-1}	0.64	0.90	1.16	0.15	2.85	31.44	9.06
S_7^{2-2}	1.02	1.08	0.82	1.65	4.57	34.82	13.12
S_7^{2-3}	1.95	4.65	5.22	2.05	13.87	82.00	16.91
S_7^{3-1}	2.49	8.31	3.94	2.40	17.14	108.66	15.77
S_7^{3-2}	0.34	2.18	1.14	2.11	5.77	58.58	9.85
S_7^{3-3}	1.52	1.70	1.47	0.16	4.85	79.20	6.12
S_7^4	0.29	0.92	1.02	1.77	4.00	55.75	7.17
合计	9.38	23.09	15.9	10.5	58.87	491.58	11.98

参考文献

郭红.2010. 准噶尔盆地沙北油藏精细描述及变差函数的应用［D］. 中国地质大学（北京）.

侯壮.2015. 应用水平井的储层地质建模方法研究［D］. 西安石油大学.

赖泽武，黄沧佃，彭仕宓.2001. 储层结构目标建模程序 MOD-OBJ 及其应用［J］. 石油大学学报（自然科学版）(1)：63-66.

李君，李少华，张敏，等.2013. 多种建模方法耦合建立冲积扇三维构型模型：以 KLMY 油田六中东区下克拉玛依组为例［J］. 现代地质，27（3）：662-668.

李少华，汗日明，张昌民，等.2006. 结合露头信息建立储层地质模型［J］. 天然气地球科学，(3)：374-377.

李宇鹏，吴胜和，耿丽慧，等，2013. 基于空间矢量的点坝砂体储层构型建模［J］. 石油学报，34（1）：133-139.

李玉君，邓宏文，田文，等.2006. 波阻抗约束下的测井信息在储集层岩相随机建模中的应用［J］. 石油勘探与开发，(5)：569-571.

裘怿楠.1991. 底水油藏开发地质研究［J］. 中国海上油气，(5)：25-29，64.

孙洪泉.1990. 地质统计学及其应用［M］. 徐州：中国矿业大学出版社，13-32.

谭成仟.2008. 鄂尔多斯盆地白豹地区长 6 油藏地质模型研究［D］. 西北大学.

王海虹.2013. 地质统计学在石油勘探开发中的应用［D］. 东北石油大学.

王家华，刘倩.2011. 储层建模中对变差函数分析的几点认识［J］. 石油化工应用，30（10）：5-7.

王家华，张团峰.2001. 油气储层随机建模［M］. 北京：石油工业出版社.

文健，裘怿楠，肖敬修.1944. 早期评价阶段应用 Boolean 方法建立砂体连续性模型［J］. 石油学报，15

（Sl）：171–178.

吴胜和 .2010. 储层表征与建模［M］. 北京：石油工业出版社 .

伍涛，杨勇，王德发 .1999. 辫状河储层建模方法研究［J］. 沉积学报，（2）：93–97.

徐阳东 .2010. 大庆葡萄花油田葡 47 区储层地质建模［J］. 海洋地质动态，（12）：23–26.

张昌民 .1992. 储层研究中的层次分析法［J］. 石油与天然气地质（3）：344–350.

张团峰，王家华 .1995. 储层随机建模和随机模拟原理［J］. 测井技术，（6）：391–397.

张团峰，王家华 .1997. 试论克里金估计与随机模拟的本质区别［J］. 西安石油大学学报（自然科学版）：52–55.

C.E Romero，J.N Carter.2001.Using genetic algorithms for reservoir characterisation，Journal of Petroleum Science and Engineeing，Volume 31，Issue 2，113–123.

Caers J.2001.Geostatistical reservoir modeling using statistical pattern recognition［J］.Journal of Petroleum Science and Engineering，29（3）：177–188.

Daley B J，Vere–Jones D.2008.An Introduction to the Theory of Point Processes［M］.Springer New York.

Damsleth E，Tjolsen C B，Omre H，et al.1992.A two–stage stochastic model applied to a North Sea reservoir［J］. Journal of Petroleum Technology，44（4）：402–486.

Guillaume Pirot，Julien Straubhaar，philippe Renard. 2014.Simulation of braided river elevation model time series with multiple–point statistics.Geomorphology，Gemorphology，Volume 214，Issue 0，148–156.

Haldorsen H H，Lake L W.1982.A new approach to shale management in field scale simulation models［J］.Soc. Pet.Eng.AIME，Pap；（United States），spe 10976.

Haldorsen H H，Damsleth E.1990.Stochastic Modeling.JPT42（4）：404–412［R］.SPE–20321–PA.

Journel A G，Alabert F G，1990.New method for reservoir mapping［J］.Journal of Petroleum technology，42（2）：212–218.

Journel A G，Huijbregts C.1978.Mining geostatistics［M］.Academic Press.

Journel A G，Isaake E H.1984.Conditional indicator simulation：application to a Saskatchewan uranium deposit［J］. Journal of the International Association for Mathematical Geology，16（7）：685–718.

Journel A G.1989. Fundamentals of geostatistics in five lessons［M］.Washington，DC：American Geophysical Union.

Matheron G.1971.The Theory of Regionalized Variables and Its Application［J］.5

Oliver D S.2002.Conditioning channel meanders to well observations［J］.Mathematical geology，34（2）：185–201.

Seifert D，Jensen J L.2000. Object and pixel–based reservoir modelin of a braided fluvial reservoir［J］. Mathematical Geology，32（5）：581–603.

Strebelle S B，Journel A G.2001.Reservoir modeling using multiple–point statistics［C］//SPE Annual Technical Conference and Exhibition.Society of Petroleum Engineers.

Weber.1982.Influence of Common Sedimentary Structures on Fluid Flow in Reservoir Models，SPE–9247.